DAS PHYSIK-BUCH

BIG IDEAS

DAS ARCHITEKTUR-BUCH
DAS ASTRONOMIE-BUCH
DAS BIOLOGIE-BUCH
DAS BLACK-HISTORY-BUCH
DAS CHEMIE-BUCH
DAS DESIGN-BUCH
DAS DC-BUCH
DAS FEMINISMUS-BUCH
DAS FILM-BUCH
DAS GESCHICHTS-BUCH
DAS ISLAM-BUCH
DAS KLASSISCHE-MUSIK-BUCH
DAS KUNST-BUCH
DAS LGBTQIA*-BUCH
DAS LITERATUR-BUCH
DAS MANAGEMENT-BUCH
DAS MARVEL-BUCH
DAS MATHEMATIK-BUCH
DAS MEDIZIN-BUCH
DAS MYTHOLOGIE-BUCH
DAS ÖKOLOGIE-BUCH
DAS PHILOSOPHIE-BUCH
DAS PHYSIK-BUCH
DAS POLITIK-BUCH
DAS PSYCHOLOGIE-BUCH
DAS BUCH DER RECHTS-GESCHICHTE
DAS RELIGIONEN-BUCH
DAS SOZIOLOGIE-BUCH
DAS *STAR WARS*-BUCH
DAS WIRTSCHAFTS-BUCH
DAS WISSENSCHAFTS-BUCH
DER ERSTE WELTKRIEG
DER ZWEITE WELTKRIEG

EINFACH ERKLÄRT

DAS PHYSIK-BUCH

DK London / Delhi

Lektorat
Jonathan Metcalf, Liz Wheeler, Aashirwad Jain, Camilla Hallinan, Laura Sandford, Suefa Lee Gareth Jones, Rohan Sinha, John Andrews, Jessica Cawthra, Joy Evatt, Claire Gell, Richard Gilbert, Tim Harris, Janet Mohun, Victoria Pyke, Dorothy Stannard, Rachel Warren Chadd

Gestaltung und Bildredaktion
Karen Self, Philip Ormerod, Lee Griffiths, Sudakshina Basu, Gillian Andrews, Meenal Goel, Debjyoti Mukherjee, Pooja Pipil, Nobina Chakravorty, Anita Yadav, Neeraj Bhatia, Deepak Negi, Taiyaba Khatoon

Umschlaggestaltung
Suhita Dharamjit, Sophia MTT

Herstellung
Gillian Reid, Balwant Singh, Nancy-Jane Maun, Pankaj Sharma

Illustrationen James Graham

Originalgestaltung
Studio 8

Für die deutsche Ausgabe:
Projektbetreuung Carola Wiese
Herstellungskoordination Arnika Marx
Herstellung Claudia Bürgers

Titel der englischen Originalausgabe:
The Physics Book

Übersetzung Dr. Carsten Heinisch
Lektorat Manuela Kupfer

ISBN 978-3-8310-4113-8
5902-316670-21849-04

Druck und Bindung Manipal Technologies Limited, Indien

MIX
Papier | Fördert gute Waldnutzung
FSC® C018179

www.dk-verlag.de

Hinweis
Die Informationen und Ratschläge in diesem Buch sind von den Autoren und vom Verlag sorgfältig erwogen und geprüft, dennoch kann eine Garantie nicht übernommen werden. Eine Haftung der Autoren bzw. des Verlags und seiner Beauftragten für Personen-, Sach- und Vermögensschäden ist ausgeschlossen.

AUTOREN

DR. BEN STILL (FACHBERATER)

Der preisgekrönte Wissenschaftsvermittler, Teilchenphysiker und Autor Ben Still unterrichtet Physik und hat eine Forschungsstelle an der Queen Mary University in London. Nach einem Abschluss in Luft- und Raumfahrttechnik, einer Promotion in Teilchenphysik und einigen Jahren der Forschung ging er 2014 in die Wissensvermittlung. Er schrieb populärwissenschaftliche Bücher und lehrt weltweit »Teilchenphysik mit Lego«. Er twittert unter @benstill.

JOHN FARNDON

John Farndon stand mit seinen populärwissenschaftlichen Büchern bereits fünfmal auf der Shortlist für den Jugend-Sachbuchpreis der Royal Society. Von ihm stammen rund 1000 Bücher zur Natur, zu den Naturwissenschaften und den verschiedensten anderen Themen, darunter international erfolgreiche Titel wie *Halten Sie sich für schlau?*. Für DK war er (Co-)Autor von Titeln wie *Absolut geheim!*, *Das Wissenschafts-Buch* und *Wissenschaft – Medizin – Technik: Eine Jahreschronik*.

TIM HARRIS

Als höchst produktiver Autor von Büchern über Wissenschaft und Natur für Kinder und Erwachsene schrieb Tim Harris mehr als 100 meist Lehr- und Sachbücher und trug zu vielen anderen bei. Bei DK erschienen von ihm u. a. *Big Ideas. Das Ökologie-Buch* und *Naturwunder der Welt*.

HILARY LAMB

Hilary Lamb studierte Physik an der Universität von Bristol und Wissenschaftskommunikation am Imperial College London. Sie ist Mitarbeiterin des *Engineering & Technology Magazine*, das über Wissenschaft und Technologie berichtet, und schrieb für mehrere DK-Titel, darunter *#dkinfografik. Technik einfach verstehen* und *Mega-Wissen. Natur & Technik*.

JONATHAN O'CALLAGHAN

Jonathan O'Callaghan studierte Astrophysik und ist seit fast einem Jahrzehnt als Weltraum- und Wissenschaftsjournalist tätig. Er schrieb für zahlreiche Magazine, etwa *New Scientist*, *Wired*, *Scientific American* und *Forbes*. Er war Weltraumexperte in mehreren Radio- und Fernsehsendungen und arbeitet derzeit an einer Reihe von Wissenschaftsbüchern für Kinder.

MUKUL PATEL

Mukul Patel studierte am Imperial College London Mathematik und schreibt und arbeitet in vielen Disziplinen. Er schrieb ein Mathematikbuch für Kinder und Filmskripte mit Tilda Swinton als Sprecherin. Er komponierte auch für zeitgenössische Choreografen und gestaltete Soundinstallationen für Architekten. Derzeit erforscht er ethische Fragen der künstlichen Intelligenz (KI).

ROBERT SNEDDEN

Robert Snedden ist seit 40 Jahren im Verlagswesen tätig. Er recherchiert und schreibt wissenschaftliche und technische Bücher für junge Menschen zu Themen wie medizinische Ethik, Weltraumforschung, Technik, Computer und Internet. Er arbeitete auch zur Geschichte der Mathematik, des Ingenieurwesens, der Biologie und der Evolution und schrieb Bücher für Erwachsene zu Durchbrüchen in Mathematik, zur Medizin und über die Werke Albert Einsteins.

GILES SPARROW

Der populärwissenschaftliche Autor Giles Sparrow, der sich auf Physik und Astronomie spezialisiert hat, studierte Astronomie und Wissenschaftskommunikation in London. Er ist Autor von DK-Büchern wie *Welche Form hat der Weltraum?* sowie *Abenteuer Raumfahrt* und trug zu Bestsellern von DK bei, darunter *Universum* und *Wissenschaft & Technik*.

JIM AL-KHALILI, VORWORT

Als Akademiker, Autor und Fernsehmoderator hat Jim Al-Khalili eine Doppelprofessur für theoretische Physik und die öffentliche Teilhabe in der Wissenschaft *(public engagement)* an der University of Surrey inne. Er schrieb zwölf populärwissenschaftliche Bücher, die in über 20 Sprachen übersetzt wurden. Er ist Träger der Michael-Faraday-Medaille der Royal Society, der Kelvin-Medaille des Institute of Physics und der Stephen-Hawking-Medaille für Wissenschaftskommunikation.

INHALT

ELEKTRIZITÄT UND MAGNETISMUS
ZWEI KRÄFTE WERDEN VEREINIGT

SCHALL UND LICHT
DIE EIGENSCHAFTEN DER WELLEN

DIE QUANTENWELT
UNSER UNSCHARFES UNIVERSUM

KERN- UND TEILCHENPHYSIK
IM INNERN DES ATOMS

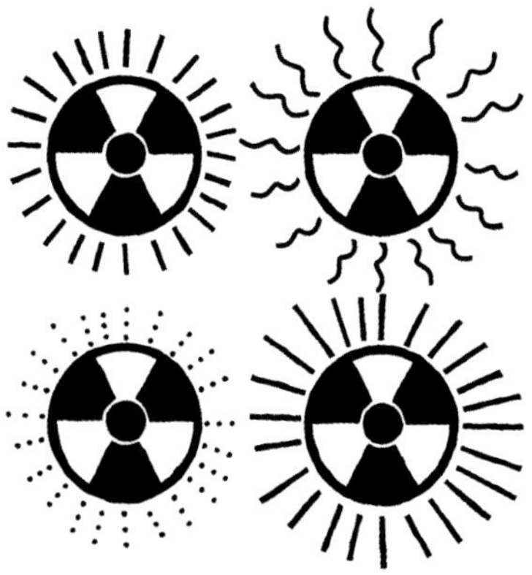

RELATIVITÄTSTHEORIE UND DAS UNIVERSUM
UNSER PLATZ IM KOSMOS

VORWORT

Ich habe mich als kleiner Junge in die Physik verliebt, als ich entdeckte, dass sie die besten Antworten auf viele der Fragen gab, die ich über die Welt um mich herum hatte – wie ein Magnet funktioniert, ob der Weltraum ewig weitergeht, warum Regenbögen entstehen und woher wir wissen, wie das Innere eines Atoms oder das Innere eines Sterns aussieht. Mir wurde auch klar, dass ich mit Physik einige der tieferen Fragen, die mir im Kopf herumschwirrten, in den Griff bekommen konnte, etwa: Was ist eigentlich Zeit? Wie ist es, in ein Schwarzes Loch zu fallen? Wie hat das Universum begonnen, und wie könnte es enden?

Jetzt, Jahrzehnte später, habe ich Antworten auf einige meiner Fragen, aber ich suche immer noch Antworten auf neue Fragen. Wie Sie sehen, ist die Physik lebendig. Obwohl es vieles gibt, was wir heute zu den Naturgesetzen sicher wissen, und obwohl wir mit diesem Wissen weltverändernde Technologien entwickelt haben, gibt es noch etliches, was wir nicht wissen. Das macht für mich die Physik zum Spannendsten überhaupt. Tatsächlich frage ich mich manchmal, warum nicht jeder so verliebt in die Physik ist wie ich.

Aber ein Thema lebendig zu machen, dieses Gefühl des Staunens zu vermitteln, das erfordert viel mehr als nur einen Berg trockener Fakten. Um zu erklären, wie unsere Welt funktioniert, müssen wir Geschichten erzählen. Wir müssen uns klar werden, wie wir zu dem gekommen sind, was wir über das Universum wissen; wir müssen die Entdeckerfreude der vielen großen Wissenschaftler erleben, die als Erste die Geheimnisse der Natur entschlüsselt haben. Der Weg zu unserem heutigen Weltverständnis kann genauso wichtig und erfreulich sein wie das Wissen selbst.

Aus diesem Grund hat mich schon immer die Geschichte der Physik fasziniert. Es ist schade, dass wir in der Schule oft nicht erfahren, wie Konzepte und Ideen in der Wissenschaft entstanden sind. Es wird von uns erwartet, dass wir sie fraglos akzeptieren. Aber so ist die Physik nicht, so ist die gesamte Wissenschaft nicht. Wir fragen uns, wie die Welt funktioniert, und wir entwickeln Theorien und Hypothesen. Gleichzeitig machen wir Beobachtungen und führen Experimente durch, revidieren und verbessern das, was wir wissen. Oft liegen wir daneben oder entdecken erst nach Jahren, dass eine bestimmte Beschreibung oder Theorie falsch ist oder sich der Realität höchstens annähert. Und manchmal gibt es schockierende neue Entdeckungen, die uns zwingen, unsere Sicht völlig zu verändern.

Ein schönes Beispiel dafür, das ich selbst erlebt habe, war 1998 die Entdeckung, dass sich das Universum immer schneller ausdehnt, was zu der Idee der sogenannten Dunklen Energie führt. Noch vor Kurzem galt dies als ein völliges Rätsel. Was war das für ein unsichtbares Feld, das den Raum gegen die Anziehungskraft der Schwerkraft ausdehnte? Erst allmählich erfahren wir, dass es sich dabei wohl um etwas handelt, das man Vakuumenergie nennt. Sie fragen sich vielleicht, wie eine geänderte Bezeichnung (von »Dunkler Energie« zu »Vakuumenergie«) einen Fortschritt darstellen kann. Aber das Konzept der Vakuumenergie ist nicht neu. Einstein hatte es vor hundert Jahren aufgebracht, aber später änderte er seine Meinung, als er glaubte, einen Fehler gemacht zu haben, und nannte es seine »größte Eselei«. Es sind Geschichten wie diese, die für mich die Physik so spannend machen.

Und deswegen ist *Das Physik-Buch* auch so unterhaltsam. Jedes Thema wird mit der Einführung von Schlüsselfiguren, mit faszinierenden Anekdoten und einer Zeitleiste der Ideenentwicklung zugänglich und lesbar gemacht. Dies zeigt nicht nur ehrlicher, wie die Wissenschaft voranschreitet, es ist auch ein guter Weg, das Thema mit Leben zu füllen.

Ich hoffe, das Buch gefällt Ihnen ebenso gut wie mir.

Jim Al-Khalili

EINLEIT

UNG

Wir Menschen nehmen unsere Umgebung in besonderem Maße wahr. Um in der Evolution stärkeren und schnelleren Raubtieren zu entgehen, mussten wir das Verhalten unserer Umwelt vorhersehen. Mittels Sprache konnten wir unseren Erfahrungsschatz über Generationen weitergeben, und die kognitiven Fähigkeiten sowie der Werkzeuggebrauch brachten unsere Art an die Spitze der Nahrungskette.

Vor rund 60 000 Jahren haben wir uns von Afrika aus über die Welt verbreitet und konnten durch Einfallsreichtum auch in unwirtlichen Gegenden überleben. Unsere Vorfahren entwickelten Techniken, um genügend Nahrung für sich und ihre Nächsten anzubauen, und siedelten sich in Gemeinschaften an.

Experimentelle Verfahren

Die frühen Gesellschaften sahen in unzusammenhängenden Ereignissen eine tiefere Bedeutung, fanden Muster, die es nicht gab, und erklärten sie anhand von Mythen. Sie entwickelten aber auch neue Werkzeuge und Arbeitsmethoden, für die man das Wissen über innere Zusammenhänge der Welt benötigte, etwa die Jahreszeiten oder das jährliche Nilhochwasser, um Ressourcen zu erschließen. In manchen Regionen der Erde herrschte längere Zeit Frieden. Dort konnten einige Menschen es sich leisten, über unseren Platz im Universum nachzudenken. Erst die Griechen, dann die Römer versuchten die Welt anhand der Muster, die sie in der Natur erkannten, zu deuten. Thales von Milet, Sokrates, Platon, Aristoteles und andere verwarfen die übernatürlichen Erklärungen; sie suchten rationale Antworten – und begannen zu experimentieren.

Mit dem Untergang des Römischen Reiches gingen viele dieser Ideen für das Abendland verloren. Doch in der arabischen Welt und in Indien erblühten sie neu. Gelehrte dort fragten und experimentierten weiter. Man erfand die Sprache der Mathematik, um dieses neu gewonnene Wissen zu überliefern. Ibn al-Haitham und ibn Sahl waren nur zwei dieser arabischen Gelehrten im 10. und 11. Jahrhundert, ihre Entdeckungen zu Optik und Astronomie fanden jedoch außerhalb der islamischen Welt jahrhundertelang keine Beachtung.

Eine Ära der neuen Ideen

Auf globalen Handels- und Entdeckungsreisen wurden auch Ideen ausgetauscht. Händler und Seefahrer brachten Bücher, Geschichten und technische Wunderwerke von Ost nach West. Die Gedankenwelt aus diesem Kulturreichtum ließ Europa das Mittelalter überwinden und führte es in ein neues Zeitalter der Aufklärung, die Renaissance. Eine Revolution unserer Weltsicht begann, als die Vorstellungen der Alten überarbeitet wurden oder aus der Mode gerieten. Sie wurden ersetzt durch neue Ideen über unsere Stellung im Universum. Eine neue Generation von Experimentatoren wollte der Natur ihre Geheimnisse entlocken. In Italien und Polen stellten Kopernikus und Galileo Ideen infrage, die für zwei Jahrtausende als sakrosankt gegolten hatten – und wurden dafür verfolgt.

Im 17. Jahrhundert dann bildeten die Bewegungsgesetze von

> »Wer die Werke der Wissenschaft studiert, muss … die Prüfungen und Erklärungen genauestens untersuchen.«
>
> **Ibn al-Haitham**

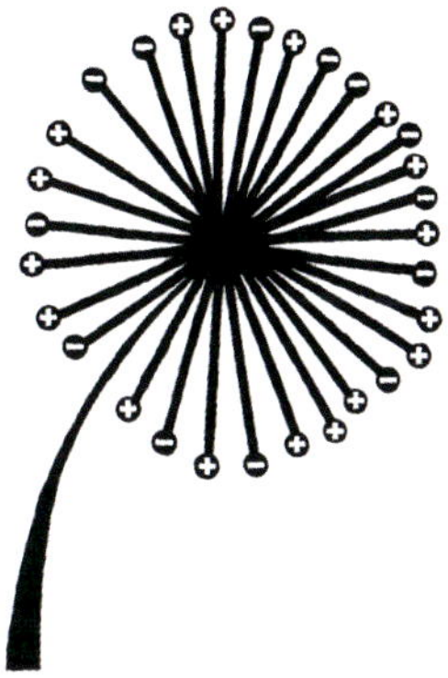

Isaac Newton die Grundlage der klassischen Physik, die für über zwei Jahrhunderte unangefochten blieb. Das Verständnis der Bewegungen erlaubte die Konstruktion von Maschinen, die Energie in vielerlei Form für die Arbeit nutzbar machten. Am bedeutendsten waren Wasserräder und Dampfmaschinen – sie leiteten die industrielle Revolution ein.

Die Entwicklung der Physik

Im 19. Jahrhundert wurden die Ergebnisse der Experimente von einem internationalen Forschernetz nachvollzogen und überprüft. Die Forscher teilten ihre Erkenntnisse in Aufsätzen und erklärten die beobachteten Muster in der Sprache der Mathematik. Andere entwarfen Modelle zur Erklärung der empirischen Zusammenhänge. Die Modelle machten Vorhersagen zum Verhalten der Natur, und diese wurden von neuen Experimentatoren überprüft. Stellten sich die Vorhersagen als korrekt heraus, dann hielt man das Modell für ein Gesetz, dem die Natur zu gehorchen schien. Der französische Physiker Sadi Carnot und andere untersuchten den Zusammenhang von Wärme und Energie – sie begründeten damit das neue Gebiet der Thermodynamik. Die Gleichungen des britischen Physikers James Clerk Maxwell beschrieben den engen Zusammenhang von Elektrizität und Magnetismus als Elektromagnetismus.

Um 1900 schien es, als sei alles in der Physik bekannt und es seien nur noch ein paar Lücken zu stopfen. Doch im ersten Jahrzehnt des neuen Jahrhunderts erschütterte eine Reihe von Entdeckungen die wissenschaftliche Welt, stellte frühere Gewissheiten infrage und gebar die moderne Physik. Max Planck enthüllte die Welt der Quantenphysik. Albert Einstein entwickelte die Relativitätstheorie. Andere entdeckten den Aufbau des Atoms und erkannten die Rolle noch kleinerer, subatomarer Teilchen. Damit legten sie die Grundlagen der Teilchenphysik. Die neuen Entdeckungen waren jedoch nicht auf den Mikrokosmos beschränkt – fortschrittliche Teleskope erschlossen die Erkundung des Alls.

Binnen weniger Generationen lebte die Menschheit nicht mehr im Zentrum des Universums, sondern auf einem Staubkorn am Rand einer von Milliarden Galaxien. Wir hatten nicht nur ins Innere der Materie geschaut und die innewohnende Energie freigesetzt, sondern auch die Weiten des Alls mit dem Licht von kurz nach dem Urknall erkundet.

> »Man kann nur in Ehrfurcht nachdenken über die Geheimnisse der Ewigkeit, des Lebens und des großartigen Aufbaus der Realität.«
>
> **Albert Einstein**

Die Physik hat sich mit der Zeit als Wissenschaft entwickelt. Mit jeder neuen Entdeckung verzweigt sie sich mehr und öffnet neue Horizonte. Die Hauptgebiete liegen heute an den Rändern unserer Welt, auf Skalen der Galaxien und unterhalb der Atome. Die moderne Physik hat Anwendungen in vielen anderen Gebieten, darunter neue Technologien, Chemie, Biologie und Astronomie. Dieses Buch stellt die wichtigsten Ideen der Physik vor; es beginnt mit dem Alltag und der Antike, geht dann über die klassische Physik bis zur Welt des Allerkleinsten und endet mit den unendlichen Weiten des Alls. ■

MESSUNG BEWEGUN

PHYSIK UND DIE ALLTAGSWELT

UND

G

3000 V. CHR.

Die Ägypter **messen Strecken und Ackerflächen** mit der **Elle.**

4. JH. V. CHR.

Aristoteles entwirft die **wissenschaftliche Methode:** Man schließt aus Beobachtungen (»Induktion«) und verallgemeinert sie (»Deduktion«).

3. JH. V. CHR.

Der griechische Philosoph Euklid schreibt die *Elemente,* eines der **wichtigsten Bücher über Geometrie und Mathematik.**

1361

Der französische Philosoph und Theologe Nikolaus von Oresme wendet erstmals **mathematische Konzepte** auf naturwissenschaftliche Erscheinungen an.

1543

Der polnische Astronom Nikolaus Kopernikus schreibt *De Revolutionibus orbium coelestium (Über die Drehungen der himmlischen Sphären).* Damit beginnt die **wissenschaftliche Revolution.**

1603

Galileo Galilei zeigt, dass Kugeln auf einer schiefen Ebene ungeachtet ihrer Masse **gleich beschleunigt** werden.

1656

Der niederländische Physiker Christiaan Huygens **erfindet die Pendeluhr,** die erstmals die genaue Messung von Bewegungen erlaubt.

Unsere Überlebensinstinkte haben dazu geführt, dass wir uns ständig vergleichen. Die ursprünglichen Instinkte im uralten Kampf ums Überleben – den richtigen Partner für die Fortpflanzung zu finden und genug Nahrung für die Familie zu beschaffen – entwickelten sich mit der Zeit zu modernen Äquivalenten wie Reichtum und Macht. Immerfort müssen wir uns, andere und die Welt vergleichen und messen. Einige dieser Maße sind interpretativ wie Persönlichkeitsmerkmale und Gefühle. Andere sind absolut – etwa Körpergröße, Gewicht und Alter.

Seit der Antike ist Reichtum für viele Menschen ein Maß für den Erfolg. Um Geld anzuhäufen, wurde weltweit Handel betrieben. Händler kauften Waren billig an einem Ort, um sie woanders, wo diese knapp waren, teurer wieder zu verkaufen. Mit zunehmendem Handel begannen ihn die lokalen Herrscher zu besteuern und führten Standardpreise ein. Daher brauchte man nun Einheitsmaße, um ein Vergleichen zu ermöglichen.

Die Sprache für Messungen

Als ihnen klar wurde, dass die Erfahrungen jedes Einzelnen relativ sind, erdachten die alten Ägypter Methoden, um ohne inhaltliche Verzerrungen zu kommunizieren. Sie entwickelten so das erste Maßsystem. Mit der ägyptischen Elle war es den Baumeistern möglich, Bauten zu errichten, die für Jahrtausende unerreicht blieben, und den Bauern, ihre Felder so zu bestellen, dass die wachsende Bevölkerung versorgt wurde. Als die ganze damalige bekannte Welt mit dem antiken Ägypten handelte, entstand die Idee einer gemeinsamen Sprache für Messungen.

Die wissenschaftliche Revolution (1543–1700) zeigte erneut den Bedarf für solche Maßsysteme auf. Für die Forscher waren sie Hilfsmittel, um die Natur zu verstehen. Sie entwarfen kontrollierte Umgebungen, in denen sie prüfen konnten, wie verschiedenes Verhalten zusammenhing – sie führten Versuche durch. Die ersten Experimente befassten sich mit Bewegungen alltäglicher Gegenstände und hatten Bezug zum Alltagsleben. Die Forscher entdeckten bestimmte Muster in Bewegungen. Diese Muster wurden verewigt mithilfe der Sprache der Mathematik, einem Erbe der Antike und in der islamischen Welt für Jahrhunderte

1663
Nach dem Gesetz des französischen Physikers Blaise Pascal verteilt sich der **Druck** in einer **Flüssigkeit in einem Gefäß** gleichmäßig.

1668
Der englische Pfarrer John Wallis weist darauf hin, dass der **Impuls** (Produkt von Masse und Geschwindigkeit) bei Stößen **erhalten bleibt.**

1670
Der französische Astronom und Mathematiker Gabriel Mouton schlägt ein **dezimal unterteiltes Einheitensystem** vor.

1687
Isaac Newton revolutioniert mit den *Principia* unser **Verständnis, wie Körper sich im Himmel und auf der Erde bewegen.**

1740
Die französische Mathematikerin Émilie du Châtelet berechnet die **kinetische Energie** von bewegten Körpern.

1752
Die Kreiselgesetze des Schweizers Leonhard Euler definieren den **linearen Impuls** und die Änderung des **Drehimpulses.**

1788
Die **Gleichungen** des französischen Physikers Joseph-Louis Lagrange vereinfachen die **Berechnung von Bewegungen.**

1845
Versuche des britischen Physikers James Joule zeigen, dass man bei der Umwandlung von Energie in eine andere Form **keine Energie gewinnt oder verliert.**

2019
Die **Einheiten** des SI werden neu definiert und **hängen nur noch von Naturkonstanten** ab.

weiterentwickelt. Die Mathematik ermöglichte es, Versuchsergebnisse eindeutig zu beschreiben und weiterzugeben sowie Vorhersagen daraus mit neuen Versuchen zu überprüfen. Mit dieser gemeinsamen Sprache und den Maßen schritt die Wissenschaft voran. Die ersten Forscher entdeckten Verbindungen zwischen Entfernung, Zeit und Geschwindigkeit und legten ihre eigene, von anderen wiederhol- und überprüfbare Erklärung für Naturphänomene vor.

Bewegung messen

Die wissenschaftlichen Theorien entwickelten sich rasch weiter, und mit ihnen änderte sich die Sprache der Mathematik. Bei der Formulierung seiner Bewegungsgesetze erfand der englische Physiker Isaac Newton die Infinitesimalrechnung, mit der man auch zeitliche Entwicklungen eines Systems beschreiben konnte, nicht nur einzelne Schnappschüsse. Um die Beschleunigung fallender Körper und die Natur der Wärme zu erklären, tauchte auch die bis dahin unbekannte Größe Energie auf. Damit ließ sich unsere Welt nicht mehr nur durch Strecken, Zeit und Masse beschreiben, man brauchte neue Maße zur Bestimmung der Energie.

Forscher brauchen Maße zur Weitergabe ihrer Versuchsergebnisse. Maße sind die eindeutige Sprache, mit der Forscher Ergebnisse interpretieren und Versuche wiederholen können, um zu prüfen, ob ihre Schlüsse korrekt sind. Heute wird das Internationale Einheitensystem (SI, nach der französischen Bezeichnung Système International) verwendet. Der Wert eines jeden Maßes und seine Beziehung zur Welt um uns ist von einer internationalen Gruppe von Forschern, den Metrologen, genau definiert.

Dieses erste Kapitel schildert die ersten Jahre der Wissenschaft, die wir heute Physik nennen, die Art und Weise ihres Vorgehens mittels Experimenten und wie die Versuchsergebnisse weltweit diskutiert werden. Von den fallenden Körpern, mit denen der italienische Forscher Galileo Galilei die Beschleunigung untersuchte, bis zu den schwingenden Pendeln, die den Weg zur exakten Zeitmessung bereiteten, ist dies die Geschichte, wie Forscher Strecken, Zeit, Energie und Bewegung gemessen haben und damit unser Verständnis der Welt revolutionierten. ■

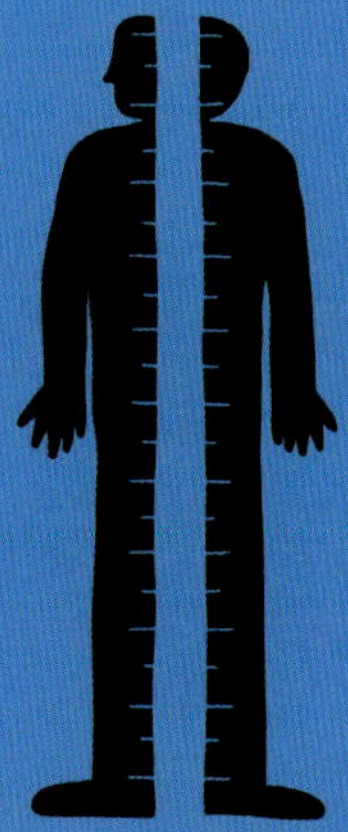

DER MENSCH IST DAS MASS ALLER DINGE

LÄNGEN MESSEN

IM KONTEXT

SCHLÜSSELKULTUR
Altes Ägypten

FRÜHER
um 3500 v. Chr. In Mesopotamien gibt es ein System zur Messung der Feldergröße.

um 3100 v. Chr. In Ägypten nutzt man Schnüre mit regelmäßig geknüpften Knoten zum Messen der Felder und zur Bauüberwachung.

SPÄTER
1585 Der Niederländer Simon Stevin schlägt ein dezimales Maßsystem vor.

1799 Die französische Regierung führt den Meter ein.

1875 Mit der Meterkonvention führen 17 Staaten ein konsistentes Einheitensystem ein.

1960 Auf der 11. Generalkonferenz zu Maßen und Gewicht wird das metrische System zum Internationalen Einheitensystem (SI, Französisch Système International).

Als der Mensch begann, komplexe Bauwerke aufzubauen, brauchte er die Möglichkeit, Längen und Höhen zu messen. Die ersten Messgeräte waren wohl einfache Holzstecken mit Kerben; allerdings gab es keine verbindliche Längeneinheit. Als erste Einheit verbreitete sich im 4. und 3. Jahrtausend v. Chr. unter den Völkern in Ägypten, Mesopotamien und dem Industal die Elle. Sie bezeichnet die Länge vom Ellbogen bis zur Spitze des ausgestreckten Mittelfingers. Natürlich ist diese Länge nicht bei jedem Menschen gleich lang, sie war also nur näherungsweise festgelegt.

Die ägyptische Königliche Elle war so lang wie der Unterarm zwischen Ellbogen und Spitze des Mittelfingers. Die Elle wurde in 28 *Djeba* (Finger) unterteilt, daneben gab es eine Reihe weiterer Zwischenmaße wie *Schesep* (Handbreit) und *Amem* (Faust).

Königliche Maße

Als Architekten und Baumeister von erstaunlichen Bauwerken brauchten die alten Ägypter eine verbindliche Längeneinheit. Die Königliche Elle *(Meh)* des Alten Reichs im antiken Ägypten ist die erste standardisierte Elle der Welt. Sie war seit 2700 v. Chr. in Gebrauch und maß 523–529 mm, unterteilt in 28 *Djeba* (Finger), die jeweils einen Finger breit (19 mm) waren.

Bei archäologischen Grabungen in den Pyramiden hat man Ellenstäbe aus Holz, Schiefer, Basalt und Bronze gefunden, die als Maßstäbe für Handwerker und Architekten genutzt wurden. Die Cheops-Pyramide bei Gizeh, in deren Grabkammer man einen Ellenstab gefunden hat, war 280 Ellen hoch und hatte eine Grundfläche von 440 Ellen im Quadrat. Die Ägypter unterteilten die Elle in *Schesep* (Handbreit, 4 Djeba), *Amem* (Faust, 6 Djeba), *Pedj-scherer* und *Pedj-aa* (Kleine und Große Spanne, 12 bzw. 14 Djeba) und *Djeser* (Vier Handbreit, 16 Djeba). Das *Chet*

Siehe auch: Der freie Fall 32–35 ▪ Zeit messen 38–39 ▪ SI-Einheiten und Naturkonstanten 58–63 ▪ Wärme und ihre Übertragung 80–81

Ellenstäbe wie dieses Exemplar aus der 18. Dynastie im alten Ägypten (14. Jh. v. Chr.) dienten dazu, im ganzen Reich einheitliche Messungen zu gewährleisten.

(100 Ellen, etwa 52,4 m) wurde zur Feldmessung, das *Iteru* (Königliche Meile, 20 000 Ellen bzw. 10,5 km) für Langstrecken verwendet.

Im ganzen Nahen Osten waren Ellen verschiedener Länge gebräuchlich. Die Assyrer entwickelten sie um 700 v. Chr., die hebräische Bibel verweist an zahlreichen Stellen auf Ellen, besonders im Buch Exodus (2. Buch Mose) bei der Konstruktion der Stiftshütte, der »Wohnung« für die Zehn Gebote. Die alten Griechen hatten ihre eigene, 24-fach unterteilte Elle und als Streckenmaß das *Stadion* entsprechend 300 Ellen. Im 3. Jahrhundert v. Chr. schätzte der griechische Gelehrte Eratosthenes (um 276–194 v. Chr.) den Erdumfang mit 250 000 Stadien ab, später verbesserte er seinen Wert auf 252 000 Stadien. Auch die Römer übernahmen die Elle, zusammen mit Zoll (die Daumenbreite eines Mannes), Fuß und Meile. Die Römische Meile hatte 1000 Schritt *(mille passus)*, jeder 5 Römische Fuß lang. Durch die Expansion des Römischen Reiches ab dem 3. Jahrhundert v. Chr. verbreiteten sich diese Einheiten in großen Teilen Westasiens und Europas, einschließlich England, wo Königin Elizabeth I. 1593 die Meile mit 5280 Fuß neu definierte.

» Du sollst auch Bretter machen zu der Wohnung von Akazienholz, die stehen sollen. Zehn Ellen lang soll ein Brett sein und anderthalb Ellen breit «

Exodus (2. Buch Mose) 26, 15–16
Luther-Bibel 1912

Metrische Einheiten

1585 schlug der flämische Physiker Simon Stevin in seinem Traktat *De Thiende (Das Zehntel)* ein dezimales Maßsystem vor und sagte, dass es sich irgendwann weithin durchsetzen würde. Gut zwei Jahrhunderte später begann ein Komitee der französischen Akademie der Wissenschaften mit der Arbeit an dem metrischen System. Es definierte den Meter als zehnmillionstel Teil des Abstands vom Erdäquator zum Nordpol. 1799 übernahm Frankreich als erstes Land dieses System.

Weltweit verbindlich wurde das System erst 1960 mit dem Internationalen Einheitensystem (Système International, SI) mit dem Meter als Grundeinheit der Längen. 1 Meter (m) sind demnach 1000 Millimeter (mm) oder 100 Zentimeter (cm), und 1000 m sind 1 Kilometer (km). ▪

Geänderte Definitionen

1668 folgte der englische Pfarrer John Wilkins dem Vorschlag Stevins einer dezimal geteilten Längeneinheit mit einer neuen Definition: Das Grundmaß sollte die Länge eines Pendels mit einer Schwingungsdauer von zwei Sekunden sein. Nach Berechnungen des niederländischen Physikers Christiaan Huygens beträgt diese Länge 997 mm.

1889 wurde ein Stab aus einer Legierung von 90 % Platin und 10 % Iridium gegossen, der den Meter darstellen sollte, doch da seine Länge sich mit der Temperatur leicht änderte, war es nur am Gefrierpunkt genau. Dieser »Urmeter« wird noch heute im Internationalen Büro für Maß und Gewicht in Paris aufbewahrt. Als man 1960 die SI-Definitionen anpasste, wurde der Meter über die elektromagnetische Strahlung eines Kryptonatoms neu definiert. 1983 wurde diese Definition wieder geändert: Ein Meter war nun die Strecke, die das Licht im Vakuum in 1/299 792 458 Sekunden zurücklegt.

» Eine Meile sind acht Furlong (»Furchen«), jeder Furlong sind vierzig Pole (»Ruten«), und jeder Pole sechzehneinhalb Foot (»Fuß«). «

Königin Elizabeth I.

KLUG FRAGEN KÖNNEN IST DIE HALBE WEISHEIT

DIE WISSENSCHAFTLICHE METHODE

IM KONTEXT

SCHLÜSSELFIGUR
Aristoteles (um 384–322 v. Chr.)

FRÜHER
585 v. Chr. Der griechische Mathematiker und Philosoph Thales von Milet untersucht die Bewegungen von Sonne und Mond und sagt eine Sonnenfinsternis vorher.

SPÄTER
1543 Nikolaus Kopernikus' *De Revolutionibus orbium coelestium (Über die Drehungen der himmlischen Sphären)* und Andreas Vesalius' *De humanis corporis fabrica (Über den Aufbau des menschlichen Körpers)* beruhen auf genauen Beobachtungen und markieren den Beginn der wissenschaftlichen Revolution.

1620 Francis Bacon begründet den Induktivismus: Man verallgemeinert aufgrund genauer Beobachtungen.

Sorgfältiges Beobachten und das Hinterfragen der Ergebnisse sind zentral für die wissenschaftliche Methode, die der Physik und allen Naturwissenschaften zugrunde liegt. Da sich die Interpretation von Daten leicht durch Vorwissen und Annahmen verfälschen lässt, folgt die Methode festen Regeln: Aufgrund von Vorergebnissen stellt man eine Hypothese auf und überprüft sie im Versuch. Wenn die Hypothese versagt, kann man sie überarbeiten und neu prüfen; wenn sie sich bewährt, teilt man sie den Fachkollegen zur unabhängigen Überprüfung mit.

Seit jeher will der Mensch seine Umwelt begreifen. Nahrung zu

Siehe auch: Der freie Fall 32–35 ▪ SI-Einheiten und Naturkonstanten 58–63 ▪ Fernrohr und Mikroskop 170–175 ▪ Modelle des Universums 272–273 ▪ Dunkle Materie 302–305

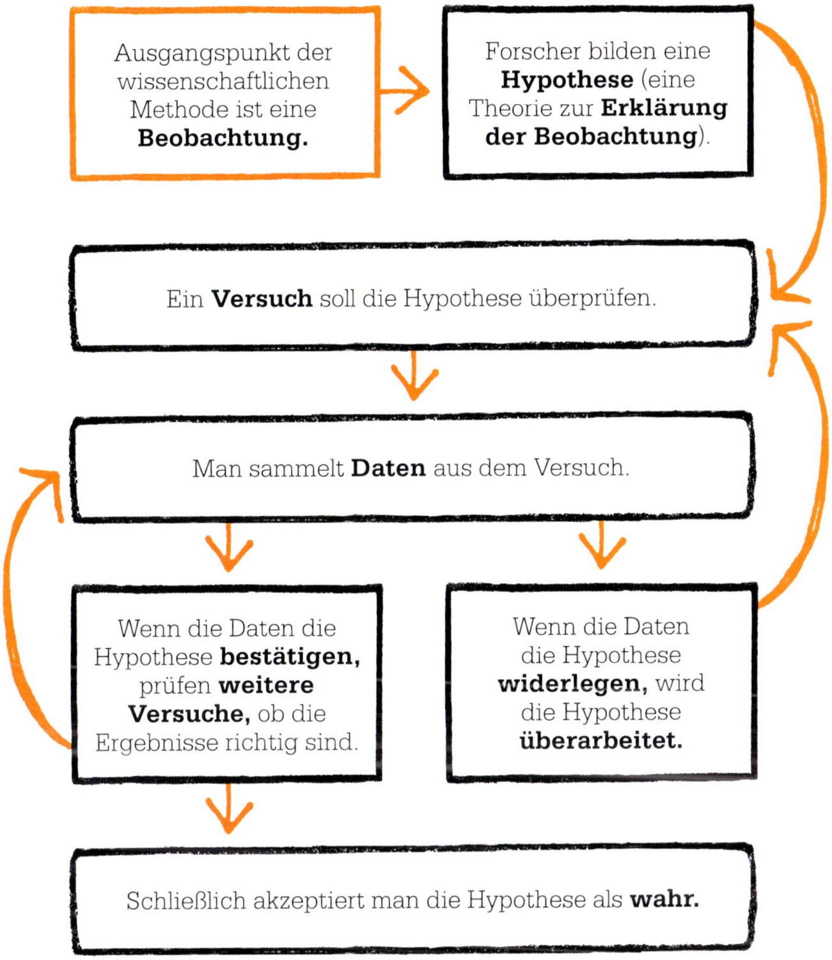

finden und Wetteränderungen zu verstehen, war schon zu Urzeiten eine Sache von Leben und Tod. Oft erklärte man natürliche Phänomene mit Mythen oder glaubte, alles sei ein Geschenk der Götter.

Frühe Untersuchungen

Die ersten Hochkulturen – das antike Mesopotamien, Ägypten, Griechenland und China – waren so weit entwickelt, dass sie »Naturphilosophen« mittragen konnten: Denker, die die Welt interpretieren und ihre Überlegungen aufschreiben wollten. Als einer der Ersten lehnte der Grieche Thales von Milet übernatürliche Erklärungen von Naturphänomenen ab. Später führten die Philosophen Sokrates und Platon die Debatte und den Streit als Methode des Erkenntnisgewinns ein, doch erst Aristoteles – ein produktiver Erforscher der Physik, Biologie und Zoologie – begründete eine wissenschaftliche Untersuchungsmethode und wandte logische Schlüsse auf seine Beobachtungen an. Als Empiriker glaubte er, dass alles Wissen auf »

Aristoteles

Aristoteles war Sohn des Leibarztes der makedonischen Königsfamilie und wurde nach dem frühen Tod seiner Eltern von einem Vormund aufgezogen. Mit etwa 17 Jahren trat er in Platons Akademie in Athen ein, die führende Lehranstalt Griechenlands. Zwei Jahrzehnte studierte und schrieb er dort zu Philosophie, Astronomie, Biologie, Chemie, Geologie und Physik sowie zu Politik, Poetik und Musik. Auf seinen Reisen nach Lesbos gelangen ihm bahnbrechende Beobachtungen der Tier- und Pflanzenwelt der Insel.

343 v. Chr. ernannte Philipp II. von Makedonien Aristoteles zum Erzieher seines Sohnes, dem späteren Alexander dem Großen. 335 v. Chr. gründete er am Lykeion bei Athen eine Schule, an der er viele seiner naturkundlichen Abhandlungen schrieb. Athen verließ er 322 v. Chr. und ließ sich auf Euböa nieder, wo er mit etwa 62 Jahren starb.

Hauptwerke

Metaphysik
Über den Himmel
Physik

» Alle Wahrheiten sind leicht verständlich von dem Zeitpunkt an, wo sie aufgedeckt werden. Die Frage ist, ob sie aufgedeckt werden. «

Galileo Galilei

der Erfahrung durch die Sinne beruht und dass Überlegungen allein nicht reichen, um ein wissenschaftliches Problem zu lösen – man braucht Belege.

Auf seinen Reisen machte er detaillierte zoologische Beobachtungen und suchte Kriterien, um Lebewesen nach Verhalten und Anatomie einzuteilen. Er fuhr mit Fischern zur See, sammelte Fische und anderes Meeresgetier und sezierte sie. Nachdem er entdeckt hatte, dass Delfine Lungen haben, ordnete er sie bei den Walen ein, nicht bei den Fischen, und er unterschied vierbeinige Tiere, die lebende Junge gebären (Säugetiere) von denen, die Eier legen (Reptilien und Amphibien).

In anderen Gebieten jedoch hing Aristoteles den traditionellen Ansichten an, etwa der geozentrischen Vorstellung einer Erde, um die Sonne und Sterne kreisen. Im 3. Jahrhundert v. Chr. behauptete der Grieche Aristarch von Samos, dass die Erde und die bekannten Planeten die Sonne umkreisten, die Sterne sehr weit entfernte Gegenstücke zu »unserer« Sonne seien und dass die Erde sich um ihre Achse drehe. Obwohl diese Ideen richtig waren, wurden sie verworfen, da Aristoteles und sein Schüler Ptolemäus größere Autorität genossen. Die geozentrische Sicht des Universums galt lange als wahr – teils durch die katholische Kirche unter Hinweis auf die Bibel erzwungen –, bis sie durch Kopernikus, Galileo und Newton überwunden wurde.

Prüfen und beobachten

Der arabische Gelehrte ibn al-Haitham (im Westen bekannt als Alhazen) war ein früher Vertreter der wissenschaftlichen Methode. Er lebte um 1000 n. Chr. und entwickelte eigene Versuchsmethoden, um Hypothesen zu belegen oder zu widerlegen. Er arbeitete hauptsächlich zur Optik, leistete aber auch wichtige Beiträge zu Astronomie und Mathematik. So bewies er beispielsweise die Hypothese, dass jeder Punkt eines leuchtenden Körpers Licht geradlinig in jede Richtung abstrahlt.

Leider drangen al-Haithams Methoden nicht über die islamische

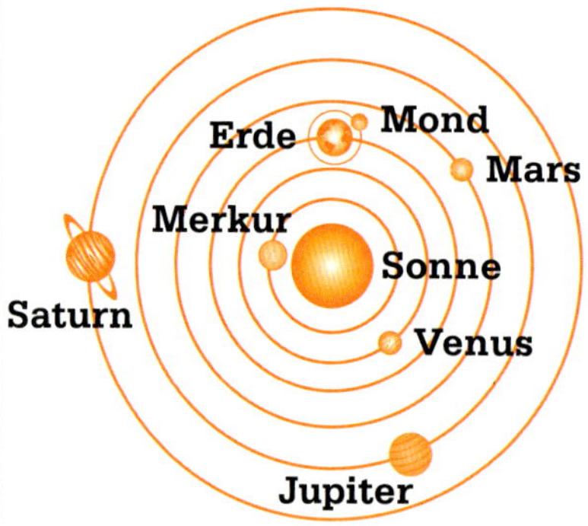

Im heliozentrischen Modell des Kopernikus steht die Sonne (griechisch *helios*) im Mittelpunkt der Planetenbahnen. Die Kirche verbot dieses Modell und ächtete seine Verfechter.

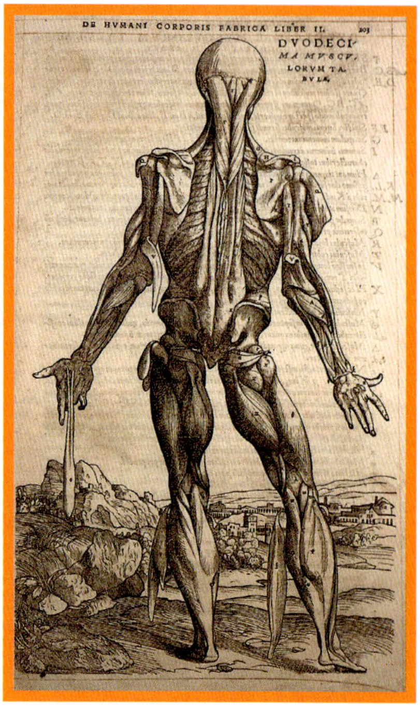

Vesalius' anatomische Darstellungen von 1543 setzten neue Maßstäbe für die Studien des menschlichen Körpers, die seit dem griechischen Arzt Galen (129–216 n. Chr.) unverändert war.

Welt hinaus, und erst 500 Jahre später, während der wissenschaftlichen Revolution, tauchte ein ähnlicher Ansatz in Europa auf. Doch die Ansicht, dass man althergebrachte Theorien infrage stellen und verwerfen kann, wenn man eine Alternative beweisen kann, war im Europa des 16. Jahrhunderts nicht weit verbreitet. Die kirchlichen Autoritäten lehnten viele wissenschaftliche Ideen wie die des Astronomen Nikolaus Kopernikus ab. Akribisch und mit bloßem Auge beobachtete er den Nachthimmel und erklärte die scheinbare retrograde (»rückwärtige«) Bewegung der Planeten, zu der der Geozentrismus nie hatte etwas sagen können. Nach Kopernikus kam dieser Effekt dadurch zustande, dass die Erde und die anderen Planeten auf unterschiedlichen Bahnen um die Sonne kreisen. Obwohl Kopernikus den Heliozentrismus (Sonne im Mittelpunkt) noch nicht beweisen konnte, weist ihn das Verwenden rationaler Überlegungen, um alte Ansichten

» Wenn jemand mit Gewissheiten beginnen will, wird er in Zweifeln enden. Wenn er sich aber bescheidet, mit Zweifeln anzufangen, wird er zu Gewissheiten gelangen. «

Francis Bacon

infrage zu stellen, als wahren Wissenschaftler aus. Etwa zur selben Zeit, 1543, wandelte der flämische Anatom Andreas Vesalius mit seinem mehrbändigen Werk zum menschlichen Körper das medizinische Denken. So wie Kopernikus seine Theorien auf genauen Beobachtungen stützte, analysierte Vesalius seine Befunde beim Sezieren menschlicher Körperteile.

Der experimentelle Ansatz

Für den italienischen Gelehrten Galileo Galilei war der Versuch zentral für den wissenschaftlichen Zugang. Er zeichnete seine Beobachtungen sorgfältig auf – zur Planetenbewegung, zum Schwingen von Pendeln und zur Geschwindigkeit fallender Körper. Er stellte Theorien zur Erklärung auf und testete sie in Versuchen. Mit einem damals neuartigen Teleskop untersuchte er vier der Jupitermonde und bewies damit das heliozentrische Modell des Kopernikus – im Geozentrismus kreisen alle Himmelskörper um die Erde. 1633 wurde Galilei von der Inquisition angeklagt und wegen Ketzerei zu Hausarrest verurteilt. Er veröffentlichte aber weiter und schmuggelte seine Schriften an der kirchlichen Zensur vorbei in die Niederlande.

Im späteren 17. Jahrhundert verfestigte der englische Philosoph Francis Bacon die Bedeutung eines methodischen, skeptischen Zugangs für wissenschaftliche Untersuchungen. Seiner Ansicht nach musste man für wahres Wissen Axiome und Gesetze auf Beobachtungen aufbauen und durfte nicht (auch nicht teilweise) auf ungeprüfte Schlüsse und Folgerungen setzen. Zum Bacon'schen Weg gehören Beobachtungen, um überprüfbare Fakten zu schaffen; Verallgemeinerung vieler Beobachtungen, um ein Axiom aufzustellen (das nennt man Induktivismus), allerdings keine Verallgemeinerung über die Fakten hinaus; das Sammeln weiterer Fakten, um die Wissensgrundlage zu verbreitern.

Unbewiesene Wissenschaft

Wenn wissenschaftliche Behauptungen nicht bewiesen werden können, sind sie nicht unbedingt falsch. 1997 behaupteten Forscher am Gran-Sasso-Labor in Italien, Belege für die Dunkle Materie gefunden zu haben, die bis zu 27 % des Universums ausmachen soll. Die wahrscheinlichste Quelle sollten schwach wechselwirkende schwere Teilchen (sogenannte WIMPs) sein. Man könne sie als winzige Lichtblitze (Szintillationen) nachweisen, die beim Aufprall des Teilchens auf den Kern des »Zielatoms« entstehen. Trotz aller Bemühungen anderer Forscher, das Experiment zu wiederholen, wurden keine weiteren Belege gefunden. Möglicherweise gibt es eine unbekannte Erklärung – oder die Szintillationen wurden durch Heliumatome erzeugt, die in den Photomultipliern im Experiment vorhanden sind. ■

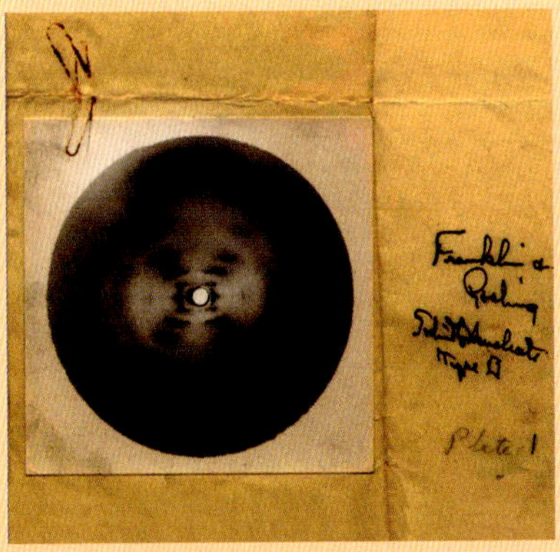

Photo 51, ein 1952 aufgenommenes Röntgenstrukturbild menschlicher DNA. Die X-Form weist auf die Struktur der DNA – eine Doppelhelix – hin.

Die wissenschaftliche Methode in der Praxis

Die Desoxyribonukleinsäure (englische Abkürzung DNA) wurde 1944 als Träger der Erbinformation des Körpers erkannt. Chemisch besteht sie aus vier verschiedenen Bausteinen, den Nukleotiden. Es blieb aber unklar, wie die genetischen Informationen in der DNA gespeichert sind. Drei Forscher – Linus Pauling, Francis Crick und James Watson – vertraten die Hypothese, DNA habe einen helixartigen Aufbau (griechisch *helix* »Schraubenlinie«). Den Ergebnissen anderer Forscher zufolge musste DNA auf Röntgenstrukturbildern dann x-förmig sein. Ihre Kollegin Rosalind Franklin prüfte diese Hypothese und fertigte ab 1950 Röntgenstrukturaufnahmen von kristalliner DNA an. Nachdem sie die Technik zwei Jahre lang verbessert hatte, gelang ihr das nebenstehende »Photo 51«, das zeigte, dass die DNA wie eine Helix aufgebaut ist. Die Hypothese war damit bewiesen und bildete den Ausgangspunkt für weitere Untersuchungen.

ALLES IST ZAHL

DIE SPRACHE DER PHYSIK

IM KONTEXT

SCHLÜSSELFIGUR
Euklid von Alexandria (um 325–270 v. Chr.)

FRÜHER
3000–300 v. Chr. In Mesopotamien und Ägypten werden Zahlensysteme und Lösungsverfahren für mathematische Probleme entwickelt.

600–300 v. Chr. Griechische Gelehrte wie Pythagoras und Thales formalisieren die Mathematik mithilfe von Logik und Beweisen.

SPÄTER
um 820 n. Chr. Der persische Mathematiker Al-Chwarizmi schreibt die Prinzipien der Algebra nieder.

um 1670 Gottfried Wilhelm Leibniz und Isaac Newton entwickeln unabhängig voneinander die Infinitesimalrechnung zur Untersuchung von Veränderungen.

Die Physik will das Universum verstehen – durch Beobachtung und Experiment, durch Modelle und Theorien. All dies ist eng verbunden mit der Mathematik. Mathematik ist die Sprache der Physik – gebraucht beim Messen und der Datenanalyse in Experimenten, bei präzisen Ausdrücken für Theorien und bei der Beschreibung des grundlegenden »Bezugssystems«, in dem alle Materie existiert und Geschehnisse ablaufen. Die Untersuchung von Raum, Zeit, Materie und Energie ist nur möglich, wenn man zuvor Größe, Form, Symmetrie und Änderung verstanden hat.

Getrieben durch die Praxis

Die Geschichte der Mathematik ist eine der zunehmenden Abstraktion. Frühe Ideen zu Zahlen und Formen entwickelten sich mit der Zeit zur allgemeinsten und genauesten Sprache. In prähistorischer Zeit, vor der Entwicklung der Schrift, führte das Hüten der Tiere und der Handel mit Gütern zu ersten Zählungen und Strichlisten.

In den Hochkulturen des Nahen Ostens und Mittelamerikas stieg der Anspruch an Genauigkeit und Vorhersagen. Mit der Kenntnis astronomischer Zyklen und jahreszeitlicher Muster, etwa Überschwemmungen, war Macht verbunden. Landwirtschaft und Architektur brauchten genaue Kalender und Landvermessungen.

> »Die Zahl ist das Wesen aller Dinge.«
>
> **Pythagoras**

Die ersten Stellenwertsysteme (wo die Stellung einer Ziffer in einer Zahl ihren Wert anzeigt) und Wege zum Lösen von Gleichungen entstanden vor mehr als 3500 Jahren in Mesopotamien, Ägypten und (später) in Mittelamerika.

Logik und Analyse

Der Aufstieg des antiken Griechenlands brachte neue Themen. Zah-

Euklid

Obwohl seine *Elemente* extrem einflussreich waren, ist über Euklids Leben nur wenig bekannt. Er wurde um 325 v. Chr. unter Pharao Ptolemäus I. geboren und starb um 270 v. Chr. Er lebte meist in Alexandria, damals ein wichtiges Zentrum der Gelehrsamkeit, könnte aber auch an Platons Akademie in Athen studiert haben.

In seinem *Kommentar zu Euklid* schreibt der griechische Philosoph Proklos im 5. Jh. n. Chr. (also etwa 700 Jahre später), Euklid habe die Sätze von Eudoxos, einem früheren griechischen Mathematiker, zusammengestellt und die Vorstellungen anderer Gelehrter »unwiderlegbar demonstriert«. Demnach sind die Sätze in den 13 Büchern von Euklids *Elementen* nicht von ihm, setzten aber für zwei Jahrtausende den Standard des Mathematikunterrichts. Die ältesten Drucke der *Elemente* stammen aus dem 15. Jh.

Hauptwerke

Elemente
Data
Optik
Phainomena

Siehe auch: Längen messen 18–19 ▪ Zeit messen 38–39 ▪ Die Bewegungsgesetze 40–45 ▪ SI-Einheiten und Naturkonstanten 58–63 ▪ Antimaterie 246 ▪ Der Teilchenzoo und die Quarks 256–257 ▪ Gekrümmte Raumzeit 280

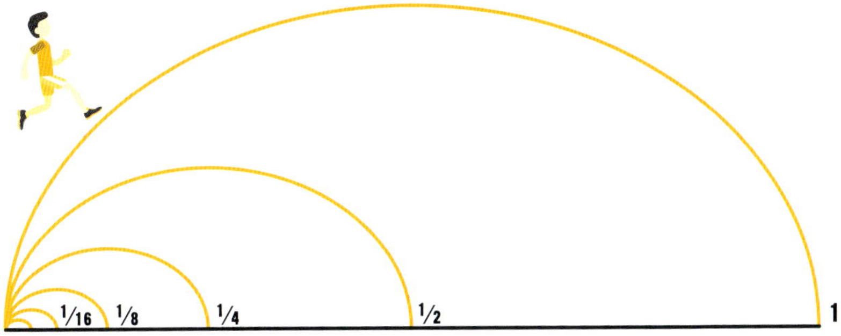

Mit dem Teilungsparadoxon wollte Zeno zeigen, dass Bewegung logisch unmöglich ist. Bevor jemand eine Strecke gehen kann, muss er die halbe Strecke gehen, vor der halben Strecke muss er ein Viertel der Strecke gehen usw. Das Laufen einer beliebigen Strecke erfordert also eine unendliche Anzahl von Schritten, die man erst in unendlicher Zeit vollenden kann.

lensysteme und Messungen waren nun nicht mehr nur einfache Hilfen, die griechischen Gelehrten studierten sie um ihrer selbst willen. Sie hatten zwar viele mathematische Erkenntnisse von früheren Kulturen übernommen, auch Teile des Satzes von Pythagoras, nun aber führten sie die strenge logische Argumentation und einen in der Philosophie wurzelnden Ansatz ein – das griechische *philosophia* heißt »Liebe zur Weisheit«.

Die Idee von Satz (eine allgemeine Aussage, die immer und überall wahr ist) und Beweis (eine formale Erörterung mithilfe logischer Gesetze) taucht erstmals im frühen 6. Jahrhundert v. Chr. in der Geometrie des griechischen Philosophen Thales von Milet auf. Etwa zur selben Zeit waren für Pythagoras und seine Anhänger die Zahlen die Bausteine des Universums.

Für die Pythagoräer mussten Zahlen »kommensurabel« sein, d. h. im ganzzahligen Verhältnis zueinander stehen. Diese Weltsicht wurde erschüttert, als der pythagoräische Philosoph Hippasus die irrationalen Zahlen entdeckte (wie $\sqrt{2}$, die sich nicht exakt als Verhältnis zweier ganzer Zahlen darstellen lässt). Der Legende nach wurde er von seinen aufgebrachten Mitjüngern gesteinigt.

Titanen der Mathematik

Im 5. Jahrhundert v. Chr. entwickelte der griechische Philosoph Zeno von Elea Paradoxien zur Bewegung, wie das von Achilles und der Schildkröte. Solche logischen Widersprüche waren in der Praxis leicht zu lösen, aber sie fesselten Generationen von Mathematikern. Sie wurden, zumindest teilweise, erst im 17. Jahrhundert mit der Entwicklung der Infinitesimalrechnung gelöst, die sich mit kontinuierlich veränderten Größen befasst.

Zentral ist hier die Idee, das unendliche Kleine (das Infinitesimale) zu berechnen. Vorweggenommen wurde sie von Archimedes von Syrakus, der im 3. Jahrhundert v. Chr. lebte. Um das Volumen einer Kugel näherungsweise zu berechnen, halbierte er sie, umschloss die Halbkugel mit einem Zylinder und stellte sich vor, diesen horizontal in Scheiben zu zerlegen – von der Oberseite der Halbkugel, wo der Radius infinitesimal klein ist, nach unten. Er wusste, dass das Ergebnis immer genauer würde, je dünner er die Scheiben machte. Archimedes ist bekannt für sein »Heureka!«, als er entdeckte, dass die Auftriebskraft eines Körpers im Wasser gleich der Gewichtskraft des Wassers ist, die der Körper verdrängt. Doch bekannt ist er auch dafür, dass er Mathematik auf die Mechanik und andere Gebiete der Physik anwandte und damit Probleme mit Hebeln, Schrauben, Rollen und Pumpen löste.

Archimedes studierte in Alexandria an einer Schule, die von Euklid, dem »Vater der Geometrie«, gegründet worden war. Euklid hatte die Grundlagen der Geometrie selbst untersucht und in seiner Abfolge von Behauptung und Beweis das »

Griechische Philosophen zeichneten beim Geometrieunterricht ihre Figuren in den Sand. Archimedes soll Kreise im Sand gezogen haben, als ein römischer Soldat ihn tötete.

Schema des mathematischen Denkens für die nächsten 2000 Jahre formuliert. In seinen *Elementen* führte er in 13 Büchern die »axiomatische Methode« für die Geometrie ein. Er definierte Begriffe wie »Punkt« und setzte fünf Axiome (d. h. selbstverständliche Wahrheiten) voraus, etwa: Zwischen zwei beliebigen Punkten kann eine Linie gezogen werden. Aus diesen Axiomen leitete er mit logischen Schlüssen Sätze ab. Aus heutiger Sicht sind Euklids Axiome mangelhaft; es gibt etliche Annahmen, die ein heutiger Mathematiker formal ausdrücken würde. Doch die *Elemente* bleiben ein wunderbares Werk, das nicht nur die ebene und die dreidimensionale Geometrie abdeckt, sondern auch Verhältnisse und Proportionen, Zahlentheorie und die »Inkommensurablen«, die Pythagoras abgelehnt hatte.

Sprache und Symbole

Im antiken Griechenland beschrieben und lösten die Gelehrten algebraische Probleme (d. h. die Berechnung unbekannter Größen, wenn einige Größen und Zusammenhänge bekannt sind) in Alltagssprache und mithilfe von Geometrie. Die äußerst knappe und präzise symbolische Sprache der modernen Physik, die sich besser zur Untersuchung von Problemen eignet und weltweit verstanden wird, ist weit jüngeren Datums. Um 250 v. Chr. jedoch führte der griechische Mathematiker Diophant von Alexandria in seinem Hauptwerk *Arithmetica* einige Symbole ein, um algebraische Probleme zu lösen. Das Buch beeinflusste die Entwicklung der arabischen Algebra nach dem Untergang des Römischen Reiches. Im Goldenen Zeitalter des Islam (vom 8. bis zum 14. Jahrhundert) erblühte die Algebra im Osten. Bagdad wurde zur Hauptstadt der Bildung. Hier konnten Mathematiker im »Haus der Weisheit« Übersetzungen der griechischen Bücher zur Geometrie und Zahlentheorie oder indische Werke zum Stellenwertsystem studieren. Im frühen 9. Jahrhundert stellte hier Muhammad ibn Musa Al-Chwarizmi seine Methoden zum Ausgleichen und Lösen von Gleichungen in dem Buch *al-dschabr* zusammen (aus diesem Titel wurde später das Wort »Algebra«). Er machte die indischen Zahlzeichen populär, die später zu den arabischen Zahlen wurden, beschrieb seine algebraischen Probleme aber noch in Worten.

In seiner *Einführung in die Kunst der Analyse* nutzte der französische Mathematiker François Viète 1591 erstmals Buchstaben als Symbole in Gleichungen. Nun konnten Mathematiker komplizierte Gleichungen kompakt aufschreiben, ohne Diagramme zu Hilfe zu nehmen. 1637 dann vereinte der französische Philosoph und Mathematiker René Descartes Algebra und Geometrie durch ein Koordinatensystem.

> »Die imaginären Zahlen sind ein wunderbarer Schatz des menschlichen Geistes, fast eine Amphibie zwischen Sein und Nichtsein.«
>
> **Gottfried Wilhelm Leibniz**

Mehr abstrakte Zahlen

Über die Jahrtausende hatten die Mathematiker beim Versuch, verschiedene Probleme zu lösen, das Zahlensystem erweitert, von den einfachen ganzen Zahlen 1, 2, 3 … zu Brüchen und irrationalen Zahlen. Weitere Abstraktion brachten die Null und negative Zahlen. Im alten Zahlensystem war die Null nur ein Platzhalter, sodass man etwa 10 und 100 auseinanderhalten konnte. Etwa im 7. Jahrhundert n. Chr. wurden negative Zahlen

Islamische Gelehrte in einer von Bagdads großen Bibliotheken (Miniatur von Yahya ibn Mahmud al-Wasiti von 1237). Nach Bagdad kamen Gelehrte aus der ganzen islamischen Welt, die Persien, Ägypten, Arabien und Teile der iberischen Halbinsel umfasste.

zur Angabe von Schulden verwendet. 628 n. Chr. behandelte der indische Mathematiker Brahmagupta erstmals die negativen ganzen Zahlen beim Rechnen wie positive Zahlen. Doch in Europa betrachteten noch 1000 Jahre später manche Gelehrte negative Zahlen als inakzeptabel für die formale Lösung einer Gleichung.

Der italienische Gelehrte Geronimo Cardano verwendete nicht nur negative Zahlen, sondern führte in *Ars Magna* auch komplexe Zahlen ein (eine Kombination von reellen und imaginären Zahlen), um kubische Gleichungen zu lösen. (Bei diesen Gleichungen taucht mindestens eine Variable in der dritten Potenz auf, etwa x^3, aber nicht höher.) Komplexe Zahlen haben die Form $a + bi$; dabei sind a und b reelle Zahlen, und i ist die imaginäre Einheit mit $i = \sqrt{-1}$. Die Einheit heißt »imaginär«, weil sie beim Quadrieren eine negative Zahl ergibt; das Quadrat einer reellen Zahl, gleich ob sie positiv oder negativ ist, ist aber immer positiv. Obwohl schon Cardanos Zeitgenosse Rafael Bombelli die ersten

> »Eine neue, ungeheure und mächtige Sprache wurde entwickelt für künftige Analysen. Die Wahrheiten daraus lassen sich in der Praxis schneller und präziser für die Ziele der Menschheit nutzen.«
>
> **Ada Lovelace**
> Britische Mathematikerin und Computerpionierin

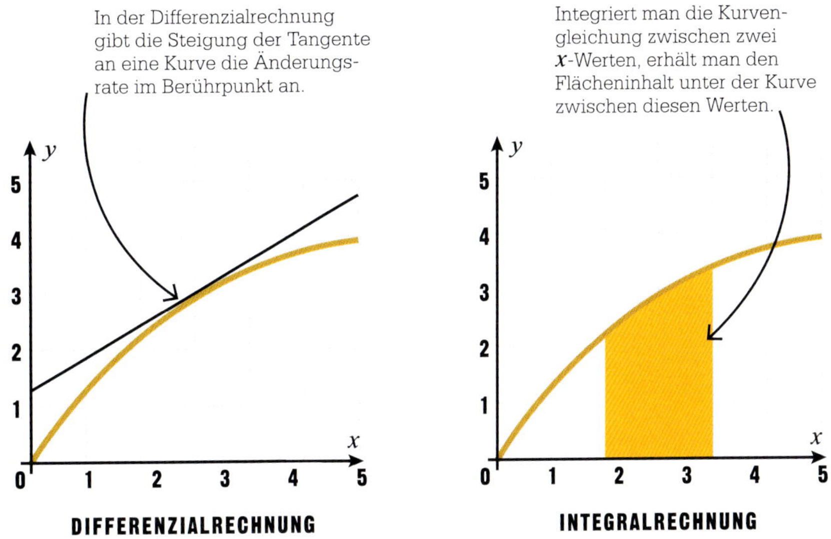

Die Differenzialrechnung untersucht zeitliche Änderungsraten, hier geometrisch als die Steigung einer Kurve dargestellt. Die Integralrechnung befasst sich mit gekrümmten Strecken, mit Flächen und Volumina, die durch gekrümmte Linien begrenzt sind.

Regeln zur Anwendung komplexer und imaginärer Zahlen beschrieb, führte erst 200 Jahre später der Schweizer Mathematiker Leonhard Euler für die imaginäre Einheit das Symbol i ein.

Wie die negativen Zahlen erfuhren auch die komplexen Zahlen bis zum 18. Jahrhundert einigen Widerstand. Doch sie bedeuteten einen wichtigen mathematischen Fortschritt. Sie lösen nicht nur kubische Gleichungen, sondern – anders als reelle Zahlen – alle polynomen Gleichungen höherer Ordnung (bei denen zwei oder mehr Terme addiert werden und eine Variable in höheren Potenzen wie x^4 oder x^5 auftaucht). Komplexe Zahlen treten naturgemäß in vielen Zweigen der Physik auf, etwa in der Quantenmechanik und dem Elektromagnetismus.

Die Infinitesimalrechnung

Eine der für die Physik bedeutsamsten Entwicklungen waren die »infinitesimalen« Verfahren, um Kurven und Veränderungen zu untersuchen. Die alte griechische Methode der Exhaustion (die Bestimmung des Flächeninhalts durch Ausfüllen mit kleineren Polygonen) wurde verfeinert, um Flächen unter Kurven berechnen zu können. Daraus entwickelte sich die Integralrechnung. Im 17. Jahrhundert regte die Untersuchung von Tangenten durch den französischen Juristen Pierre de Fermat die Entwicklung der Differenzialrechnung an, bei der man Änderungsraten bestimmt.

Um 1670 erarbeiteten der englische Physiker Isaac Newton und der deutsche Philosoph Gottfried Wilhelm Leibniz unabhängig voneinander eine Theorie, in der Integral- und Differenzialrechnung zur »Analysis« oder Infinitesimalrechnung vereint werden. Die zugrunde liegende Idee ist, eine Kurve (eine sich ändernde Größe) mithilfe von vielen geraden Linien (einer »

Euklidische und nichteuklidische Geometrien

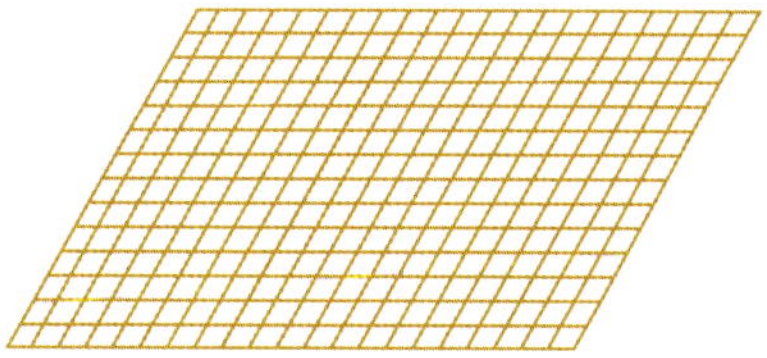

In der **euklidischen Geometrie** ist der Raum »flach«. Parallelen bleiben überall gleich weit voneinander entfernt und treffen sich nie.

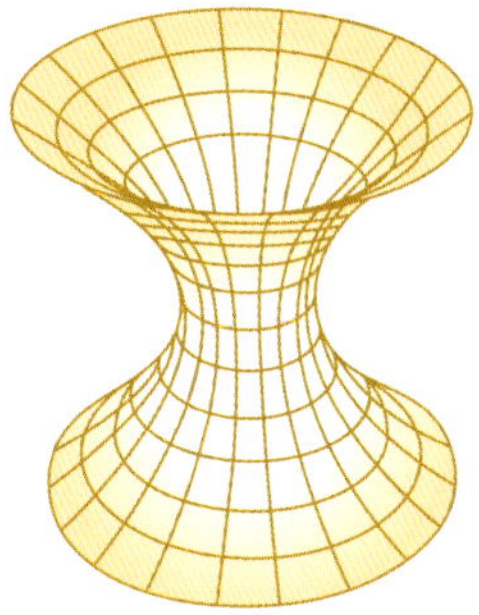

In der **hyperbolischen Geometrie** von Bolyai und Lobatschewski ist eine Fläche sattelförmig. Geraden auf einer Fläche sind voneinander weg gekrümmt.

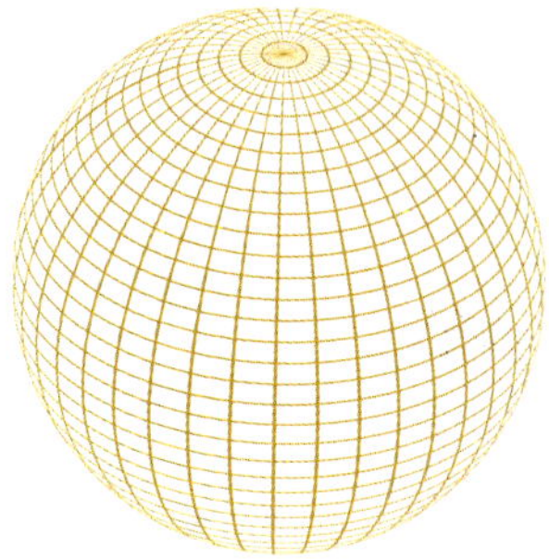

In der **elliptischen Geometrie** sind Flächen nach außen gekrümmt wie eine Kugel. Parallelen krümmen sich zueinander hin und schneiden sich schließlich.

Reihe verschiedener, fester Größen) anzunähern. Im theoretischen Grenzwert ist die Kurve gleich einer unendlichen Anzahl von infinitesimalen Näherungen.

Während des 18. und 19. Jahrhunderts explodierte die Anzahl der Anwendungen für die Analysis in der Physik. Physiker konnten nun dynamische (sich ändernde) Systeme präzise modellieren, von schwingenden Saiten bis zur Wärmediffusion. Das Werk des schottischen Physikers James Clerk Maxwell im 19. Jahrhundert beeinflusste die Vektorrechnung, die Phänomene beschreibt, die eine Größe und eine Richtung haben. Maxwell bahnte auch statistischen Verfahren zur Untersuchung einer großen Anzahl von Teilchen den Weg.

Nichteuklidische Geometrien

Das fünfte Axiom aus Euklids *Elementen,* das Parallelenpostulat, war schon in antiker Zeit umstritten. Nach diesem Axiom kann man durch eine Gerade und einen Punkt außerhalb der Geraden genau eine Parallele zu der Geraden zeichnen. Durch die Zeiten haben verschiedene Mathematiker vergeblich versucht, das Parallelenpostulat aus den anderen Axiomen herzuleiten. Zu Beginn des 18. Jahrhunderts entwickelten der Ungar János Bolyai und der Russe Nikolaj Lobatschewski unabhängig voneinander eine Version der Geometrie (hyperbolische Geometrie), in der das fünfte Axiom nicht gilt und Parallelen sich nie treffen. Hier ist die Fläche nicht eben wie bei Euklid, sondern nach innen gekrümmt. Bei der elliptischen und sphärischen Geometrie (dort ist die Fläche nach außen gekrümmt) hingegen, ebenfalls im 19. Jahrhundert entwickelt, gibt es gar keine Parallelen, alle Geraden schneiden sich. Der deutsche Mathematiker Bernhard Riemann und viele andere formalisierten solche nichteuklidischen Geometrien. Einstein verwendete die Riemann'sche Theorie für seine allgemeine Relativitätstheorie, in der die Masse die Raumzeit »krümmt«, sodass sie nichteuklidisch wird.

> »Aus dem Nichts habe ich ein sonderbares neues Universum geschaffen. Alles, was ich dir zuvor geschickt habe, ist dagegen wie ein Kartenhaus im Vergleich zu einem Turm.«
>
> **János Bolyai**
> in einem Brief an seinen Vater

Abstrakte Algebra

Der Beginn des 19. Jahrhunderts brachte die Erforschung abstrakter Symmetrien, die auf den französischen jungen Mathematiker Évariste Galois zurückgeht. Er hatte 1830 bei der Untersuchung gewisser Symmetrien in den Lösungen polynomer Gleichungen eine Theorie abstrakter mathematischer Objekte entwickelt, sogenannter Gruppen. Damit codierte er verschiedene Arten der Symmetrie. Beispielsweise zeigen alle Quadrate dieselbe Spiegel- und Rotationssymmetrie und werden so mit einer bestimmten Gruppe verbunden. So zeigte Galois, dass es – anders als bei quadratischen Gleichungen (mit einer Variablen zur zweiten Potenz, x^2, aber nicht höher) – keine allgemeine Formel zur Lösung von Polynomgleichungen zur fünften (mit Termen wie x^5) oder zu noch höheren Potenzen gibt. Das war ein dramatisches Ergebnis: Er hatte *bewiesen*, dass es eine solche Formel nicht gibt.

In der Folgezeit veränderte sich die Algebra, sie untersuchte abstrakte Gruppen und ähnliche Objekte sowie die dadurch dargestellten Symmetrien. Im 20. Jahrhundert wurden Gruppen und Symmetrien entscheidend für die Beschreibung natürlicher Phänomene. 1915 fand die deutsche Mathematikerin Emmy Noether den Zusammenhang zwischen Symmetrien in Gleichungen und physikalischen Erhaltungssätzen, z. B. dem Energieerhaltungssatz. In den 1950er- und 1960er-Jahren entwickelten Physiker mithilfe der Gruppentheorie das Standardmodell der Teilchenphysik.

Ein Modell der Realität

Mathematik ist die abstrakte Untersuchung von Zahlen, Größen und Formen. Die Physik modelliert damit die Realität, drückt Theorien aus und sagt künftige Ergebnisse vorher – oft mit erstaunlicher Genauigkeit. So wurde der gyromagnetische Faktor des Elektrons – ein Maß für das Verhalten im elektromagnetischen Feld – zu 2,002 319 304 3616 berechnet, der experimentelle Wert liegt bei 2,002 319 304 362 5 (weicht also um ein Billionstel ab).

Manche mathematische Modelle sind jahrhundertealt und benötigten nur kleinere Anpassungen. Beispielsweise ist das Modell des Sonnensystems, das Johannes Kepler 1619 entwickelte, nach einigen Verfeinerungen durch Newton und Einstein bis heute gültig. Die Physiker haben Ideen, die die Mathematiker entwickelten, zur Untersuchung von Mustern verwendet. Ein Beispiel ist die Anwendung der Gruppentheorie auf die moderne Quantenphysik. Es gibt auch Beispiele, wie mathematische Strukturen die Naturforscher antrieben. Als der britische Physiker Paul Dirac in seinen Gleichungen zum Verhalten des Elektrons doppelt so viele Lösungen fand wie erwartet, die alle der Relativitätstheorie und der Quantenmechanik genügten, postulierte er die Existenz eines Anti-Elektrons. Jahre später wurde es experimentell nachgewiesen.

Während die Physik beschreibt, was im Universum »ist«, sind die Mathematiker uneins, ob ihre Wissenschaft sich mit der Natur und dem menschlichen Geist oder mit der abstrakten Manipulation von Symbolen befasst. In einer merkwürdigen historischen Wendung schlagen nun die Physiker, die sich mit der String-Theorie befassen, den Mathematikern revolutionäre Änderungen vor. Wie genau sich dadurch das Verhältnis von Mathematik, Physik und der »Realität« ändert, wird sich zeigen. ■

Emmy Noether lehrte Algebra an der Universität Göttingen und wurde 1919 als erste Frau in Deutschland Mathematik-Professorin. Als Jüdin wurde sie jedoch 1933 von den Nazis vertrieben. Sie starb 1935 mit 53 Jahren im amerikanischen Exil.

Mathematik ist eine **abstrakte, prägnante, symbolische Sprache** für **Mengen, Muster, Symmetrien und Änderungen.**

↓

Die **mathematischen Modelle** der Physiker dienen der **Vorhersage.**

↓

Mathematik ist eine richtige (wenn auch unvollständige) **Beschreibung des Universums.**

KÖRPER ERFAHREN KEINEN WIDERSTAND ALS DURCH DIE LUFT

DER FREIE FALL

IM KONTEXT

SCHLÜSSELFIGUR
Galileo Galilei (1564–1642)

FRÜHER
um 350 v. Chr. In seiner *Physik* erklärt Aristoteles die Schwere als eine Kraft, die einen Körper zu seinem »natürlichen Ort« ziehe – nach unten.

1576 Giuseppe Moletti schreibt, dass verschieden schwere Körper gleich schnell fallen.

SPÄTER
1651 Giovanni Riccioli und Francesco Grimaldi messen die Fallzeit fallender Körper und berechnen damit ihre Beschleunigung.

1687 In seinen *Principia* legt Isaac Newton die Gravitationstheorie dar.

1971 David Scott zeigt, dass ein Hammer und eine Feder auf dem Mond gleich schnell fallen.

Wenn auf einen bewegten Körper allein die Gravitation wirkt, befindet er sich im »freien Fall«. Ein Fallschirmspringer ist nicht im freien Fall – auf ihn wirkt ja der Luftwiderstand –, die Planeten bei ihrem Umlauf um die Sonne aber schon. Der antike griechische Philosoph Aristoteles glaubte, die Fallbewegung eines Körpers läge in »ihrer Natur« – sie würden sich eben nach unten bewegen, ihrem natürlichen Ort. Bis ins Mittelalter war es anerkannt, dass die Geschwindigkeit eines frei fallenden Körpers proportional zu seinem Gewicht ist. Wenn man also zwei Körper mit

Siehe auch: Längen messen 18–19 ▪ Zeit messen 38–39 ▪ Die Bewegungsgesetze 40–45 ▪ Die Gravitationsgesetze 46–51 ▪ Kinetische und potenzielle Energie 54

verschiedenem Gewicht gleichzeitig fallen lässt, dann wird der schwerere zuerst auf dem Boden ankommen. Nach Aristoteles sollten auch Form und Orientierung des Körpers seine Fallgeschwindigkeit bestimmen: Ein ungefaltetes Blatt Papier würde langsamer fallen als ein zusammengeknülltes.

Fallende Kugeln

Seinem Schüler und Biografen Vincenzo Viviani zufolge ließ der italienische Gelehrte Galileo Galilei zwischen 1589 und 1592 zwei Kugeln verschiedenen Gewichts vom Schiefen Turm von Pisa fallen, um Aristoteles' Theorie zu prüfen. Obwohl das wohl eher ein Gedankenexperiment war und kein echter Versuch, soll Galilei entdeckt haben, dass die leichtere Kugel genauso schnell zu Boden fiel wie die schwerere. Dies widersprach der aristotelischen Ansicht, nach der ein schwerer Körper im freien Fall schneller zu Boden fällt als ein leichter – eine Ansicht, die schon zuvor von anderen Forschern angezweifelt worden war.

1576 hatte Guiseppe Moletti, Galileis Vorgänger am Mathematiklehrstuhl der Universität Padua, behauptet, dass Körper unterschiedlichen Gewichts, aber aus demselben Material, gleich schnell zu Boden fallen. Er glaubte auch, dass gleich große, aber aus verschiedenen Stoffen bestehende Körper gleich schnell fallen. Zehn »

> »Die Natur ist unerbittlich und unveränderlich, sie übertritt die ihr auferlegten Gesetze niemals […].«
>
> **Galileo Galilei**

Galileo Galilei

Galilei wurde 1564 als ältestes von sechs Kindern in Pisa geboren. Mit 16 begann er an der dortigen Universität Medizin zu studieren, doch seine Interessen weiteten sich, und ab 1589 war er Dozent für Mathematik, zuerst in Pisa, ab 1592 in Padua. Seine Beiträge zu Physik, Mathematik, Astronomie und Technik machen ihn zu einer der Schlüsselfiguren der wissenschaftlichen Revolution im Europa des 16. und 17. Jahrhunderts. Er erfand das erste Thermometer, verteidigte das heliozentrische Weltbild des Kopernikus und machte bedeutende Entdeckungen zur Gravitation. Da einige seiner Ideen der kirchlichen Lehre widersprachen, wurde er 1633 von der Römischen Inquisition als Ketzer verurteilt und stand bis zu seinem Tod 1642 unter Hausarrest.

Hauptwerke

1623 *Prüfer mit der Goldwaage (»Saggiatore«)*
1632 *Dialog über die beiden hauptsächlichen Weltsysteme*
1638 *Unterredungen und mathematische Demonstrationen über zwei neue Wissenszweige (»Discorsi«)*

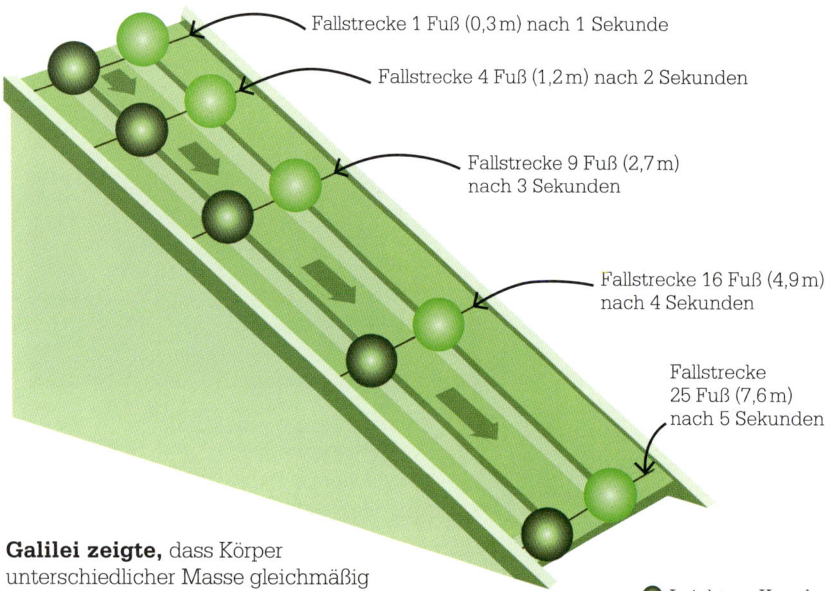

Galilei zeigte, dass Körper unterschiedlicher Masse gleichmäßig beschleunigt werden. Er maß die Zeit, die eine Kugel für eine bestimmte Strecke entlang einer schiefen Ebene benötigte, und konnte so die Beschleunigung berechnen. Die Fallstrecke war immer proportional zum Quadrat der Fallzeit.

Jahre später stiegen die niederländischen Forscher Simon Stevin und Jan Cornets de Groot in Delft 10 m hoch auf einen Kirchturm und ließen von dort zwei Bleikugeln, eine zehnmal größer und schwerer als die andere, herabfallen. Beide Kugeln schlugen gleichzeitig am Boden auf. Die uralte Theorie von schneller fallenden schweren Körpern wurde nach und nach widerlegt.

Eine andere Ansicht des Aristoteles – dass ein Körper im freien Fall mit konstanter Geschwindigkeit fällt – war schon früher angezweifelt worden. Um 1361 hatte der französische Gelehrte Nicole Oresme die Bewegung von Körpern untersucht. Demnach nimmt die Geschwindigkeit eines Körpers bei gleichmäßiger Beschleunigung direkt proportional zur Zeit zu, und die dabei zurückgelegte Strecke ist proportional zum Quadrat der Beschleunigungszeit. Es mag überraschen, dass Oresme die anerkannte aristotelische »Wahrheit« anzweifelte, die damals für die Kirche als unantastbar galt, war Oresme doch auch Bischof. Ob seine Untersuchungen die späteren Arbeiten von Galilei beeinflussten, ist nicht bekannt.

Kugeln auf Rampen

Ab 1603 begann Galilei damit, die Beschleunigung von Körpern im freien Fall zu untersuchen. Er glaubte nicht, dass sie mit konstanter Geschwindigkeit fallen, sondern dass sie im Fall beschleunigt würden – das Problem aber war, dies zu beweisen. Doch die Technik, solche Geschwindigkeiten genau zu messen, gab es einfach nicht. Galileis geniale Idee war es, die Geschwindigkeit auf einen messbaren Wert zu reduzieren, indem er statt eines fallenden Körpers eine Kugel nahm, die eine Rampe herabrollte. Die Zeit bestimmte er mit einer Wasseruhr – sie maß die Wassermenge, die in eine Urne strömte, während die Kugel rollte – und mit seinem Puls. Wenn er die Zeit des Rollens verdoppelte, so war der zurückgelegte Weg viermal so lang.

Um nichts dem Zufall zu überlassen, wiederholte Galilei den Versuch »ganze hundert Mal«, bis er eine Genauigkeit erreicht hatte, dass »die Abweichung zwischen zwei Beobachtungen nie mehr als »ein Zehntel eines Pulsschlags« betrug. Außerdem veränderte er die Neigung

Galilei führt in Anwesenheit von Don Giovanni de' Medici sein Kugelexperiment zur Fallbeschleunigung vor (Fresco von Giuseppe Bezzuoli, Florenz, um 1841).

der Rampe: Machte er sie steiler, nahm die Beschleunigung gleichmäßig zu. Da Galileis Versuche nicht im Vakuum stattfanden, waren die Versuche natürlich fehlerbehaftet – die rollenden Kugeln erfuhren Luftwiderstand und die Rollreibung durch die Rampe. Trotzdem schloss Galilei, dass in einem Vakuum alle Körper – unabhängig von Form oder Gewicht – gleichförmig beschleunigt würden: Die Fallstrecke ist proportional zum Quadrat der Fallzeit.

Wie groß ist die Fallbeschleunigung?

Trotz der Arbeiten Galileis war die Frage nach der Beschleunigung von frei fallenden Körpern noch Mitte des 17. Jahrhunderts umstritten. Von 1640 bis 1650 führten die Jesuiten Giovanni Battista Riccioli und Francesco Maria Grimaldi in Bologna verschiedene Untersuchungen durch. Entscheidend für ihren Erfolg waren Ricciolis Sekundenpendel zur Zeitmessung – damals das Genaueste, was es gab – und ein sehr hoher Turm. Die beiden Priester und ihre Helfer ließen schwere Körper von verschiedenen Ebenen des 98 m hohen Asinelli-Turms fallen und maßen ihre Fallzeit. Sie beschrieben ihr Vorgehen im Detail und wiederholten den Versuch etliche Male.

Riccioli glaubte, frei fallende Körper würden exponentiell beschleunigt, doch die Ergebnisse widerlegten ihn. Zur Zeitmessung dienten Sekundenpendel am Fuß des Turms und auf seiner Spitze. Die Körper fielen 15 Römische Fuß (1 Römischer Fuß = 29,57 cm) in 1 Sekunde, 60 Fuß in 2 Sekunden, 135 Fuß in 3 Sekunden und 240 Fuß in 4 Sekunden. Die 1651 veröffentlichten Ergebnisse zeigten, dass die Fallstrecke proportional zum Quadrat der Fallzeit war, und bestätigten Galileis Versuche mit den Kugelrampen. Und zum ersten Mal war es dank einer relativ genauen Zeitmessung möglich, den Wert der Fallbeschleunigung durch die Gravitation zu bestimmen: 9,36 (±0,22) m/s². Das ist nur 5 Prozent geringer als der heute anerkannte mittlere Wert der Erdbeschleunigung von ca. 9,81 m/s².

Der Wert der Erdbeschleunigung g (g steht für Gravitation) hängt von einer Reihe von Faktoren ab: Er ist an den Polen höher als am Äquator und in großer Höhe geringer als am Meeresspiegel, zudem hängt er schwach von der Geologie der Umgebung ab, etwa wenn Felsen hoher Dichte nahe der Erdoberfläche sind. Wenn man die konstante Fallbeschleunigung nahe der Erdoberfläche mit g, die Höhe zu Beginn mit z_0 und die Zeit mit t bezeichnet, dann ist die Höhe über dem Boden $z = z_0 - {}^1/_2\, gt^2$; gt ist dabei die Geschwindigkeit des Körpers und g seine Beschleunigung. Ein Körper der Masse m hat in einer Höhe z_0 über dem Boden die potenzielle Energie U, die man mit der Formel $U = mgz_0$ berechnet (Masse × Beschleunigung × Höhe über dem Boden). ■

Hammer und Feder

1971 führte David Scott, Kommandant der Apollo-15-Mission, auf dem Mond ein Experiment zum freien Fall durch. Bei dieser vierten Mondmission konnten die Astronauten länger auf dem Mond bleiben als bei den vorigen Reisen, und es wurde erstmals ein Mondauto verwendet.

Apollo 15 legte auch mehr Wert auf wissenschaftliche Versuche als die Expeditionen zuvor. Am Ende des letzten Mondspaziergangs ließ Scott einen 1,3 kg schweren geologischen Hammer und eine Falkenfeder von 0,03 kg aus 1,6 m Höhe fallen. Im luftleeren Raum auf dem Mond ohne Luftwiderstand fiel die Feder mit derselben Geschwindigkeit zu Boden wie der schwere Hammer. Das Experiment wurde gefilmt, und Millionen Zuschauer wurden Zeuge, als damit Galileis Theorie, nach der alle Körper ungeachtet ihres Gewichts mit gleichmäßiger Beschleunigung fallen, endlich praktisch bestätigt wurde.

» Als Galilei seine Kugeln die schiefe Fläche mit einer von ihm gewählten Schwere herabrollen … ließ …, ging allen Naturforschern ein Licht auf. «

Immanuel Kant

» In Fragen der Wissenschaft ist die Autorität von Tausenden nicht so viel wert wie das bescheidene Nachdenken eines Einzelnen. «

Galileo Galilei

EINE NEUE MASCHINE ZUR VERVIELFACHUNG DER KRAFT

DRUCK

IM KONTEXT

SCHLÜSSELFIGUR
Blaise Pascal (1623–1662)

FRÜHER
1643 Der italienische Physiker Evangelista Torricelli zeigt mit einer Quecksilbersäule die Existenz eines Vakuums. Daraus wird später das Barometer entwickelt.

SPÄTER
1738 Der Schweizer Mathematiker Daniel Bernoulli sagt, dass die Energie in einem Fluid von Höhe, Druck und Bewegung abhängt.

1796 Der britische Erfinder Joseph Bramah erhält das Patent auf die erste hydraulische Presse.

1851 Der Mechaniker Richard Dudgeon erfindet den hydraulischen Wagenheber.

1906 Das US-Kriegsschiff *Virginia* erhält ein ölhydraulisches System zur Ausrichtung der Kanonen.

Bei der Untersuchung der mechanischen Eigenschaften von Flüssigkeiten (Hydraulik) machte der französische Mathematiker und Physiker Blaise Pascal eine Entdeckung, die später viele industrielle Vorgänge revolutionieren sollte: Übt man Druck auf einen beliebigen Teil der Flüssigkeit in einem geschlossenen Gefäß aus, so wird der Druck gleichmäßig auf jeden Teil der Flüssigkeit und der Behälterwandung übertragen. Heute spricht man vom Pascal'schen Gesetz.

Die Auswirkung

Demnach erzeugt der Druck auf einen Kolben an einem Ende eines flüssigkeitsgefüllen Zylinders einen gleichen Druckanstieg auf den Kolben am anderen Ende. Und: Wenn der Querschnitt des zweiten Kolbens doppelt so groß ist wie der des ersten, ist die Kraft dort doppelt so groß. Ein Gewicht von 1 kg auf dem kleinen Kolben kann also den großen Kolben 2 kg heben, und je größer das Verhältnis der Querschnitte ist, umso mehr Gewicht kann der große Kolben tragen.

Pascals Ergebnisse wurden erst 1663 veröffentlicht, im Jahr nach seinem Tod, doch bis heute wird die Bedienung von Maschinen damit wesentlich erleichtert. 1796 wandte Joseph Bramah das Pascal'sche Gesetz auf die Konstruktion einer hydraulischen Presse an, mit der man Papier, Stoffe und Stahl wesentlich effektiver glätten konnte als mit den alten Holzpressen. ■

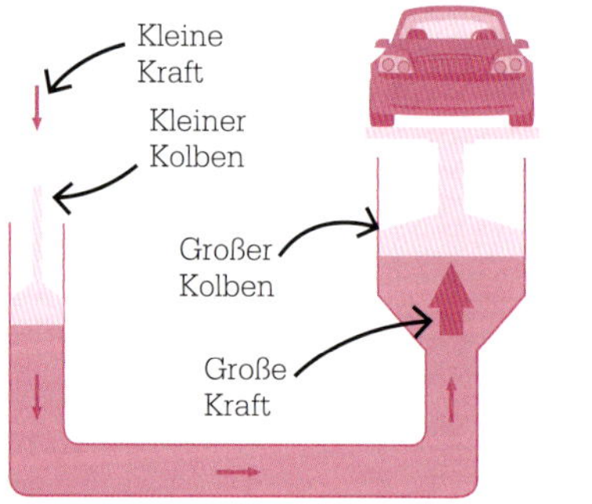

Flüssigkeiten sind nicht komprimierbar und können in hydraulischen Systemen wie einer Hebebühne Kräfte übertragen. Eine kleine Kraft über einen langen Weg wird zu einer großen Kraft über einen kleinen Weg und kann sehr schwere Lasten heben.

Siehe auch: Die Bewegungsgesetze 40–45 ▪ Dehnen und strecken 72–75 ▪ Fluide 76–79 ▪ Die Gasgesetze 82–85

BEWEGUNG BLEIBT ERHALTEN

DER IMPULS

IM KONTEXT

SCHLÜSSELFIGUR
John Wallis (1616–1703)

FRÜHER
1518 Der französische Naturphilosoph Jean Buridan beschreibt den »Impetus«, der später als Impuls gedeutet wird.

1644 In seinen *Principia Philosophiae (Prinzipien der Philosophie)* beschreibt René Descartes den Impuls als »Menge der Bewegung«.

SPÄTER
1687 Isaac Newton beschreibt in seinen dreibändigen *Principia* die Bewegungsgesetze.

1927 Laut dem deutschen theoretischen Physiker Werner Heisenberg kann man für subatomare Teilchen wie Elektronen den Impuls nur umso ungenauer bestimmen, je genauer der Ort bekannt ist, und umgekehrt.

Wenn zwei Körper zusammenstoßen, passieren mehrere Dinge. Sie ändern Geschwindigkeit und Richtung, und ihre Bewegungsenergie kann sich in Wärme oder Schall umwandeln.

1666 stellte die Royal Society in London eine Aufgabe: eine Theorie, die die Vorgänge beim Stoß erklärt. Zwei Jahre später reichten drei Personen ihre Lösung ein: die Engländer John Wallis und Christopher Wren sowie der Niederländer Christiaan Huygens.

Alle bewegten Körper haben einen Impuls (das Produkt aus Masse und Geschwindigkeit). Ruhende Körper haben keinen Impuls, weil ihre Geschwindigkeit null ist. Wallis, Wren und Huygens waren einer Meinung darin, dass bei einem elastischen Stoß (dabei geht keine kinetische Energie durch Wärme oder Schall verloren) der Impuls erhalten bleibt, solange keine anderen äußeren Kräfte wirken. Echt elastische Stöße sind in der Natur selten. Der Stoß zweier Billardkugeln ist ziemlich gut, aber auch dort geht ein wenig Energie verloren. John Wallis ging noch weiter und behauptete – korrekt –, dass der Impuls auch bei inelastischen Stößen erhalten bleibt, wenn beide Körper nach dem Stoß aneinander haften, was den Energieverlust verursacht. Ein solches Beispiel ist ein Komet, der auf einem Planeten einschlägt.

> »Ein Körper in Bewegung will seine Bewegung fortsetzen.«
>
> **John Wallis**

Heute hat die Impulserhaltung viele praktische Bedeutungen: Man kann damit etwa nach einem Unfall die Geschwindigkeit der Autos beim Zusammenprall bestimmen. ■

Siehe auch: Die Bewegungsgesetze 40–45 ▪ Kinetische und potenzielle Energie 54 ▪ Die Energieerhaltung 55 ▪ Energie und Bewegung 56–57

DIE WUNDERBARSTEN ERZEUGNISSE DER MECHANISCHEN KÜNSTE

ZEIT MESSEN

IM KONTEXT

SCHLÜSSELFIGUR
Christiaan Huygens
(1629–1695)

FRÜHER
um 1275 Die erste rein mechanische Uhr wird gebaut.

1505 Der Nürnberger Uhrmacher Peter Henlein baut die erste tragbare Uhr mit Federmechanismus.

1637 Galileo Galilei hat die Idee für eine Pendeluhr.

SPÄTER
um 1670 Die Ankerhemmung macht die Pendeluhr genauer.

1761 Die H4, das vierte Schiffschronometer von John Harrison, besteht die Tests auf See.

1927 Die erste elektronische Uhr mit einem Quarzkristall wird gebaut.

1955 Die britischen Physiker Louis Essen und Jack Parry bauen die erste wirklich genaue Atomuhr.

Ein Pendel braucht wegen der Gravitation **zum Hin- und Rückschwingen immer dieselbe Zeit.**

Je **länger ein Pendel** ist, umso **langsamer** schwingt es.

Je **kleiner der Ausschlag** des Pendels ist, umso **genauer** ist es.

Mit einer **Hemmung** kann das Pendel lange schwingen.

Ein Pendel ist ein **einfaches Instrument zur Zeitmessung.**

Zwei Erfindungen läuteten Mitte der 1650er-Jahre die Ära der präzisen Zeitmessung ein. 1656 baute der niederländische Mathematiker, Physiker und Erfinder Christiaan Huygens die erste Pendeluhr. Bald darauf wurde, wohl durch den englischen Naturforscher Robert Hooke, die Ankerhemmung erfunden. Bis zur Mitte der 1670er-Jahre war die Genauigkeit der Zeitmessung revolutioniert.

Die ersten rein mechanischen Uhren waren in Europa im 13. Jahrhundert aufgetaucht. Sie ersetzten Uhren, die auf die Sonnenbewegung, den Wasserfluss oder das Abbrennen einer Kerze angewiesen waren. Diese mechanischen Uhren hatten eine Spindelhemmung, die die Kraft von aufgehängten Gewichten über eine Reihe Zahnräder übertrug. In den drei Jahrhunderten danach gab es zwar kleinere Verbesserungen der Genauigkeit, doch die Uhren mussten regelmäßig aufgezogen werden und waren immer noch nicht sehr genau.

Galileo Galilei hatte 1637 das Potenzial von Pendeln für genauere Uhren entdeckt. Er erkannte, dass

Siehe auch: Der freie Fall 32–35 ▪ Harmonische Schwingungen 52–53 ▪ SI-Einheiten und Naturkonstanten 58–63 ▪ Subatomare Teilchen 242–243

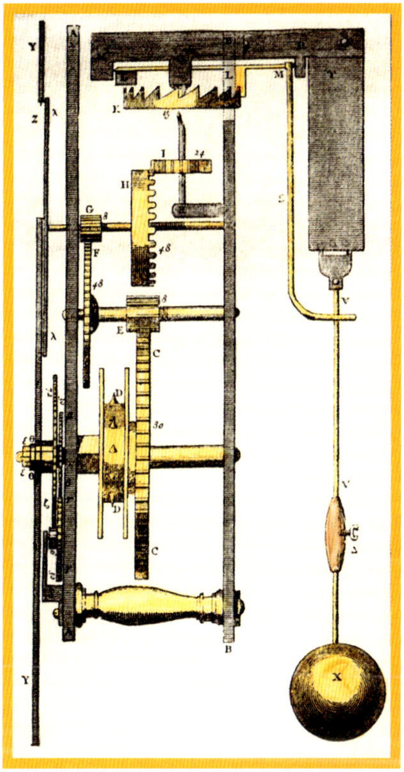

Die Pendeluhr von Christiaan Huygens verbesserte die Genauigkeit der Zeitmessung erheblich. Dieser Holzschnitt aus dem 17. Jh. zeigt das Uhrwerk und das Pendel. Das kronenartige Zahnrad oben ist die Ankerhemmung.

ein schwingendes Pendel nahezu isochron ist, d. h., die Zeit für das Hin- und Herschwingen des Pendels (die Periode) ist immer fast gleich lang, egal, wie weit man das Pendel schwingen lässt. Damit ermöglichte ein schwingendes Pendel weit genauere Zeitmessungen als die damaligen mechanischen Uhren. Galilei gelang es bis zu seinem Tod 1642 jedoch nicht, eine Pendeluhr zu bauen.

Huygens' erste Pendeluhr hatte einen Vollausschlag von 80–100 Grad, zu hoch für gute Genauigkeit. Hookes Ankerhemmung nun unterhielt die Bewegung des Pendels dadurch, dass es bei jeder Schwingung einen kleinen Schubs gab. Damit konnte man längere Pendel mit einem Ausschlag von nur 4–6 Grad verwenden, was die Genauigkeit erhöht. Vorher gingen Uhren etwa 15 Minuten pro Tag falsch – jetzt betrug der Fehler nur noch 15 Sekunden.

Quarz- und Atomuhren

Bis in die 1930er-Jahre blieben Pendeluhren die genaueste Möglichkeit der Zeitmessung, dann kamen die ersten elektrischen Synchronuhren auf. Sie zählten die Schwingungen des Netzwechselstroms und übersetzten das in die Zeigerbewegungen.

Die erste Quarzuhr wurde 1927 gebaut. Sie nutzte aus, dass ein Quarzkristall piezoelektrisch ist. Wenn man den Kristall biegt oder drückt, erzeugt er eine winzige Spannung, und umgekehrt: Wenn man eine Spannung anlegt, beginnt er zu schwingen. Eine Batterie liefert die Spannung, und der Quarzchip schwingt, wodurch sich eine LCD-Anzeige ändert oder ein kleiner Motor die Stunden-, Minuten- und Sekundenzeiger bewegt.

Die erste genaue Atomuhr, gebaut 1955, nutzt das Isotop Caesium-133. Atomuhren messen die Frequenz der regelmäßigen elektromagnetischen Signale, die Elektronen abgeben, wenn sie durch Mikrowellen angeregt von einem Energiezustand in einen anderen wechseln. Die Elektronen im »angeregten« Zustand schwingen 9 192 631 770 Mal pro Sekunde. Eine Uhr auf Basis dieser Schwingungen ist extrem genau. ▪

John Harrisons Schiffschronometer

Selbst die genaueste Pendeluhr arbeitet nicht auf See – das war bis ins 18. Jahrhundert ein Problem für die Navigation. Auf dem Meer kann man die Position eines Schiffs nur berechnen, wenn man Breiten- und Längengrad kennt. Die geografische Breite lässt sich leicht bestimmen, indem man die Sonne anpeilt, doch für die Länge braucht man die exakte Zeit relativ zu einem festen Punkt, etwa dem Greenwich-Meridian. Ohne genaue Uhr ist das unmöglich. Als die Verluste aufgrund von Navigationsfehlern zunahmen, schrieb das britische Parlament einen Preis für die Entwicklung einer Schiffsuhr aus.

1761 löste der britische Erfinder John Harrison das Problem. Seine Uhr H4 mit einer schnell laufenden Unruh und temperaturkompensierter Spiralfeder ging bei einer Atlantiküberfahrt nur fünf Sekunden falsch – die damit mögliche genauere Navigation hat Forschungs- und Handelsreisen revolutioniert.

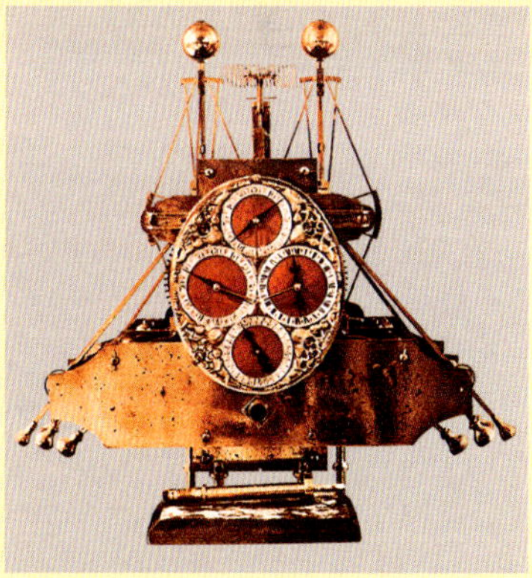

Harrisons erste Schiffsuhr H1 wurde 1736 auf Fahrten von Großbritannien nach Portugal getestet und ging auf der ganzen Reise nur wenige Sekunden nach.

AKTION UND REAKTION

DIE BEWEGUNGSGESETZE

IM KONTEXT

SCHLÜSSELFIGUREN
Gottfried Wilhelm Leibniz (1646–1716)
Isaac Newton (1643–1727)

FRÜHER
um 330 v. Chr. Aristoteles erläutert in *Physik*, dass für eine Bewegung eine Kraft nötig ist.

1638 Galileos *Dialog über die zwei Weltsysteme* erscheint. Für Albert Einstein nimmt es die Werke von Leibniz und Newton vorweg.

1644 René Descartes' *Prinzipien der Philosophie* erscheint, die auch die Bewegungsgesetze enthalten.

SPÄTER
1827–1833 William Rowan Hamilton sagt, dass Körper sich auf dem Weg bewegen, der die geringste Energie erfordert.

1907–1915 Einstein erarbeitet seine allgemeine Relativitätstheorie.

Vor Ende des 16. Jahrhunderts verstand man kaum, warum bewegte Körper schneller oder langsamer wurden – eine unbestimmte »innere Kraft« musste einen Körper zu Boden fallen oder in den Himmel steigen lassen. Erst mit dem Beginn der wissenschaftlichen Revolution begannen die Forscher zu verstehen, dass mehrere Kräfte dafür verantwortlich sind, wenn ein Körper seine Geschwindigkeit (d. h. die Kombination von Tempo und Richtung) ändert. Zu diesen Kräften gehören die Reibung, der Luftwiderstand und die Erdanziehungskraft.

Frühe Ansichten

Viele Jahrhunderte lang galten für die Bewegung die Ansichten des antiken griechischen Philosophen Aristoteles. Demnach besteht alles auf der Welt aus Erde, Wasser, Luft und Feuer sowie der »Quintessenz« (Äther), dem fünften Element für alles Himmlische. Für Aristoteles fällt ein Stein zu Boden, weil er ähnlich zusammengesetzt ist wie die Erde. Regen fällt zu Boden, weil der natürliche Ort des Wassers die Erdoberfläche ist. Rauch steigt auf, weil er großteils aus Luft besteht. Die Kreisbewegung der Himmelskörper sollte allerdings nicht durch die Elemente bestimmt sein – sie wurden durch Hände der Götter bewegt.

Aristoteles glaubte, dass Körper sich nur bewegen, wenn sie geschoben werden. Sobald die schiebende Kraft entfernt ist, kommen sie zur Ruhe. Manche fragten zwar, warum dann ein vom Bogen abgeschossener Pfeil weit durch die Luft fliegt, obwohl er keinen Kontakt mehr zum Bogen hat. Doch im Großen und Ganzen blieb Aristoteles' Theorie für über zwei Jahrtausende unangefochten.

1543 brachte der Astronom Nikolaus Kopernikus seine »heliozentrische« Theorie heraus: Nicht die Erde ist das Zentrum des Universums, sondern sie und die anderen Planeten umkreisen die Sonne. Zwischen 1609 und 1619 entwickelte der Astronom Johannes Kepler die Gesetze der Planetenbewegung für die Bahnform und die Umlaufgeschwindigkeiten der Planeten. In den 1630er-Jahren dann zweifelte Galilei Aristoteles' Ansichten zu fallenden Körpern an. Er erklärte, dass ein abgeschosse-

Gottfried Wilh. Leibniz

Der große Philosoph, Mathematiker und Physiker Leibniz wurde 1646 in Leipzig geboren. Nach einem Philosophiestudium dort lernte er in Paris Christiaan Huygens kennen und brachte sich danach Mathematik und Physik selbst bei. 1676 wurde er politischer Berater, Historiker und Bibliothekar des herzoglichen Hauses von Braunschweig-Calenberg in Hannover. Diese Rolle erlaubte ihm eine Vielfalt an Projekten, darunter die Entwicklung der Infinitesimalrechnung. In einem Prioritätenstreit wurde er beschuldigt, Newtons unveröffentlichte Ideen übernommen und als eigene ausgegeben zu haben. Obwohl später anerkannt wurde, dass Leibniz seine Ideen eigenständig entwickelt hatte, konnte er den Skandal nie mehr abschütteln. Er starb 1716 in Hannover.

Hauptwerke

1684 »Nova methodus pro maximis et minimis« (»Neue Methode für Maxima und Minima«)
1687 *Versuche zur Dynamik*

Siehe auch: Der freie Fall 32–35 ▪ Die Gravitationsgesetze 46–51 ▪ Kinetische und potenzielle Energie 54 ▪ Energie und Bewegung 56–57 ▪ Himmelsmechanik 270–271 ▪ Modelle des Universums 272–273 ▪ Von Galileis Relativitätsprinzip zur speziellen Relativitätstheorie 274

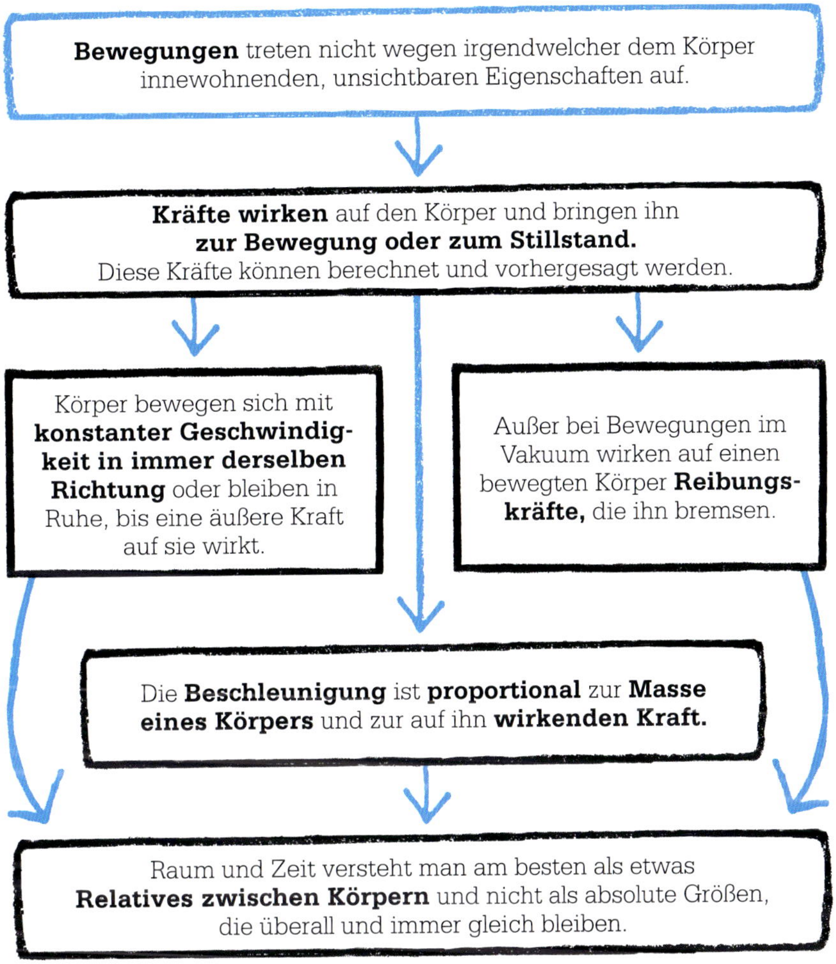

» Wirkende Ursache ist das, was hervorbringt, und Wirkung das, was hervorgebracht wird. «

Gottfried Wilhelm Leibniz

ner Pfeil wegen der Trägheit weiterfliegt, und beschrieb die Rolle der Reibung.

Diese Forscher bereiteten den Boden für den französischen Philosophen René Descartes und den deutschen Gelehrten Gottfried Wilhelm Leibniz, die ihre eigenen Ideen zur Bewegung formulierten, und schließlich den englischen Physiker Isaac Newton, der alle diese Fäden in seinen *Mathematische Prinzipien der Naturphilosophie*, den *Principia*, zusammenführte.

Neue Ansichten

In seinen *Prinzipien der Philosophie* stellte Descartes drei Bewegungsgesetze auf und verwarf damit Aristoteles' Ideen der Bewegung und eines göttlich bewegten Universums. Seine Erklärung beruhte auf Kräften, Impuls und Stößen. Mit seinem *Essay zur Dynamik* schrieb 1687 Leibniz eine Kritik. Er erkannte an, dass viele von Descartes' Zweifeln an Aristoteles berechtigt waren, doch er ging weiter und entwickelte in den 1690er-Jahren seine eigene Theorie für Bewegung und Stöße. Leibniz vollendete sein Werk nicht, wohl nachdem er Newtons ausführliche *Principia* gelesen hatte, die wie seine *Dynamik* 1687 erschien. Newton achtete Descartes' Ablehnung der aristotelischen Ideen, doch er kritisierte, die Kartesianer (die Anhänger von Descartes) würden weder die mathematischen Verfahren Galileis noch die experimentellen Methoden von Robert Boyle genügend nutzen. Die beiden ersten Bewegungsgesetze von Descartes wurden jedoch von Newton und Leibniz unterstützt und wurden die Basis für Newtons erstes Bewegungsgesetz.

Newtons drei Bewegungsgesetze (siehe S. 44–45) revolutionierten das Verständnis der Funktion unserer Welt und legten die Grundlage für die klassische Mechanik (die allgemeine Untersuchung der Bewegung von Körpern). Nicht alle von Newtons Ansichten wurden zu seinen Lebzeiten anerkannt – einer der Kritiker war Leibniz –, doch blieben sie dann bis ins frühe 20. Jahrhundert unangefochten. Einige der Kritikpunkte von »

Das Fahrrad bewegt sich aufgrund der Kraft, die der Fahrer beim Pedaltreten bewirkt, bis der Stein eine äußere Kraft auf das Rad ausübt, sodass es stoppt.

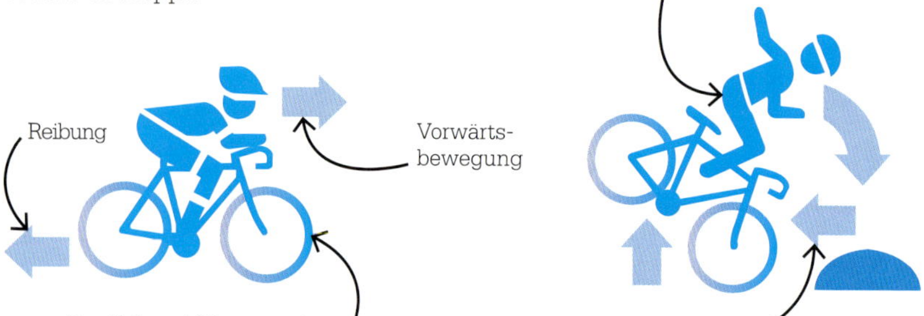

Leibniz waren ihrer Zeit weit voraus und wurden erst durch Einsteins allgemeine Relativitätstheorie zwei Jahrhunderte später aufgenommen.

Das Trägheitsgesetz

Nach dem ersten Newton'schen Bewegungsgesetz, dem Trägheitsgesetz, bleibt ein ruhender Körper in Ruhe und ein bewegter Körper bewegt sich mit gleicher Geschwindigkeit und Richtung weiter, bis eine äußere Kraft auf ihn wirkt. Wenn beispielsweise ein Fahrrad gegen einen großen Stein fährt, erfährt das Fahrrad eine äußere Kraft und stoppt. Bedauerlicherweise wirkt auf den Fahrer selbst diese Kraft nicht, er bewegt sich also weiter – über den Lenker hinweg.

Dieses Gesetz erlaubte erstmals genaue Vorhersagen über Bewegungen. Eine Kraft ist definiert als ein Drücken oder Ziehen, das ein Körper auf einen anderen ausübt. Sie wird heute in der Einheit Newton (N) gemessen; 1 N ist die Kraft, die eine Masse von 1 kg mit 1 m/s² beschleunigt. Wenn die Stärke aller Kräfte auf einen Körper bekannt ist, kann man die Gesamtkraft berechnen – die Summe aller äußeren Kräfte –, ausgedrückt als $\sum \boldsymbol{F}$ ($\sum$ steht für »Summe von«). Wirkt etwa auf einen Ball eine Kraft von 23 N nach links und eine Kraft von 12 N nach rechts, so gilt $\sum \boldsymbol{F} = 11\,\mathrm{N}$ nach links. Natürlich ist das vereinfacht, denn es wirkt ja auch die Schwerkraft auf den Ball; daher müssen horizontale und vertikale Gesamtkräfte betrachtet werden.

Es spielen noch weitere Faktoren eine Rolle. Nach dem ersten Newton'schen Gesetz bewegt sich ein Körper, auf den keine äußeren Kräfte wirken, geradlinig mit konstanter Geschwindigkeit weiter. Doch warum stoppt ein Ball irgendwann, der über den Boden rollt? Nun, der Ball erfährt ja eine äußere Kraft, die Reibung, die ihn bremst. Nach dem zweiten Newton'schen Gesetz beschleunigt ein Körper in die Richtung der Gesamtkraft. Da die Reibungskraft der Bewegungsrichtung entgegenwirkt, sorgt sie für eine negative Beschleunigung, der Körper wird also langsamer und stoppt schließlich. Im interstellaren Raum bewegt sich ein Raumschiff mit immer derselben Geschwindigkeit weiter, da es dort weder Reibungskräfte noch Luftwiderstand gibt – es sei denn, es gerät in das Gravitationsfeld eines Planeten oder Sterns.

Proportionale Änderungen

Das zweite Newton'sche Gesetz ist eines der wichtigsten der ganzen Physik. Es beschreibt, wie stark ein Körper beschleunigt wird, wenn eine Kraft auf ihn wirkt. Die Änderung des Impulses – Impuls ist das Produkt aus Masse und Geschwindigkeit des Körpers – ist proportional zur wirkenden Kraft. Das Gesetz lässt sich in der Form $\boldsymbol{F} = \boldsymbol{ma}$ schreiben; dabei ist $\boldsymbol{F}$ die Gesamtkraft, $\boldsymbol{a}$ die Beschleunigung des Körpers in Richtung der Gesamtkraft und $\boldsymbol{m}$ seine Masse. Wenn die Kraft zunimmt, dann ist auch die Beschleunigung stärker. Doch die Impulsänderung ist auch umgekehrt proportional zur Masse des Körpers. Wenn also die Masse

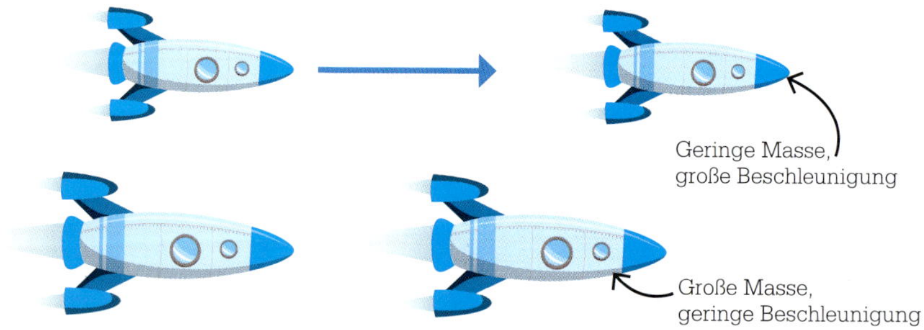

Zwei verschieden schwere Raketen mit gleichen Motoren beschleunigen unterschiedlich: Die kleine Rakete hat wegen der geringeren Masse eine höhere Beschleunigung.

> »Übrigens scheint mir die Meinung, wonach die Gesetze der Bewegung für willkürliche gehalten werden, nur daher zu kommen, dass man sie nicht gehörig untersucht hat.«
>
> **Gottfried Wilhelm Leibniz**

abnimmt, nimmt die Beschleunigung zu: $a = \sum F/m$. Wenn etwa eine Rakete Treibstoff verbrennt, nimmt ihre Masse ab, und damit – vorausgesetzt, der Schub der Motoren bleibt gleich – beschleunigt sie immer mehr.

Aktion und Reaktion sind gleich

Nach dem dritten Gesetz gibt es zu jeder Aktion eine gleich starke Reaktion in Gegenrichtung. Beim Hinsetzen übt man eine nach unten gerichtete Kraft auf den Stuhl aus, und der Stuhl reagiert mit einer aufwärts gerichteten Kraft auf den Körper. Eine Kraft wird als Aktion, die andere als Reaktion bezeichnet. Beim Abschießen eines Gewehrs gibt es einen Rückschlag – ein typisches Aktions-Reaktions-Paar: Durch die Explosion des Schießpulvers entstehen heiße Gase, die sich nach außen bewegen und die Kugel aus dem Lauf treiben. Doch die Gase erzeugen auch eine Kraft auf das Gewehr, die genauso groß ist wie die Kraft auf die Kugel. Da aber die Beschleunigung von Kraft und Masse abhängt (das ist das zweite Gesetz) und die Kugel viel weniger Masse hat als das Gewehr, beschleunigt sie weit schneller.

Fundamental für die Beschreibung von Bewegungen sind die Vorstellung von Zeit, Abstand und Beschleunigung. Newton behauptete, die Zeit existiere eigenständig unabhängig von der Materie. 1715–1716 argumentierte Leibniz zugunsten einer relationistischen Alternative – mit anderen Worten, Raum und Zeit sind Systeme von Beziehungen zwischen Körpern. Während Newton an eine absolute Zeit glaubte, die unabhängig von einem Beobachter existiert und überall im Universum gleich schnell läuft, sagte Leibniz, dass der Begriff Zeit sinnlos ist, wenn man ihn nicht auf die Relativbewegung von Körpern bezieht. Für Newton blieb der absolute Raum »überall gleich und unbeweglich«, für Leibniz ist er nur sinnvoll als relativer Ort von Körpern.

Von Leibniz zu Einstein

Ein Gedankenspiel des irischen Bischofs und Philosophen George Berkeley um 1710 illustrierte die Probleme, die Newtons Vorstellung von absoluter Zeit, Raum und Geschwindigkeit aufwarf. Berkeley beschrieb eine drehende Kugel und fragte, ob man ihr in einem ansonsten völlig leeren Universum überhaupt eine Bewegung zuschreiben kann. Leibniz' Kritik an Newton wurde damals nicht ernst genommen. Erst Einstein ging zwei Jahrhunderte später in seiner Allgemeinen Relativitätstheorie darauf ein. Während Newtons Bewegungsgesetze für alle makroskopischen (mit dem bloßen Auge sichtbaren) Objekte unter normalen Bedingungen allgemein gelten, versagen sie bei sehr hohen Geschwindigkeiten, auf sehr kleinem Maßstab und in sehr starken Gravitationsfeldern. ■

> »Bewegung ist etwas rein Relatives. Welcher Körper bewegt erscheint und welcher nicht, ist allein eine Interpretation des Betrachters.«
>
> **Gottfried Wilhelm Leibniz**

Die zwei Voyager-Raumsonden starteten 1977. Da es im All weder Reibung noch Luftwiderstand gibt, bewegen sie sich aufgrund von Newtons Trägheitsgesetz noch heute durch den Raum.

DIE PFEILER DES WELTENSYSTEMS

DIE GRAVITATIONSGESETZE

IM KONTEXT

SCHLÜSSELFIGUR
Isaac Newton (1643–1727)

FRÜHER
1543 Nikolaus Kopernikus widerspricht mit seinem heliozentrischen Modell des Sonnensystems der kirchlichen Lehre.

1609 Johannes Kepler stellt in seiner *Astronomia Nova (Neue Astronomie)* zwei Gesetze der Planetenbewegung vor. Demnach haben die Planeten elliptische Bahnen.

SPÄTER
1859 Der Franzose Urbain Le Verrier sagt, dass die Präzessionsbewegung (die leichte Drehung der Bahn) von Merkur nicht vereinbar mit der Newton'schen Mechanik ist.

1905 In seinem Aufsatz »Zur Elektrodynamik bewegter Körper« begründet Einstein die Spezielle Relativitätstheorie.

1915 Nach Einsteins Allgemeiner Relativitätstheorie beeinflusst die Gravitation Zeit, Licht und Materie.

»Was hindert die Fixsterne daran, aufeinander zu fallen?«

Isaac Newton

Warum fallen Regentropfen **immer nach unten?**

Sie werden durch die Gravitation **zum Mittelpunkt der Erde** gezogen.

Könnte die Gravitation über die Regenwolken hinaus **reichen?** Vielleicht **bis zum Mond?**

Könnte die Gravitation auch **das Kreisen des Mondes** um die Erde verursachen?

Wenn das der Fall ist, haben wir wohl eine **universelle Gravitation.**

Das 1687 erschienene Newton'sche allgemeine Gravitationsgesetz blieb – neben den Bewegungsgesetzen – für über zwei Jahrhunderte das unangefochtene Fundament der klassischen Mechanik. Es besagt, dass jeder Körper jeden anderen Körper anzieht. Die Stärke der Anziehungskraft ist direkt proportional zum Produkt ihrer Massen und umgekehrt proportional zum Quadrat des Abstands zwischen ihren Mittelpunkten.

Vor dem wissenschaftlichen Zeitalter, in dem Newton seine Ideen formulierte, beherrschten die Schriften des Aristoteles das Naturverständnis im Abendland. Aristoteles hatte keine Vorstellung von Gravitation und glaubte stattdessen, dass schwere Körper zu Boden fallen, weil das ihr »natürlicher Ort« sei, und dass die Himmelskörper sich um die Erde auf Kreisbahnen bewegen, weil sie vollkommen sind. Das geozentrische Weltbild blieb bis zur Renaissance unangefochten. Dann schlug der Astronom Nikolaus Kopernikus ein heliozentrisches Modell des Sonnensystems vor, in dem die Erde und die anderen Planeten um die Sonne laufen – »Wir kreisen um die Sonne wie jeder andere Planet«, so drückte er es aus. Seine Ideen erschienen 1543 und basierten auf genauen Beobachtungen von Merkur, Venus, Mars, Jupiter und Saturn.

Astronomische Beweise

1609 veröffentlichte Johannes Kepler seine *Astronomia Nova (Eine neue Astronomie),* in der er nicht nur weitere Belege für den Heliozentrismus lieferte, sondern auch die Planetenbahnen als Ellipsen (und nicht als Kreise) beschrieb. Kepler entdeckte auch, dass die Bahngeschwindigkeit eines Planeten von seiner Entfernung zur Sonne abhängt.

Etwa zur selben Zeit konnte Galileo Galilei Keplers Ansichten durch detaillierte Beobachtungen mithilfe von Teleskopen stützen. Er richtete sein Teleskop auf Jupiter und bemerkte Monde, die den Riesenplaneten umkreisen. Doch wenn alle

Siehe auch: Der freie Fall 32–35 ▪ Die Bewegungsgesetze 40–45 ▪ Himmelsmechanik 270–271 ▪ Modelle des Universums 272–273 ▪ Die spezielle Relativitätstheorie 276–279 ▪ Das Äquivalenzprinzip 281 ▪ Gravitationswellen 312–315

Der Neue Almagest von Riccioli, erschienen 1651, zeigt den Kampf zwischen den rivalisierenden Weltenmodellen. Tycho Brahes geozentrisches Modell überwindet den Heliozentrismus.

Dinge um die Erde kreisen sollten, dann durfte es solche Monde nicht geben. Galilei beobachtete auch die Phasen der Venus und zeigte so, dass sie die Sonne umkreist.

Galilei zweifelte ferner daran, dass schwere Körper schneller zu Boden fallen als leichte. Seine Behauptung wurde durch die Jesuiten Giovanni Battista Riccioli und Francesco Maria Grimaldi bestätigt, die in den 1640er-Jahren in Bologna Kugeln von einem Turm fallen ließen und die Zeit maßen, bis sie unten aufschlugen. Ihre Berechnungen lieferten ziemlich gute Werte für die Fallbeschleunigung, die man heute mit 9,81 m/s^2 ansetzt. Ihr Versuch wurde 1971 von dem Astronauten David Scott nachvollzogen, der im Rahmen der Apollo-15-Mondmission einen Hammer und eine Feder fallen ließ. Da es auf dem Mond keinen Luftwiderstand gibt, kamen beide gleichzeitig am Boden an.

Newtons Apfel

Die Geschichte von dem Apfel, der Newton auf den Kopf fiel, ist sicher erfunden; sehr wohl aber kann der Fall eines Apfels seine Neugier erregt haben. In den 1660er-Jahren dachte Newton intensiv über die Gravitation nach. Viele wichtige Grundlagen waren bereits bekannt. In seinen *Principia* nutzte Newton die Werke des italienischen Physikers Giovanni Alfonso Borelli (1608–1679) und des französischen Astronomen Ismaël Bullialdus (1605–1694), die beide der Sonne eine Anziehungskraft zuschrieben. Bullialdus glaubte aber fälschlich, dass die Sonne einen Planeten in seinem Aphel (der Bahnpunkt, der am weitesten von der Sonne entfernt ist) anzieht und in seinem Perihel (am dichtesten) abstößt.

Das Werk von Johannes Kepler hatte wohl den größten Einfluss auf Newtons Vorstellungen. Nach dem dritten Kepler'schen Gesetz der Planetenbewegung gibt es einen mathematischen Zusammenhang zwischen dem Abstand eines Planeten zur Sonne und seiner Umlaufzeit.

> »Hörte die Erde auf, ihr Wasser anzuziehen, so würde sich alles Meerwasser erheben, und in den Mond fließen.«
>
> **Johannes Kepler**

Grimaldi und Riccioli zeigten, dass alle Körper gleich schnell fallen, ungeachtet ihrer Masse. Vernachlässigt man den Luftwiderstand, ist die Beschleunigung konstant, die Körper werden pro Sekunde 9,81 m/s schneller.

1670 sagte der englische Naturphilosoph Robert Hooke, dass die Gravitation auf alle Himmelskörper wirkt, dass ihre Stärke mit der Entfernung abnimmt und dass sie – wenn es keine anderen Anziehungskräfte gibt – geradlinig wirkt. Bis 1679 hatte er herausgefunden, dass die Kraft mit dem Quadrat des Abstands abnimmt. Wenn also die Entfernung zwischen Sonne und einem anderen Himmelskörper sich verdoppelt, reduziert sich die Anziehungskraft zwischen ihnen auf ein Viertel. Ob dieses Abstandsgesetz aber auch dicht über der Oberfläche eines großen Planeten wie der Erde galt, war unbekannt. »

Der universelle freie Fall

Dass der freie Fall universell ist, wurde u. a. von Galilei empirisch gezeigt und durch Newton mathematisch bewiesen. Demnach fallen alle Stoffe, schwere wie leichte, im gleichförmigen Gravitationsfeld mit derselben Beschleunigung. Betrachten wir zwei verschieden schwere fallende Körper. Nach Newtons Gravitationstheorie ist die Gravitationskraft umso stärker, je höher die Masse des Körpers ist. Also sollte der schwere Körper schneller fallen. Doch nach dem zweiten Bewegungsgesetz beschleunigt bei derselben wirkenden Kraft eine große Masse nicht so schnell wie eine kleinere, sie sollte langsamer fallen. Dies hebt sich gegenseitig auf, d. h., ohne andere Kräfte wie Luftwiderstand fallen leichte und schwere Körper mit derselben Beschleunigung.

Von dem 97 m hohen Asinelli-Turm in Bologna aus führten Riccioli und Grimaldi ihre Versuche zum freien Fall durch, um Galileis Theorie zu testen.

Newton zufolge ist die Gravitation eine universelle Anziehungskraft, die auf alle Körper wirkt, egal, ob sie groß oder klein sind. Ihre Stärke hängt von der Masse der Körper und von ihrem Abstand zueinander ab.

Je größer die Masse eines Körpers ist, umso größer ist die Anziehungskraft.

Je weiter entfernt voneinander zwei Körper sind und je weniger Masse sie haben, umso schwächer ist die Anziehungskraft.

Die allgemeine Gravitation

Newton publizierte seine eigenen Bewegungs- und Gravitationsgesetze 1687 in den *Principia:* »Jedes Partikel zieht jedes andere Partikel an … mit einer Kraft, die direkt proportional zum Produkt ihrer Massen ist.« Er erklärt, wie jeder Körper eine anziehende Kraft – die Gravitation – ausübt, die andere Körper zu seinem Mittelpunkt zieht. Es handelt sich um eine allgemeine Kraft, deren Stärke von der Masse des Körpers abhängt. Beispielsweise ist die Gravitation der Sonne viel stärker als die der Erde, die wiederum ist stärker als die des Mondes. Die Gravitationskraft lässt sich durch die Gleichung $F = Gm_1m_2/r^2$ ausdrücken; darin ist F die Kraft, m_1 und m_2 sind die Massen der beiden Körper, r ist der Abstand ihrer Mittelpunkte und G ist die Gravitationskonstante.

Auch lange nach dem Erscheinen seiner *Principia* verfeinerte Newton noch seine Ansichten. Sein Gedankenexperiment zu einer Kanonenkugel behandelt die Bahn einer Kugel, die von der Spitze eines sehr hohen Berges abgeschossen wird. Dabei soll es keinen Luftwiderstand geben. Ohne Gravitation würde die Kugel auf einer geraden Bahn in Richtung des Schusses die Erde verlassen. Da es aber Gravitation gibt, fällt die Kugel auf den Boden, wenn sie relativ langsam geschossen wird. Eine mit einer sehr hohen Geschwindigkeit geschossene Kugel hingegen würde die Erde auf einer Kreisbahn umrunden – die Geschwindigkeit ist die Orbitalgeschwindigkeit. Bei noch höherer Geschwindigkeit fliegt die Kugel auf einer elliptischen Bahn. Und wenn die Abschussgeschwindigkeit höher als 11,2 km/s ist, dann würde sie das Gravitationsfeld der Erde verlassen und ins All geraten.

Drei Jahrhunderte später hat die moderne Technik Newtons Theorie in die Praxis umgesetzt. Das Kanonenkugel-Phänomen lässt sich beobachten, wenn ein Satellit oder ein Raumschiff startet. Wenn der Satellit die Orbitalgeschwindigkeit erreicht hat, wird Schub weggenommen,

» Unsinn fällt durch eine Art intellektuelles Gravitationsgesetz nach dem eigenen Gewicht. Und eine neue Wahrheit steigt himmelhoch. «

Cecilia Payne-Gaposchkin
Britisch-amerikanische Astronomin

und er fällt permanent in Richtung Erde, ohne aber die Erdoberfläche zu erreichen. Der Winkel der Satellitenbahn hängt vom Startwinkel und seiner Geschwindigkeit ab. Der Erfolg der Raumfahrt hängt eng mit den Newton'schen Gesetzen zusammen.

Was ist Masse?

Die *träge* Masse eines Körpers ist der Trägheitswiderstand gegen eine Beschleunigung, sei es durch die Gravitationskraft oder eine andere Kraft. Sie ist definiert durch das zweite Newton'sche Bewegungsgesetz $F = ma$; mit der wirkenden Kraft F, der trägen Masse m und der Beschleunigung a. Wenn eine bekannte Kraft auf den Körper wirkt, kann man die Beschleunigung messen und erhält die träge Masse als F/a. Nach dem Newton'schen Gravitationsgesetz hingegen ist die *schwere* Masse eine physikalische Eigenschaft eines Körpers, die eine Wechselwirkung mit anderen Körpern durch die Gravitationskraft verursacht. Newton war beunruhigt: Sind die träge Masse eines Körpers und seine schwere Masse gleich? Wiederholte Experimente haben gezeigt, dass die beiden Eigenschaften gleich sind. Das wiederum verwunderte Albert Einstein, der davon ausgehend seine allgemeine Relativitätstheorie entwickelte.

Neuinterpretation der Gravitation

Newtons Vorstellungen einer allgemeinen Gravitation und Bewegung waren unangefochten bis 1905, als Einsteins spezielle Relativitätstheorie erschien. Während Newtons Theorie auf der Annahme basiert, dass Masse, Zeit und Entfernungen gleich bleiben, behandelt Einsteins Theorie sie als veränderlich; sie werden definiert durch das Bezugssystem des Beobachters. Ein Mensch auf der Erde, die sich um ihre Achse dreht, dabei um die Sonne läuft und sich durch das All bewegt, hat ein anderes Bezugssystem als ein Astronaut in einem Raumschiff. Einsteins allgemeine Relativitätstheorie besagt auch, dass die Gravitation keine Kraft ist, sondern die Folge einer Krümmung der Raumzeit durch schwere Körper.

Newtons Gesetze sind für die allermeisten Alltagsanwendungen völlig ausreichend, doch sie können die Unterschiede in Bewegung, Masse und Zeit nicht erklären, die auftreten, wenn die Körper aus zwei völlig verschiedenen Bezugssystemen betrachtet werden. In diesem Fall müssen die Forscher auf die Relativitätstheorie zurückgreifen. Die klassische Mechanik und Einsteins Theorien stimmen aber überein, solange die Geschwindigkeiten der Körper klein und das Gravitationsfeld gering ist. ■

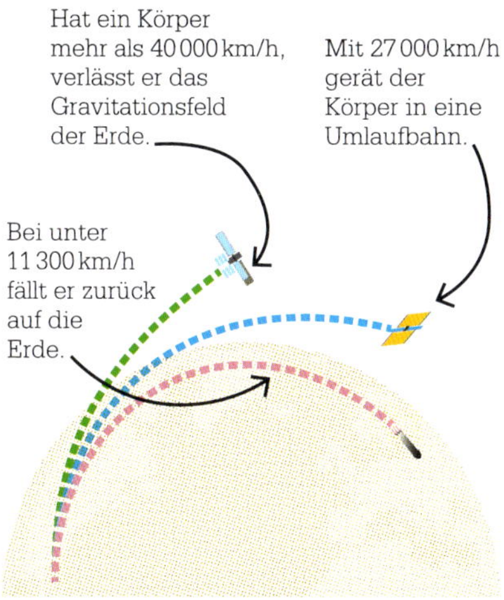

Newton sagte, dass ein Körper die Erde umkreist, wenn man ihn mit der richtigen Geschwindigkeit abschießt. Ist ein Satellit schnell genug, dann ist die Krümmung seiner Bahn geringer als die Erdbahn, darum bleibt er im All und fällt nie auf die Erde zurück.

Isaac Newton

Newton wurde nach julianischem Kalender am Weihnachtstag 1642 im englischen Woolsthorpe geboren (gregorianisch 4. Januar 1643). Nach seiner Schulzeit studierte er in Cambridge. In seinen *Principia* legte er die Basis für die universellen Gesetze der Gravitation und der Bewegung, Grundlage der klassischen Mechanik bis zum Aufkommen der Relativitätstheorie im frühen 20. Jh. Außerdem leistete er wichtige Beiträge zu Mathematik und Optik. Er war ein schwieriger Charakter und stritt lange mit Leibniz über die Priorität bei der Erfindung der Infinitesimalrechnung und mit Robert Hooke über das Abstandsgesetz. Außerdem interessierte er sich für Alchemie und die biblische Chronologie. Er starb 1726 (gregorianisch 1727) in London.

Hauptwerke

1684 *Über die Bewegung von Körpern im Orbit*
1687 *Philosophiae Naturalis Principia Mathematica (Mathematische Prinzipien der Naturphilosophie)*

ÜBERALL HIN UND HER

HARMONISCHE SCHWINGUNGEN

IM KONTEXT

SCHLÜSSELFIGUR
Leonhard Euler (1707–1783)

FRÜHER
1581 Galilei findet den Zusammenhang von Länge und Schwingungsdauer eines Pendels

1656 Christaan Huygens baut eine Pendeluhr, bei der ein schwingendes Pendel den Gang des Uhrwerks reguliert.

SPÄTER
1807 Der französische Physiker Joseph Fourier zeigt, dass man jeden periodischen Vorgang in eine Überlagerung von harmonischen Schwingungen zerlegen kann.

1909 Der deutsche Schiffsbauer Hermann Frahm entwickelt einen »Schlingertank«, der Energie unerwünschter Schwingungen aufnimmt und gegentaktig abgibt; so werden Schwingungen gedämpft.

Periodische, d. h. sich regelmäßig wiederholende, Bewegungen findet man in vielerlei natürlichen und künstlichen Phänomenen. Untersuchungen schwingender Pendel etwa halfen bei der Herleitung der Newton'schen Bewegungsgesetze. Allerdings gab es große Schwierigkeiten, diese Gesetze auf reale Probleme mit Systemen (d. h. wechselwirkende Gruppen mehrerer Teile) anzuwenden.

Musikalische Schwingungen

Besonders interessierte die Schwingung von Saiten – auch das ist eine Form periodischer Bewegung. Zu Newtons Zeit war es schon Allgemeingut, dass Saiten, die mit verschiedenen Frequenzen schwingen, verschiedene Töne erzeugen, doch die exakte Form der Schwingungen war unklar. 1732 fand der Schweizer Physiker Daniel Bernoulli einen Weg, das zweite Newton'sche Bewegungsgesetz auf eine schwingende Saite anzuwenden. Demnach wächst die Kraft auf die Saite, je mehr man sie aus der Ruhelage auslenkt, und sie wirkt immer entgegengesetzt zur Auslenkung. Während die Kraft die Saite wieder in die Ruhelage zu bringen versucht, schießt die Saite über die Mitte hinaus, und so entsteht die wiederholte Hin- und Herbewegung.

Diese Art der Bewegung mit einem bestimmten Zusammenhang zwischen Auslenkung und Rückstellkraft wird heute als harmonische Schwingung bezeichnet. Es gibt sie nicht nur bei schwingenden Saiten, sondern auch bei Pendeln oder bei einem Gewicht, das sich an einer Schraubenfeder auf- und abbewegt. Bernoulli entdeckte auch, dass man die harmonische Schwingung in einem Graphen darstellen kann – es

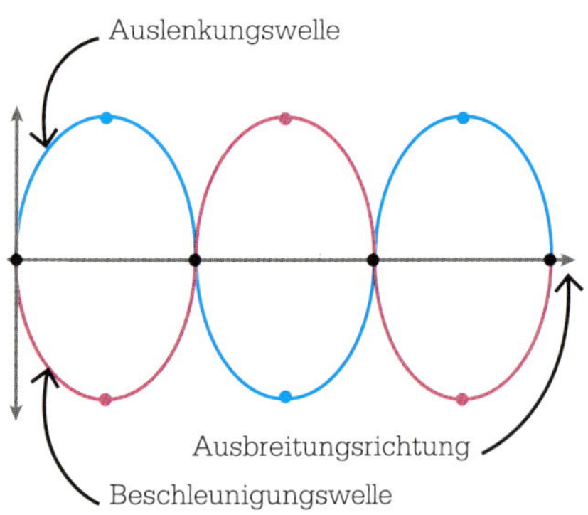

Bei jeder harmonischen Schwingung kann man die Auslenkungs- und die Beschleunigungswelle in sinusförmige, zueinander spiegelbildliche Bewegungen zerlegen.

Siehe auch: Zeit messen 38–39 ▪ Die Bewegungsgesetze 40–45 ▪ Kinetische und potenzielle Energie 54 ▪ Musik 164–167

» Es geschieht nichts auf der Welt, das sich nicht als eine Art Maximum oder Minimum deuten lässt. «

Leonhard Euler

entsteht eine Sinuskurve, die man mathematisch leicht fassen kann. Harmonische Schwingungen tauchen auch an überraschender Stelle auf. So lassen sich sowohl Kreisbewegungen (etwa ein Satellit, der sich um die Erde bewegt) als auch Drehungen von Körpern (etwa die Erde, die sich um die Achse dreht) als Hin- und Herbewegung in zwei oder mehr Richtungen gleichzeitig behandeln.

Newtons Gesetz anwenden

Der Schweizer Mathematiker und Physiker Leonhard Euler war fasziniert von den Kräften, die ein Schiff zum Stampfen (Auf- und Abbewegung vom Bug bis zum Heck) und Rollen (hin und her zur Seite) bringen. Um 1736 erkannte er, dass man die Bewegung eines Schiffs in eine Translation (Längsbewegung zwischen zwei Orten) und eine Rotation zerlegen kann.

Auf der Suche nach einer Gleichung für den Rotationsteil der Bewegung baute Euler auf Bernoullis früheren Werken auf und stieß schließlich auf eine Form, die genau die Struktur des zweiten Newton'schen Gesetzes widerspiegelt. Dieses Gesetz hatte Euler 1752 erstmals in der heute vertrauten Form $F = ma$ geschrieben (die Kraft F auf einen Körper ist gleich dem Produkt der Masse m mit der Beschleunigung a). Die gleich aufgebaute Gleichung für Drehungen lautet $L = I\,d\omega/dt$. Darin ist L das Drehmoment (die auf den Körper wirkende Drehkraft), I ist das »Trägheitsmoment« (vereinfacht der Widerstand gegen eine Drehung), und $d\omega/dt$ ist die zeitliche Änderung der Drehgeschwindigkeit ω (also die »Drehbeschleunigung«).

Wie sich herausstellte, hat die harmonische Schwingung zahllose Anwendungen – von Schwingungen elektrischer und magnetischer Felder in elektrischen Schaltungen bis zum Nachweis der Schwingungen von Elektronen zwischen verschiedenen Energiezuständen im Atom. ▪

Als junger Sanitäter in der russischen Marine war Leonhard Euler fasziniert vom Einfluss der Wellen auf die Schiffsbewegungen.

Leonhard Euler

Leonhard Euler wurde 1707 in Basel als Sohn eines Pfarrers geboren und war der wichtigste Mathematiker seiner Zeit. Er interessierte sich für die reine Mathematik, aber auch für ihre Anwendungen – Schiffsbau, Mechanik, Astronomie und Musiktheorie.

Schon mit 13 studierte er an der Universität Basel und erhielt Unterricht von Johann Bernoulli. Ab 1727 lehrte und forschte er 14 Jahre lang an der Russischen Akademie in St. Petersburg, dann lud ihn Friedrich der Große nach Berlin ein. Obwohl er 1738 auf einem Auge und 1771 endgültig erblindete, arbeitete Euler unbeirrt weiter und begründete mehrere völlig neue mathematische Forschungsgebiete. 1766 kehrte er nach St. Petersburg zurück und arbeitete dort bis zu seinem Tod an einer Hirnblutung 1783.

Hauptwerke

1736 *Mechanik*
1744 *Ein Verfahren zum Finden gekrümmter Kurven mit Minima und Maxima*
1749 *Schiffswissenschaft*
1765 *Theorie der Bewegung fester Körper*

DIE KRAFT LÄSST SICH NICHT VERNICHTEN

KINETISCHE UND POTENZIELLE ENERGIE

IM KONTEXT

SCHLÜSSELFIGUR
Émilie du Châtelet
(1706–1749)

FRÜHER
1668 John Wallis spricht über ein Erhaltungsgesetz für den Impuls – das erste in moderner Form.

SPÄTER
1798 Messungen des Physikers Benjamin Thompson, später Graf Rumford, legen nahe, dass Wärme eine Form kinetischer Energie ist und zur Gesamtenergie eines Systems beiträgt.

1807 Der britische Gelehrte Thomas Young spricht bei der *vis viva* von du Châtelet erstmals von »Energie«.

1833 Der irische Mathematiker William Rowan Hamilton zeigt, wie man das Verhalten eines mechanischen Systems als Austausch von potenzieller und kinetischer Energie beschreiben kann.

Zu Isaac Newtons Bewegungsgesetzen gehört die Vorstellung, dass die Summe der Impulse über alle beteiligten Körper vor und nach einem Stoß gleich groß ist. Über das, was wir heute Energie nennen, sagt es allerdings nichts aus. In den 1680er-Jahren schrieb Gottfried Wilhelm Leibniz, dass auch eine andere Eigenschaft bewegter Körper, die er *vis viva* (»lebendige Kraft«) nannte, anscheinend erhalten blieb.

Leibniz' Idee wurde von Newtons Anhängern zumeist abgelehnt, für sie sollten Energie und Impuls ununterscheidbar sein. Doch in den 1740er-Jahren lebte die Idee wieder auf. Die französische Philosophin Marquise Émilie du Châtelet, die an der Übersetzung der *Principia* arbeitete, bewies die Bedeutung der *vis viva*. Sie wiederholte dazu ein Experiment des Niederländers Willem s' Gravensande: Sie ließ Metallkugeln verschiedenen Gewichts aus unterschiedlicher Höhe in Ton fallen und maß die Tiefe der Krater. Demnach machte eine doppelt so schnelle Kugel einen vierfach tieferen Krater. Du Châtelet schloss, die *vis viva* der Kugeln (modern gesprochen deren kinetische Energie) sei proportional zu ihrer Masse m und zum Quadrat ihrer Geschwindigkeit v (mv^2). Und sie vermutete – da die *vis viva* bei einem solchem Aufprall offenbar erhalten blieb (oder übertragen wurde) –, dass sie vor dem Fall in einer anderen Form existiert habe. Heute spricht man von der potenziellen Energie eines Körpers in einem Kraftfeld. ■

» Die Physik ist ein fast unermessliches Gebäude, welches die Kräfte eines einzigen Menschen übersteiget. «

Émilie du Châtelet

Siehe auch: Der Impuls 37 ▪ Die Bewegungsgesetze 40–45 ▪ Energie und Bewegung 56–57 ▪ Kraftfelder und Maxwell'sche Gleichungen 142–147

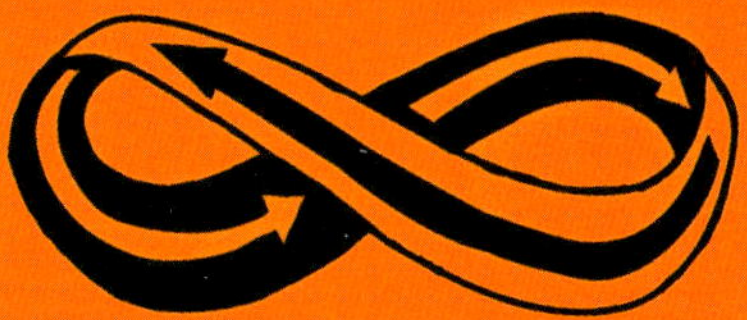

ENERGIE KANN WEDER ERZEUGT NOCH VERNICHTET WERDEN

DIE ENERGIEERHALTUNG

IM KONTEXT

SCHLÜSSELFIGUR
James Joule (1818–1889)

FRÜHER
1789 Benjamin Thompson (Graf Rumford) bohrt den Lauf einer in Wasser getauchten Kanone und zeigt damit, dass durch mechanische Bewegung Wärme erzeugt wird.

SPÄTER
1847 In seiner Schrift »Über die Erhaltung der Kraft« erklärt Hermann (von) Helmholtz, dass alle Formen der Energie ineinander umzuwandeln sind.

1850 Der schottische Bauingenieur William Rankine spricht als Erster vom »Energieerhaltungssatz«.

1905 In seiner Relativitätstheorie führt Albert Einstein das Prinzip der Äquivalenz von Masse und Energie ein: Selbst ein ruhender Körper entspricht einer gewissen Energie.

Nach dem Energieerhaltungssatz bleibt die Gesamtenergie eines isolierten Systems über die Zeit konstant. Energie kann weder erschaffen noch zerstört werden, aber man kann sie von einer Form in eine andere umwandeln.

Obwohl der deutsche Chemiker Julius von Mayer diese Idee schon 1841 äußerte, verbindet man sie meist mit dem britischen Physiker James Joule. 1845 veröffentlichte er die Ergebnisse eines Schlüsselversuchs. Er entwarf einen Apparat, in dem ein fallendes Gewicht ein Schaufelrad in einem isolierten Wasserbehälter drehte. Die Schwerkraft verrichtete mechanische Arbeit. Aus der Temperaturerhöhung im Wasser berechnete er, wie viel mechanische Arbeit welcher Wärmemenge entspricht. Er zeigte auch, dass bei dieser Umwandlung keine Energie verloren ging. Joules Erkenntnis, dass mechanische Arbeit Wärme erzeugen kann, wurde aber erst nach 1847 akzeptiert, als Hermann von Helmholtz einen Zusammenhang zwischen Wärme, Licht, Elektrizität und Magnetismus beschrieb – alles Energieformen. Zu Ehren von Joule wurde 1882 die Grundeinheit der Energie nach ihm benannt. ■

Für seinen Versuch nutzte Joule diesen Wassertank mit Schaufelrad, angetrieben durch ein fallendes Gewicht. Das Steigen der Wassertemperatur zeigte, dass mechanische Arbeit Wärme erzeugt.

Siehe auch: Energie und Bewegung 56–57 ▪ Wärme und ihre Übertragung 80–81 ▪ Innere Energie und der erste Hauptsatz der Thermodynamik 86–89 ▪ Masse und Energie 284–285

EIN NEUER ANSATZ DER MECHANIK

ENERGIE UND BEWEGUNG

IM KONTEXT

SCHLÜSSELFIGUR
Joseph-Louis Lagrange (1736–1813)

FRÜHER
1743 Der französische Physiker Jean Le Rond d'Alembert zeigt, dass die Trägheit eines beschleunigten Körpers der beschleunigenden Kraft proportional und entgegengerichtet ist.

1744 Pierre-Louis Maupertuis, ein französischer Mathematiker, nutzt das aus der Optik stammende »Prinzip des kürzesten Weges« zum Finden von Bewegungsgleichungen.

SPÄTER
1861 James Clerk Maxwell berechnet mit dem Werk von Lagrange und William Rowan Hamilton die Wirkungen elektromagnetischer Kraftfelder.

1925 Erwin Schrödinger leitet seine Wellengleichung aus dem Hamilton-Prinzip ab.

Im 18. Jahrhundert hat sich die Physik weit über die Bewegungsgesetze von Isaac Newton hinaus weiterentwickelt. Ein Großteil dieser Entwicklung ging auf neue mathematische Verfahren zurück, mit denen man wichtige Ideen der Newton'schen Gesetze leichter auf verschiedene Probleme anwenden konnte.

Eine Schlüsselfrage war die Behandlung von Systemen mit Zwangsbedingungen, in denen sich Körper nur auf ganz bestimmte Art bewegen konnten. Ein Beispiel ist das Gewicht am Ende eines Pendels, das immer an die Pendelstange gebunden ist. Solche Zwangsbedingungen erschweren die Newton'schen Rechnungen erheblich – in jedem Punkt einer Bewegung müssen alle Kräfte auf den Körper bestimmt und die Gesamtkraft berechnet werden.

Die Lagrange-Gleichungen

1788 machte der französische Mathematiker und Astronom Joseph-Louis Lagrange einen radikal neuen Ansatz, den er »analytische Mechanik« nannte. Er legte dazu zwei mathematische Verfahren vor, mit denen man die Bewegungsgesetze leichter auf mehr verschiedene Situationen anwenden kann. Die Lagrange-Gleichungen erster Art hatten einfach eine bestimmte Struktur, in denen man die Zwangsbedingungen als separate Elemente auffassen und so die Bewegung von Körpern bestimmen konnte.

Wichtiger waren seine Gleichungen zweiter Art. Sie kamen ohne die kartesischen Koordinaten aus, die implizit in den Newton'schen Gesetzen enthalten sind. Die Beschreibung eines Ortes im dreidimensionalen Raum durch die Koordinaten x, y und z ist zwar

» Newton war das größte Genie, das je gelebt hat, und das glücklichste dazu, denn wir können nicht mehr als einmal ein Weltensystem begründen. «

Joseph-Louis Lagrange

Siehe auch: Die Bewegungsgesetze 40–45 ▪ Die Energieerhaltung 55 ▪ Kraftfelder und Maxwell'sche Gleichungen 142–147 ▪ Reflexion und Brechung 168–169

Newtons Gesetze beschreiben Bewegungen in dreidimensionalen **kartesischen Koordinaten** (*x*-, *y*- und *z*).

Komplizierte Bewegungsprobleme sind in kartesischen Koordinaten nur **schwer zu berechnen.**

Lagrange leitete **Gleichungen** her, mit denen man Bewegungsprobleme mit dem **am besten passenden Koordinatensystem** lösen kann.

Damit zeigte sich, dass Körper sich üblicherweise auf der Bahn bewegen, die **die wenigste Energie** erfordert.

leicht zu interpretieren, sie kann aber schon bei ganz einfachen Problemen der Newton'schen Physik die Berechnung sehr erschweren. Lagrange fand einen Weg, wie man die jeweils am besten passenden Koordinaten verwenden konnte. Das war nicht einfach nur ein mathematisches Hilfsmittel, sondern wies auch den Weg zu einem tieferen Verständnis des Verhaltens von dynamischen Systemen.

Systeme lösen

Zwischen 1827 und 1833 erweiterte der irische Mathematiker William Rowan Hamilton Lagranges Idee und führte damit die Mechanik auf ein neues Niveau. Aufbauend auf dem Prinzip der geringsten Zeit aus der Optik, das auf den Franzosen Pierre de Fermat aus dem 17. Jahrhundert zurückgeht, fand Hamilton einen Weg, die Bewegungsgleichungen beliebiger Systeme mithilfe eines Prinzips der geringsten (oder zumindest stationären) Wirkung zu berechnen. Demnach bewegen sich Körper – ähnlich wie Lichtstrahlen – auf Bahnen, die die geringste Energie benötigen. So konnte er beweisen, dass jedes mechanische System mit einer Methode lösbar ist, die man mit der Betrachtung der Wendepunkte einer Kurve vergleichen kann.

1833 stellte Hamilton einen leistungsfähigen neuen Ansatz für die Mechanik vor. Er beschreibt die zeitliche Entwicklung eines mechanischen Systems mithilfe verallgemeinerter Koordinaten und der Gesamtenergie H des Systems (H heißt auch die Hamilton-Funktion). Mit den Gleichungen kann man die kinetische und potenzielle Energie des Systems für jeden Zeitpunkt berechnen. So lassen sich nicht nur die Bahnen, sondern auch die exakten Orte der Körper bestimmen. Für dieses Prinzip der geringsten Zeit haben sich Anwendungen in etlichen anderen Gebieten der Physik gezeigt, darunter Gravitation, Elektromagnetismus und Quantenmechanik. ■

Joseph-Louis Lagrange

Der 1737 in Turin geborene Lagrange studierte zunächst Jura, bevor er sich mit 17 Jahren für Mathematik interessierte. Er lernte autodidaktisch und erwarb so schnell weitere Fähigkeiten, dass er Mathematik und Ballistik an der Turiner Militärakademie lehren konnte. Er war Gründungsmitglied der Turiner Akademie der Wissenschaften, seine Werke erregten u. a. die Aufmerksamkeit von Leonhard Euler.

1766 ging er als Nachfolger Eulers als Direktor der Preußischen Akademie der Wissenschaften nach Berlin. Hier entstand sein wichtigstes Werk zur analytischen Mechanik, in dem er u. a. das Problem von drei Körpern behandelte, die sich gegenseitig durch Gravitation anziehen. 1786 ging er nach Paris und arbeitete dort bis zu seinem Lebensende 1813.

Hauptwerke

1758–1773: *Miscellanea Taurinensia* (Aufsätze der Turiner Akademie der Wissenschaften)
1788–1789 *Analytische Mechanik*

WIR MÜSSEN IN DEN HIMMEL SCHAUEN, UM MASSE FÜR DIE ERDE ZU BEKOMMEN

SI-EINHEITEN UND NATURKONSTANTEN

IM KONTEXT

SCHLÜSSELFIGUR
Bryan Kibble (1938–2016)

FRÜHER
1875 17 Staaten unterzeichnen die Meterkonvention.

1889 Die Prototypen für Kilogramm und Meter werden hergestellt.

1946 Neue Definitionen für Ampere und Ohm gelten.

SPÄTER
1967 Die Sekunde wird mittels einer Strahlung des Caesium-Atoms neu definiert.

1983 Das Meter wird mittels der Vakuumlichtgeschwindigkeit *c* neu definiert.

1999 Eine neue abgeleitete Einheit für die katalytische Aktivität wird eingeführt, das Katal.

2019 Alle SI-Basiseinheiten werden mittels Naturkonstanten neu definiert.

Messungen bezogen sich früher auf eine sog. **Standardeinheit** (wie den Internationalen Kilogrammprototyp). Diese Prototypen verändern sich aber mit der Zeit.

↓

Die **Werte** für die Naturkonstanten in diesen Standardeinheiten wurden **experimentell bestimmt.**

↓

Die **Naturkonstanten** beruhen auf Naturvorgängen, die sich nicht ändern, also **invariant** sind.

↓

Wird der **Wert** einer **Naturkonstante** fixiert, lassen sich die **Einheiten mithilfe echter Invarianten definieren.**

Zur Messung einer physikalischen Größe braucht man eine festgelegte Einheit (wie das Meter für die Länge), und um Messungen vergleichen zu können, müssen alle Beteiligten diese Einheit genau gleich definieren. Obwohl Standardeinheiten schon in der Antike entwickelt worden waren, machten erst der internationale Handel und die Industrialisierung im 17. und 18. Jahrhundert den Bedarf für genaue, gleichförmige Einheiten zwingend erforderlich.

Das metrische System wurde in den 1790er-Jahren eingeführt, im Zuge der Französischen Revolution. Damals gab es Hunderttausende Einheiten, oft in jeder Stadt andere. Die Idee war, sie durch allgemeingültige, dauerhafte Standards für Länge, Fläche, Masse und Volumen zu ersetzen, die auf der Natur beruhten. Das Meter etwa wurde definiert als ein Bruchteil des Erdumfangs entlang des Meridians, der durch Paris verläuft. 1799 wurden die Prototypen für das Meter und das Kilogramm aus Platin gegossen und in ganz Frankreich gab es Kopien zur öffentlichen Ansicht.

Im folgenden Jahrhundert nahmen andere Länder in Europa und Südamerika das metrische System an. Beunruhigt über die Abnutzung und Verformung der Platin-Prototypen trafen sich 1875 Gesandte aus 30 Ländern in Paris, um globale Standards für Messungen festzulegen.

Der resultierende Vertrag, die Meterkonvention, forderte neue Prototypen für Meter und Kilogramm aus einer Platin-Iridium-Legierung. Sie wurden in Paris aufbewahrt, die nationalen metrologischen Institute der 17 Signatarstaaten erhielten Kopien. Nach der Konvention sollten die nationalen Standards regelmäßig mit den neuen Prototypen

» Jedes Molekül im ganzen Universum trägt in sich eingeprägt den Stempel eines metrischen Systems, so deutlich wie das Meter in den Archiven in Paris. «

James Clerk Maxwell

Siehe auch: Längen messen 18–19 ▪ Zeit messen 38–39 ▪ Die Entwicklung der statistischen Mechanik 104–111 ▪ Elektrische Ladung 124–127 ▪ Die Lichtgeschwindigkeit 275

verglichen (kalibriert) werden. Zur Überwachung wurde das Bureau International des Poids et Mesures (BIPM, Internationales Büro für Maß und Gewicht) gegründet.

Ab 1948 wurde das metrische System zum Internationalen Einheitensystem (Système International – SI) erweitert und 1960 verabschiedet. Seither wird es für praktisch alle wissenschaftlich-technischen Messungen verwendet und ist Grundlage der gesetzlichen Einheiten in vielen Ländern. Zwar werden in den USA und Großbritannien auf Straßenschildern noch Meilen verwendet, doch selbst die angloamerikanischen Einheiten sind heute mithilfe der metrischen Standards definiert.

Dezimalsystem

In traditionellen Einheitensystemen mit den Verhältnissen 2, 3 und ihren Vielfachen – beispielsweise sind 12 Inch ein Foot – können einige alltägliche Rechnungen einfach sein, aber es kann sehr schnell schwerfällig werden. Das metrische System verwendet nur Zehnerverhältnisse, was Rechnungen sehr vereinfacht. So ist $\frac{1}{10}$ von $\frac{1}{100}$ Meter eben $\frac{1}{1000}$ Meter.

Außerdem sind Präfixe und Abkürzungen für viele Vielfache vereinbart, etwa Kilo- (k) für das 1000-Fache, Zenti- (c) für ein Hundertstel oder Mikro- (μ) für ein Millionstel einer Einheit. Die Liste der Präfixe reicht von Yokto (y) = 10^{-24} bis Yotta (Y) = 10^{24}.

Das neue metrische System wurde in Frankreich um 1795 eingeführt. Dieser zeitgenössische Stich zeigt Menschen beim Messen mit den neuen dezimalen Einheiten, darunter die Liste der neuen und der von ihnen abgelösten Einheiten.

CGS, MKS und SI

1832 schlug der deutsche Mathematiker Carl Friedrich Gauß ein Maßsystem mit drei Grundeinheiten für Länge, Masse und Zeit vor. Seine Idee war, dass sich *alle* physikalischen Größen mithilfe dieser Einheiten oder Kombinationen davon ausdrücken lassen. Jede Grundgröße sollte genau eine Einheit haben, anders als traditionelle Systeme, die verschiedene Einheiten für dieselbe Größe verwenden (etwa Inch, Foot und Yard für die Länge). Anfangs wurden Zentimeter, Gramm und Sekunde als Grundeinheiten festgelegt (CGS-System), wegen der besseren Handhabung wechselte man »

Das Urkilogramm ist nur 4 cm hoch und wird unter drei Glasglocken im Internationalen Büro für Maß und Gewicht (BIPM) in Paris aufbewahrt.

Das Urkilogramm

Für 130 Jahre war die Einheit Kilogramm verkörpert durch einen Zylinder aus einer Platin-Iridium-Legierung, das Urkilogramm. Kopien dieses Zylinders wurden in den metrologischen Instituten der ganzen Welt aufbewahrt, z. B. bei der Physikalisch-Technischen Bundesanstalt (PTB) und alle 40 Jahre mit dem Original verglichen.

Obwohl die Legierung extrem beständig ist, tauchten über die Jahrzehnte Abweichungen bis zu 50 μg zwischen den Zylindern auf. Da andere Einheiten in ihrer Definition vom Kilogramm abhängen, beeinflusste diese Drift Messungen vieler Größen. Als Experimente und Technik immer größere Genauigkeit erforderten, wurde die Instabilität des Urkilogramms zu einem Problem.

Ab 1960, als das Meter mittels einer bestimmten, von dem Element Krypton abgestrahlten Wellenlänge definiert wurde, war das Kilogramm die einzige Basiseinheit, deren Standard von einem künstlichen Objekt abhing. Seit der Neudefinition der SI-Einheiten im Jahr 2019 ist das nicht mehr der Fall.

SI-Basiseinheiten

Heute sind die Basiseinheiten des Internationalen Einheitensystems (SI-Einheiten) definiert mittels Naturkonstanten sowie – außer die Einheiten Sekunde und Mol – mittels der Definition anderer Basiseinheiten.

Größe	Einheit	Definition
Zeit	**Sekunde (s)**	Die Sekunde ist definiert, indem für die Caesiumfrequenz $\Delta\nu_{Cs}$, der Frequenz des ungestörten Hyperfeinübergangs des Grundzustands des Caesiumatoms 133, der Zahlenwert 9 192 631 770 festgelegt wird, ausgedrückt in der Einheit Hz, die gleich s^{-1} ist.
Länge	**Meter (m)**	Der Meter ist definiert, indem für die Lichtgeschwindigkeit in Vakuum c der Zahlenwert 299 792 458 festgelegt wird, ausgedrückt in der Einheit m/s, wobei die Sekunde mittels $\Delta\nu_{Cs}$ definiert ist.
Masse	**Kilogramm (kg)**	Das Kilogramm ist definiert, indem für die Planck-Konstante h der Zahlenwert $6{,}626\,070\,15 \times 10^{-34}$ festgelegt wird, ausgedrückt in der Einheit J s, die gleich kg m^2 s^{-1} ist, wobei der Meter und die Sekunde mittels c und $\Delta\nu_{Cs}$ definiert sind.
Elektrischer Strom	**Ampere (A)**	Das Ampere ist definiert, indem für die Elementarladung e der Zahlenwert $1{,}602\,176\,634 \times 10^{-19}$ festgelegt wird, ausgedrückt in der Einheit C, die gleich A s ist, wobei die Sekunde mittels $\Delta\nu_{Cs}$ definiert ist.
Thermodynamische Temperatur	**Kelvin (K)**	Das Kelvin ist definiert, indem für die Boltzmann-Konstante k der Zahlenwert $1{,}380\,649 \times 10^{-23}$ festgelegt wird, ausgedrückt in der Einheit J K^{-1}, die gleich kg m^2 s^{-2} K^{-1} ist, wobei das Kilogramm, der Meter und die Sekunde mittels h, c und $\Delta\nu_{Cs}$ definiert sind.
Stoffmenge	**Mol (mol)**	Das Mol enthält genau $6{,}022\,140\,76 \times 10^{23}$ Einzelteilchen. Diese Zahl entspricht dem für die Avogadro-Konstante N_A geltenden festen Zahlenwert, ausgedrückt in der Einheit mol^{-1}, und wird als Avogadro-Zahl bezeichnet. Bei einem Einzelteilchen kann es sich beispielsweise um ein Atom, ein Molekül, ein Ion oder ein Elektron handeln.
Lichtstärke in eine bestimmte Richtung	**Candela (cd)**	Die Candela ist definiert, indem für das photometrische Strahlungsäquivalent K_{cd} der monochromatischen Strahlung der Frequenz 540×10^{12} Hz der Zahlenwert 683 festgelegt wird, ausgedrückt in der Einheit lm W^{-1}, die gleich cd sr W^{-1} oder cd sr kg^{-1} m^{-2} s^3 ist, wobei das Kilogramm, der Meter und die Sekunde mittels h, c und $\Delta\nu_{Cs}$ definiert sind.

später zu Meter, Kilogramm und Sekunde (MKS-System). Beide Systeme gingen später im SI auf, das außerdem Grundeinheiten für Gebiete wie Elektrizität und Magnetismus vorschrieb.

Basis- und abgeleitete Einheiten

Das SI hat sieben Basiseinheiten für sieben grundlegende physikalische Größen, darunter der Meter (m) für die Länge, das Kilogramm (kg) für die Masse und die Sekunde (s) für die Zeit. Die Basiseinheiten werden als voneinander unabhängig betrachtet, obwohl die Einheitendefinitionen es nicht sind. Beispielsweise sind Länge und Zeit unabhängig, doch die Definition des Meters hängt von der Definition der Sekunde ab.

Andere Größen werden in abgeleiteten Einheiten gemessen, d. h. Kombinationen von Basiseinheiten entsprechend der Zusammenhänge zwischen den Größen. Beispielsweise ist Geschwindigkeit eine Länge pro Zeiteinheit und wird gemessen in Meter pro Sekunde ($m\ s^{-1}$). Außerdem gibt es noch 22 abgeleitete Einheiten mit besonderem Namen, etwa die Krafteinheit Newton (N) mit $1\ N = 1\ kg\ m\ s^{-2}$.

Zunehmende Ungenauigkeit

Mit dem Fortschritt von Theorie und Technik wurden die Basiseinheiten neu definiert. Damit ändert sich nicht ihr Wert, sondern nur die Vorschrift, wie die Einheit zu messen ist. Die moderne Metrologie – die Wissenschaft vom Messen – benötigt Messinstrumente mit größtmöglicher Präzision. So entwickelte der britische Metrologe Bryan Kibble 1975 eine Wattwaage mit beweglicher Spule, mit der man die Definition des Ampere stark verbessern konnte. Die Wattwaage vergleicht die elektrische Leistung, die eine bewegte Masse erzeugt, mit dem Strom und der Spannung einer elektromagnetischen Spule, und ermöglicht so eine wesentlich genauere Darstellung des Ampere.

1978 entstand das erste funktionstüchtige Modell einer Wattwaage. 1990 gelang es mit einer verbesserten Version dieser Apparatur in einer Vakuumkammer, das Planck'sche Wirkungsquantum so genau zu messen, dass eine Neudefinition des Kilogramms möglich wurde.

Historisch griffen die Einheitendefinitionen auf künstlich hergestellte Prototypen (wie das Urkilogramm) oder auf gemessene Eigenschaften (wie die Frequenz einer Strahlung, die von einer bestimmten Atomart emittiert wird) zurück und enthielten eine oder mehrere physikalische Konstanten wie die Vakuumlichtgeschwindigkeit c oder $\Delta\nu_{Cs}$, eine Frequenz, die zum Elektronenübergang zwischen verschiedenen Energiezuständen – dem Hyperfeinübergang – im Caesiumatom gehört. Sie sind unveränderlich und heißen deshalb Naturkonstanten. Sie sind überall auf der Welt gleich und sind viel stabiler als experimentelle Bestimmungsverfahren oder ein künstlich hergestellter Prototyp.

» Für den Menschen ist es natürlich, die Einheiten der Entfernung, die er reist, auf die Größe des Planeten zu beziehen, den er bewohnt. «

Pierre-Simon Laplace
Französischer Mathematiker und Philosoph

Neudefinition der SI-Einheiten

Die Neudefinition der SI-Einheiten im Jahr 2019 mithilfe von Naturkonstanten bedeutete einen Wechsel in der Philosophie der Metrologie. Vorher hatten die Einheiten explizite Definitionen. Beispielsweise war die Sekunde seit 1967 definiert als das 9 192 631 770-Fache der Strahlungsfrequenz beim Hyperfeinübergang im Caesium-Atom. Den Faktor hatte man experimentell bestimmt, indem man $\Delta\nu_{Cs}$ mit den strengsten damals vorhandenen Definitionen der Sekunde verglich, die auf dem Umlauf der Erde um die Sonne beruhten. Heute ist die Definition leicht anders. Die Konstante – hier der Wert von $\Delta\nu_{Cs}$ – ist zunächst explizit definiert (hier als 9 192 631 770). Das drückt unser Vertrauen darin aus, dass $\Delta\nu_{Cs}$ sich nicht ändert. Es kommt dabei gar nicht darauf an, welchen numerischen Wert man wählt, weil die Größe der Einheit, in der sie gemessen wird, ja willkürlich ist. Doch es gibt eine existierende, passende Einheit – die Sekunde –, die man neu fassen kann, und daher wählt man einen Wert, durch den die neu definierte Sekunde so dicht wie möglich bei dem Wert der alten Definition ist. Mit anderen Worten: Statt eine feste Definition für die Sekunde zu nehmen und $\Delta\nu_{Cs}$ relativ dazu zu messen, setzen die Metrologen jetzt einen passenden Wert für $\Delta\nu_{Cs}$ fest und definieren die Sekunde relativ dazu.

Die alte Definition des Kilogramms griff auf den Prototypen zurück, der als konstant betrachtet wurde. Mit der neuen Definition ist der Wert des Planck'schen Wirkungsquantums festgesetzt ($6{,}626\,070\,15 \times 10^{-34}$ Joulesekunden), und das Kilogramm wird neu definiert, damit es zu diesem numerischen Wert passt.

Das neue SI hat damit eine stärkere Grundlage für die Neudefinition der Einheiten. Für praktische Zwecke bleiben die meisten Einheiten unverändert, doch ihre Genauigkeit und Stabilität in sehr kleinen oder sehr großen Skalen hat sich merklich verbessert. ■

Die Kibble-Waage am amerikanischen Nationalen Institut für Standards und Technologie (NIST) ist extrem genau. Das war eine der Voraussetzungen für die Neudefinition der SI-Einheiten.

Bryan Kibble

Der 1938 geborene britische Physiker und Metrologe Bryan Kibble zeigte sich schon früh begabt in Naturwissenschaften und erhielt ein Stipendium für die Universität Oxford, wo er 1964 über ein Thema der Atomspektroskopie promovierte. Nach einem kurzen Forschungsaufenthalt in Kanada kehrte er 1967 nach Großbritannien zurück und forschte bis 1998 am National Physical Laboratory (NPL).

Im Lauf seiner Karriere bereicherte Kibble die Metrologie mit wichtigen Beiträgen. Am bedeutendsten ist die Erfindung der Watt-Waage, die höchst genaue Messungen elektrischer Größen ohne Bezugnahme auf einen künstlichen Körper (wie ein Urkilogramm) ermöglichte. Nach seinem Tod 2016 wurde die Waage zu seinen Ehren in Kibble-Waage umbenannt.

Hauptwerke

1984 *Coaxial AC Bridges* (mit G. H. Raynor)
2011 *Coaxial Electrical Circuits for Interference-Free Measurements* (mit Shakil Awan und Jürgen Schurr)

ENERGIE UND MATE

STOFFE UND WÄRME

RIE

5. JH. V. CHR.
Die griechischen Philosophen Demokrit und Leukippos vertreten den **Atomismus,** die Lehre, dass die Welt aus **kleinsten, unteilbaren Teilchen** besteht.

1678
Das **Hooke'sche Gesetz** des englischen Gelehrten Robert Hooke beschreibt, wie sich Körper **unter Spannung verformen.**

1704
Isaac Newton sagt, dass eine **unsichtbare Anziehungskraft** die **Atome** zusammenhält.

1738
Daniel Bernoulli entdeckt, dass der **Druck in einem Fluid abnimmt,** wenn es **schneller** strömt.

1769
James Watt baut die erste effiziente **Dampfmaschine.** Sie wird zum Motor der **industriellen Revolution.**

1787
Jacques Charles entdeckt den Zusammenhang von **Volumen und Temperatur eines Gases bei konstanter Temperatur,** publiziert das aber nicht.

1798
Der britische Physiker und Erfinder Benjamin Thompson, später Graf Rumford, findet eine verbindliche Form des **Energieerhaltungssatzes.**

1802
Joseph-Louis Gay-Lussac entdeckt Charles' Gasgesetz wieder sowie den **Zusammenhang von Temperatur und Druck eines Gases.**

Manche Dinge im Universum sind greifbar, andere scheinen irreal, bis wir ihre Wirkung auf die handfesten Objekte beobachten. Unser Universum besteht aus Materie, wird aber durch den Austausch immaterieller Energie beherrscht.

Mit Materie wird alles bezeichnet, was eine Gestalt und Masse hat. Die Naturphilosophen im alten Griechenland verfochten als Erste die Idee, alle Materie sei aus kleinen Bausteinen aufgebaut – den Atomen. Die verschiedenen Atome sammeln sich und bilden Stoffe in mannigfacher Zusammensetzung. Die Unterschiede im Aufbau geben den Stoffen ihre Eigenschaften – manche dehnbar und elastisch, andere hart und spröde.

Schon lange vor den Griechen hatten Frühmenschen die Stoffe aus ihrer Umgebung genutzt. Ab und zu entdeckten sie dabei einen neuen Stoff – meist rein zufällig, aber manchmal auch durch Versuch und Irrtum. Setzt man etwa geschmolzenem Eisen Koks (also Kohlenstoff) zu, entsteht Stahl. Er ist fester, aber auch spröder, und man kann daraus bessere Schwerter schmieden als aus reinem Eisen.

Das Zeitalter der Versuche

Im Europa des 17. Jahrhunderts führten Versuche zu Gesetzen und Theorien, die ihrerseits zu neuen Materialien und Verfahren führten. Während der industriellen Revolution in Europa (1760–1840) wählten die Ingenieure Materialien für den Bau von Maschinen, die großen Kräften und hohen Temperaturen widerstanden. Diese Maschinen wurden durch gasförmiges Wasser betrieben – durch Dampf. Wärme war nötig, um Dampf zu erzeugen. In den 1760er-Jahren machten Joseph Black und James Watt die bedeutsame Entdeckung, dass Wärme eine Größe ist, Temperatur hingegen ein Messwert. Zu verstehen, wie Wärme übertragen wird und wie Fluide – Gase und Flüssigkeiten – sich bewegen, wurde entscheidend für den Erfolg in der Industrie.

Versuche zu den physikalischen Eigenschaften der Gase begannen 1650 mit dem Bau der Luftpumpe durch Otto von Guericke in Magdeburg. Im Lauf der nächsten Jahrzehnte entdeckten Robert Boyle in England sowie Jacques Charles und Joseph-Louis Gay-Lussac in Frankreich drei Gesetze zum Zusammenhang von Temperatur, Volumen und Druck eines Gases.

1803

Der britische Chemiker John Dalton leitet aus dem Verhältnis, mit dem **chemische Elemente sich verbinden,** sein modernes **Atommodell** ab.

1824

Sadi Carnot untersucht den **Wirkungsgrad von Dampfmaschinen** und entwickelt die **Idee reversibler (umkehrbarer) Prozesse.** Damit bereitet er die Thermodynamik vor.

1834

Der Franzose Émile Clapeyron fasst die **Gasgesetze** von Boyle, Charles, Gay-Lussac und Avogadro zur **idealen Gasgleichung** zusammen.

1844

James Joule entdeckt, dass **Wärme eine Form von Energie** ist und dass man andere Energieformen in Wärme umsetzen kann.

1865

Der deutsche Physiker Rudolf Clausius führt die **moderne Definition der Entropie** ein.

1873

Der Niederländer Johannes Diderik van der Waals beschreibt in seiner **Zustandsgleichung** das Verhalten von Gasen bei der **Kondensation** zur Flüssigkeit.

1874

William Thomson (später Lord Kelvin) formuliert eine Fassung des **zweiten Hauptsatzes der Thermodynamik,** wonach **eine Zeitrichtung** bevorzugt ist (thermodynamischer Zeitpfeil).

1900

Der Physiker Max Planck vertritt eine neue Theorie der **Schwarzkörperstrahlung** und führt die Idee von **Energiequanten** ein.

1834 wurden diese Gesetze in einem einzigen zusammengefasst.

Experimente des britischen Physikers James Joule zeigten, dass Wärme und mechanische Arbeit ineinander umzuwandelnde Formen dessen sind, das wir heute Energie nennen. Die Industrie verlangte nach mechanischer Arbeit, die sie aus Wärme gewinnen wollte. Gewaltige Mengen Kohle wurden verbrannt, um Wasser zu erhitzen und Dampf zu erzeugen. Die Wärme erhöhte die innere Energie des Dampfs, bevor er expandierte und mechanische Arbeit verrichtete – er bewegte Kolben und drehte Turbinen. Den Zusammenhang von Wärme, Energie und Arbeit gab der erste Hauptsatz der Thermodynamik. Physiker entwarfen Wärmekraftmaschinen, um so viel Arbeit wie möglich aus dem letzten bisschen Wärme zu gewinnen. Der Franzose Sadi Carnot entdeckte den theoretisch wirksamsten Weg und fand damit eine Obergrenze für die Arbeit, die man aus einer Wärmeeinheit maximal erzielen kann. Er bestätigte, dass Wärme sich von selbst nur von heiß zu kalt bewegt. Maschinen, die das Gegenteil leisten konnten, waren ein Traum – doch schon wenige Jahre später wurden die ersten Kühlmaschinen konstruiert.

Entropie und kinetische Theorie

Die Einbahnstraße des Wärmetransports von heiß zu kalt legte ein zugrunde liegendes Naturgesetz nahe. Das Konzept der Entropie entstand. Sie beschreibt das Maß der Unordnung unter den Teilchen eines Systems. Der Wärmefluss von heiß nach kalt war ein Spezialfall des zweiten Hauptsatzes der Thermodynamik, nach dem die Entropie (die Unordnung) eines isolierten Systems nur zunehmen kann.

Die Variablen Temperatur, Volumen, Druck und Entropie scheinen immer nur Mittelwerte mikroskopischer Prozesse zu sein, an denen unzählig viele Teilchen beteiligt sind. Den Übergang von einer Riesenanzahl mikroskopischer zu einer überschaubaren Anzahl makroskopischer Teilchen leistete die kinetische Gastheorie. Damit konnten die Physiker vereinfachte Modelle komplexer Systeme erstellen und die kinetische Energie der Gasteilchen mit der Temperatur verbinden. Materie in all ihren Zustandsformen zu verstehen, half dann auch bei der Lösung der tiefsten Geheimnisse des Universums. ■

DIE GRUNDPRINZIPIEN DES UNIVERSUMS

MODELLE DER MATERIE

IM KONTEXT

SCHLÜSSELFIGUR
Demokrit (um 460–370 v. Chr.)

FRÜHER
um 500 v. Chr. Im alten Griechenland sagt Heraklit: »Alles fließt«.

SPÄTER
um 300 v. Chr. Epikur erweitert den Atomismus mit dem Konzept des atomaren »Schlenkerns« um eine Unvorhersehbarkeit.

1658 Die posthum erschienene *Syntagma philosophicum (Philosophische Abhandlung)* des französischen Klerikers Pierre Gassendi will den Atomismus mit dem Christentum versöhnen.

1661 Robert Boyle definiert in *The Sceptical Chymist,* was Elemente sind.

1803 John Dalton entwickelt nach empirischen Ergebnissen seine Atomtheorie.

Eine der über Jahrtausende ungelösten Grundfragen war, woraus alles besteht. Die alten Philosophen – von Griechenland bis Japan – stellten sich vor, alle Materie würde aus einem beschränkten Vorrat einfacher Substanzen (Elemente) bestehen – meist Erde, Luft oder Winde, Feuer und Wasser. In verschiedenen Anteilen und Anordnungen sollten daraus alle stofflichen Dinge geschaffen sein.

Weltweit gab es unterschiedliche Vorstellungen zu diesen Elementen, manchmal verbunden mit den Göttern (wie in der babylonischen Mythologie) oder

Siehe auch: Zustandsänderungen und Bindungen 100–103 ▪ Atomtheorie 236–237 ▪ Der Atomkern 240–241 ▪ Subatomare Teilchen 242–243

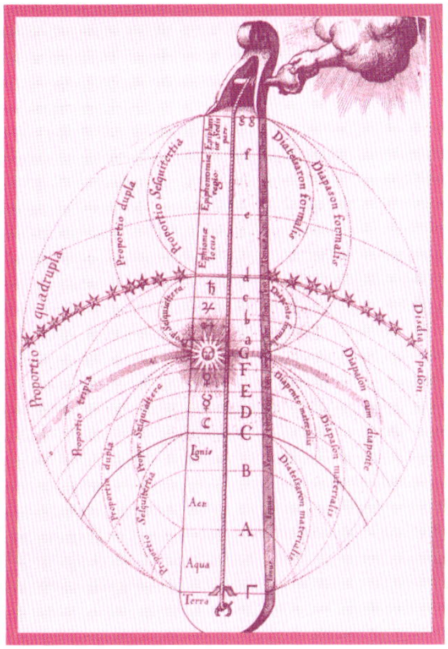

In der klassischen Lehre der Elemente gab es Erde, Wasser, Luft und Feuer. Die Zeichnung aus einem Manuskript um 1617 zeigt diese Elemente in einem göttlichen Universum.

eingebunden in größere philosophische Systeme (wie die chinesische Fünf-Elemente-Lehre). Auf dem indischen Subkontinent etwa beschrieb der vedische Weise Aruni schon im 8. Jahrhundert v. Chr. »Teilchen zu klein, sie zu sehen, [die] sich in den Stoffen und Körpern unserer Wahrnehmung ballen«. Andere indische Philosophen hatten unabhängig davon ihre eigenen Atomtheorien.

Ein materialistischer Ansatz

Im 5. Jahrhundert v. Chr. hatten der griechische Philosoph Demokrit und sein Lehrer Leukipp einen eher materialistischen Ansatz. Demokrit, der logische Schlüsse höher schätzte als reine Beobachtung, baute seine Atomtheorie auf der Idee auf, man könne unmöglich Materie unendlich oft zerteilen. Daher müsse alle Materie aus winzigen Teilchen bestehen, so klein, dass man sie nicht sehen könne. Diese Teilchen nannte er Atome, nach dem Wort *atomos,* »unteilbar«.

Nach Demokrit hängen die Eigenschaften eines Stoffs nicht nur von der Größe und Form der ewigen Atome ab, sondern auch von deren Anordnung. So sollte beispielsweise etwas Bitteres aus zackigen Atomen bestehen, die die Zunge reizen, etwas Süßes hingegen aus glatten Atomen, die sanft die Zunge streicheln.

Die moderne Atomtheorie sieht natürlich völlig anders aus als die von Leukipp und Demokrit vor fast 2500 Jahren. Doch ihre Idee, dass die Eigenschaften der Stoffe durch die Anordnung der Atome beeinflusst wird, ist bis heute aktuell.

Um 300 v. Chr. verfeinerte der griechische Philosoph Epikur Demokrits Ideen mit der Vorstellung von atomaren »Schlenkern«, nach der Atome auch etwas Unerwartetes tun können sollten. Diese Idee führt eine Unvorhersehbarkeit auf atomarer Skala ein und lässt »

> »Nur scheinbar hat ein Ding eine Farbe, nur scheinbar ist es süß oder bitter, in Wirklichkeit gibt es nur Atome im leeren Raum.«
>
> **Demokrit**

Demokrit

Demokrit wurde als Kind einer reichen Familie um 460 v. Chr. in Abdera geboren, einer ionischen Kolonie in Thrakien (Ostbalkan). Als junger Mann machte er ausgedehnte Reisen durch Westasien und Ägypten, bevor er nach Griechenland kam und sich mit Naturphilosophie befasste.

Am stärksten soll Demokrit durch seinen Lehrer Leukipp beeinflusst worden sein. Für die Philologen ist es manchmal schwer, ihre Werke klar zuzuordnen, da keines der Originalmanuskripte erhalten ist.

Am bekanntesten ist Demokrit für seinen Atomismus, doch er war auch ein früher Wegbereiter der Ästhetik, der Geometrie und der Erkenntnistheorie. Für ihn war die rationale Überlegung ein wichtiges Mittel der Wahrheitssuche, da Beobachtungen durch die menschlichen Sinne immer subjektiv sein müssten.

Demokrit war ein bescheidener Mann und soll viel Humor gehabt haben, daher sein Beiname »der lachende Philosoph«. Er starb um 370 v. Chr.

einen »freien Willen« zu, ein Herzstück von Epikurs Philosophie. Man könnte diese »Schlenker« als eine antike Vorwegnahme der quantenmechanischen Unschärfe betrachten: Da alle Teilchen wellenartige Eigenschaften haben, ist es unmöglich, gleichzeitig Ort und Impuls eines Teilchens genau zu messen.

Atomismus wird abgelehnt

Die einflussreichsten griechischen Philosophen lehnten den Atomismus ab. Im Athen des 4. Jahrhunderts v. Chr. behauptete Platon, alles bestehe aus fünf geometrischen Körpern (den platonischen Körpern), die der Materie ihre Eigenschaften gäben. So bestehe das Feuer aus winzigen Tetraedern mit scharfen Spitzen und Kanten; dadurch sei das Feuer viel beweglicher als Erde, die aus stabilen, gedrungenen Würfeln bestehe. Platons Schüler Aristoteles – der Demokrit verabscheute und seine Schriften wohl gern verbrannt hätte – behauptete, es gebe fünf Elemente (er hatte das himmlische Element des Äthers hinzugefügt) und keinen Grundbaustein der Materie. Während im Abendland der Atomismus über Jahrhunderte verschwunden war, entwickelten islamische Philosophen wie al-Ghasali (1058–1111) ihre eigenen Formen des Atomismus. Indische buddhistische Philosophen wie Dharmakirti im 7. Jahrhundert beschrieben Atome als punktuelle Energieausbrüche.

Revival des Atomismus

Mit der Entstehung der Renaissance im Italien des 14. Jahrhunderts lebten die klassischen Künste und Wissenschaften wieder auf. Auch die Theorie der Atome von Leukipp und Demokrit entstand neu. Trotzdem blieb der Atomismus umstritten wegen seiner Nähe zu Epikur, von dem viele glaubten, er widerspreche der christlichen Lehre.

Im 17. Jahrhundert machte sich der französische Theologe und Naturforscher Pierre Gassendi daran, das Christentum und den Epikureismus, einschließlich des Atomismus, zu versöhnen. Er entwickelte eine Version des epikureischen Atomismus, in dem die Atome einige der Eigenschaften der Körper haben, die sie aufbauen, z. B. Festigkeit und Gewicht. Und Gassendi behauptete, Gott habe zu Beginn des Universums eine endliche Anzahl von Atomen geschaffen – somit könne alles aus diesen Atomen bestehen und dennoch von Gott regiert werden. Mit dieser Idee und bekräftigt von Isaac Newton

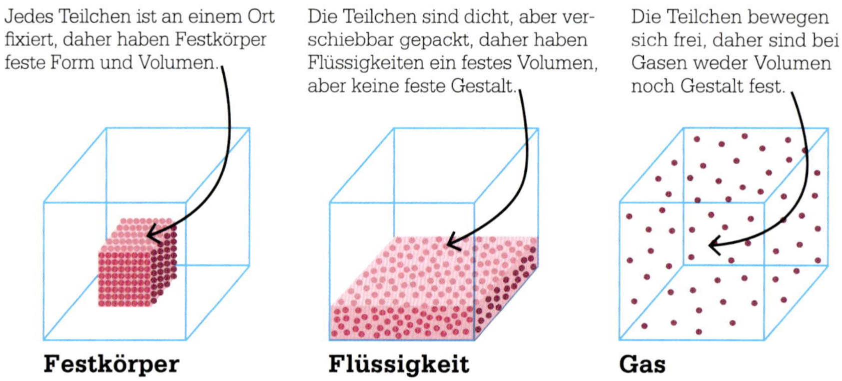

Nach Daltons Atomtheorie bestehen Festkörper, Flüssigkeiten und Gase aus Teilchen (Atome oder Moleküle), deren Geschwindigkeit und Abstände zueinander variieren.

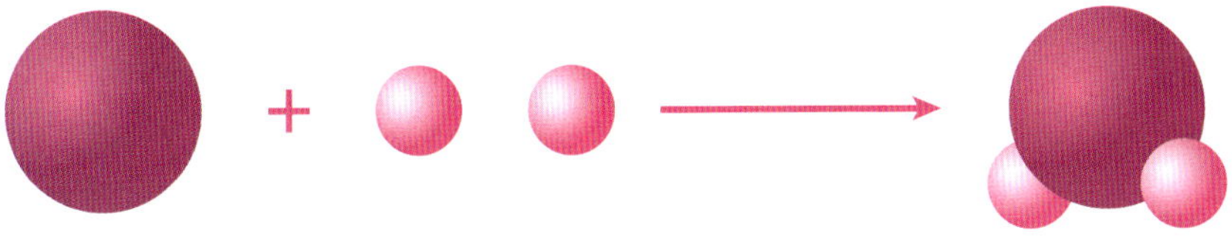

Sauerstoffatom
16 Masseneinheiten

Wasserstoffatome
jeweils 1 Masseneinheit

Wassermolekül
18 Masseneinheiten

Nach der Theorie von John Dalton verbinden sich Atome in festen Massenverhältnissen zu Molekülen. Beispielsweise wird aus zwei Wasserstoffatomen (jeweils Masse 1) und einem Sauerstoffatom (Masse 16) ein Wassermolekül (Masse 18).

und Robert Boyle gelang es ihm, den Atomismus wieder in die Mitte des europäischen Denkens zu bringen. Boyle lehnte 1661 in seinem *The Sceptical Chymist* Aristoteles' Lehre von den fünf Elementen ab und definierte die Elemente als »völlig unvermischte Körper«. Laut Boyle bestanden Elemente wie Quecksilber und Schwefel aus vielen Teilchen verschiedener Form und Größe.

Wie sich Elemente verbinden

1803 schuf der britische Physiker John Dalton ein Modell, wie sich Atome verbinden und Elemente bilden – das erste Modell auf wissenschaftlicher Grundlage. Nach Daltons Experimenten konnten sich dieselben Elemente wie Wasserstoff und Sauerstoff auf verschiedene Weise zu unterschiedlichen Verbindungen kombinieren. Dabei standen ihre Massen immer im gleichen Verhältnis (siehe Bild oben). Er schloss daraus, dass jedes Element aus seinen eigenen Atomen bestand, mit jeweils eigener Masse und anderen Eigenschaften. Nach Daltons Atomtheorie konnten Atome nicht geteilt, erschaffen oder zerstört werden, sie ließen sich jedoch mit anderen Atomen verbinden oder von ihnen trennen und bildeten dann neue Substanzen.

Daltons Theorie wurde von Einstein bestätigt, der 1905 die Brown'sche Bewegung – das Zittern winziger Pollenkörner in Wasser – mithilfe der Atomtheorie erklärte. Laut Einstein zitterten die Pollen durch das permanente Bombardement zufällig bewegter Atome. Weitere Auseinandersetzungen dazu waren beendet, als der französische Physiker Jean Perrin 1911 Einsteins Theorie experimentell nachwies. Die Vorstellung, dass Atome sich mit anderen Atomen verbinden oder von ihnen abtrennen lassen, um andere Verbindungen zu erzeugen, ist einfach, hilft aber bis heute beim Verständnis von Alltagsphänomenen, z. B. wie Eisen- und Sauerstoffatome sich zu Rost verbinden.

Aggregatzustände

Platon lehrte, die Beschaffenheit einer Substanz hänge von den geometrischen Formen ab, aus denen sie bestehe. Daltons Atomtheorie erklärt die Aggregatzustände besser. Wie im Bild gegenüber gezeigt, sind die Atome im Festkörper dicht gepackt und geben ihm eine bestimmte Form und Größe. In Flüssigkeiten sind die Atome schwach gebunden, sodass sie keine feste Form, aber ein festes Volumen haben. Atome in Gasen sind beweglich und so weit voneinander entfernt, dass ein Gas weder eine feste Form noch ein festes Volumen hat.

Atome sind teilbar

Atome sind die kleinsten Einheiten mit den Eigenschaften des Elements. Man kann sie aber nicht mehr als unteilbar ansehen. In den zwei Jahrhunderten, seit Dalton seine Atomtheorie entwickelte, wurde sie an neue Entdeckungen angepasst. Der vierte Aggregatzustand, das Plasma, lässt sich beispielsweise nur erklären, wenn man das Atom zerteilen kann. Ein Plasma entsteht, wenn Elektronen delokalisiert (aus dem Atom entfernt) werden.

Im späten 19. und frühen 20. Jahrhundert wurde klar, dass Atome aus verschiedenen subatomaren Teilchen bestehen – Elektronen, Protonen, Neutronen – und die Neutronen und Protonen ihrerseits bestehen aus noch kleineren Teilchen. Dieses komplexe Modell erlaubt das Verständnis von Phänomenen, die Demokrit und Dalton sich nie hätten vorstellen können, wie der radioaktive Betazerfall oder die Zerstrahlung von Materie und Antimaterie. ■

» [Epikur sagt], dass nicht nur Verbindungen, sondern alle Körper aus verschiedenen Erscheinungsformen der Atome bestehen, die … im unendlichen Vakuum … sich hin und her bewegen. «

Robert Boyle

WIE DIE DEHNUNG, SO DIE KRAFT

DEHNEN UND STRECKEN

IM KONTEXT

SCHLÜSSELFIGUREN
Robert Hooke (1635–1703)
Thomas Young (1773–1829)

FRÜHER
1638 Galileo Galilei untersucht die Biegung von Holzbalken.

SPÄTER
1822 Der französische Mathematiker Augustin-Louis Cauchy zeigt, wie Druckwellen durch ein elastisches Material wandern.

1826 Claude-Louis Navier, ein französischer Ingenieur und Physiker, bringt den Elastizitätsmodul von Thomas Young auf seine moderne Form.

1829 Der Harzer Bergrat Wilhelm Albert demonstriert die Metallermüdung (Ermüdungsbruch durch häufige Belastungswechsel).

1864 Der Franzose Jean Claude Saint-Venant und der Deutsche Gustav Kirchhoff entdecken hyperelastische Materialien.

Der britische Physiker und Gelehrte Robert Hooke trug wesentlich zur wissenschaftlichen Revolution des 17. Jahrhunderts bei, doch sein Interesse an Federn erwachte, weil er eine Uhr bauen wollte. Bis dahin hatten Uhren typischerweise ein Pendel und waren auf Schiffen unbrauchbar. Sollte Hooke der Bau einer federgetriebenen Uhr gelingen, dann könnte man damit auch auf See die Zeit messen und so ein uraltes Navigationssystem lösen – die Berechnung der geografischen Länge (d. h. die Ost-West-Entfer-

Siehe auch: Druck 36 ▪ Zeit messen 38–39 ▪ Die Bewegungsgesetze 40–45 ▪ Kinetische und potenzielle Energie 54 ▪ Die Gasgesetze 82–85

Zu einer Spiralfeder gewickelter Draht kann **gedrückt und gedehnt** werden.

Hängt man ein **Gewicht** an eine Spiralfeder, wird sie **länger.**

Der **Längenzuwachs** der Feder hängt vom **Gewicht** ab.

Die **Dehnung** eines elastischen Materials ist **proportional zur dehnenden Kraft.**

Wie die Dehnung, so die Kraft.

nung) erfordert eine genaue Zeitmessung. Eine solche Uhr konnte auch so klein sein, dass man sie in der Tasche mit sich tragen konnte.

Federkraft

In den 1670er-Jahren erfuhr Hooke, dass auch der niederländische Forscher Christiaan Huygens eine Federuhr entwickelte. Um nicht geschlagen zu werden, machte sich Hooke zusammen mit dem berühmten Uhrmacher Thomas Tompion ans Werk.

Bei der Zusammenarbeit wurde Hooke klar, dass eine Schraubenfeder sich für einen gleichmäßigen Antrieb mit konstanter Geschwindigkeit entspannen musste. Er experimentierte mit gedehnten und gedrückten Federn und entdeckte das Elastizitätsgesetz, das später nach ihm benannt wurde. Nach dem Hooke'schen Gesetz ist die Strecke, die eine Feder gedehnt oder gedrückt wird, genau proportional zur aufgewandten Kraft. Bei doppelter Kraft kann man eine Feder doppelt so stark dehnen. Das wird in der Gleichung $F = kx$ zusammengefasst, wobei F die Kraft, x ist die Dehnung und k eine Konstante (ein fester, von der Feder abhängiger Wert) ist. Diese einfache Gleichung war die Grundlage dafür, das Verhalten von Festkörpern zu verstehen.

Hooke nutzte ein damals übliches Verfahren, um seine Arbeit »

»Das geistreichste Buch, das ich jemals gelesen habe.«

Samuel Pepys
Englischer Chronist, über Hookes *Micrographia*

Robert Hooke

Robert Hooke wurde 1635 auf der Insel Whight geboren. Nach der Schule in London ging er nach Oxford und widmete sich der Naturforschung. 1661 diskutierte die Gelehrtengesellschaft der Royal Society das Aufsteigen von Wasser in dünnen Glasröhrchen. Hookes Erklärung wurde gedruckt. Fünf Jahre später stellte ihn die Royal Society als Kurator der Experimente an.

Hooke bearbeitete viele wissenschaftliche Felder. Zu seinen vielen Erfindungen gehören das Hörrohr und die Wasserwaage. Er gründete ferner die Meteorologie als Wissenschaft, war einer der Pioniere der Mikroskopie (er entdeckte, dass Lebewesen aus Zellen bestehen) und fand das nach ihm benannte Gesetz der Elastizität. Mit Robert Boyle zusammen forschte er zu den Gasgesetzen, mit Isaac Newton über die Gravitationsgesetze.

Hauptwerke

1665 *Micrographia*
1678 »Über Federn«
1679 *Gesammelte Vorlesungen*

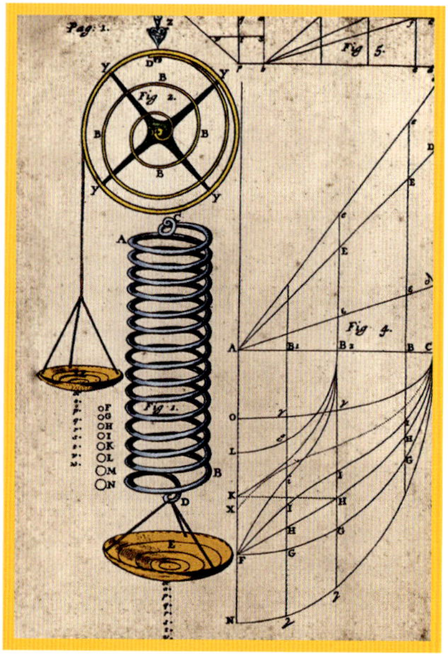

Hookes Federwaage nutzte die Dehnung einer Feder, um das Gewicht zu messen. Mit dieser Zeichnung erläuterte Hooke in seiner Vorlesung »Über Federn« das Konzept.

bis zur Veröffentlichung geheim zu halten, und schrieb seine Idee als lateinisches Anagramm auf: *ceiiinosssttvu*. Entschlüsseln lässt es sich als *Ut tensio sic vis,* »Wie die Dehnung, so die Kraft«. 1678, zwei Jahre nach Vollendung seiner Uhr, veröffentlichte Hooke seine Erkenntnisse zu den Federn in der Schrift *De Potentia Restitutiva* (»Über Federn«). Darin skizzierte er einen einfachen Versuch zum Nachmachen: Man solle einen Draht zu einer Schraube wickeln und dann mit verschiedenen Gewichten prüfen, wie stark sich die Feder dehnt. Damit hatte er die Federwaage erfunden.

Hookes Schrift hatte bleibende Bedeutung. Sie schilderte nicht nur einfach, wie sich Federn verhalten, sondern bot auch eine wichtige Einsicht zur Stärke von Materialien und in das Verhalten von Körpern unter Zug – zentrale Themen für die moderne Technik.

Mini-Federn

Im Verhalten von Federn vermutete Hooke eine grundlegende Eigenschaft der Materie. Er spekulierte darüber, feste Körper würden aus hin und her schwingenden Teilchen bestehen, die beständig gegeneinander stoßen (damit nahm er die kinetische Theorie um über 160 Jahre vorweg). Nach seiner Erklärung sollte Druck diese Teilchen enger zusammenführen, und die dabei zunehmenden Stöße machten das Material fest. Zug hingegen reduzierte die Anzahl der Stöße, sodass der Körper dem Druck der Umgebungsluft weniger widerstehen konnte.

Es gibt deutliche Parallelen zwischen dem Hooke'schen Gesetz von 1678 und dem Boyle'schen Gesetz (1662) zum Gasdruck, das Robert Boyle als »das Federn der Luft« bezeichnete. Ferner scheint Hookes Ansicht zur Rolle von unsichtbaren Teilchen zu Festigkeit und Elastizität von Stoffen unserem modernen Verständnis bemerkenswert nah. Heute wissen wir, dass Festigkeit und Elastizität tatsächlich vom molekularen Aufbau und den Bindungen im Material abhängen. Metalle etwa sind sehr zäh wegen besonderer metallischer Bindungen zwischen den Atomen. Obwohl die Forscher das für weitere 200 Jahre nicht verstanden, erkannten die Ingenieure sehr bald den Nutzen des Gesetzes von Hooke, als sie seit dem 18. Jahrhundert Brücken und andere Bauten mit Eisen errichteten.

Technische Mathematik

1694 prägte der Schweizer Mathematiker Jacob Bernoulli die Phrase »Kraft pro Flächeneinheit« für die verformende Kraft (d. h. die Druck- oder Zugkraft). Die Kraft pro Flächeneinheit wurde als (mechanische) Spannung und die Verformung des Materials als Dehnung bezeichnet. Der direkte Zusammenhang von Spannung und Dehnung variiert – manche Stoffe werden bei einer bestimmten Spannung mehr deformiert als andere. 1727 fasste ein weiterer Schweizer Mathematiker, Leonhard Euler, den Zusammenhang von Spannung und Dehnung in dem Koeffizienten E (ein Koeffizient ist ein Vorfaktor)

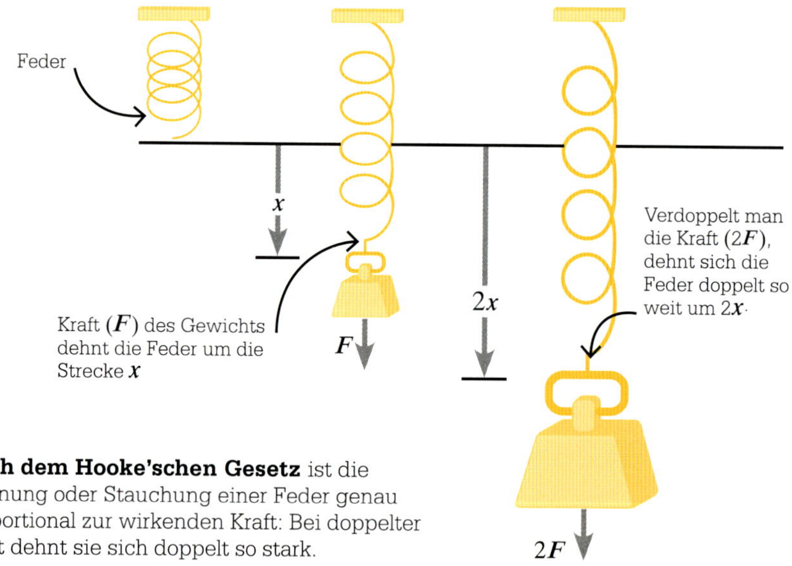

Nach dem Hooke'schen Gesetz ist die Dehnung oder Stauchung einer Feder genau proportional zur wirkenden Kraft: Bei doppelter Kraft dehnt sie sich doppelt so stark.

Zugfestigkeit

Dehnt man ein Material über seine elastische Grenze hinaus, nimmt es seine ursprüngliche Form nicht mehr an, auch wenn die Spannung zurückgeht. Dehnt man noch weiter, kann es schließlich zerreißen. Die maximale Spannung, mit der ein Material gedehnt werden kann, bevor es reißt, ist die Zugfestigkeit. Diese Kenngröße entscheidet darüber, ob ein Material für einen bestimmten Zweck geeignet ist.

Die ersten Untersuchungen zur Zugfestigkeit führte Leonardo da Vinci an Eisendrähten verschiedener Länge aus und schrieb 1509 darüber. Moderner Baustahl hat eine Zugfestigkeit von über 400 MPa (Megapascal). Kohlenstoffnanoröhrchen können über hundert Mal fester sein (63 000 MPa). Die Einheit Pascal (benannt nach dem Mathematiker und Physiker Blaise Pascal) ist definiert als 1 N (Newton) pro m^2, also Kraft pro Fläche; in Pascal misst man auch den Druck. Hängebrücken werden oft in Stahl ausgeführt, so wie hier die George-Washington-Brücke in New York (links), die als die meistbefahrene Straßenbrücke der Welt gilt.

zusammen. Hookes Gleichung wurde damit zu $\sigma = E\varepsilon$ (darin ist σ die Spannung und ε die Dehnung).

Youngs Messungen

In seinen Versuchen hatte der italienische Forscher Giordano Riccati 1782 entdeckt, dass Stahl etwa doppelt so belastbar gegen Strecken und Drücken ist wie Messing. Seine Versuche waren in ihrer Konzeption denen von Euler und – 25 Jahre später – denen von Thomas Young sehr ähnlich.

Der Brite Young war wie Robert Hooke sehr vielseitig. Er arbeitete als Arzt, doch er forschte auf den verschiedensten Gebieten. Seine Arbeiten zu Spannung und Dehnung waren wesentlich für die Technik des 19. Jahrhunderts. 1807 arbeitete Young die mechanischen Eigenschaften von Eulers Koeffizient E heraus. In einer Reihe von Vorlesungen unter dem Titel »Naturphilosophie und die Mechanik« führte Young den Modul ein, ein Maß für die Elastizität eines Stoffs.

Spannung und Dehnung

Young interessierte sich für das, was er als passive Stärke eines Materials bezeichnete. Er meinte damit die Elastizität, die er für verschiedene Materialien bestimmte. Sein Elastizitätsmodul ist ein Maß für die Fähigkeit eines bestimmten Materials, einem Zug oder einem Druck in einer bestimmten Richtung zu widerstehen. Mathematisch ist er das Verhältnis von Spannung und Dehnung. Gummi etwa hat einen niedrigen Elastizitätsmodul – weniger als 0,1 Pa (Pascal) – und lässt sich schon bei kleinen Spannungen stark dehnen. Carbonfasern haben einen Modul von rund 40 Pa, sie sind also gut 400-mal widerstandsfähiger gegen eine Dehnung als Gummi.

Die elastische Grenze

Young erkannte, dass der lineare (proportionale) Zusammenhang von Spannung und Dehnung für ein Material nur über einen bestimmten Bereich gilt. Wo der lineare Bereich endet, hängt vom Material ab, aber sobald die Spannung zu groß wird, bildet sich ein nicht linearer (nicht proportionaler) Zusammenhang zwischen Spannung und Dehnung. Irgendwann erreicht das Material die elastische Grenze (d. h., ab dort geht die Verformung nicht mehr zurück, wenn die Spannung nachlässt). Der Elastizitätsmodul ist nur im linearen Bereich anwendbar. Youngs Arbeiten zur Festigkeit von Materialien und ihre Elastizität waren für die Ingenieure von großem Wert. Sein Elastizitätsmodul und seine Gleichungen öffneten die Tür für die Entwicklung einer ganzen Reihe von Berechnungssystemen, mit denen die Ingenieure die Belastungen in geplanten Bauten schon vor dem Bau bestimmen konnten. Diese Berechnungssysteme sind bis heute Grundlage für den Entwurf von fast allem, von Sportwagen bis zu Hängebrücken. Dass solche Konstruktionen versagen, ist heute selten. ■

» Eine permanente Formänderung begrenzt die Stärke eines Materials für praktische Zwecke. «

Thomas Young

DIE KLEINEN BAUSTEINE DER STOFFE BEWEGEN SICH SCHNELL

FLUIDE

IM KONTEXT

SCHLÜSSELFIGUR
Daniel Bernoulli (1700–1782)

FRÜHER
1647 Blaise Pascal beschreibt die Übertragung von Druckänderungen in einem Fluid.

1687 In seinen ***Principia (Mathematische Prinzipien der Naturphilosophie)*** erklärt Isaac Newton die Viskosität von Flüssigkeiten.

SPÄTER
1757 Beeinflusst durch Bernoulli schreibt Leonhard Euler über Fluidmechanik.

1859 James Clerk Maxwell erklärt die makroskopischen Eigenschaften der Gase.

1918 Der deutsche Ingenieur Reinhold Platz entwirft eine Flugzeugtragfläche, die höheren Auftrieb erzeugt.

Ein Fluid ist ein Stoff, der keine feste Form hat, einem äußeren Druck leicht nachgibt, die Form des Behälters annimmt und von einem Punkt zu einem anderen fließt. Die bekanntesten Fluide sind Gase und Flüssigkeiten. Alle Fluide lassen sich zu einem bestimmten Grad komprimieren, bei Flüssigkeiten ist allerdings ein sehr hoher Druck nötig. Bei Gasen ist das leichter, da dort die Atome und Moleküle weiter voneinander entfernt sind.

Einer der bedeutendsten Forscher auf dem Gebiet der Fluiddynamik – die Untersuchung, wie Kräfte die Bewegung der Fluide beeinflussen – war der Schweizer Mathematiker und Physiker Daniel Bernoulli. Sein Buch *Hydrodynamica* von 1738

Siehe auch: Druck 36 ▪ Die Bewegungsgesetze 40–45 ▪ Kinetische und potenzielle Energie 54 ▪ Die Gasgesetze 82–85 ▪ Die Entwicklung der statistischen Mechanik 104–111

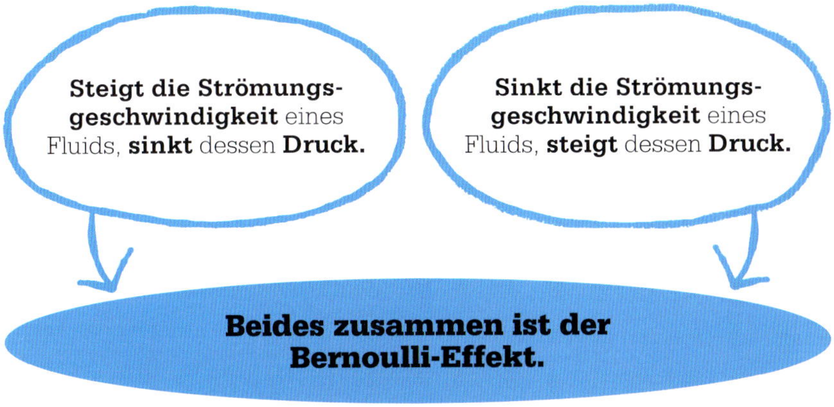

legte den Grundstein für die kinetische Gastheorie. Nach dem Bernoulli-Prinzip geht eine schnellere Strömung einher mit reduziertem Druck oder geringerer potenzieller Energie.

Von Badewannen und Fässern

Bernoulli baute auf Vorarbeiten anderer Forscher auf. Das erste wichtige Werk über Fluide war *Über schwebende Körper* des antiken Philosophen Archimedes im 3. Jahrhundert v. Chr. Es beschreibt den Auftrieb: Jeder Körper in einer Flüssigkeit erfährt eine Auftriebskraft, die gleich der Gewichtskraft der von ihm verdrängten Flüssigkeitsmenge ist. Angeblich fand Archimedes dieses Prinzip, als er ein Bad nahm, worauf er sein berühmtes »Heureka« rief (»Ich habe es gefunden!«).

1643 formulierte der italienische Mathematiker und Erfinder Evangelista Torricelli das nach ihm benannte Gesetz. Wenn ein Behälter bis zur Höhe h mit einem Fluid gefüllt ist, dann hat ein Fluid, das durch ein Loch herausströmt, dieselbe Geschwindigkeit v wie ein Tropfen dieses Fluids, das aus der Höhe h frei herunterfällt. Nimmt h zu, steigt die Geschwindigkeit v – genauer: Die Ausströmgeschwindigkeit v ist proportional zur Höhe h des Fluids über dem Loch. Es gilt $v = \sqrt{2gh}$ mit der Fallbeschleunigung g. Eine weitere Erkenntnis fand 1647 der französische »

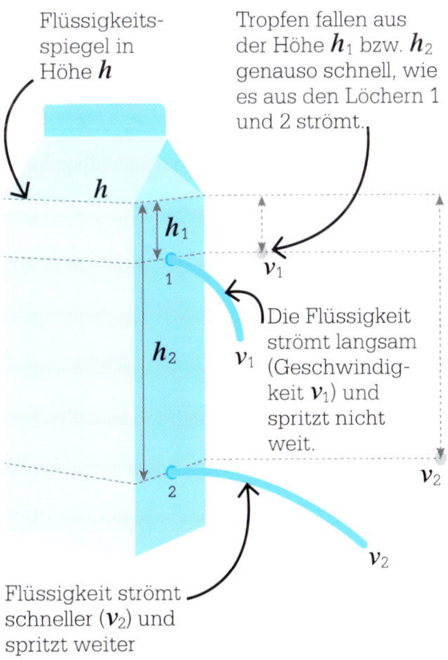

Nach Torricellis Gesetz strömt die Flüssigkeit aus den Löchern 1 und 2 in der Höhe h_1 bzw. h_2 unter dem Flüssigkeitsspiegel. Ist h höher, strömt die Flüssigkeit schneller. Dasselbe gilt für Tropfen im freien Fall.

Daniel Bernoulli

1700 in Groningen (Niederlande) in eine berühmte Gelehrtenfamilie geboren, studierte Bernoulli ab 1716 in Basel, in Heidelberg und Straßburg Medizin. 1721 erhielt er seinen Doktor in Anatomie und Botanik.

Abhandlungen von 1724 über Differenzialgleichungen und das Fließen von Wasser trugen ihm einen Ruf an die Russische Akademie der Wissenschaften in St. Petersburg ein, wo er als Mathematiker arbeitete. 1733 kehrte er nach Basel zurück und erhielt eine Professur. Dort erschien 1738 seine *Hydrodynamica*. Zusammen mit Leonhard Euler arbeitete er an dem Strömen von Fluiden, insbesondere von Blut in den Adern, und zur Energieerhaltung in Fluiden. Seine Arbeiten wurden europaweit geschätzt – so war er Mitglied der Akademie der Wissenschaften in Berlin und Paris sowie der Londoner Royal Society. 1782 starb er in Basel.

Hauptwerk

1838 *Hydrodynamica (Hydrodynamik)*

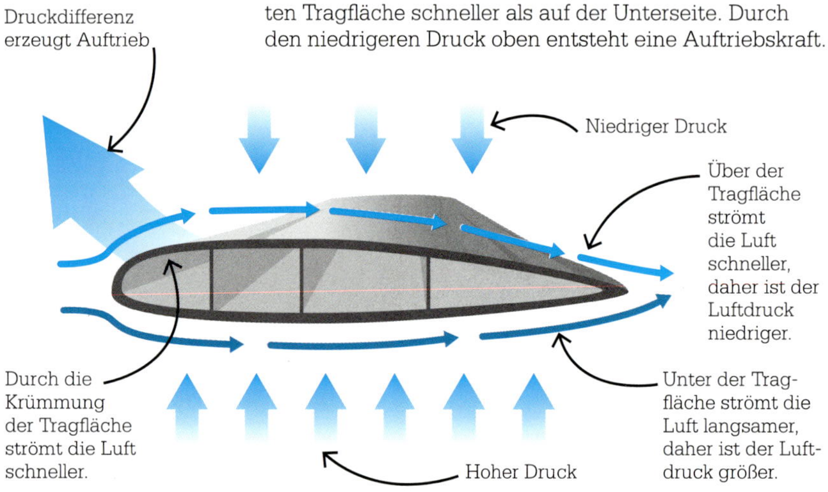

Bernoulli-Effekt: Die Luft strömt über einer gekrümmten Tragfläche schneller als auf der Unterseite. Durch den niedrigeren Druck oben entsteht eine Auftriebskraft.

Forscher Blaise Pascal. Er bewies, dass für ein inkompressibles Fluid in einem Behälter jede Druckänderung gleichmäßig auf jeden Teil des Fluids übertragen wird. Das ist das Prinzip hinter der hydraulischen Presse oder einer Hebebühne.

Pascal bewies auch, dass der hydrostatische Druck (d. h. der Druck aufgrund der Schwerkraft) in einem Fluid nicht von dem Gewicht des Fluids darüber abhängt, sondern von der Höhe zwischen dem Messpunkt und der Oberkante des Fluids. In einem Versuch soll er einen dünnen, wassergefüllten Schlauch in ein randvolles Fass eingeführt haben. Als er den Schlauch über das Fass hob, ließ der ansteigende hydrostatische Druck das Fass bersten.

Viskosität und Strömung

Ab 1680 untersuchte Isaac Newton die Viskosität von Fluiden. Die Viskosität ist ein Maß für den inneren Widerstand eines Fluids gegen das Fließen: Fluide mit geringer Viskosität (z. B. Wasser) fließen leicht, Fluide mit hoher Viskosität (z. B. Honig) verformen sich kaum und fließen schwerer. Nach Newtons Viskositätsgesetz ist die Viskosität das Verhältnis von Scherspannung zu Scherrate. Die beiden Größen kann man sich mit dem Bild eines Fluids zwischen zwei Platten vorstellen. Eine steht unter dem Fluid fest, die andere treibt auf der Oberfläche des Fluids. Jetzt erfährt das Fluid eine Scherspannung (die Kraft zum Bewegen der oberen Platte, geteilt durch die Fläche der Platte). Die Scherrate ist die Geschwindigkeit der bewegten Platte, geteilt durch den Abstand der beiden Platten.

Spätere Studien haben gezeigt, dass Fluide auf zwei verschiedene Arten strömen können: Man spricht von turbulenter Strömung, wenn es Wirbel und offenbar zufällige Muster gibt. Strömungen ohne diese Merkmale heißen laminar.

Der Bernoulli-Effekt

Bernoulli untersuchte Druck, Dichte und Geschwindigkeit in ruhenden und strömenden Fluiden. Er kannte sowohl Newtons *Principia* als auch Robert Boyles Entdeckung, dass der Druck in einem Gas bei konstanter Temperatur zunimmt, wenn man den Behälter verkleinert. Nach Bernoullis Deutung bestehen Gase aus riesigen Mengen von Molekülen, die sich zufällig in alle Richtungen bewegen; ihr Zusammenstoß mit den Behälterwänden erzeugt den Druck. Was man als Wärme spürt, ist die kinetische Energie der Molekülbewegung. Und wegen der zufälligen Bewegung steigen Geschwindigkeit und Druck, sobald man die Temperatur erhöht.

Mit diesen Schlüssen legte er die Basis für die kinetische Gastheorie. Bei ihrer Veröffentlichung 1738 wurde sie nur zögerlich akzeptiert, weil das Prinzip der Energieerhaltung noch lange nicht bewiesen war. Bernoulli entdeckte, dass ein schneller fließendes Fluid einen geringeren Druck und umgekehrt ein langsames Fluid einen höheren Druck erzeugt. Dieser sogenannte Bernoulli-Effekt hat viele Anwendungen, z. B. der dynamische Auftrieb durch die Luftströmung über einer Tragfläche.

Die kinetische Theorie

Hundert Jahre nach Bernoulli versuchte der schottische Physiker James Clerk Maxwell, die molekulare Geschwindigkeit in einem

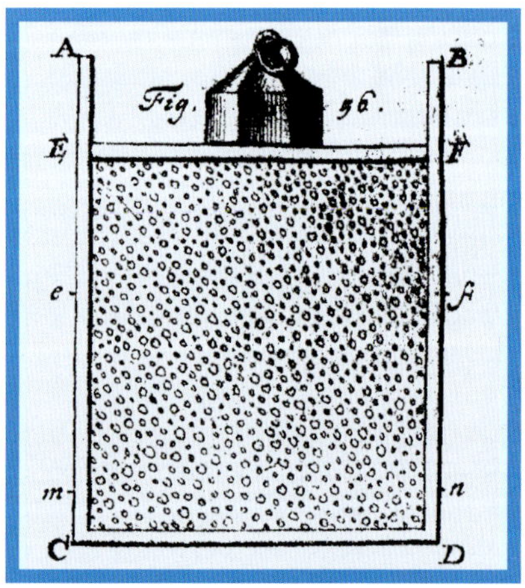

Bernoullis *Hydrodynamica* zeigt die Luftmoleküle, die gegen die Behälterwände stoßen. So entsteht genug Druck, um das Gewicht auf dem beweglichen Stempel zu tragen.

»Die Natur verhält sich immer so einfach wie möglich.«

Daniel Bernoulli

Gas quantitativ zu beschreiben, und erklärte die makroskopischen Eigenschaften Druck, Temperatur, Viskosität und Wärmeleitfähigkeit. Zusammen mit dem österreichischen Physiker Ludwig Boltzmann entwickelte Maxwell ein statistisches Verfahren, um die kinetische Theorie zu beschreiben.

In der Mitte des 19. Jahrhunderts nahmen die meisten Forscher an, alle Gasmoleküle wären gleich schnell. Maxwell widersprach, die Geschwindigkeiten würden über einen weiten Bereich variieren. 1859 entwickelte er eine Gleichung (heute als Maxwell-Boltzmann-Verteilung bekannt), um die Geschwindigkeitsverteilung zu beschreiben. Er berechnete außerdem die mittlere freie Weglänge (die Strecke, die Gasmoleküle im Mittel zwischen zwei Stößen zurücklegen) und die Anzahl der Stöße bei einer bestimmten Temperatur. Je höher die Temperatur ist, umso schneller sollen demnach die Teilchen sein und umso größer ist die Anzahl der Stöße. Er schloss daraus, dass die Temperatur eines Gases ein Maß für seine mittlere kinetische Energie ist. Er bestätigte auch das Gesetz des italienischen Forschers Amedeo Avogadro, der 1811 behauptet hatte, dass gleiche Volumina von Gasen bei gleicher Temperatur und gleichem Druck die gleiche Anzahl an Molekülen enthalten.

Supraflüssigkeiten

Im frühen 20. Jahrhundert entdeckte man, wie sich Fluide bei sehr tiefen Temperaturen verhalten. 1938 beschrieben die Physiker John F. Allen und Don Misener aus Kanada und Pjotr Kapiza aus der Sowjetunion das merkwürdige Verhalten eines Heliumisotops bei Temperaturen nahe dem absoluten Nullpunkt. Unter seinem Siedepunkt bei −268,94 °C floss es wie eine normale Flüssigkeit, doch unterhalb von −270,97 °C zeigte es keinerlei Viskosität und floss, ohne kinetische Energie zu verlieren. Bei solch tiefen Temperaturen vollführen die Atome nahezu keine innere Bewegung mehr. Die Forscher hatten eine Supraflüssigkeit gefunden.

»Wenn die Atome gekühlt werden, ordnen sie sich im niedrigstmöglichen Energiezustand.«

Lene Hau
Dänische Physikerin, über Supraflüssigkeiten

Ein Strudel in einer Supraflüssigkeit kann ewig weiterrotieren. Die Wärmeleitfähigkeit ist größer als für jede andere bekannte Substanz – einige hundert Mal höher als die von Kupfer, und diese ist schon recht groß. Spezielle Supraflüssigkeiten – sogenannte Bose-Einstein-Kondensate – wurden in Experimenten zur Kühlung verwendet. 1998 gelang es der dänischen Physikerin Lene Hau, damit die Lichtgeschwindigkeit auf 17 km/h zu verlangsamen. Optische Schalter mit solchem langsamen Licht könnten den Energiebedarf dramatisch senken. ■

Angewandte Fluiddynamik

Vorhersagen zu können, wie sich Fluide verhalten, ist zentral für etliche technische Prozesse. Beispielsweise transportieren die Maschinen der Lebensmittelindustrie Zutaten und Produkte – von Sirup bis zur Suppe – durch Röhren. Computergestützte Fluiddynamik (CFD) soll den Wirkungsgrad steigern, Kosten senken und die Qualität halten. Die CFD hat ihre Wurzeln im Werk des französischen Ingenieurs Claude-Louis Navier, das seinerseits auf Arbeiten des Schweizer Physikers Leonhard Euler aufbaute. 1822 veröffentlichte Navier Gleichungen, die Newtons zweites Bewegungsgesetz auf die Bewegung von Fluiden anwandten. Sie wurden Mitte des 19. Jh. durch den irischen Physiker George Stokes erweitert. Die Navier-Stokes-Gleichungen können z. B. die Bewegung von Wasser in Kanälen erklären. Die CFD nutzt u. a. mathematische Strömungsmodelle, um Probleme zu analysieren und Strömungen vorherzusagen. Sie berücksichtigt dabei Variablen wie die Veränderung der Viskosität durch die Temperatur, veränderte Strömungsgeschwindigkeiten durch Phasenübergänge (Schmelzen, Erstarren oder Sieden) und kann sogar Auswirkungen von Turbulenzen in Teilen eines Rohrsystems vorhersagen.

DAS GEHEIMNIS DES FEUERS WIRD GELÜFTET

WÄRME UND IHRE ÜBERTRAGUNG

IM KONTEXT

SCHLÜSSELFIGUREN
Joseph Black (1728–1799),
James Watt (1736–1819)

FRÜHER
1593 Galileo Galilei erfindet das Thermoskop, das Wärmeänderungen anzeigt.

1654 Ferdinando II. de' Medici, Großherzog der Toskana, erfindet das versiegelte Weingeistthermometer.

1714 Daniel Fahrenheit baut das erste Quecksilberthermometer.

1724 Fahrenheit schafft eine Temperaturskala.

1742 Anders Celsius erfindet die 100-Grad-Skala.

SPÄTER
1777 Carl Scheele erkennt die Strahlungswärme.

um 1780 Jan Ingenhousz erklärt das Konzept der Wärmeleitung.

Im frühen 17. Jahrhundert tauchten überall in Europa die ersten Thermoskope auf – flüssigkeitsgefüllte Glasröhren zur Messung, wie heiß etwas war. 1714 baute der Danziger Instrumentenmacher Daniel Fahrenheit das erste Quecksilberthermometer – seine in den USA noch heute genutzte Temperaturskala erfand er 1724. Der schwedische Forscher Anders Celsius führte 1742 die praktischere Hundert-Grad-Skala ein. Die erste Dampfmaschine des britischen Schmieds Thomas Newcomen im Jahr 1712 erregte das Interesse an der Wärme. 1761 sprach der schottische Chemiker Joseph Black von Versuchen zum Schmelzen von Eis. Demnach änderte sich die Temperatur nicht, wenn das Eis zu Wasser schmolz, obwohl man so viel Wärme zuführen musste, wie wenn man Wasser um 60 °C erhitzt. Black erkannte, diese Wärme müsse das Eis beim Schmelzen aufnehmen. Er sprach von latenter Wärme. Diese »verborgene« Wärme ist die

Wenn Eis zu Wasser schmilzt, ändert sich dessen Temperatur nicht.

↓

Um **Eis zu schmelzen,** muss man genauso viel Wärme zuführen, wie es **um 60 °C zu erwärmen.**

→

Das Wasser muss **diese Wärme aufnehmen,** wenn das Eis schmilzt – die Wärme wird latent (verborgen).

↓

Wärme und Temperatur sind verschiedene Dinge.

Siehe auch: Die Gasgesetze 82–85 ▪ Innere Energie und der erste Hauptsatz der Thermodynamik 86–89 ▪ Wärmekraftmaschinen 90–93 ▪ Entropie und der zweite Hauptsatz der Thermodynamik 94–99 ▪ Wärmestrahlung 112–117

»Die Wärme, die bei der Umwandlung von Wasser zu Dampf verschwindet, ist nicht verloren, sondern bleibt im Dampf erhalten.«

Joseph Black

nötige Energie, einen Stoff in einen anderen Aggregatzustand zu bringen. Damit hatte Black unterschieden zwischen Wärme – also einer Energieform – und Temperatur, einem Maß für die Energie.

Auch James Watt entdeckte das Konzept der latenten Wärme bei seinen Versuchen mit Dampfmaschinen. 1764 bemerkte er, dass die Zugabe von ein wenig siedendem zu viel kaltem Wasser dessen Temperatur kaum ändert; ein wenig Dampf, der durch das Wasser strömt, es aber rasch zum Kochen bringt.

Wie sich Wärme bewegt

1777 machte der schwedische Apotheker Carl Scheele einige wichtige Beobachtungen – so kann man an kalten Tagen die Hitze des heißen Ofens noch in ein paar Metern Abstand spüren und sieht doch den Atem in der kalten Luft. Der Ofen verbreitet Strahlungswärme. Diese Infrarotstrahlung breitet sich von einer Quelle (wie einem Feuer oder Sonne) geradlinig aus wie das Licht. Ganz anders ist die Konvektionswärme. Hier breitet sich die Wärme durch Strömungstransport über die Moleküle in einer Flüssigkeit oder einem Gas aus, etwa wenn sich die Luft über einem Ofen erwärmt und aufsteigt.

Um 1780 fand der niederländische Forscher Jan Ingenhousz eine dritte Art des Wärmetransports, die Wärmeleitung. Sie tritt auf, wenn die Atome im heißen Teil eines Körpers stark schwingen, mit den benachbarten Atomen zusammenstoßen und so Energie (d. h. Wärme) übertragen. Ingenhousz beschichtete Drähte aus verschiedenen Metallen mit Wachs, erhitzte ein Drahtende und bestimmte, wie schnell das Wachs auf den verschiedenen Metallen schmolz. ▪

Galileis Thermoskop ist eine Röhre mit Flüssigkeit, in der mit Flüssigkeit gefüllte Hohlkugeln schweben. Wärme ändert die Dichte der Flüssigkeiten, sodass die Kugeln steigen oder sinken.

James Watt

Der schottische Ingenieur James Watt war eine der Hauptfiguren in der Geschichte der Dampfmaschine. Er lernte den Bau nautischer Instrumente bei seinem Vater und in London. Dann ging er nach Glasgow zurück und wurde Instrumentenmacher der Universität.

1764 sollte er ein Modell der Dampfmaschine von Newcomen reparieren. Bevor er das Modell veränderte, führte er einige wissenschaftliche Versuche durch, bei denen er die latente Wärme fand. Ihm fiel auf, dass die Maschine viel Dampf verschwendete, und entwickelte eine revolutionäre Verbesserung – außerhalb des stets heißen Zylinders baute er einen separaten Dampfkondensator ein, der gekühlt werden konnte. Damit machte er die Dampfmaschine von einer Pumpe mit beschränkten Anwendungen zum vielseitigen Motor der industriellen Revolution.

Erfindungen

1775 Watt'sche Dampfmaschine
1779 Kopierapparat
1782 »Pferdestärke« (PS)

DAS FEDERN DER LUFT

DIE GASGESETZE

IM KONTEXT

SCHLÜSSELFIGUREN
Robert Boyle (1627–1691)
Jacques Charles (1746–1823)
Joseph Gay-Lussac (1778–1850)

FRÜHER
1618 Isaac Beeckman sagt, dass Luft einen Druck ausübt, so wie Wasser.

1643 Der italienische Physiker Evangelista Torricelli baut das erste Barometer und misst den Luftdruck.

1646 Der französische Mathematiker Blaise Pascal zeigt, dass der Luftdruck mit der Höhe variiert.

SPÄTER
1820 Der britische Forscher John Herapath schlägt eine kritische Gastheorie vor.

1859 Rudolf Clausius zeigt, dass der Gasdruck von der Geschwindigkeit der Moleküle abhängt.

Da die Gase so transparent und körperlos erscheinen, hatten die Naturphilosophen ihnen lange gar keine physikalischen Eigenschaften zugeschrieben.

Im 17. und 18. Jahrhundert jedoch erkannten europäische Forscher nach und nach, dass Gase tatsächlich Eigenschaften besitzen. Sie entdeckten den Zusammenhang zwischen Temperatur, Druck und Volumen eines Gases. Über einen Zeitraum von 150 Jahren führten die Untersuchungen dreier Personen – Robert Boyle in England, Jacques Charles und Joseph Gay-Lussac in Frankreich – zu den

Siehe auch: Druck 36 ▪ Modelle der Materie 68–71 ▪ Fluide 76–79 ▪ Wärmekraftmaschinen 90–93 ▪ Zustandsänderungen und Bindungen 100–103 ▪ Die Entwicklung der statistischen Mechanik 104–111

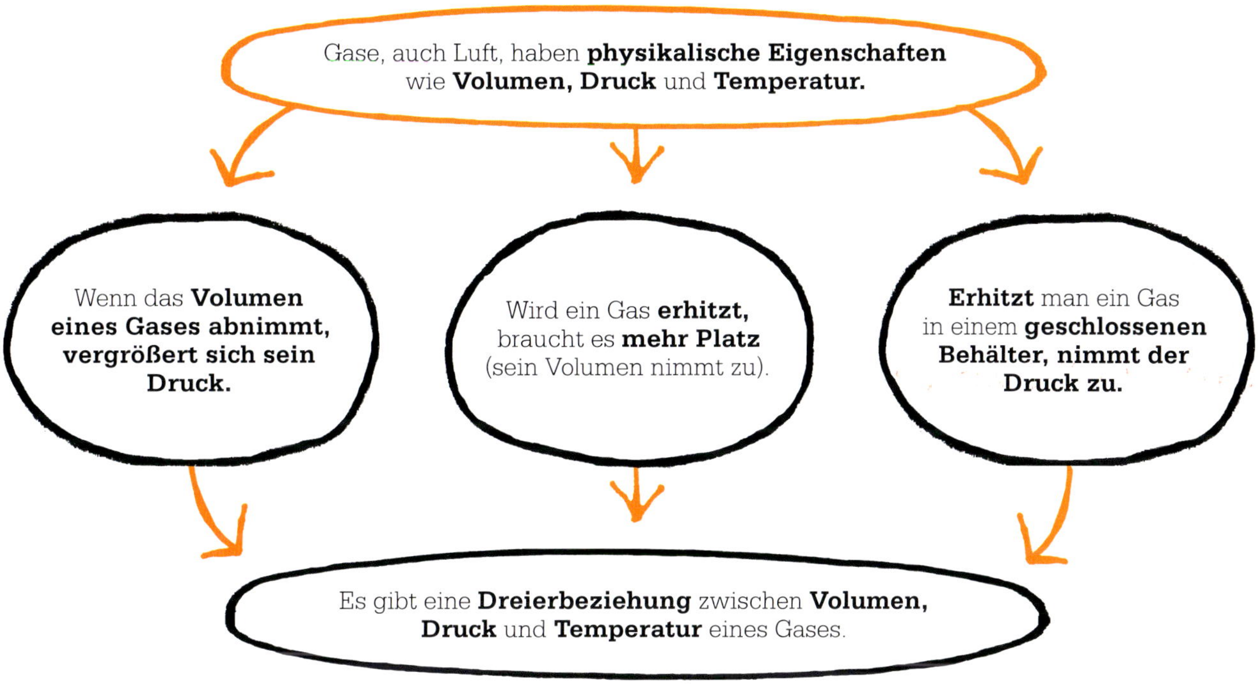

Gesetzen, die das Verhalten der Gase erklären konnten.

Der Luftdruck

Im frühen 17. Jahrhundert behauptete der niederländische Forscher Isaac Beeckman, auch Luft würde – wie Wasser – einen Druck ausüben. Galileo Galilei widersprach, doch sein junger Schützling Evangelista Torricelli bewies nicht nur, dass Beeckman recht hatte, sondern erfand auch das erste Barometer zur Druckmessung.

Galilei hatte beobachtet, dass ein Saugheber Wasser nie über 10 m hinaus anheben konnte. Damals glaubte man, ein Vakuum würde Flüssigkeiten »aufsaugen«, und Galilei meinte fälschlich, das wäre eben das Maximalgewicht an Wasser, das ein Vakuum hochziehen könne. 1643 zeigte Torricelli, dass die Grenze stattdessen das Maximalgewicht an Wasser ist, das der Luftdruck außerhalb tragen kann.

Zum Beweis füllte Torricelli eine einseitig verschlossene Röhre mit Quecksilber, eine viel dichtere Flüssigkeit als Wasser, und drehte die Röhre. Das Quecksilber sank etwa 76 cm vom geschlossenen Ende herab, weiter nicht. Torricelli schloss daraus, dass dies die Maximalhöhe war, die der Luftdruck außerhalb der Röhre tragen konnte. Die Höhe der Quecksilbersäule schwankte leicht in Abhängigkeit vom sich ändernden Luftdruck, daher gilt diese Anordnung als das erste Barometer.

Boyles »federnde Luft«

Torricellis Erfindung bahnte den Weg für die Entdeckung des ersten Gasgesetzes durch den irischen Physiker Robert Boyle (im Deutschen spricht man vom Boyle-Mariotte-Gesetz, der französische Forscher Edme Mariotte hatte ein gleiches Gesetz kurz nach Boyle veröffentlicht). Boyle, Sohn eines »

Evangelista Torricelli maß mithilfe einer Quecksilbersäule den Luftdruck. Er folgerte, dass die Luft, die auf das Quecksilberreservoir drückt, die Säule gerade ausbalanciert.

» Luft, die man auf die Hälfte des Volumens reduziert, bekommt eine doppelt so kräftige Feder [Druck]. «

Robert Boyle

reichen irischen Adligen, war ein Verfechter der experimentellen Forschung. Mit dem Erbe seines Vaters richtete er sich 1654 in Oxford das erste private Forschungslabor überhaupt ein. Hier führte er die Versuche zum Luftdruck durch und beschrieb sie 1662 in seinem Buch *Touching the Spring and Weight of the Air* (etwa: Über das Federn und das Gewicht der Luft). »Federn« war sein Wort für den Druck – für ihn verhielt sich komprimierte Luft, als ob kleine Federn beim Pressen gegenhielten.

Angeregt durch Torricellis Barometer füllte Boyle Quecksilber in eine J-förmige, am unteren Ende geschlossene Glasröhre. Das Volumen der unten eingeschlossenen Luft hing davon ab, wie viel Quecksilber vorhanden war – mit anderen Worten, es gab einen Zusammenhang zwischen der Menge Quecksilber, die die Luft tragen konnte, und dem Volumen.

Demnach sind das Volumen (V) eines Gases und dessen Druck (p) umgekehrt proportional, solange die Temperatur gleich bleibt. Mathematisch drückt man das als $pV = k$ aus (k ist dabei eine Konstante). Nimmt also das Volumen ab, steigt der Druck.

Charles' heiße Luft

Gut ein Jahrhundert später erweiterte der französische Forscher Jacques Charles den Zusammenhang zwischen Volumen und Druck bei Gasen um ein Drittes – die Temperatur. Charles füllte als Erster überhaupt einen Ballon mit Wasserstoff statt mit Heißluft und startete am 27. August 1783 in Paris den ersten großen Wasserstoffballon. 1787 führte er einen Versuch mit einem Gasbehälter durch, dessen Volumen sich frei ändern konnte. Er erhitzte das Gas und maß das Volumen, während die Temperatur stieg. Für jedes Grad, um das er die Temperatur erhöhte, nahm das Gasvolumen um $1/273$ des Volumens bei 0 °C zu. Beim Abkühlen ging es in gleichem Maß zurück. Wenn man den Zusammenhang aufzeichnet und linear verlängert, dann würde das Volumen bei –273 °C auf null zurückgehen. Dieser Wert ist heute als absoluter Nullpunkt bekannt und der Nullpunkt der Kelvin-Temperaturskala. Charles hatte damit ein Gesetz entdeckt, das die Volumenänderung eines Gases bei gleichbleibendem Druck beschreibt.

Charles schrieb seine Ideen nie auf, sie wurden erst Anfang des 19. Jahrhunderts von dem französischen Forscher Joseph Gay-Lussac veröffentlicht, etwa zur selben Zeit, als der englische Forscher John Dalton zeigte, dass dieses Gesetz für alle Gase gilt.

Die dritte Dimension

Gay-Lussac beschrieb noch ein drittes Gasgesetz, neben denen von Boyle-Marriotte und Charles. Demnach steigt bei konstanter Masse und Volumen eines Gases der Druck proportional zur Temperatur. Bald wurde klar, dass Volumen, Druck und Temperatur wechselseitig voneinander abhängen. Dies gilt für alle idealen Gase (Gase, bei denen keine Kräfte zwischen den Teilchen wirken),

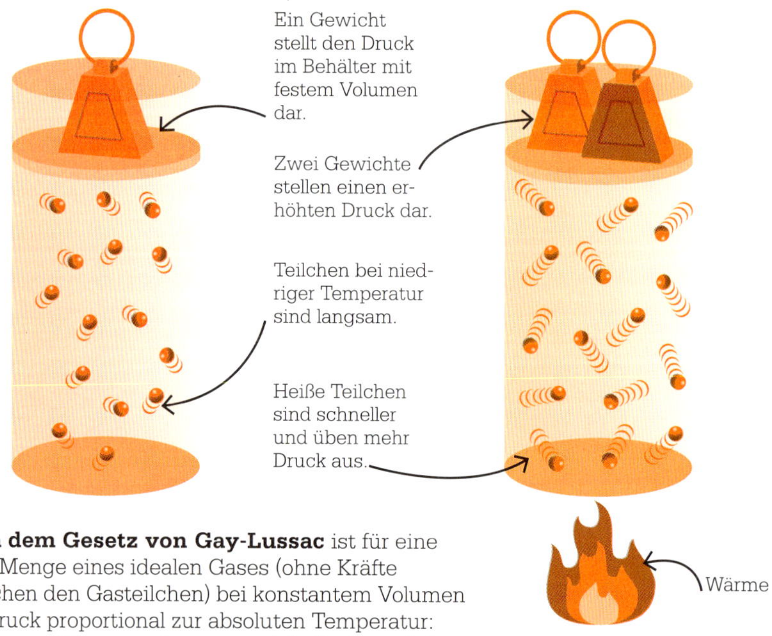

Nach dem Gesetz von Gay-Lussac ist für eine feste Menge eines idealen Gases (ohne Kräfte zwischen den Gasteilchen) bei konstantem Volumen der Druck proportional zur absoluten Temperatur: Führt man Wärme zu, bewegen sich die Gasteilchen schneller, der Druck im Behälter steigt.

Joseph Gay-Lussac setzte bei vielen seiner Versuche Ballons ein. Bei einer Fahrt 1804 mit Jean-Baptiste Biot untersuchte er, wie sich die Stärke des Erdmagnetfelds mit der Höhe verändert.

ist aber näherungsweise für alle Gase richtig.

Wie Gase sich verbinden

Und noch ein weiterer Baustein für unser Verständnis der Gase stammt von Gay-Lussac. 1808 wurde ihm klar, dass Gase nach ihrem Volumen miteinander reagieren (Gesetz der multiplen Volumina) und dass das Volumen des entstehenden Gases von den Ausgangsvolumina abhängt. Wenn zwei Volumenteile Wasserstoff sich im Verhältnis 2:1 mit einem Volumenteil Sauerstoff verbinden, entstehen zwei Volumenteile Wasserdampf.

Zwei Jahre später erklärte der italienische Forscher Amedeo Avogadro diesen Befund, indem er die Ideen über Atome und andere Teilchen zu Hilfe nahm. Er nahm an, dass bei festem Druck und Temperatur gleiche Volumina aller Gase dieselbe Anzahl an Molekülen enthalten. Tatsächlich ändert sich die Anzahl der Moleküle genau mit dem Volumen. Diese Avogadro-Hypothese erklärte Gay-Lussacs Beobachtung, dass Gase in einem festen Verhältnis miteinander reagieren.

Die Hypothese gab auch den entscheidenden Hinweis, dass Sauerstoff selbst aus zweiatomigen Molekülen besteht, die sich aufspalten und mit zwei Wasserstoffatomen zu Wasserdampf reagieren – dies musste es sein, wenn es genauso viele Wassermoleküle gibt wie zuvor Moleküle von Wasserstoff und Sauerstoff vorhanden waren. Diese Arbeit war wichtig für die Entwicklung der Atomtheorie und des Zusammenhangs zwischen Atomen und Molekülen. Sie bildete auch eine Voraussetzung für die kinetische Gastheorie, die James Clerk Maxwell und andere später formulierten. Ihr zufolge bewegen sich die Gasteilchen völlig frei und erzeugen Wärme, wenn sie aufeinanderstoßen. Und man kann mit ihr den Zusammenhang von Druck, Volumen und Temperatur erklären. ■

> »Verbindungen von gasartigen Substanzen untereinander sind immer in ganz einfachen Verhältnissen gebildet. Wenn einer der Teile eine Einheit darstellt, ist der andere 1, 2 oder höchstens 3.«
>
> **Joseph Gay-Lussac**

Joseph Gay-Lussac

Der französische Chemiker und Physiker Joseph Gay war Sohn eines wohlhabenden Juristen. Die Familie besaß so große Teile der Ortschaft Lussac im Südwesten Frankreichs, dass Vater und Sohn 1803 ihrem Namen den Zusatz Lussac anhängten. Joseph studierte Chemie in Paris und forschte dann im Privatlabor des berühmten Chemikers Claude-Louis Berthollet. Mit 24 Jahren hatte er bereits das nach ihm benannte Gasgesetz gefunden.

Gay-Lussac war auch ein Ballonfahrtpionier. 1804 stieg er zusammen mit dem französischen Physiker Jean-Baptiste Biot bis in 7000 m Höhe auf und nahm Luftproben. Damit zeigte er, dass die Zusammensetzung der Atmosphäre sich mit der Höhe und abnehmendem Druck nicht ändert. Neben seinen Arbeiten zu Gasen entdeckte Gay-Lussac zwei neue Elemente, Bor und Iod.

Hauptwerke

1802 »Über die Ausdehnung der Gase und Dämpfe«, *Annalen der Chemie*
1828 *Vorlesungen zur Physik*

DIE ENERGIE DES UNIVERSUMS IST KONSTANT

INNERE ENERGIE UND DER ERSTE HAUPTSATZ DER THERMODYNAMIK

IM KONTEXT

SCHLÜSSELFIGUR
William Rankine (1820–1872)

FRÜHER
1749 Émilie du Châtelet spricht implizit von der Energie und ihrer Erhaltung.

1798 Benjamin Thompson sagt, dass Wärme nur eine Form kinetischer Energie ist.

1824 Sadi Carnot folgert, dass es in der Natur keine reversiblen Prozesse gibt.

1840er James Joule, Hermann von Helmholtz und Julius von Mayer begründen die Theorie der Energieerhaltung.

SPÄTER
1854 William Rankine führt die potenzielle Energie ein.

1854 Rudolf Clausius veröffentlicht seine Formulierung des zweiten Hauptsatzes der Thermodynamik.

Im späten 18. Jahrhundert begann man zu verstehen, dass Wärme etwas anderes ist als Temperatur. Joseph Black und James Watt hatten gezeigt, dass Wärme eine physikalische Größe ist (und Temperatur ein Maß dafür), und die Entwicklung der Dampfmaschinen hatte das wissenschaftliche Interesse darauf gelenkt, wie Wärme solchen Maschinen die Kraft verlieh.

Damals war die kalorische Theorie verbreitet – die Idee, Wärme sei eine geheimnisvolle Flüssigkeit oder ein gewichtsloses Gas, das von heißen zu kalten Körpern strömt. Die Verbindung von Wärme und Bewegung war zwar schon lange bekannt, doch

Siehe auch: Kinetische und potenzielle Energie 54 ▪ Die Energieerhaltung 55 ▪ Wärme und ihre Übertragung 80–81 ▪ Wärmekraftmaschinen 90–93 ▪ Die Entropie und der zweite Hauptsatz der Thermodynamik 94–99 ▪ Wärmestrahlung 112–117

Stromerzeugung

Die Verbrennung fossiler Brennstoffe (Kohle, Öl, Erdgas) zur Erzeugung von Elektrizität ist ein Beispiel für eine Kette von Energieumwandlungen. Sie beginnt mit Sonnenenergie, die von den Pflanzen umgesetzt und als chemische potenzielle Energie in den entstehenden chemischen Bindungen »gespeichert« wird. Während die Pflanzen zu Kohle, Öl und Gas komprimiert werden, konzentriert sich die Energie. Beim Verbrennen entsteht Wärme, die Wasser erhitzt und verdampft, der Dampf treibt die Turbinen an (es wird also Wärme in kinetische Energie gewandelt), und aus der Bewegung des Generators entsteht Elektrizität (d. h. elektrische potenzielle Energie). Die wird dann in nützliche Energieformen gewandelt, von Licht in Lampen bis zum Klang der Stereoanlage.

Bei all diesen Umwandlungen bleibt die Gesamtenergie stets gleich. Während des gesamten Prozesses wird Energie nur von einer Form in eine andere gewandelt. Zwar gibt es dabei Verluste, diese Energie ist aber nicht zerstört, sondern wird als (nicht nutzbare) Wärme frei.

niemand sah, wie grundlegend sie war. In den 1740er-Jahren untersuchte die französische Mathematikerin Émilie du Châtelet das Konzept des Impulses und führte die Idee einer mechanischen Energie ein, also die Fähigkeit, etwas geschehen zu lassen (auch wenn sie den Begriff noch nicht verwendete). Doch es wurde deutlich, dass bewegte Körper eine Energie hatten, die man später »kinetisch« nannte.

Wärme ist Energie

1798 führte der amerikanische Physiker Benjamin Thompson (später Graf Rumford) in einer Kanonengießerei in München einen Versuch durch. Er wollte die Wärme bestimmen, die beim Ausbohren der Kanonenläufe entsteht. Auch nach vielen Stunden des Bohrens entstand immer noch Wärme, obwohl sich das Metall der Kanone nicht verändert hatte. Somit war klar, dass das Metall keine kalorische Flüssigkeit oder etwas anderes Körperliches abgab. Offenbar entstand die Wärme durch die Bewegung. Mit anderen Worten ist Wärme kinetische Energie – die Energie der Bewegung. Doch nur sehr wenige Forscher akzeptierten diese Idee, und die kalorische Theorie galt noch 50 Jahre.

Der Wechsel kam in den 1840er-Jahren. Mehrere Forscher trugen dazu bei, darunter James Joule in Großbritannien sowie Hermann von Helmholtz und Julius von Mayer in Deutschland. Sie erkannten, dass Wärme eine Form von Energie ist und etwas geschehen lassen kann – so wie die Muskelkraft. Die Erkenntnis, dass alle Formen der Energie ineinander umzuwandeln sind, lag in der Luft.

> »Sie sehen daran, dass die lebendige Kraft [Energie] in Wärme und Wärme in lebendige Kraft gewandelt werden kann.«
>
> **James Joule**

1840 hatte der Arzt Julius von Mayer das Blut von Matrosen in den Tropen untersucht und festgestellt, dass das in die Lungen zurückkehrende Blut noch viel Sauerstoff enthielt. In kälteren Gegenden war viel weniger Sauerstoff im venösen Blut. Offenbar brauchte der Körper in den Tropen weniger Sauerstoff, um sich warm zu halten. Mayer schloss, dass Wärme und alle Energieformen (in seinen Untersuchungen die Muskelkraft, die Körperwärme und die Wärme der Sonne) austauschbar sind und ineinander umgewandelt werden, aber nicht erzeugt werden können. Die Gesamtenergie blieb immer gleich. Doch die Physiker beachteten seine Arbeit kaum.

Energieumwandlung

Zur selben Zeit begann der junge James Joule seine Versuche. 1841 fand er heraus, wie viel Wärme durch einen elektrischen Strom » erzeugt wird. Danach untersuchte er, wie man mechanische Bewegung in Wärme umwandeln kann, und entwickelte seine Fallmaschine, die ein Schaufelrad in Wasser dreht und es so erwärmt (Bild unten). Joule maß den Temperaturanstieg im Wasser und konnte daraus berechnen, welche Wärmemenge durch eine bestimmte mechanische Arbeit erzeugt wurde. Nach Joules Berechnungen sollte bei der Umwandlung keine Energie verloren gehen. Doch auch Joule wurde, wie von Mayer vor ihm, nicht weiter beachtet.

1847 dann veröffentlichte Hermann von Helmholtz einen grundlegenden Aufsatz, in dem er auf eigene Untersuchungen, aber auch auf andere Forscher wie Joule zurückgriff. Er fasste darin die Theorie der Energieerhaltung zusammen. Im selben Jahr stellte Joule seine Arbeiten auf einer Konferenz vor. Danach lernte Joule William Thomson kennen, den späteren Lord Kelvin, und die beiden erarbeiteten zusammen eine Theorie der Gase und wie Gase abkühlen, wenn sie sich ausdehnen – die Grundlage der Kühltechnik. Joule schätzte außerdem als Erster die mittlere Geschwindigkeit der Moleküle in einem Gas ab.

Der erste Hauptsatz

Während der nächsten Jahre trugen Helmholtz und Thomson – sowie der Deutsche Rudolf Clausius und der Schotte William Rankine – ihre Ergebnisse zusammen. Thomson verwendete 1849 als Erster den Begriff »Thermo-Dynamik«, um die Kraft der Wärme zu beschreiben. Im Jahr darauf entwickelten Rankine und Clausius unabhängig voneinander das Gesetz, das heute als erster Hauptsatz der Thermodynamik bezeichnet wird. Wie Joule konzentrierten sie sich auf die mechanische Arbeit, d. h. die Kraft, die einen Körper über eine bestimmte Strecke bewegen kann. Dabei entdeckten sie die allgemeine Verbindung zwischen Wärme und Arbeit. Clausius verwendete das Wort Energie für die Fähigkeit, Arbeit zu verrichten.

Den Begriff Energie hatte Thomas Young schon 1802 für die gemeinsame Wirkung von Masse und Geschwindigkeit geprägt. Und im späten 17. Jahrhundert hatte der deutsche Gelehrte Gottfried Wilhelm Leibniz diese Größe als *vis viva* oder »lebendige Kraft« bezeichnet. Noch Rankine verwendete diesen Begriff. Aber erst in den 1850er-Jahren wurde seine volle Bedeutung klar und man begann ihn in seiner heutigen Bedeutung zu verwenden.

Clausius und Rankine arbeiteten an dem Konzept der Energie als einer mathematischen Größe – auf dieselbe Art, wie Newton die Gravitation beschrieben hatte, also als mathematische Regel, ohne im Einzelnen zu klären, wie genau sie funktioniert. Damit war die kalorische Theorie endlich überwunden. Wärme ist Energie, also die Fähigkeit, Arbeit zu leisten. Folglich muss Wärme auch einer weiteren Regel unterliegen, nämlich dem Energieerhaltungssatz. Demnach kann Energie weder erschaffen noch zerstört werden, man kann sie nur von einem Ort zu einem anderen übertragen oder in andere Formen umwandeln. Wenn man so will, ist der erste Hauptsatz der Thermodynamik der Energieerhaltungssatz für Wärme und Arbeit.

Angeregt wurden ihre Forschungen durch den Wunsch, die Theorie der Wärmekraftmaschinen

» Die gewöhnlichsten Dinge werden kostbar durch Wissenschaft. «

William Rankine

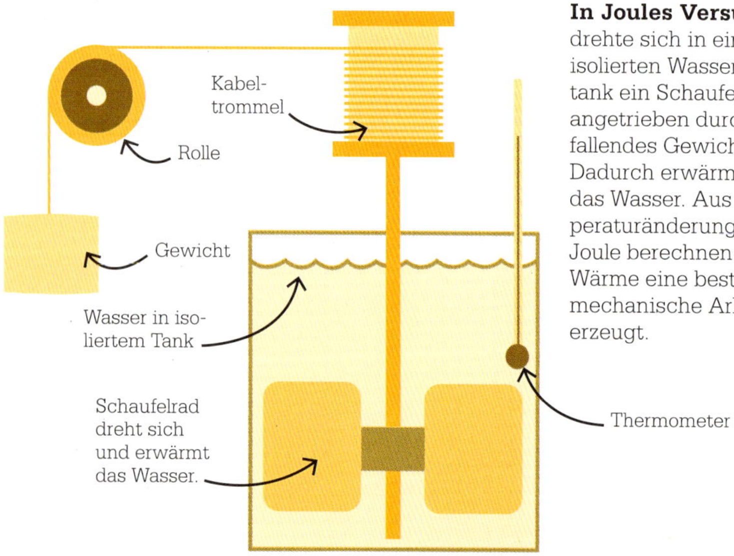

In Joules Versuch drehte sich in einem isolierten Wassertank ein Schaufelrad, angetrieben durch ein fallendes Gewicht. Dadurch erwärmte sich das Wasser. Aus der Temperaturänderung konnte Joule berechnen, wie viel Wärme eine bestimmte mechanische Arbeit erzeugt.

zu verstehen. Clausius betrachtete die Gesamtenergie eines geschlossenen Systems (ein System, in das sich keine Materie hinein- oder hinausbewegen kann, wo aber Energieaustausch möglich ist, wie in den Zylindern einer Dampfmaschine) und sprach von dessen innerer Energie. Man kann die innere Energie des Systems nicht messen, aber die hinein- bzw. herausgelangende Energie bestimmen. Wärme ist die Energieübertragung in das System hinein, Arbeit und Wärme werden abgegeben.

Nach dem Energieerhaltungssatz ist jede Änderung der inneren Energie eines Systems die Differenz zwischen der ein- und der austretenden Energie und ist gleich der Gesamtdifferenz zwischen Wärme und Arbeit. Wenn man mehr Wärme in das System steckt, bekommt man mehr Arbeit heraus, und andersherum – das unterliegt dem ersten Hauptsatz. Und das muss auch so sein, weil die Gesamtenergie im Universum (d. h. die Energie, die das System umgibt) konstant ist. Daher müssen die Einträge und die Austräge übereinstimmen.

Rankines Kategorien

Rankine war Ingenieur, legte also Wert auf Praxisbezug. Er unterschied zwei Arten Energie: gespeicherte Energie und Arbeitsenergie. Gespeicherte Energie wartet sozusagen auf ihren Einsatz – wie eine gedrückte Feder oder ein Schlitten oben am Berg. Heute nennen wir das potenzielle Energie. Arbeit sind entweder die Aktionen, die die Energie speichern, oder die Bewegungen beim Freisetzen der Energie. Mit dieser Unterscheidung konnte er einfach und effektiv Energie in ihren ruhenden und bewegten Anteilen betrachten.

Bis zum Ende der 1850er-Jahre hatten alle diese Arbeiten unsere Auffassung von Wärme völlig verändert. Die bahnbrechenden jungen Forscher hatten die wechselseitige Beziehung zwischen Wärme und Bewegung enthüllt. Und sie hatten die allgemeingültige Bedeutung dieser Beziehung erkannt. Das alles fasst der Begriff Thermodynamik zusammen – die Vorstellung, dass die Gesamtmenge an Energie im Universum immer konstant bleibt und sich nicht ändern kann. ■

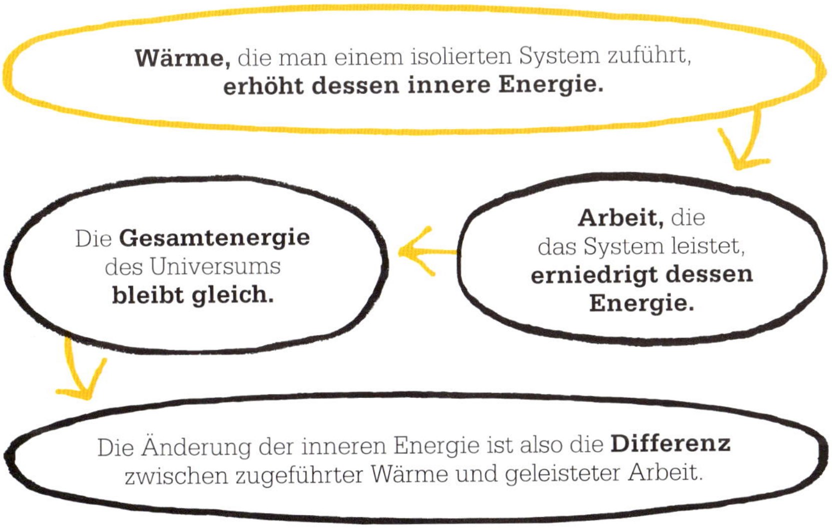

William Rankine

William Rankine wurde 1820 in Edinburgh geboren. Er wurde Bauingenieur für die Eisenbahnen wie sein Vater, doch er war so fasziniert von der Theorie der Dampfmaschinen, dass er später Naturwissenschaften studierte.

Rankine gilt neben Rudolf Clausius und William Thomson als Gründervater der Thermodynamik. Er half bei der Durchsetzung der beiden Hauptsätze der Thermodynamik und entwickelte die Idee der potenziellen Energie. Rankine und Clausius beschrieben unabhängig voneinander die Entropiefunktion (die Vorstellung, dass Wärme in ungeordneter Weise übertragen wird). Rankine schrieb eine komplette Theorie der Dampfmaschine und aller Wärmekraftmaschinen und half, die kalorische Theorie von der Wärme als einer Art Flüssigkeit zu überwinden. Er starb 1872 in Glasgow mit nur 52 Jahren.

Hauptwerke

1853 »Über das allgemeine Gesetz der Energieumwandlung«
1855 »Grundriss einer Wissenschaft der Energie«

WÄRME KANN BEWEGUNG AUSLÖSEN

WÄRMEKRAFTMASCHINEN

IM KONTEXT

SCHLÜSSELFIGUR
Sadi Carnot (1796–1832)

FRÜHER
um 50 v. Chr. Heron von Alexandria baut einen dampfgetriebenen Äolsball, der einen Drehspieß antreibt.

1665 Robert Boyle versucht in seiner ***Experimentalgeschichte der Kälte*** zu erklären, was Kälte ist.

1712 Thomas Newcomen baut die erste funktionsfähige Dampfmaschine.

1769 James Watts Verbesserungen machen die Dampfmaschine praktikabel.

SPÄTER
1834 Der britisch-amerikanische Erfinder Jacob Perkins baut den ersten Kühler.

1859 Der Belgier Étienne Lenoir baut mit seinem Gasmotor die erste Verbrennungskraftmaschine.

Man kann den Einfluss der im 17. Jahrhundert aufkommenden Dampfmaschinen kaum überschätzen. Sie gaben dem Menschen eine zuvor nicht vorstellbare Kraftquelle und wurden zum Motor der industriellen Revolution. Die Suche danach, woher die eindrucksvolle Kraft der Dampfmaschinen kam, führte zu einer weiteren Revolution mit der Wärme als Zentrum.

Die Idee der Dampfkraft ist uralt. Schon im 3. Jahrhundert v. Chr. hatte der griechische Erfinder Ktesibios erkannt, dass aus der Tülle eines Wassertopfs, der über dem Feuer

Siehe auch: Kinetische und potenzielle Energie 54 ▪ Wärme und ihre Übertragung 80–81 ▪ Innere Energie und der erste Hauptsatz der Thermodynamik 86–89 ▪ Die Entropie und der zweite Hauptsatz der Thermodynamik 94–99

»England seine Dampfmaschinen zu nehmen, würde zugleich bedeuten, ihm die Kohle und das Eisen zu nehmen.«

Sadi Carnot

erhitzt wird, der Dampf mit hoher Kraft herausströmt. Er spielte die Idee eines Äolsballs durch, einer drehbaren, mit Wasser gefüllten Hohlkugel. Wenn das Wasser kochte, sollte der Dampf im Strahl durch gekrümmte Rohre herausströmen und die Kugel drehen. Rund 350 Jahre später baute Heron von Alexandria ein brauchbares Muster.

Herons Äolsball blieb jedoch ein Spielzeug. Trotz mancher Versuche dauerte es noch einmal 1600 Jahre, bis die erste Dampfmaschine konstruiert wurde. Der Durchbruch kam im 17. Jahrhundert mit der Entdeckung des Vakuums und der Kraft des Luftdrucks. In einem berühmten Schauversuch zeigte der Physiker Otto von Guericke in Magdeburg, dass der Luftdruck zwei luftleer gepumpte Halbkugeln so stark zusammenpresste, dass acht Pferde sie nicht trennen konnten. Diese Entdeckung öffnete einen neuen Zugang zur Nutzung von Dampf, der ganz anders war als Herons Dampfstrahlen. Der französische Erfinder Denis Papin fand in den 1670er-Jahren heraus, dass Dampf, der in einem geschlossenen Behälter kondensiert, sich so sehr zusammenzieht, dass ein Vakuum entsteht – so stark, dass es einen schweren Kolben hochziehen kann. Statt der Ausdehnung des Dampfs machte man sich also seine starke Kontraktion beim Abkühlen und Kondensieren zunutze.

Die Dampfmaschine von Thomas Newcomen diente zur Entwässerung der Bergwerke. Wenn man den Zylinder kühlte und der Dampf kondensierte, entstand ein Vakuum und zog einen Kolben hoch.

Die Dampf-Revolution

1698 konstruierte der englische Erfinder Thomas Savery die erste große Dampfmaschine nach dem Papin-Prinzip. Sie war allerdings explosionsgefährlich und unzuverlässig. Eine viel sicherere Dampfmaschine baute 1712 der englische Schmied Thomas Newcomen. Seine Maschine war so erfolgreich, dass sie bis 1755 in Tausenden Bergwerken aufgestellt wurde. Doch sie war ineffizient, weil der Zylinder für jeden Hub abgekühlt werden musste, was enorme Mengen Energie verschlang. In den 1760er-Jahren versuchte der schottische Ingenieur James Watt, Newcomens Maschine zu verbessern. Seine Versuche führten ihn zu der Erkenntnis, dass die Wärme, nicht die Temperatur für die Bewegungskraft des Dampfs sorgt. Er erkannte auch, dass der Wirkungsgrad von Dampfmaschinen sich massiv erhöht, wenn sie nicht nur einen, sondern zwei Zylinder haben – einer, der ständig heiß bleibt, der andere kalt zum Kondensieren des Dampfs. Watt führte außerdem ein Getriebe ein, das die Auf- und Abbewegung des Kolbens in eine Drehbewegung umwandelte. So konnte er Räder antreiben. Watts Neuerungen waren außerordentlich erfolgreich – es heißt, erst damit habe das Dampfzeitalter wirklich begonnen.

Energie und Thermodynamik

Der Wirkungsgrad von Dampfmaschinen faszinierte den jungen französischen Militäringenieur Sadi Carnot. Er untersuchte nicht nur Dampfmaschinen, sondern auch Wasserräder. 1824 schrieb er seine *Betrachtungen über die bewegende Kraft des Feuers*. Er erkannte, dass Wärme der Quell aller Bewegung auf der Erde ist, von den Winden und Meeresströmungen über Erdbeben und andere geologische Verwerfungen bis zu den Muskelbewegungen des Körpers. Er betrachtete den Kosmos als eine gigantische Wärmemaschine, die aus zahllosen kleinen Maschinen bestehen und durch Wärme betrieben würde. Damit erkannte er zum ersten Mal die wahre Bedeutung der Wärme »

im Universum und bereitete der wissenschaftlichen Thermodynamik die Bahn.

Der Vergleich von Wasser- und Dampfkraft in den Fabriken gab Carnot seine entscheidende Einsicht. Wie die meisten seiner Zeitgenossen glaubte er an die kalorische Theorie – die falsche Vorstellung von Wärme als einer Art Flüssigkeit. Doch dieses Missverständnis erlaubte ihm, die Analogie zwischen Wasser- und Dampfkraft zu sehen. Wasserkraft entsteht durch die Fallhöhe zwischen zwei Reservoirs, sodass sich das Wasser bewegt. Genauso muss es bei einer Wärmekraftmaschine einen Temperaturunterschied geben, sodass die »Wärme fällt«. Mit anderen Worten: Damit eine Wärmekraftmaschine läuft, darf sie nicht nur heiß sein, es muss auch eine kühle Stelle geben, damit die Wärme fließt. Die Maschine wird also nicht von der Wärme, sondern durch den Wärmefluss von heiß zu kalt getrieben.

Der perfekte Wirkungsgrad

Und Carnot hatte eine zweite Erkenntnis – dass für die Erzeugung maximaler Kraft keinerlei Wärmefluss vergeudet werden dürfe. In einer idealen Maschine wird der gesamte Wärmefluss in nutzbare Bewegung umgewandelt. Jeder Wärmeverlust, der nicht zur Erzeugung von Bewegung beiträgt, mindert also den Wirkungsgrad.

Um das zu modellieren, skizzierte Carnot eine theoretische ideale Wärmemaschine, reduziert auf ihre Grundzüge. Sie wird heute als Carnot-Maschine bezeichnet und arbeitet in einem Zyklus mit vier Schritten. Zuerst wird das Gas durch Konduktion von einer äußeren Wärmequelle erhitzt (z. B. ein Reservoir mit heißem Wasser) und expandiert. Im zweiten Schritt wird das heiße Gas von der Wärmequelle getrennt (z. B. in einem Zylinder isoliert), expandiert weiter und verrichtet Arbeit (z. B. indem es einen Kolben bewegt). Dabei

Sadi Carnot

Sadi Carnot wurde 1796 in Paris in eine Familie berühmter Forscher und Politiker geboren. Sein Vater Lazare war ein Pionier der wissenschaftlichen Wärmeforschung und hochrangiger Soldat. Sadi folgte seinem Vater auf die Militärakademie. Nach seinem Abschluss 1814 kam er im Offiziersrang zu den Militäringenieuren und wurde auf eine Inspektionsreise der französischen Befestigungen geschickt. Fünf Jahre später verließ er die Armee und folgte seinen wissenschaftlichen Interessen – den Dampfmaschinen. 1824 schrieb er seine bahnbrechenden *Betrachtungen über die bewegende Kraft des Feuers,* in der er die Bedeutung der Wärmekraftmaschinen betonte und den sogenannten Carnot-Zyklus einführte. Seinerzeit erfuhren Carnots Arbeiten nur wenig Beachtung. Bevor man ihre Bedeutung als einen Startpunkt der Thermodynamik zu würdigen wusste, starb Carnot 1832 an der Cholera.

Hauptwerk

1824 *Betrachtungen über die bewegende Kraft des Feuers*

»Wärme erzeugen allein reicht nicht aus, die antreibende Kraft zu entfesseln: Es muss notwendigerweise auch Kälte geben.«

Sadi Carnot

Der Carnot-Zyklus

Wärmereservoir | Kältereservoir | Isolierung

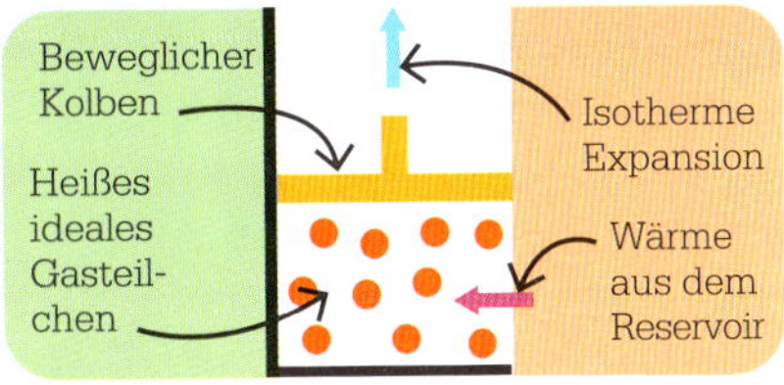

Schritt 1: Wärme wird von einem Reservoir auf das Gas im Zylinder übertragen. Das Gas dehnt sich aus und hebt den Kolben. Dieser Schritt ist isotherm, weil sich die Temperatur im System nicht ändert.

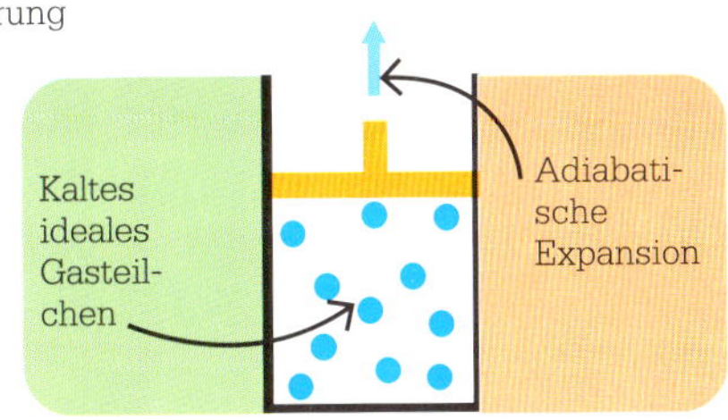

Schritt 2: Das Gas ist nun von den Reservoirs isoliert. Während sich der Kolben weiter hebt, dehnt sich das Gas aus und kühlt ab, das System als Ganzes gibt aber keine Wärme ab. Dieser Vorgang heißt adiabatisch.

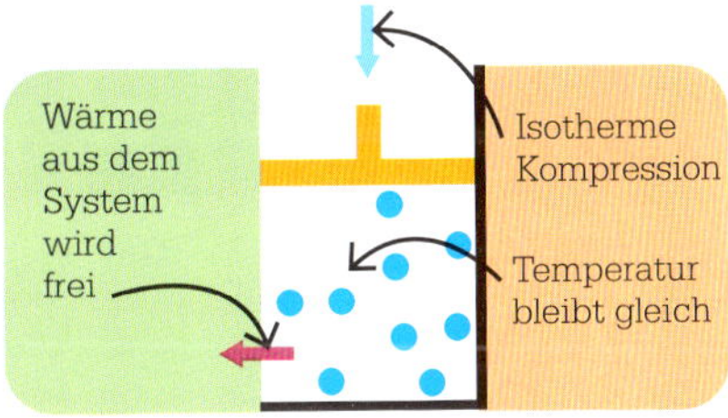

Schritt 3: Der Kolben senkt sich durch ein zusätzliches Gewicht. Die Wärme kann vom Zylinder in das Kältereservoir übertragen werden, daher steigt die Gastemperatur nicht. Dieser Schritt ist also isotherm.

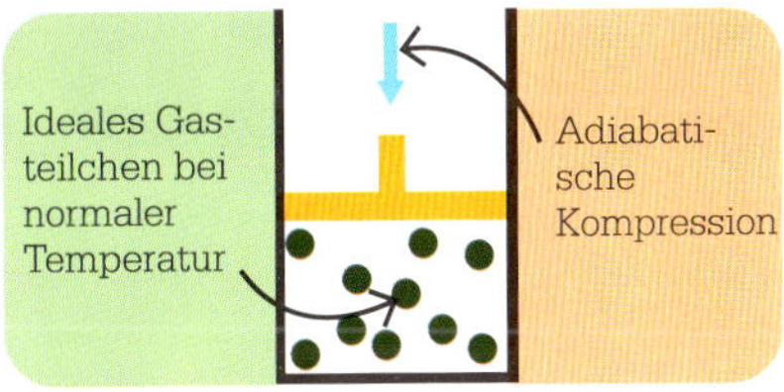

Schritt 4: Der Kolben senkt sich noch weiter und komprimiert das Gas im Zylinder. Da das Gas aber wieder von den Reservoirs getrennt ist, steigt durch die Kompression seine Temperatur adiabatisch.

kühlt das Gas ab. Drittens wird der Kolben zurückgedrückt und komprimiert das Gas. Dabei wird Wärme vom System auf das kalte Reservoir übertragen. Im letzten Schritt ist das System wieder isoliert: Wenn der Kolben weiter nach unten drückt, steigt die Temperatur im Gas wieder an. In den beiden ersten Schritten expandiert das Gas, in den letzten beiden zieht es sich zusammen. Aber die Expansion und die Kontraktion haben jeweils zwei Phasen, eine isotherme und eine adiabatische. In diesem Carnot-Zyklus heißt isotherm, dass Wärme mit der Umgebung ausgetauscht wird, sich die Temperatur im System aber nicht ändert. Adiabatisch heißt, dass das System keine Wärme abgibt oder aufnimmt.

Carnot berechnete die Effizienz seiner idealen Wärmekraftmaschine: Wenn man die höchste Temperatur mit T_H und die tiefste mit T_C bezeichnet, lässt sich der Anteil der Wärmeenergie, der als Arbeit nutzbar ist (also der Wirkungsgrad), ausdrücken als $(T_H - T_C)/T_H = 1 - (T_C/T_H)$. Selbst die ideale Carnot-Maschine ist also weit von 100 % Wirkungsgrad entfernt, doch reale Maschinen sind noch viel schlechter. Anders als die ideale Carnot-Maschine treten in realen Maschinen nämlich irreversible Prozesse auf. Somit nimmt die Wärmemenge, die überhaupt übertragen werden kann, kontinuierlich ab. Und ein Teil der abgegebenen Arbeit geht durch Reibung der bewegten Teile als Wärme verloren. Verbrennungsmotoren im Auto haben maximal 40 % Wirkungsgrad (Diesel leicht besser) und selbst Dampfturbinen kommen bestenfalls auf 60 % – ein großer Teil der Wärme wird also nicht genutzt.

Carnots Arbeit zu Wärmekraftmaschinen stand noch ganz am Anfang, als er mit 36 Jahren an der Cholera starb. Leider wurden seine umfassenden Notizen verbrannt, um eine Infektion zu verhindern, sodass immer unklar bleiben wird, wie weit er gekommen war. Zwei Jahre nach Carnots Tod veröffentlichte Benoît Paul Émile Clapeyron eine Zusammenfassung von Carnots Werken. Er setzte Diagramme ein, um die Ideen zu verdeutlichen, und überarbeitete sie, um das kalorische Element zu entfernen. Im Ergebnis revolutionierte Carnots bahnbrechendes Werk unser Verständnis davon, welche Schlüsselrolle die Wärme im Universum hat, und legte die Grundlagen für die wissenschaftliche Thermodynamik. ■

DIE ENTROPIE DES UNIVERSUMS STREBT IMMER EINEM MAXIMUM ZU

DIE ENTROPIE UND DER ZWEITE HAUPTSATZ DER THERMODYNAMIK

IM KONTEXT

SCHLÜSSELFIGUR
Rudolf Clausius (1822–1888)

FRÜHER
1749 Die französische Mathematikerin und Physikerin Émilie du Châtelet entwickelt ein frühes Konzept der Energie und ihrer Erhaltung.

1777 In Schweden entdeckt der Apotheker Carl Scheele, wie Wärme sich durch Strahlung ausbreitet.

1780 Der Niederländer Jan Ingenhousz entdeckt, dass Wärme sich durch Wärmeleitung in Materialien verteilt.

SPÄTER
1876 Der amerikanische Forscher Josiah Gibbs führt die Idee der freien Energie ein.

1877 Der österreichische Physiker Ludwig Boltzmann findet den Zusammenhang zwischen Entropie und Wahrscheinlichkeit.

In der Mitte des 19. Jahrhunderts revolutionierten einige Physiker unser Verständnis von Wärme. Zu ihnen gehörten die Briten William Thomson und William Rankine, die Deutschen Hermann von Helmholtz, Julius von Mayer und Rudolf Clausius sowie der Franzose Sadi Carnot. Sie zeigten, dass Wärme und mechanische Arbeit austauschbar sind. Beide sind Erscheinungsformen dessen, was wir heute Energie nennen.

Sie fanden außerdem heraus, dass der Austausch von Wärme und mechanischer Arbeit völlig ausgeglichen ist: Nimmt die eine Energieform zu, muss die andere abnehmen. Die Gesamtenergie geht nicht verloren, sie nimmt nur eine andere Form an. Dies nannte man später Energieerhaltungssatz und wurde zum ersten Hauptsatz der Thermodynamik. Rudolf Clausius prägte später die allgemeinere Form »Die Energie des Universums ist konstant.«

Wärmefluss

Man fand aber schnell heraus, dass es noch eine zweite grundlegende Theorie zum Wärmefluss gab. 1824 hatte der französische Militäringenieur Sadi Carnot eine hypothetische ideale Wärmekraftmaschine entworfen, in der – anders als in der Natur – Energieänderungen reversibel sein sollten. Darin sollte Energie verlustfrei von einer Form in eine andere und zurück gewandelt werden. In der Realität wird aber ein großer Teil der hineingesteckten Energie nicht als nutzbare Arbeit frei, sondern geht als Abwärme verloren. Obwohl die Maschinen aus der Mitte des 19. Jahrhunderts viel effizienter waren als im Jahrhundert zuvor, waren sie weit von einer hundertprozentigen Umwandlungs-

» Der Unterschied zwischen warm und kalt ist […] nur ein relativer, indem er ausdrückt, dass der Körper entweder mehr oder weniger warm ist, als unsere Hand. «

Rudolf Clausius

Rudolf Clausius

Rudolf Clausius wurde 1822 als Sohn eines Schulrats und Pfarrers in Köslin (Westpommern, heute Polen) geboren. Nach einem Mathematik- und Physikstudium in Berlin wurde er 1850 Professor für Physik an der Königlichen Artillerie- und Ingenieurschule in Berlin, ab 1855 an der Eidgenössischen Technischen Hochschule in Zürich. 1867 ging er nach Würzburg, 1869 nach Bonn.

Seine Schrift *Ueber die bewegende Kraft der Wärme* markiert einen Meilenstein in der Entwicklung der Thermodynamik. 1865 führte er das Konzept der Entropie ein, die zu seinen Kernaussagen »Die Energie des Universums ist konstant« und »Die Entropie des Universums strebt immer einem Maximum zu« führte. Clausius starb 1888 in Bonn.

Hauptwerke

1850 *Ueber die bewegende Kraft der Wärme*
1865 *Über verschiedene, für die Anwendung bequeme Formen der Hauptgleichungen der mechanischen Wärmetheorie*
1867 *Abhandlungen über die mechanische Wärmetheorie*

Siehe auch: Kinetische und potenzielle Energie 54 ▪ Wärme und ihre Übertragung 80–81 ▪ Innere Energie und der erste Hauptsatz der Thermodynamik 86–89 ▪ Wärmekraftmaschinen 90–93 ▪ Wärmestrahlung 112–117

In einer realen Wärmekraftmaschine ist es nach Clausius unmöglich, eine bestimmte Wärmemenge (Q_H) aus einem heißen Reservoir zu nehmen und diese Energie komplett Arbeit (W) leisten zu lassen. Ein Teil (Q_C) der Wärme muss an ein kaltes Reservoir übertragen werden. Eine ideale Wärmekraftmaschine, die das täte, ist nach dem zweiten Hauptsatz der Thermodynamik nicht möglich.

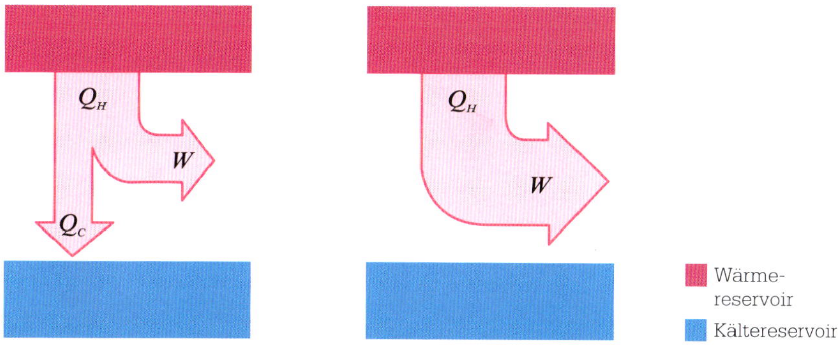

Reale Wärmekraftmaschine **Ideale Wärmekraftmaschine**

rate entfernt. Die Bemühungen der Forscher, diesen Energieverlust zu verstehen, führten letztlich zur Entdeckung des zweiten Hauptsatzes der Thermodynamik. Clausius erkannte, wie Thomson und Rankine, dass Wärme nur in eine Richtung fließt: von Heißem zu Kaltem, nicht anders herum.

Äußere Hilfe

1850 schrieb Clausius seine erste Formulierung des zweiten Hauptsatzes: »Wärme kann nicht von selbst von einem Körper niedriger Temperatur auf einen Körper höherer Temperatur übergehen.« Damit sagte er nicht, dass Wärme nie von Kaltem zu Heißem strömen kann, sondern dass man dazu Arbeit verrichten muss. Nach diesem Prinzip funktionieren moderne Kühlschränke: Wie umgekehrte Wärmekraftmaschinen übertragen sie Wärme vom kalten Inneren in die wärmere Umgebung und machen damit das Innere noch kälter. Die erforderliche Wärme stammt von einem expandierenden Kühlmittel.

Clausius erkannte bald, dass dieser Wärmefluss in nur einer Richtung weit komplexere Folgen hatte als anfangs gedacht. Es wurde nämlich klar, dass Wärmekraftmaschinen zur Ineffizienz verdammt sind. Wie clever auch immer man sie entwirft, ein Teil der Energie wird immer als Wärme verloren gehen, sei es als Reibung, Abgas (Gas oder Dampf) oder Strahlung, ohne Arbeit zu verrichten.

Arbeit wird geleistet, indem die Wärme von einem Ort an einen anderen strömt. Damit wurde schnell deutlich: Wenn Arbeit durch einen Wärmefluss geleistet wird, dann muss an einem Ort Energie hochkonzentriert gespeichert sein, damit der Fluss in Gang kommt – ein Gebiet muss heißer sein als der Rest. Wenn aber jedes Mal Wärme verloren geht, wenn Arbeit geleistet wird, dann breitet sich die Wärme aus, sie dissipiert. Damit wird die Konzentration an Wärme geringer, bis keine Arbeit mehr geleistet werden kann. Mit der Zeit wird alles zu Wärme reduziert, und somit hat alles eine endliche Lebenszeit.

Ein Vulkanausbruch bringt Wärmeenergie aus dem heißen Erdinneren an die kalte Erdoberfläche. Der umgekehrte Energiefluss ist wegen des zweiten Hauptsatzes nicht möglich.

Die Energie des Universums

In den frühen 1850er-Jahren begannen Clausius und Thomson unabhängig voneinander darüber zu spekulieren, ob die Erde eine Wärmemaschine mit einer endlichen Lebenszeit sei und ob das auch für das ganze Universum gelte. 1852 mutmaßte Thomson, die Energie der Sonne würde irgendwann verbraucht sein. In der Folge müsste die Erde einen Anfang und ein Ende haben – eine ganz neue Vorstellung. Thomson versuchte zu bestimmen, wie alt die Erde sein müsste. Dazu berechnete er die Zeit, in der sie auf ihre jetzige Temperatur abgekühlt wäre, unter der Annahme, wie lange die Sonne Wärme erzeugen könnte, bis sie unter ihrer eigenen Gravitation zusammenbrach. Nach Thomsons Rechnungen konnte die Erde nur ›› einige Millionen Jahre alt sein, was ihm scharfen Widerspruch der Geologen und Anhänger der Evolutionstheorie eintrug, die meinten, die Erde sei erheblich älter. Heute kann man diese Diskrepanz erklären – damals wusste man noch nichts über Radioaktivität und Einsteins Entdeckung von 1905, dass Materie in Energie umgewandelt werden kann. Diese Energie aus Materie hat die Erde viel länger gewärmt als die Sonnenstrahlung allein. Damit ist die Erdgeschichte über 4 Mrd. Jahre lang.

Thomson ging noch weiter: Mit der Zeit sollte sich alle Energie des Universums als Wärme verteilen. Es sollte sich ein »Gleichgewicht« bilden, ohne irgendwelche Energiekonzentrationen. An diesem Punkt könnte sich nichts mehr im Universum ändern, es wäre praktisch tot. Thomson räumte aber ein, diese Hitzetodtheorie würde davon abhängen, dass es nur eine bestimmte Menge Materie im Universum geben würde, und daran glaube er nicht. Daher würden die dynamischen Prozesse im Universum weitergehen. Heute wissen die Kosmologen viel mehr über das Universum, als Thomson zu seiner Zeit wissen konnte, und akzeptieren die Hitzetodtheorie nicht mehr – wie das Schicksal des Universums aussieht, wissen sie aber auch nicht.

Der zweite Hauptsatz

1865 prägte Clausius den Begriff Entropie (nach den griechischen Wörter für »innen« und »Wendung«), um den gerichteten Wärmefluss zusammenzufassen. Doch Entropie bedeutet viel mehr als nur einen Fluss in eine Richtung. Als Clausius' Idee Form annahm, entwickelte sich die Entropie zu einem mathematischen Maß dafür, wie viel Energie dissipiert ist.

Da eine Energiekonzentration nötig ist, um Form und Ordnung des Universums zu erhalten, führt nach Clausius' Ansicht die Dissipation zu einer ungeordneten Menge niederer Energie. Heute betrachtet man die Entropie als ein Maß für den Grad der Dissipation, d. h. für den Grad der Unordnung. Doch Clausius und seine Mitforscher sprachen insbesondere über Wärme. Daher definierte Clausius die Entropie als ein Maß für die Wärme, die ein Körper pro Temperatureinheit überträgt. Wenn ein Körper viel Wärme enthält, seine Temperatur aber niedrig ist, dann muss die Wärme dissipiert sein.

> »Das Wort Entropie habe ich absichtlich dem Wort Energie möglichst ähnlich nachgebildet …«
>
> **Rudolf Clausius**

Das Schicksal aller Dinge

Clausius fasste seine Formulierung des zweiten Hauptsatzes zusammen in dem Satz: »Die Entropie des Universums strebt einem Maximum zu.« Das klingt vage, man könnte meinen, der Satz würde auf alles passen. Er ist zu einem Bild für das Schicksal aller Dinge geworden – dass nämlich alles letztlich vom Chaos verschlungen wird.

1854 jedoch sprach Clausius explizit über Wärme und Energie. Seine Definition enthielt die erste

Der Krebsnebel ist eine Supernova, ein explodierter Stern. Nach der Wärmetodtheorie führt die bei solchen Explosionen freigesetzte Energie letztlich zu einem thermischen Gleichgewicht.

Hat ein System **viel innere Wärmeenergie** gespeichert, ist seine Temperatur **hoch.**

Wenn das System nur **wenig innere Wärmeenergie** hat, ist seine Temperatur **niedrig.**

↓

Wärme **fließt von heißen** Gebieten **zu kalten** Gebieten.

↓

Mit der Zeit breitet sich Wärme aus (sie **dissipiert**).

↓

Der Grad der Dissipation – die Entropie – des Universums strebt immer einem Maximum zu.

mathematische Formulierung der Entropie (damals noch Äquivalentwert genannt), mit je einer Gleichung für ***S*** (Entropie) in offenen und geschlossenen Energiesystemen. Ein Energiesystem ist ein Bereich, in dem Energie fließt – etwa ein Automotor oder die gesamte Atmosphäre. Ein offenes System kann sowohl Energie als auch Materie mit seiner Umgebung austauschen, ein geschlossenes System tauscht nur Energie (in Form von Wärme oder Arbeit).

Thomson fand einen Weg, den zweiten Hauptsatz und Wärmekraftmaschinen in Beziehung zu setzen. Mit den Verbesserungen des deutschen Physikers Max Planck ist das heute als Kelvin-Planck-Formulierung bekannt (Thomson wurde 1892 zu Lord Kelvin geadelt): »Es ist unmöglich, eine periodisch arbeitende Maschine zu konstruieren, die weiter nichts bewirkt als Hebung einer Last und Abkühlung eines Wärmereservoirs.« Mit anderen Worten: Eine Wärmekraftmaschine mit 100 % Wirkungsgrad ist unmöglich. Man sieht nicht leicht, dass dies und die Formulierung von Clausius dasselbe aussagen. Doch im Wesentlichen beruhen sie auf demselben thermodynamischen Gesetz: die Unvermeidlichkeit von Wärmeverlusten, wenn Wärme in eine Richtung strömt. ■

» Binnen einer endlichen, absehbaren Zeit wird die Erde für den Menschen wieder unbewohnbar sein. «

William Thomson (Lord Kelvin)

Der Zeitpfeil

Welche Bedeutung die Entdeckung des zweiten Hauptsatzes der Thermodynamik hatte, wird oft übersehen, weil andere Physiker sehr schnell auf den Arbeiten von Clausius und seinen Fachkollegen aufbauten. Doch der zweite Hauptsatz ist für die Physik so bedeutsam wie Newtons Bewegungsgesetze, und er spielte eine wichtige Rolle dabei, den Newton'schen Blick auf das Universum zu überwinden.

In Newtons Universum können alle Ereignisse in jeder Richtung eintreten. Damit hat auch die Zeit keine Richtung – so wie ein ewiger Mechanismus, der vorwärts- oder rückwärtslaufen kann. Wenn aber nach Clausius' zweitem Hauptsatz Wärme nur in einer Richtung fließen kann, dann gilt das auch für die Zeit. Der Zeitpfeil zeigt immer in eine Richtung – zum Ende. Die Folgerungen dieser Entdeckung verstörten viele Religiöse, die an ein ewiges Universum glaubten.

Sobald die Kerze brennt, kann man das verbrannte Wachs nicht wiederherstellen. Der thermodynamische Zeitpfeil zeigt nur in eine Richtung – zum Ende.

DIE FLÜSSIGKEIT UND IHR DAMPF WERDEN EINS

ZUSTANDSÄNDERUNGEN UND BINDUNGEN

IM KONTEXT

SCHLÜSSELFIGUR
Johannes Diderik van der Waals (1837–1923)

FRÜHER
75 v. Chr. Der römische Philosoph Lukrez sagt, Flüssigkeiten bestehen aus glatten runden Atomen, bei festen Körpern dagegen verhaken sie sich.

1704 Für Isaac Newton hält eine unsichtbare Anziehungskraft die Atome zusammen.

1869 Der irische Chemiker und Physiker Thomas Andrews entdeckt den stetigen Übergang zwischen Flüssigkeit und Gas.

SPÄTER
1898 Der schottische Chemiker James Dewar verflüssigt Wasserstoff.

1908 Der niederländische Physiker Heike Kamerlingh Onnes verflüssigt Helium.

Es war schon lange bekannt, dass manche Stoffe in drei sogenannten Phasen vorkommen – fest, flüssig, gasförmig. Wasser etwa kann Eis sein, flüssiges Wasser oder Dampf. Doch was bei den Phasenübergängen passiert, das schien den Gasgesetzen zu widersprechen. Von besonderem Interesse waren die beiden fluiden Phasen – Flüssigkeit und Gas. In beiden nimmt die Substanz die Form des Behälters an, hat also keine eigene Form wie ein Festkörper. Forscher hatten gezeigt, dass in einem Gas, das immer mehr komprimiert wird, der Druck nicht beliebig zunimmt, sondern dass es sich verflüssigt. Ebenso wird beim Erhitzen einer Flüssigkeit zuerst

Siehe auch: Modelle der Materie 68–71 ▪ Fluide 76–79 ▪ Wärme und ihre Übertragung 80–81 ▪ Die Gasgesetze 82–85 ▪ Die Entropie und der zweite Hauptsatz der Thermodynamik 94–99 ▪ Die Entwicklung der statistischen Mechanik 104–111

» Wer bin ich, den Punkt zu bestimmen, an dem die Flüssigkeit und ihr Dampf nach dem Kontinuitätsgesetz eins werden? «

Michael Faraday
in einem Brief an seinen Kollegen William Whewell (1844)

ein wenig und dann alles verdampfen. Der Siedepunkt des Wassers (die Maximaltemperatur für flüssiges Wasser) lässt sich leicht messen und steigt unter Druck – das ist das Prinzip des Schnellkochtopfs.

Der Übergangspunkt

Die Forscher wollten genauer wissen, was beim Übergang von der flüssigen zur gasförmigen Phase geschieht. 1822 experimentierte der französische Physiker Charles Cagniard de la Tour mit einem druckdichten Dampftopf, in dem man Wasser über seinen normalen Siedepunkt erhitzen und Dampf erzeugen konnte. Er füllte ihn mit Wasser und legte einen Kiesel hinein. Wenn er den Topf auf die Seite legte und rollte, konnte man es plätschern hören. Dann erhitzte er den Topf. Ab 362 °C plätscherte es nicht mehr – es gab keine Grenze von Gas und Flüssigkeit mehr.

Es war damals bereits bekannt, dass man das Verdampfen einer Flüssigkeit unter Druck verzögern kann, doch de la Tours Versuche zeigten, dass es eine Temperatur gibt, bei der die Flüssigkeit immer zu Gas wird, egal, wie hoch der Druck ist. Bei dieser Temperatur lassen sich gasförmige und flüssige Phase nicht mehr unterscheiden, beide haben gleiche Dichte. Senkt man die Temperatur, stellt sich der Phasenunterschied wieder ein.

Der Punkt, an dem Flüssigkeit und Gas im Gleichgewicht stehen, blieb unbestimmt, bis der Physiker Thomas Andrews in den 1860er-Jahren das Phänomen erforschte. Er untersuchte den Zusammenhang zwischen Temperatur, Druck und Volumen und wie sie die Phasen einer Substanz beeinflussen. 1869 beschrieb er Versuche, in denen er Kohlendioxidgas und Quecksilber in ein Glasrohr füllte. Durch Heben des Quecksilberreservoirs konnte er den Druck auf das Gas erhöhen, bis es flüssig wurde. Doch oberhalb von 32,92 °C verflüssigte es nie, ganz gleich, wie hoch der Druck war. Er nannte diese Temperatur den kritischen Punkt von Kohlendioxid. Weiter beobachtete er, »dass die gasförmige und die flüssige Phase im Wesentlichen nur unterschiedliche Stadien in ein und demselben Zustand sind und dass sie durch einen kontinuierlichen Wechsel ineinander übergehen können.«

Die Vorstellung eines kontinuierlichen Übergangs zwischen flüssiger und Gasphase betonte ihre grundlegende Ähnlichkeit. Es mussten aber noch die Kräfte, die hinter diesen verschiedenen Phasen steckten, und ihre Wechselwirkung bestimmt werden. »

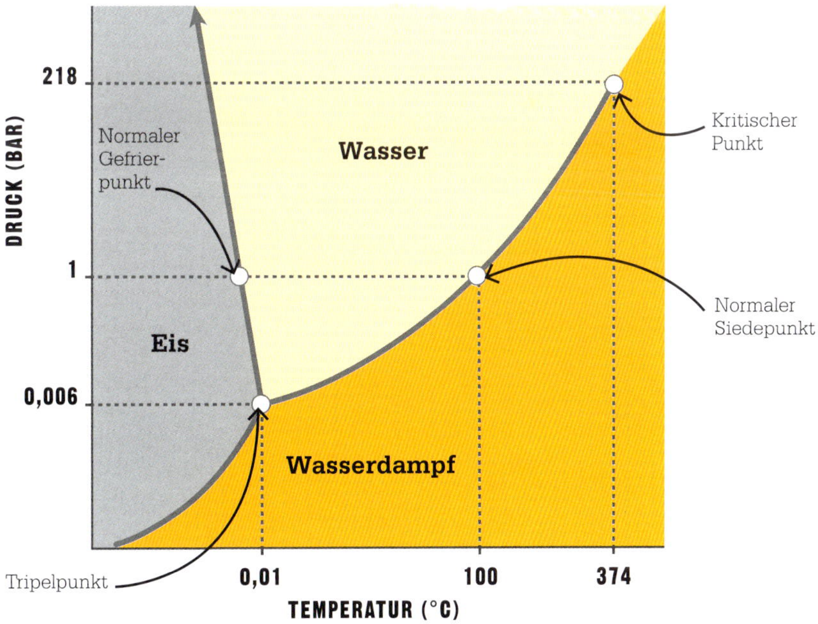

Ein Phasendiagramm trägt Temperatur und Druck auf, bei denen eine Substanz (hier Wasser) fest, flüssig oder gasförmig ist. Am Tripelpunkt kann die Substanz gleichzeitig in allen drei Zuständen existieren. Am kritischen Punkt gehen Flüssigkeit und Gas ineinander über.

Molekulare Bindungen

Schon zu Beginn des 19. Jahrhunderts hatte der britische Forscher Thomas Young davon gesprochen, dass die Oberfläche einer Flüssigkeit durch intermolekulare Bindungen zusammengehalten wird. Diese Oberflächenspannung lässt Tropfen entstehen und bildet den Meniskus an der Oberfläche von Wasser in einem Glas. Diese Arbeiten griff der niederländische Physiker Johannes Diderik van der Waals auf. Was passiert, wenn die Oberflächenspannung bricht und die Moleküle frei werden, sodass flüssiges Wasser zu Wasserdampf wird?

Nach van der Waals gibt es bei einer Zustandsänderung ein Kontinuum, keinen abrupten Übergang von Flüssigkeit zu Gas. In einer Übergangsschicht ist das Wasser weder ausschließlich flüssig noch gasförmig. Steigt die Temperatur, geht die Oberflächenspannung zurück. Bei der kritischen Temperatur verschwindet die Oberflächenspannung ganz, sodass die Übergangsschicht unendlich dick werden kann. Van der Waals entwickelte dann eine Zustandsgleichung, die das Verhalten von Gasen und ihrer Kondensation mathematisch beschreiben konnte und sich auf verschiedene Substanzen anwenden ließ. Diese Arbeiten halfen bei der Anerkennung der Molekültheorie und dabei, die Bindungen der Moleküle untereinander zu identifizieren. Sie sind weit schwächer als die Bindungen zwischen den Atomen, die auf starken elektrostatischen Kräften beruhen. Die Moleküle einer Substanz – sei es Gas oder Flüssigkeit – werden nach einem anderen Mechanismus zusammengehalten. So sind die Bindungen zwischen Wassermolekülen ganz anders als die Bindungen zwischen den Wasserstoff- und Sauerstoffatomen innerhalb eines Wassermoleküls. Wenn eine Flüssigkeit gasförmig wird, dann müssen die Kräfte zwischen den Molekülen überwunden werden, damit die Moleküle sich frei bewegen. Wärme liefert die Energie, damit die Moleküle schwingen können. Sobald die Schwingungen stark genug sind, brechen die intermolekularen Bindungen und die Flüssigkeit wird gasförmig.

Anziehungskräfte

Drei wichtige intermolekulare Anziehungskräfte – Dipol-Dipol-Kräfte, London-Kräfte und Wasserstoffbrücken – werden zusammen als Van-der-Waals-Kräfte bezeichnet. Dipol-Dipol-Kräfte treten in polaren Molekülen auf, in denen die Elektronen ungleich über das Molekül verteilt sind. In Salzsäure etwa hat das Chloratom ein zusätzliches Elektron aus dem Wasserstoffatom. Daher ist der Chlor-Teil des Moleküls leicht negativ geladen, anders als der Wasserstoff-Teil. Im Ergebnis werden in flüssiger Salzsäure die negativen Seiten mancher Moleküle von den positiven Seiten anderer Moleküle angezogen – das hält sie zusammen.

Die London-Kraft (auch London'sche Dispersionswechselwirkung) ist nach dem deutsch-amerikanischen Physiker Fritz London benannt, der sie 1930 als Erster erkannte. Sie tritt zwischen nichtpolaren Molekülen auf. In Chlorgas beispielsweise sind die beiden Chloratome eines Moleküls gleich geladen. Aber die Elektronen in einem Atom sind in ständiger Bewegung. Dadurch kann die eine Seite eines Moleküls kurzzeitig negativ und die andere positiv werden. Solche Bindungen in einem Molekül werden daher permanent gebildet und abgebaut.

Die dritte Kraft, die Wasserstoffbrücken, ist eine spezielle Art der Dipol-Dipol-Bindung, die nur bei Wechselwirkung zwischen einem Wasserstoffatom und einem Sauerstoff-, Fluor- oder Stickstoffatom auftritt. Sie ist für eine intermo-

» Ich war recht überzeugt von der realen Existenz der Moleküle. «

Johannes Diderik van der Waals

lekulare Bindung sehr stark, weil Sauerstoff, Fluor und Stickstoff Elektronen stark anziehen, während Wasserstoff sein Elektron leicht abgibt. Ein Molekül mit diesen Atom wird daher stark polar, so entstehen etwa die robusten Wasserstoffbindungen in Wasser (H_2O).

Die London-Bindungen sind die schwächsten Van-der-Waals-Kräfte. Sie binden die Elemente Chlor und Fluor, die bis zu extrem niedrigen Temperaturen (–34 °C bzw. –188 °C) gasförmig bleiben; erst dann lassen sie sich verflüssigen, weil erst dann die Bindungen stärker als die Wärmebewegung der Moleküle sind. Am stärksten sind die Wasserstoffbrücken, ihretwegen hat Wasser einen so ungewöhnlich hohen Siedepunkt.

Kritische Entdeckungen

Indem er zeigte, dass die Kräfte zwischen Gasmolekülen nicht null und unter Druck stark genug waren, um Zustandsänderungen zu verursachen, konnte van der Waals erklären, wie Flüssigkeiten zu Gasen verdampfen und wieder kondensieren. Mit seiner Zustandsgleichung ließen sich kritische Punkte für verschiedene Substanzen bestimmen und dann Gase wie Sauerstoff, Stickstoff oder Helium verflüssigen. Die Gleichung führte auch zur Entdeckung von Supraleitern, d. h. Substanzen, die bei ultratiefen Temperaturen jeglichen elektrischen Widerstand verlieren. ■

> »Es kann keinen Zweifel geben, dass der Name van der Waals sehr bald zu den vornehmsten der Molekularwissenschaft zählen wird.«
>
> **James Clerk Maxwell**

In einer Anlage für Flüssigsauerstoff wird das Sauerstoffgas in Trennsäulen aus der Luft genommen und dann in Wärmetauschern bis auf die Verflüssigungstemperatur von –183 °C abgekühlt.

Johannes Diderik van der Waals

Van der Waals wurde 1837 als Sohn eines Tischlers im niederländischen Leiden geboren. Abitur konnte er nicht machen, trotzdem arbeitete er als Mathematik- und Physiklehrer und hörte nebenbei Vorlesungen an der Universität Leiden. Erst nach einer Gesetzesänderung durfte er regulär studieren und promovierte 1873 über die molekulare Anziehung.
Er galt sofort als einer führenden Physiker seiner Zeit und erhielt 1876 eine Professur an der Universität Amsterdam, die er bis zu seiner Emeritierung innehatte; Nachfolger wurde sein Sohn Johannes. 1910 wurde er »für seine Arbeiten über die Zustandsgleichung von Gasen und Flüssigkeiten« mit dem Physiknobelpreis ausgezeichnet. Er starb 1923 in Amsterdam.

Hauptwerke

1873 *Über die Kontinuität des gasförmigen und flüssigen Zustands*
1880 *Gesetz der korrespondierenden Zustände*
1890 *Theorie der binären Lösungen*

STOSSENDE BILLARDKUGELN IN EINER BOX

DIE ENTWICKLUNG DER STATISTISCHEN MECHANIK

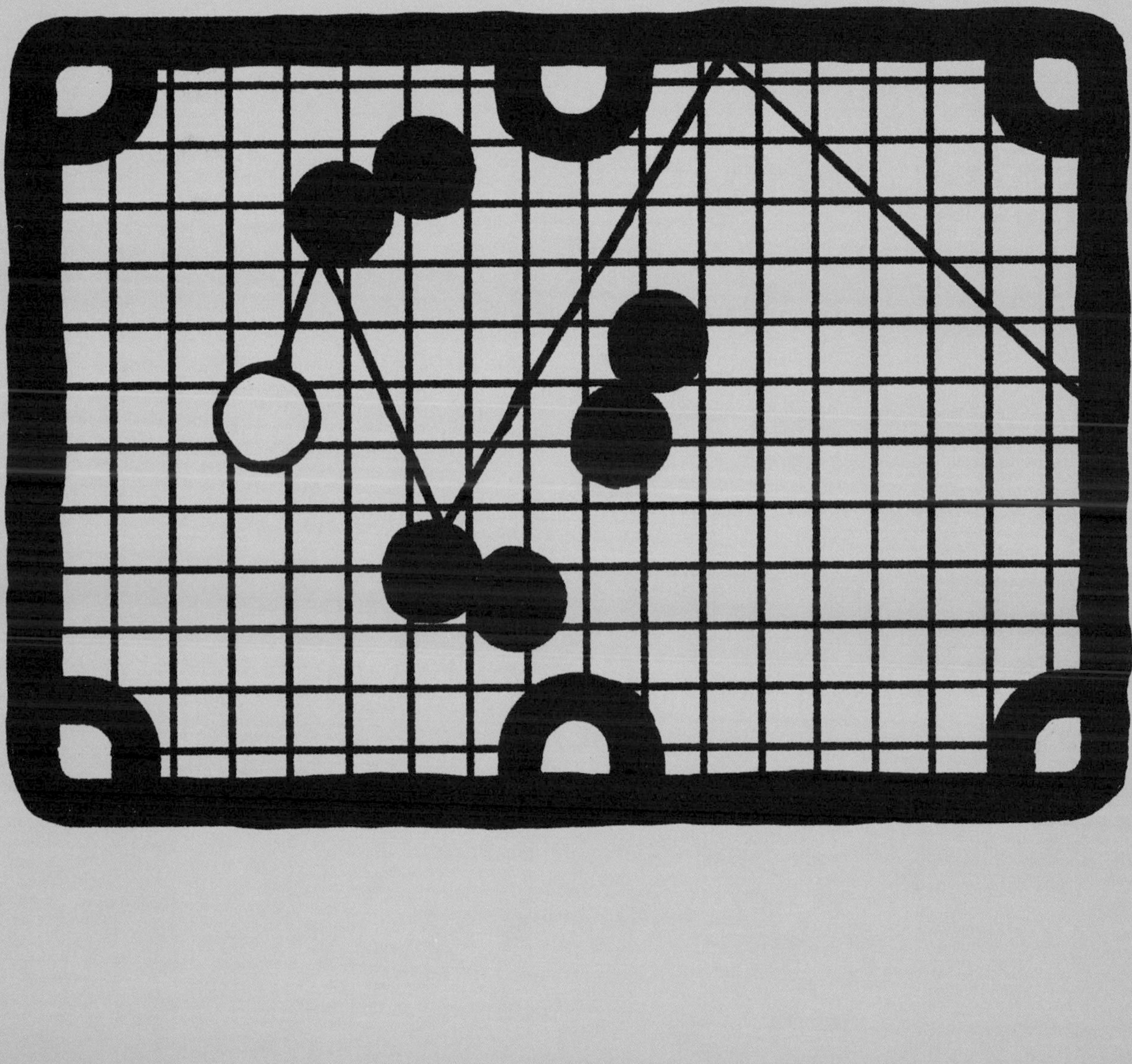

IM KONTEXT

SCHLÜSSELFIGUR
Ludwig Boltzmann
(1844–1906)

FRÜHER
1738 Daniel Bernoulli macht die erste statistische Analyse von Teilchenbewegungen.

1821 John Herapath spricht erstmals deutlich über die kinetische Theorie.

1845 John Waterston berechnet die mittlere Geschwindigkeit von Gasmolekülen.

1859 James Clerk Maxwell entwirft seine kinetische Theorie.

SPÄTER
1902 Willard Gibbs schreibt das erste bedeutende Lehrbuch zur statistischen Mechanik.

1905 Albert Einstein und Marian Smoluchowski deuten die Brown'sche Bewegung als Effekt der statistischen Mechanik.

Ein **Gas** besteht aus einer **gewaltigen Anzahl von Molekülen.**

↓

Die Moleküle bewegen sich **sehr schnell** und **in alle denkbaren Richtungen.**

↓

Es ist **unmöglich,** die Bewegung **eines einzelnen Moleküls** zu berechnen.

↓

Statistische Mittelwerte und **mathematische Wahrscheinlichkeiten** können helfen, die **Bewegung der Gesamtheit aller Moleküle** in einem System zu verstehen.

Heute ist klar, dass die Eigenschaften der Materie – insbesondere von Gasen – vom Verhalten der Atome und Moleküle abhängen. Doch die Atomtheorie war noch im 19. Jahrhundert heftig umstritten. Etliche Pioniere wurden bestenfalls nicht beachtet und schlimmstenfalls verspottet. Es dauerte lange, bis die kinetische Theorie – die Vorstellung, dass Wärme die schnelle Bewegung von Molekülen ist – sich wirklich durchgesetzt hat.

Im 17. Jahrhundert zeigte Robert Boyle, dass Luft elastisch ist, dass sie sich ausdehnt und zusammenzieht. Er spekulierte, dass Luft aus Teilchen bestehe, die sich gegenseitig abstoßen – so wie eine Feder. Isaac Newton zeigte mathematisch, dass die Abstoßungskraft umgekehrt proportional zu den Abständen der Teilchen sein musste, wenn der Grund für die »Elastizität«, d. h. der Druck, tatsächlich die Abstoßung wäre. Doch Newton glaubte, die Teilchen säßen fest an einem Ort und würden nur hin und her schwingen.

Gase und Wärme

Von dem Schweizer Daniel Bernoulli kam 1738 der erste ernste Vorschlag zur kinetischen (d. h. auf die Bewegung bezogenen) Gastheorie. Vorher wussten die Forscher bereits, dass Luft einen Druck ausübt – genug, um eine schwere Quecksilbersäule zu tragen, wie das Barometer von Evangelista Torricelli in den 1640er-Jahren gezeigt hatte. Man erklärte das damit, dass Luft aus Teilchen besteht, die in einer unsichtbaren Substanz namens Äther schweben sollten. Angeregt von der damals neuen Dampfmaschine äußerte Bernoulli eine radikal andere Idee. Er forderte seine Leser auf, sich einen Kolben

» Wir leben eingetaucht am Grunde eines Meers aus dem Element Luft. «

Evangelista Torricelli

Siehe auch: Kinetische und potenzielle Energie 54 ▪ Fluide 76–79 ▪ Wärmekraftmaschinen 90–93 ▪ Die Entropie und der zweite Hauptsatz der Thermodynamik 94–99

» Eine wohlgebaute Theorie ist in mancher Hinsicht zweifellos eine künstlerische Leistung. Ein gutes Beispiel ist die berühmte kinetische Theorie. «

Ernest Rutherford

in einem Zylinder vorzustellen, gefüllt mit kleinen runden Teilchen, die sich in alle Richtungen bewegen. Wenn diese Teilchen gegen den Kolben stießen, so Bernoulli, dann übten sie Druck aus. Erhitzte man die Luft, dann würden diese Teilchen schneller, träfen den Kolben öfter und könnten ihn bewegen. Damit fasste Bernoulli die kinetische Theorie der Gase und der Wärme zusammen, doch seine Ideen wurden ignoriert, weil es zwei andere Theorien gab: Zuerst die Vorstellung, dass brennbare Stoffe ein Feuerelement enthielten, das Phlogiston, dann die kalorische Theorie, nach der Wärme eine Art Flüssigkeit ist. Diese Theorien wurden noch 130 Jahre lang geglaubt, bis die statistischen Untersuchungen von Ludwig Boltzmann sie endgültig überwanden.

Verkannte Pioniere

Auch der russische Gelehrte Michail Lomonossow sagte 1745, Wärme sei ein Maß für die Bewegung von kleinsten Teilchen – das ist die kinetische Theorie der Wärme. Weiter sagte er, dass ein absoluter Nullpunkt erreicht würde, wenn sich die Teilchen nicht mehr bewegten, ein Jahrhundert, bevor William Thomson (später Lord Kelvin, nach dem die Kelvin-Temperaturskala benannt ist) 1848 zum selben Schluss kam.

1821 traf der britische Physiker John Herapath die erste klare Aussage zur kinetischen Theorie. Wärme wurde damals noch als eine Flüssigkeit betrachtet, und Gase sollten, wie Newton gesagt hatte, aus sich abstoßenden Teilchen bestehen. Doch Herapath wies das zurück und behauptete stattdessen, Gase bestünden aus zusammenstoßenden Atomen. Mit solchen unendlich kleinen Teilchen würde die Zahl der Stöße beim Komprimieren eines Gases zunehmen, damit würde der Druck steigen und Wärme erzeugt. Unglücklicherweise tat die Royal Society in London Herapaths Arbeit als Hirngespinst ab.

1845 lehnte die Royal Society auch eine Abhandlung des Schotten John Waterston zur kinetischen Theorie ab, der mit statistischen Mitteln erklärt hatte, wie die Energie unter den Gasatomen und -molekülen verteilt ist. Ihm war klar, dass die Moleküle sich nicht alle mit derselben Geschwindigkeit bewegen, sondern die verschiedensten Geschwindigkeiten um einen statistischen Mittelwert haben. Doch wie Herapath vor ihm blieb auch Waterston unbeachtet, und das einzige Exemplar seiner bahnbrechenden Arbeit ging in der Royal Society verloren. Als es 1891 wiederaufgefunden wurde, war Waterston schon tot.

Das regellose Universum

Waterstons Arbeit war insofern besonders bedeutsam, als hier »

Brown'sche Bewegung

1827 beschrieb der schottische Botaniker Robert Brown die zufällige Bewegung von in Wasser suspendierten Blütenpollen. Er war nicht der Erste, dem dieses Phänomen auffiel, aber er untersuchte es als Erster. Es zeigte sich, dass das Zittern der Pollen zunahm, wenn man die Wassertemperatur erhöhte.

Anfangs des 20. Jahrhunderts wurde die Existenz von Atomen und Molekülen noch hitzig debattiert. 1905 legte Albert Einstein dar, dass die Brown'sche Bewegung sich durch das Bombardement unsichtbar kleiner Atome und Moleküle erklären ließ, die auf die winzigen, aber sichtbaren Pollen trafen, sodass sie sich hin und her bewegten. Ein Jahr später stellte der polnische Physiker Marian Smoluchowski eine ähnliche Theorie auf. Versuche des Franzosen Jean Baptiste Perrin 1908 bestätigten diese Theorie.

Die Brown'sche Bewegung von Teilchen in einer Flüssigkeit entsteht durch Stöße mit schnellen Molekülen. Die Erklärung nutzte Methoden der statistischen Mechanik.

zum ersten Mal ein Physiker das geordnete »Uhrwerk« des Newton'schen Universums zurückwies. Stattdessen schaute Waterston auf so regellose Werte, dass man sie nur als statistische Mittelwerte und Wahrscheinlichkeiten ansehen konnte, aber nicht als Gewissheiten. Obwohl ursprünglich abgelehnt, setzte sich die Idee, Gase und Wärme mithilfe von schnellen Bewegungen winziger Teilchen zu beschreiben, am Ende durch. Die Arbeiten der Briten James Joule und William Thomson, des Deutschen Rudolf Clausius und anderer zeigten, dass Wärme und die mechanische Bewegung austauschbare Formen von Energie sind, und überwanden damit die Idee von Wärme als einer kalorischen Flüssigkeit.

Molekularbewegungen

Joule hatte 1847 die sehr hohen Geschwindigkeiten von Gasmolekülen berechnet, doch er nahm an, sie wären alle gleich schnell. Zehn Jahre später griff Clausius diese Idee auf und führte seine mittlere freie Weglänge ein. Nach Clausius prallen Moleküle ständig zusammen und stoßen sich dabei in verschiedene Richtungen. Die mittlere freie Weglänge ist die Strecke, die ein Molekül zwischen zwei Stößen zurücklegt. Clausius berechnete den Wert zu einem Millionstel eines Millimeters bei Raumtemperatur, d. h., die Moleküle stoßen über 8 Mrd. Mal pro Sekunde zusammen.

> »Der allgemeine Daseinskampf der Lebewesen ist daher nicht ein Kampf um die Grundstoffe […], sondern ein Kampf um die Entropie, welche durch den Übergang der Energie von der heißen Sonne zur kalten Erde disponibel wird.«
>
> **Ludwig Boltzmann**

Ein Gasmolekül stößt ständig mit anderen Molekülen zusammen und ändert dabei die Richtung. Das hier gezeigte Molekül erlebt 25 solche Stöße und fliegt dazwischen die von Rudolf Clausius als mittlere freie Weglänge bezeichnete Strecke. Vergleichen Sie die kürzeste Verbindung von A nach B mit dem tatsächlich zurückgelegten Weg.

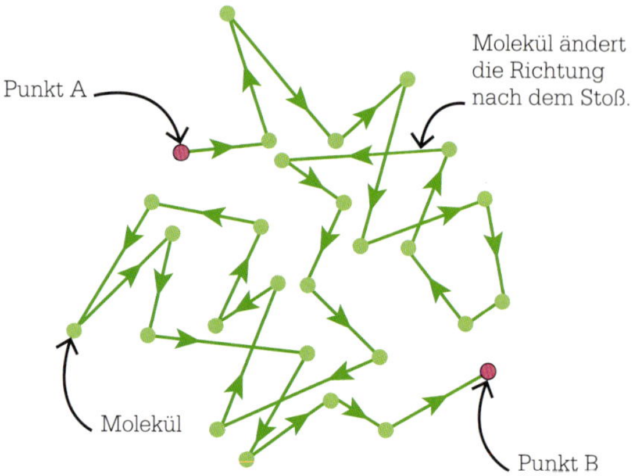

Innerhalb weniger Jahre konnte der Schotte James Clerk Maxwell die kinetische Theorie so fest untermauern, dass sie endlich vermehrt Anerkennung fand. Insbesondere führte Maxwell 1859 die erste statistische Aussage überhaupt in die Physik ein, die Maxwell-Verteilung. Sie zeigt die möglichen Anteile von Molekülen mit einer bestimmten Geschwindigkeit in einem idealen Gas. Maxwell zeigte auch, dass die Häufigkeit der molekularen Stöße mit der Temperatur zunimmt. 1873 schätzte Maxwell ab, dass ein Kubikzentimeter Gas unter Normalbedingungen 19 Trill. (eine Trillion ist eine Zahl mit 18 Nullen) Moleküle enthält – ziemlich dicht an dem modernen Standardwert von 26,9 Trill.

Ferner wandte Maxwell die Klasseneinteilung aus der Bevölkerungsstatistik (dort unterteilt man z. B. nach Klassen wie Bildung, Größe oder Einkommen) auf die Molekularuntersuchungen an, um mittlere Eigenschaften zu bestimmen. Demnach treten bei der riesigen Anzahl der Atome in nur einem Kubikzentimeter Gas viel weniger Unterschiede auf als bei Menschen, und daher ist die statistische Analyse weit einfacher.

Boltzmanns Durchbruch

Die Schlüsselfigur bei der Entwicklung der statistischen Untersuchung bewegter Moleküle war der österreichische Physiker Ludwig Boltzmann. 1868 und 1877 erschienen zwei wichtige Arbeiten, in denen er Maxwells Ansatz zu einem ganz neuen Forschungszweig weiterentwickelte: die statistische Mechanik. Sie erlaubte es, die Eigenschaften von Gasen und Wärme zu erklären und zu berechnen, und das mit einfachen mechanischen Begriffen wie Masse, Impuls und Geschwindigkeit. Die Teilchen seien zwar winzig, bewegten sich aber gemäß den Newton'schen Gesetzen, und die Variationen bei der Bewegung hingen rein vom Zufall ab. Wärme, zuvor als eine geheimnisvolle, ungreifbare kalorische Flüssigkeit betrachtet, konnte nun als die schnelle Bewegung von Teilchen aufgefasst werden – ein rein mechanisches Phänomen.

Allerdings war Boltzmanns Theorie nur schwer nachzuprüfen:

Die Moleküle sind so zahlreich und sie sind so klein, dass Einzelberechnungen unmöglich sind. Außerdem bewegen sie sich mit sehr unterschiedlichen Geschwindigkeiten in alle Richtungen. Der einzig praktikable Weg zum Test seiner Theorie bestand darin, die mathematischen Verfahren der Statistik und Wahrscheinlichkeit anzuwenden. Er musste auf die Gewissheiten und die Genauigkeit des Newton'schen »Uhrwerks« verzichten und landete in der ungeordneten Welt der statistischen Mittelwerte.

Mikro- und Makrozustände

Nach dem Energieerhaltungssatz muss die Gesamtenergie E in einem isolierten Volumen Gas konstant sein. Die Energie der einzelnen Moleküle hingegen kann variieren. Die Energie eines einzelnen Moleküls kann also nicht E durch die Gesamtanzahl N der Moleküle sein (z. B. 19 Trill.) – E/N gilt nur, wenn alle Moleküle dieselbe Energie haben. Boltzmann schaute sich die möglichen Energien an, die einzelne Moleküle haben könnten, wenn man Faktoren wie ihren Ort und Geschwindigkeit berücksichtigt. Einen solchen Energiebereich nannte er einen Mikrozustand. Da die Atome in einem Molekül wechselwirken, ändert sich der Mikrozustand einige Trillionen Mal pro Sekunde. Nur die Gesamteigenschaften des Gases – Druck, Temperatur und Volumen, die Boltzmann unter dem Begriff Makrozustand zusammenfasste – bleiben stabil.

Boltzmanns Idee war es, einen Makrozustand als Mittelwert der Mikrozustände aufzufassen. Dazu musste er annehmen, dass alle Mikrozustände gleich wahrscheinlich sind. Diese Annahme rechtfertigte er mit der heute als Ergodenhypothese bekannten Aussage, dass über einen sehr langen Zeitraum jedes dynamische System im Mittel denselben Zeitanteil in jedem Mikrozustand verbringt. Diese Idee, alles »auszumitteln«, war entscheidend.

Statistische Thermodynamik

Boltzmanns statistischer Ansatz hatte gewaltige Auswirkungen. Er wurde zum wichtigsten Hilfsmittel für das Verständnis von Wärme und Energie und machte die Thermodynamik – die Untersuchung der Beziehungen zwischen Wärme und anderen Energieformen – zur zentralen Säule der Physik. Der Ansatz war auch enorm wichtig bei der Erkundung der subatomaren Welt, er bereitete der Quantenphysik den Weg und liegt heute einem Großteil der modernen Technik zugrunde. Heute verstehen die Physiker die Mittelwerte und Wahrscheinlichkeiten der subatomaren Welt nicht nur als »Krücke« zum Messen, sondern als Blick auf die Realität. Damals in den 1870er-Jahren erlebte Boltzmann hartnäckige Widerstände, »

> »Freie Bahn für jede Richtung, weg mit jeder Dogmatik im atomistischen und antiatomistischen Sinn!«
>
> **Ludwig Boltzmann**

Ludwig Boltzmann

Geboren 1844 in Wien und in verschiedenen Städten der Habsburgermonarchie aufgewachsen, studierte Ludwig Boltzmann an der Universität Wien und promovierte über die kinetische Gastheorie. Mit 25 Jahren erhielt er eine Professur in Graz, danach in Wien, in Graz, dann München und wieder Wien. 1900 ging er nach Leipzig, um seinem langjährigen Rivalen Ernst Mach aus dem Weg zu gehen.

Seine produktivsten Jahre hatte Boltzmann in Graz. Hier vollendete er seine Arbeiten zur statistischen Mechanik. Er begründete die kinetische Gastheorie und die mathematische Basis der Thermodynamik in Bezug auf die Bewegung der Atome. Seine Ideen wurden angefeindet und er litt unter Depressionen. 1906 tötete er sich selbst.

Hauptwerke

1871 »Aufsätze zur Maxwell-Boltzmann-Verteilung«
1877 *Über die Beziehung zwischen dem zweiten Hauptsatze der mechanischen Wärmetheorie und der Wahrscheinlichkeitsrechnung resp. den Sätzen über das Wärmegleichgewicht*

als er die mathematische Grundlage für die Thermodynamik schuf. Er schrieb zwei wichtige Aufsätze zum zweiten Hauptsatz der Thermodynamik, dem zufolge Wärme nur in eine Richtung strömt, von Heißem zu Kaltem, und nicht andersherum. Boltzmann erklärte, man könne den Hauptsatz genau verstehen, indem man sowohl die Grundgesetze der Mechanik (d. h. die Newton'schen Bewegungsgesetze) als auch die Wahrscheinlichkeitstheorie auf die Atombewegung anwenden würde.

Mit anderen Worten: Der zweite Hauptsatz ist ein statistisches Gesetz. Demnach strebt ein System gegen ein Gleichgewicht oder zur maximalen Entropie – dem Zustand größter Unordnung –, weil dies das bei Weitem wahrscheinlichste Ergebnis der atomaren Bewegung ist. Denn mit der Zeit mittelt sich alles aus. Bis 1871 hatte Boltzmann auch Maxwells Verteilungsgesetz von 1859 in eine Verteilung für die Geschwindigkeiten der Gasmoleküle bei einer bestimmten Temperatur weiterentwickelt. Diese Maxwell-Boltzmann-Verteilung ist ein zentrales Element der kinetischen Gastheorie. Man kann damit die mittlere Geschwindigkeit der Moleküle bestimmen und die wahrscheinlichste Geschwindigkeit berechnen. Sie zeigt auch die Gleichverteilung der Energie: Im Mittel ist die Energie der bewegten Atome in alle Richtungen gleich.

Die Verneinung der Atome

Boltzmanns Ansatz war so neuartig, dass er auf heftigen Widerstand stieß. Viele betrachteten seine Idee als abstrus. Ein Grund für den Widerstand war, dass viele Forscher seiner Zeit nicht von der Existenz der Atome überzeugt waren. Einige – darunter der durch seine Arbeiten zu Stoßwellen berühmte österreichische Physiker Ernst Mach, ein scharfer Gegner Boltzmanns – glaubten, Wissenschaftler sollten nur akzeptieren, was sie direkt beobachten könnten, und Atome waren seinerzeit nicht sichtbar. Die Mehrheit der Wissenschaftler akzeptierte die Existenz von Atomen erst nach Arbeiten von Albert Einstein und dem polnischen Physiker Marian Smoluchowski. Beide hatten unabhängig voneinander die Brown'sche Bewegung untersucht, das unerklärliche zufällige Zittern von winzigen, in einem Fluid suspendierten Teilchen. Einstein zeigte 1905 und Smoluchowski ein Jahr darauf, dass man das Zittern mithilfe der statistischen Mechanik erklären konnte: als Ergebnis von Stößen dieser Teilchen mit den schnellen Molekülen in dem Fluid selbst.

Auf der Weltausstellung 1904 in St. Louis hielt Boltzmann einen Vortrag zur angewandten Mathematik. Bei seiner Amerikareise besuchte er auch die Universitäten Stanford und Berkeley.

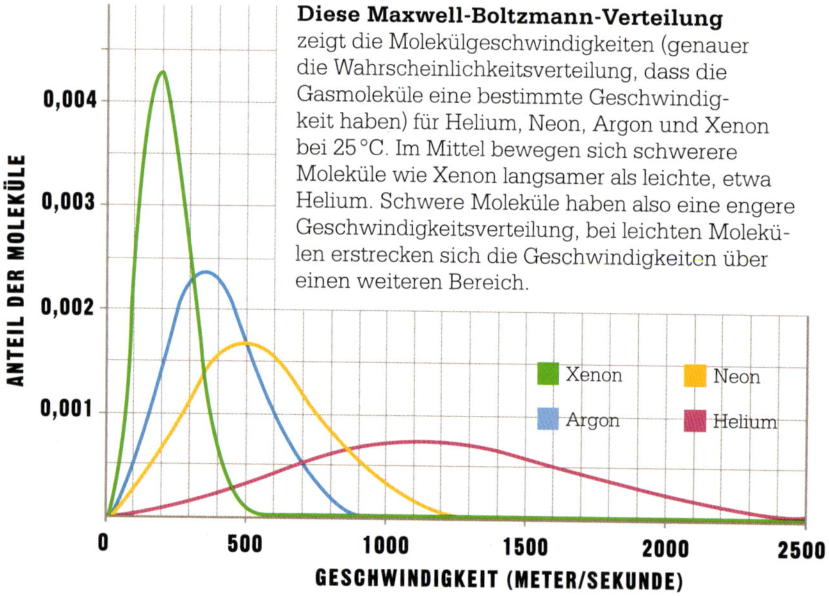

Diese Maxwell-Boltzmann-Verteilung zeigt die Molekülgeschwindigkeiten (genauer die Wahrscheinlichkeitsverteilung, dass die Gasmoleküle eine bestimmte Geschwindigkeit haben) für Helium, Neon, Argon und Xenon bei 25 °C. Im Mittel bewegen sich schwerere Moleküle wie Xenon langsamer als leichte, etwa Helium. Schwere Moleküle haben also eine engere Geschwindigkeitsverteilung, bei leichten Molekülen erstrecken sich die Geschwindigkeiten über einen weiteren Bereich.

Steigende Zustimmung

Boltzmann war als Lehrer sehr beliebt bei seinen Studenten, doch mit seinem Werk erntete er keine größere fachliche Anerkennung, vielleicht weil er nicht weiter dafür warb. Die allgemeine Akzeptanz für seinen theoretischen Ansatz ist in Teilen dem amerikanischen Physiker Willard Gibbs zu danken, der

1902 das erste größere Lehrbuch zu diesem Thema schrieb. Auch der Begriff statistische Mechanik für die Untersuchung der mechanischen Bewegung von Teilchen stammt von ihm. Und er führte die Vorstellung eines Ensembles ein, ein Satz von vergleichbaren Mikrozuständen, die zusammen einen ähnlichen Makrozustand bilden. Dies wurde zu einer zentralen Idee der Thermodynamik, mit Anwendungen auch in anderen Gebieten, von Nervenbahnen bis zur Wettervorhersage.

Endgültige Rechtfertigung

Dank Gibbs' Vermittlung wurde Boltzmann 1904 zu einer Vortragsreise in die USA eingeladen. Doch damals forderten die Anfeindungen gegen sein Lebenswerk schon ihren Tribut. Boltzmann litt unter einer bipolaren Störung. 1906 erhängte er sich während des Familienurlaubs in Triest an der italienischen Adriaküste – in genau dem Jahr, als die Arbeiten von Einstein und Smoluchowski Boltzmanns Theorie bestätigten. Seine alles überspannende Idee war, dass Materie und alle komplexen Dinge der Wahrscheinlichkeit und der Entropie unterliegen. Man kann den Perspektivwechsel, den seine Ideen unter Physikern bewirkten, kaum überschätzen. Die Gewissheiten der Newton'schen Physik waren nun durch einen Blick auf das Universum ersetzt, in dem es nur Wahrscheinlichkeiten gibt und die einzigen Gewissheiten Zerfall und Unordnung sind. ■

» Atome? Haben Sie schon eines gesehen? «

Ludwig Boltzmann

Ein Wirbelsturm ist ein chaotisches System, das man mithilfe der statistischen Mechanik untersuchen kann. Aus der Molekülverteilung lassen sich Temperatur und Stärke abschätzen.

Wettervorhersagen

Die in der statistischen Mechanik entwickelten Verfahren zur Analyse und Vorhersage der Bewegung sehr vieler Teilchen sind auch außerhalb der Thermodynamik nützlich.

Ein Beispiel ist die Berechnung von Ensemble-Wettervorhersagen. Zur herkömmlichen numerischen Vorhersage gehört es, Daten von Wetterstationen und Instrumenten weltweit zu sammeln und damit künftige Wetterbedingungen zu simulieren. Die Ensemble-Vorhersage dagegen beruht auf einer großen Zahl möglicher Wettervorhersagen, nicht auf einem einzigen Ergebnis. Die Wahrscheinlichkeit, dass eine einzelne Vorhersage falsch ist, ist relativ hoch, doch mit großer statistischer Konfidenz liegt das reale Wetter innerhalb eines vorgegebenen Bereichs der Ensemble-Vorhersage.

Die Idee wurde 1963 von dem amerikanischen Mathematiker Edward Lorenz entwickelt, der damit die Chaostheorie vorbereitete. Publikumswirksam sprach er vom Schmetterlingseffekt: Demnach könnte der Flügelschlag eines Schmetterlings in Brasilien in einem chaotischen System wie der Erdatmosphäre eine Kette von Ereignissen in Gang setzen, die in Texas zu einem Tornado führen.

Dieser statistische Ansatz ist immens leistungsfähig. Indem man eine gewisse Unsicherheit zuließ, wurde die Wettervorhersage weit zuverlässiger. Lokal lässt sich das Wettergeschehen heute für Wochen vorhersagen – wenn auch nur in einem bestimmten Rahmen.

HEISSE SCHWARZE KÖRPER

WÄRMESTRAHLUNG

IM KONTEXT

SCHLÜSSELFIGUR
Gustav Kirchhoff
(1824–1887)

FRÜHER
1798 Benjamin Thompson (Graf Rumford) sagt, dass Wärme und Bewegung zusammenhängen.

1844 James Joule behauptet, Wärme sei eine Form von Energie und andere Energieformen könnten in Wärme gewandelt werden.

1848 William Thomson (Lord Kelvin) definiert den absoluten Temperaturnullpunkt.

SPÄTER
1900 Max Planck stellt eine neue Theorie für die Schwarzkörperstrahlung vor und führt das Konzept der Energiequanten ein.

1905 Albert Einstein erklärt mit Plancks Theorie der Schwarzkörperstrahlung den fotoelektrischen Effekt.

Ein Material, das **Energie** einer bestimmten Wellenlänge **absorbiert, emittiert Energie derselben Wellenlänge.**

↓

Ein Schwarzer Körper **absorbiert alle Strahlung,** die auf ihn trifft.

↓

Die von einem **Schwarzen Körper emittierte Strahlung** hängt nur von **seiner Temperatur** ab.

↓

Wenn der Schwarze Körper **im Gleichgewicht mit seiner Umgebung** ist, sind **absorbierte und emittierte Strahlung gleich.**

Wärmeenergie kann auf drei Arten übertragen werden: durch Konduktion (Wärmeleitung) in Festkörpern, durch Konvektion (Wärmeströmung) in Flüssigkeiten und Gasen und berührungslos durch die sogenannte Wärme- oder Infrarotstrahlung. Sie ist wie Radiowellen, sichtbares Licht oder Röntgenstrahlen eine Form der elektromagnetischen Strahlung, die sich in Wellen durch den Raum bewegt.

James Clerk Maxwell sprach 1865 als Erster von der Existenz elektromagnetischer Wellen. Es sollte einen ganzen Bereich, ein Spektrum, solcher Wellen geben. Spätere Versuche zeigten, dass seine Theorie richtig war. Jeder Körper mit einer Temperatur über dem absoluten Nullpunkt (bei −273,15 °C) gibt Strahlung ab. Alle Objekte des Universums tauschen jederzeit miteinander elektromagnetische Strahlung aus. Dieser permanente Fluss von Energie von einem Körper zu einem anderen verhindert die Abkühlung auf den absoluten Nullpunkt, das theoretische Temperaturminimum, bei dem ein Körper dann gar keine Energie mehr abgeben würde.

Wärme und Licht

Der deutschstämmige britische Astronom William Herschel beobachtete als einer der Ersten eine Verbindung zwischen Wärme und Licht. Um 1800 verwendete er ein Prisma, um Licht in ein Spektrum zu zerlegen, und maß die Temperatur an verschiedenen Stellen des Spektrums. Die Temperatur stieg, als er sein Thermometer vom violetten Teil des Spektrums in den roten Teil verschob. Zu seiner Überraschung stieg die Temperatur aber auch über das rote Ende des Spektrums hinaus, wo überhaupt kein Licht mehr sichtbar war. Er hatte die Infrarotstrahlung entdeckt – sie ist für das Auge unsichtbar, kann aber als Wärme nachgewiesen werden. In einem Toaster z. B. wird Wärmeenergie durch Infrarotstrahlung auf das Brot übertragen.

Siehe auch: Die Energieerhaltung 55 ▪ Wärme und ihre Übertragung 80–81 ▪ Innere Energie und der erste Hauptsatz der Thermodynamik 86–89 ▪ Wärmekraftmaschinen 90–93 ▪ Elektromagnetische Wellen 192–195 ▪ Energiequanten 208–211

Sehr kalte Gas- und Staubwolken im Adlernebel sind hier in Rot (–263 °C) und Blau (–205 °C) dargestellt (Aufnahme des Infrarot-Weltraumteleskops Herschel).

Wie viel Wärmestrahlung ein Körper abgibt, hängt von seiner Temperatur ab. Je heißer er ist, umso mehr Energie wird abgestrahlt. Ist der Körper heiß genug, ist ein großer Teil der emittierten Strahlung sichtbares Licht. So glüht beispielsweise ein Metallstab, den man langsam erhitzt, zuerst dunkelrot, dann gelblich, schließlich grellweiß. Beim Rotglühen hat der Stab eine Temperatur von über 700 °C. Körper mit gleichen Strahlungseigenschaften geben Licht derselben Farbe ab, wenn man sie auf dieselbe Temperatur erhitzt.

Absorption und Abstrahlung

1858 stellte der schottische Physiker Balfour Stewart seinen »Bericht zu einigen Versuchen zur strahlenden Wärme« vor. Er hatte die Absorption und Abstrahlung von Wärme in dünnen Plättchen aus verschiedenen Materialien untersucht und herausgefunden, dass die Wellenlängen der aufgenommenen und abgestrahlten Strahlung bei allen Temperaturen gleich sind. Stewart schrieb dazu: »Die Absorption eines Plättchens ist gleich dessen Strahlung [Emission], und das für jede Beschreibung [Wellenlänge] der Wärme.«

»… dass Körper denkbar sind, welche … alle Strahlen, die auf sie fallen, vollkommen absorbieren, also Strahlen weder reflectiren noch hindurchlassen. Ich will solche Körper … schwarze nennen.«

Gustav Kirchhoff

Zwei Jahre später veröffentlichte der deutsche Physiker Gustav Kirchhoff ohne Kenntnis von Stewarts Aufsatz ganz ähnliche Schlüsse. Kirchhoffs Arbeit war im Urteil der Forschergemeinde präziser als Stewarts Untersuchungen und fand mehr direkte Anwendungen, etwa in der Astronomie. Obwohl Stewarts Beitrag zur Theorie der Wärmestrahlung älter ist, war er lange so gut wie vergessen. »

Gustav Kirchhoff

Kirchhoff wurde 1824 in Königsberg (Preußen) geboren und studierte dort Mathematik und Physik. Schon als Student erweiterte er 1845 das Ohm'sche Gesetz für den elektrischen Strom in eine Regel, um Ströme, Spannungen und Widerstände in Stromkreisen zu berechnen. 1857 entdeckte er, dass die Geschwindigkeit der Elektrizität in einem Leiter fast so groß ist wie die Lichtgeschwindigkeit. Er wertete das aber als Zufall, statt daraus abzuleiten, dass Licht ein elektromagnetisches Phänomen ist. 1860 zeigte er, dass jedes chemische Element ein charakteristisches Spektrum hat. 1861 konnte er zusammen mit Robert Bunsen durch Untersuchung des Sonnenspektrums die Elemente der Sonnenatmosphäre identifizieren.

Seine schwache Gesundheit hinderte ihn in späteren Jahren an der Laborarbeit, doch lehrte er weiter. Er starb 1887 in Berlin.

Hauptwerke

1860 *Chemische Analyse durch Spectralbeobachtungen*
1876 *Vorlesungen über mathematische Physik*

»Wenn man demnach Strahlung betrachtet, von der man weiß, dass sie auch nur von der Wärme erzeugt werden kann, und die sich ausserdem im Wärmegleichgewicht befindet, … müssen sich auch Temperatur und Entropie bestimmen lassen.«

Wilhelm Wien

Schwarzkörperstrahlung

Kirchhoffs Ergebnisse lassen sich folgendermaßen erklären: Ein Körper soll alle elektromagnetische Strahlung absorbieren, die auf ihn trifft. Da er keine Strahlung reflektiert, hängt die gesamte Energie, die er abstrahlt, nur von seiner Temperatur ab, aber nicht von seiner chemischen Zusammensetzung oder Form. 1862 prägte Kirchhoff für einen solchen hypothetischen Körper – in der Natur kommen sie nicht vor – den Begriff schwarzer Körper.

Ein idealer schwarzer Körper absorbiert und emittiert Energie mit 100-prozentiger Effizienz. Der größte Teil der Energieabgabe konzentriert sich um eine bestimmte Wellenlänge λ_{max}, die sich mit steigender Temperatur verschiebt. In einer grafischen Darstellung hat die Verteilung der Wellenlängen, mit der die Energie abgestrahlt wird (das Schwarzkörperspektrum), einen charakteristischen Verlauf. Für die Sonne etwa liegt der Spitzenwert mitten im Bereich des sichtbaren Lichts.

Da es ideale schwarze Körper nicht gibt, entwarf Kirchhoff zur Illustration einen Hohlraum mit einem winzigen Loch. Strahlung kann nur durch dieses Loch in den Hohlraum eindringen und wird dann im Inneren absorbiert. Damit fungiert das Loch wie ein idealer Absorber. Ein kleiner Teil der Strahlung wird durch das Loch und über die Oberfläche des Hohlraums abgegeben. Kirchhoff bewies, dass die Strahlung innerhalb des Hohlraums nur von dessen Temperatur abhängt und nicht von dessen Form, Größe oder Material.

Das Kirchhoff'sche Strahlungsgesetz

Nach dem 1860 von Kirchhoff formulierten Strahlungsgesetz sind bei einem Körper im thermodynamischen Gleichgewicht, d. h., wenn er dieselbe Temperatur hat wie seine Umgebung, die absorbierte Strahlungsmenge und die abgegebene Strahlungsmenge gleich, und zwar bei allen Temperaturen und für alle Wellenlängen. Also ist der Wirkungsgrad, mit dem ein Körper Strahlung einer bestimmten Wellenlänge aufnimmt, genauso groß wie der Wirkungsgrad für die Abgabe von Strahlung derselben Wellenlänge. Das kann man etwas knapper so ausdrücken: Absorptionsvermögen gleich Emissionsvermögen.

1893 fand der deutsche Physiker Wilhelm Wien den mathematischen Zusammenhang zwischen Temperaturänderung und der Form des Schwarzkörperspektrums: Wenn man die Wellenlänge, bei der die Abstrahlung maximal wird, mit der Temperatur des Schwarzkörpers (gemessen in Kelvin) multipliziert, ergibt sich immer eine Konstante.

Das wiederum bedeutet, dass man die Spitzenwellenlänge für jede Temperatur berechnen kann,

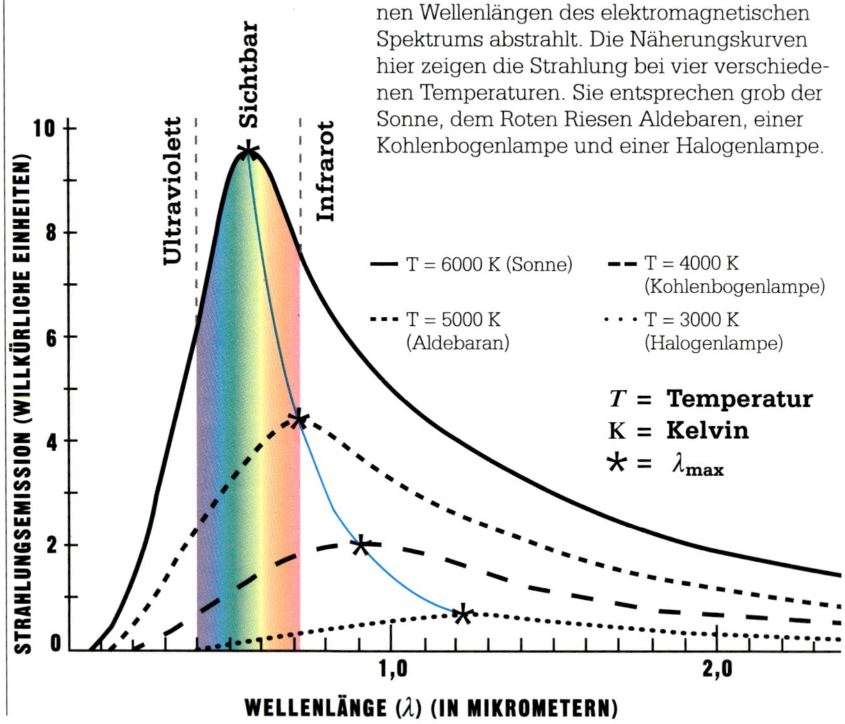

Ein Schwarzkörperspektrum zeigt die Strahlung, die ein Körper bei verschiedenen Wellenlängen des elektromagnetischen Spektrums abstrahlt. Die Näherungskurven hier zeigen die Strahlung bei vier verschiedenen Temperaturen. Sie entsprechen grob der Sonne, dem Roten Riesen Aldebaren, einer Kohlenbogenlampe und einer Halogenlampe.

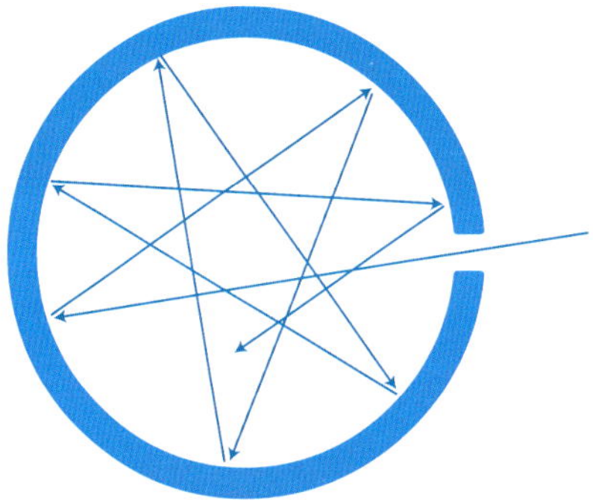

Ein schwarzer Körper ist nach Kirchhoff ein Hohlraum mit einem kleinen Loch. Fast alle Strahlung, die in den Hohlraum gerät, bleibt darin gefangen. Die abgegebene Strahlung hängt von der Umgebung ab.

und es erklärt, warum Körper ihre Farbe ändern, wenn sie heißer werden. Beim Steigen der Temperatur nimmt die Spitzenwellenlänge ab und rückt aus dem langwelligen Infrarot in das kürzerwellige Ultraviolett. 1899 aber zeigten sorgfältige Experimente, dass Wiens Vorhersagen für Wellenlängen im Infrarotbereich nicht stimmten.

Die Ultraviolett-Katastrophe

Im Jahr 1900 stellten die britischen Physiker Lord Rayleigh und Sir James Jeans eine Formel vor, die die Beobachtungen am infraroten Ende des Spektrums zu erklären schien. Doch ihre Ergebnisse wurden bald infrage gestellt. Nach ihrer Theorie gab es nämlich keine Obergrenze bei den höheren Frequenzen der Ultraviolettstrahlung, die durch die Schwarzkörperstrahlung erzeugt würden. Es würde eine unendliche Anzahl hochenergetischer Wellen entstehen. Wenn das stimmte, dann würde schon das Öffnen der Ofenklappe, um den Kuchen zu kontrollieren, zu einer sofortigen Zerstrahlung in einem Strahlungsblitz führen – man sprach von der Ultraviolett-Katastrophe. Offenbar war die Formel nicht richtig. Doch zu erklären, warum die Rayleigh-Jeans-Formel nicht stimmte, das erforderte eine neue theoretische Physik, die noch nie versucht worden war.

Beginn der Quantenzeit

Zur gleichen Zeit arbeitete in Berlin Max Planck an seiner eigenen Theorie der Schwarzkörperstrahlung. Im Oktober 1900 fand er eine Erklärung für das Schwarzkörperspektrum, die mit allen bekannten experimentellen Messungen übereinstimmte – aber sie verließ den sicheren Rahmen der klassischen Physik. Seine radikale Lösung führte zu einer ganz neuen Sichtweise auf die Welt.

Planck zufolge konnte man die Ultraviolett-Katastrophe abwenden, wenn man sich die Schwarzkörperstrahlung nicht als eine kontinuierliche Welle vorstellte, sondern als einen Strom bestimmter Energiepakete, die er Quanten nannte. Am 19. Dezember 1900 sprach er über diese Ergebnisse auf einer Sitzung der Physikalischen Gesellschaft zu Berlin. Dieses Datum gilt heute als Geburtstag der Quantenmechanik – und einer neuen Ära der Physik. ■

» Diese Gesetze des Lichts … mögen schon zuvor beobachtet worden sein, doch ich glaube, sie sind nun zum ersten Mal mit einer Theorie der Strahlung verbunden. «

Gustav Kirchhoff

Sternentemperatur

Die Oberflächentemperatur eines schwarzen Körpers lässt sich aus der Energie berechnen, die er bei einer bestimmten Wellenlänge emittiert. Da das Spektrum der Sterne, auch der Sonne, sehr gut einem Schwarzkörperspektrum entspricht, kann man die Temperatur weit entfernter Sterne berechnen.

Die Temperatur eines schwarzen Körpers ist durch die Faustformel $T = 2898/\lambda_{max}$ gegeben. Darin ist T die absolute Temperatur, gemessen in Kelvin, und λ_{max} die Wellenlänge, gemessen in Mikrometer, der maximalen Emission des schwarzen Körpers (vgl. Bild S. 116).

Mit der Formel lässt sich für einen Stern die Temperatur der Photosphäre (die lichtemittierende Oberfläche) mithilfe der Wellenlänge berechnen, bei der das meiste Licht emittiert wird. Kalte Sterne strahlen mehr im roten und orangefarbenen Spektrum, heißere Sterne erscheinen blau. Blaue Superriesen beispielsweise – so wie im Bild oben – sind eine Klasse von Sternen, die bis zu achtmal heißer sein können als unsere Sonne.

ELEKTRIZI MAGNETIS

ZWEI KRÄFTE WERDEN

TÄT UND MUS

VEREINIGT

6. JH. V. CHR.
Die alten Griechen **laden Bernstein durch Reiben** mit einem Katzenfell **auf,** sodass es kleine Objekte anziehen konnte.

2. JH. V. CHR.
Chinesische Gelehrte nutzen kleine Stücke **Magneteisenstein** als Richtungszeiger.

1600
Der englische Arzt und Physiker William Gilbert schreibt mit *De Magnete* (Über Magneten) das erste Buch über **Elektrizität** und **Magnetismus** seit der Antike. Er prägt den Begriff *elektrica*, nach dem griechischen *elektron* (Bernstein).

1745
Der deutsche Pfarrer Ewald Georg von Kleist und der Niederländer Pieter van Musschenbroek erfinden die **Leidener Flasche** zur **Ladungsspeicherung.**

1747
Benjamin Franklin entwirft seine **Ein-Fluid-Theorie** der Elektrizität und führt die Idee der **positiven und negativen Ladung** ein.

1785
Charles-Augustin de Coulomb entdeckt sein Gesetz über die Kraft, mit der zwei elektrisch geladene Körper sich **anziehen oder abstoßen.**

1800
Alessandro Volta stellt die erste elektrische Säule vor, eine **Batterie,** die erstmals kontinuierlich **elektrischen Strom** liefert.

Im antiken Griechenland bemerkten Gelehrte, dass manche Steine aus Magnesia, im heutigen Kleinasien, sich in der Nähe bestimmter Metalle und eisenhaltiger Steine merkwürdig verhielten. Sie zogen Metalle durch eine unsichtbare Kraft an. Zwei dieser Steine zogen sich auch gegenseitig an, aber sie stießen sich ab, wenn man einen von ihnen umdrehte.

Ein ähnliches, aber etwas anderes Verhalten zeigte sich, wenn man Bernstein (versteinertes Baumharz) an Tierfell rieb. Geschah dies lange genug, brachte der Bernstein leichte Gegenstände wie Federn, gemahlenen Pfeffer oder Haare zum Tanzen. Für den Mathematiker Thales von Milet war die unsichtbare Kraft, die diese Phänomene hervorruft, ein Beweis dafür, dass Steine und Bernstein eine Seele haben.

Die seltsamen Kräfte, die von den Steinen aus Magnesia ausgehen, werden heute als Magnetismus bezeichnet – der Name kommt von der Region, in der er zuerst gefunden wurde. Die Kräfte des Bernsteins erhielten den Namen Elektrizität, abgeleitet vom griechischen Wort für Bernstein, *elektron*. Chinesische Gelehrte und später Seeleute und andere Reisende benutzten kleine Magnesia-Steine, die ins Wasser gelegt wurden, als eine Art Kompass, da die Steine sich in Nord-Süd-Richtung ausrichteten.

Anziehung und Abstoßung

Erst im 18. Jahrhundert wurde eine neue Verwendung für Elektrizität gefunden. Zu dieser Zeit hatte man entdeckt, dass auch andere Materialien ein ähnliches Verhalten wie Bernstein zeigten, etwa mit Seide geriebenes Glas. Wenn man sowohl Bernstein als auch Glas rieb, zogen sie sich an, während zwei Bernsteinklumpen oder zwei Glasklumpen sich abstießen. Es gab also zwei unterschiedliche Elektrizitäten – glasartige Elektrizität für Glas und harzartige für Bernstein.

Der amerikanische Universalgelehrte Benjamin Franklin bezeichnete diese beiden Arten von Elektrizität als positiv oder negativ mit einem Wert, der als elektrische Ladung bekannt wurde. Der Physiker und Ingenieur Charles-Augustin de Coulomb, der vor den Unruhen der Französischen Revolution aufs Land geflüchtet war, führte eine Reihe von Experimenten durch. Er entdeckte, dass die Anziehungs- oder Abstoßungskraft zwischen elektrischen Objekten mit zuneh-

1820

Der dänische Physiker Hans Christian Ørsted entdeckt, dass ein stromdurchflossener Draht ein **Magnetfeld** erzeugt.

1825

Der französische Physiker André-Marie Ampère leitet die **magnetische Kraft** zwischen zwei parallelen stromführenden Leitern mathematisch her.

1827

Der deutsche Physiker Georg Simon Ohm veröffentlicht sein **Gesetz** zum Zusammenhang von **Strom, Spannung** und **Widerstand.**

1831

Michael Faraday erzeugt mit einem sich ändernden Magnetfeld einen **Strom** und entdeckt die **Induktion.**

1865

James Clerk Maxwell fasst alles Wissen zu Elektrizität und Magnetismus in wenigen **Gleichungen** zusammen.

1882

Das Londoner Elektrizitätswerk des Erfinders Thomas Alva Edison **erzeugt** erstmals **Strom.**

1911

Der niederländische Physiker Heike Kamerlingh Onnes findet **Supraleitung** in bis fast zum absoluten Nullpunkt gekühltem Quecksilber.

1999

Der amerikanische Chemiker Chad Mirkin erfindet die **Nanolithografie** für Nanoschaltkreise auf **Siliciumwafern.**

mendem Abstand zwischen ihnen schwächer wurde.

Man fand sogar bewegte Elektrizität. Kleine Funken sprangen von einem elektrisch geladenen zu einem nicht geladenen Objekt, um die Ladung auszugleichen. Wenn ein Körper anders geladen war als die Körper um ihn herum, dann sollte er ein anderes Potenzial haben. Jede Potenzialdifferenz kann einen Stromfluss, einen sogenannten Strom, verursachen. Und man fand, dass elektrische Ströme leicht durch die meisten Metalle fließen, während organische Stoffe keinen oder nur einen weit geringeren Stromfluss ermöglichten.

1800 bemerkte der italienische Physiker Alessandro Volta, dass auch Unterschiede in der chemischen Reaktivität von Metallen zu einer elektrischen Potenzialdifferenz führen können. Heute wissen wir, dass chemische Reaktionen und der Fluss von Elektrizität durch ein Metall untrennbar miteinander verbunden sind: Beide resultieren aus der Bewegung subatomarer Elektronen.

Eine vereinigte Kraft

Mitte des 19. Jahrhunderts stellten die Briten Michael Faraday und James Clerk Maxwell die Verbindung zwischen den beiden scheinbar unterschiedlichen Kräften der Elektrizität und des Magnetismus her. Dadurch entstand der Elektromagnetismus. Faraday schuf die Idee von Feldern, Einflusslinien, die sich von einer elektrischen Ladung oder einem Magneten ausbreiten und den Bereich zeigen, wo elektrische und magnetische Kräfte gefühlt werden. Er zeigte auch, dass sich bewegende Magnetfelder einen elektrischen Strom induzieren können und dass elektrische Ströme Magnetfelder erzeugen. Maxwell brachte Faradays Erkenntnisse und die früherer Wissenschaftler auf elegante Weise in nur vier Gleichungen unter. Dabei entdeckte er, dass Licht eine Störung in elektrischen und magnetischen Feldern ist. Experimente von Faraday bewiesen dies und zeigten, dass Magnetfelder Licht beeinflussen.

Das Konzept des Elektromagnetismus hat mittels Techniken, Elektrizität und Magnetismus auf neuartige Weise zu nutzen, die moderne Welt revolutioniert. Die Erforschung des Elektromagnetismus eröffnete auch bis dahin ungeahnte Forschungsgebiete und traf den Kern der Grundlagenwissenschaft – sie führte uns tief ins Innere des Atoms und weit hinaus in den Kosmos. ■

WUNDERSAME KRÄFTE

MAGNETISMUS

IM KONTEXT

SCHLÜSSELFIGUR
William Gilbert (1544–1603)

FRÜHER
6. Jh. v. Chr. Nach Thales von Milet wird Eisen von der »Seele« des Magnetsteins angezogen.

1086 Der Astronom Shen Kuo (Meng Xi Weng) beschreibt einen Magnetnadelkompass.

1269 Petrus Peregrinus beschreibt die Magnetpole und die Gesetze von Anziehung und Abstoßung.

SPÄTER
1820 Hans Christian Ørsted entdeckt, dass ein elektrischer Strom in einem Leiter eine Magnetnadel ablenkt.

1831 Michael Faraday beschreibt »unsichtbare Kraftlinien« um einen Magneten.

1906 Der französische Physiker Pierre-Ernest Weiss erklärt den Ferromagnetismus mit magnetischen Domänen.

Die auffälligen Eigenschaften des Magneteisensteins – ein seltenes Eisenerz, auch Magnetit genannt – faszinierten die antiken Kulturen in Griechenland und China. Alte Schriften beschreiben, wie Magnetit Eisen anzieht und ohne sichtbaren Mechanismus beeinflusst.

Im 11. Jahrhundert hatten die Chinesen entdeckt, dass ein Magneteisenstein sich in Nord-Süd-Richtung ausrichtet, wenn er sich frei bewegen kann (z. B. auf einem Stück Kork im Wasser schwimmend). Darüber hinaus konnte eine Eisennadel, die an Magnetit gerieben wurde, dessen Eigenschaften erben und ebenfalls als Kompass dienen. Damit konnten Schiffe vom Ufer weg navigieren. Über chinesische Seeleute gelangte der Kompass nach Europa. Im 16. Jahrhundert trieb er den Aufbau der europäischen Kolonialreiche voran, wurde aber auch in der Landvermessung und im Bergbau eingesetzt.

Trotz jahrhundertelanger Anwendung war der zugrunde liegende physikalische Mechanismus des Magnetismus nur unzureichend verstanden. Die erste systematische Darstellung dazu stammt aus dem 13. Jahrhundert von Petrus Peregri-

Eine Kompassnadel **zeigt grob in Nordrichtung.** Die Abweichung vom wahren Nord ist die **Deklination,** die Neigung gegenüber der Erdoberfläche die **Inklination.**

Genau dasselbe Verhalten zeigt eine Kompassnadel, wenn man sie über eine **Kugel aus Magneteisenstein** führt.

Die Erde ist ein riesiger Magnet.

Siehe auch: Magnetherstellung 134–135 ▪ Die motorische Wirkung 136–137 ▪ Induktion und Generatoreffekt 138–141 ▪ Magnetische Monopole 159

» Die Pole von Eisenstangen ändern sich, wenn ein Magneteisenstein ihnen seinen Pol zuwendet, selbst über einige Entfernung. «

William Gilbert

nus. Er beschrieb die Polarität (paarweise Existenz von magnetischen Nord- und Südpolen) und fand heraus, dass Magnetitstücke magnetische Eigenschaften »erbten«.

Gilberts »kleine Erden«

Erst das bahnbrechende Werk des englischen Astronomen William Gilbert beseitigte den Aberglauben über den Magnetismus. Gilberts Schlüssel war die Nachbildung der Natur im Labor. Mithilfe von Kugeln aus Magnetit, die er *terella* (lateinisch: kleine Erde) nannte, zeigte er, dass eine Kompassnadel über verschiedenen Teilen der Kugel genauso abgelenkt wird wie über den entsprechenden Regionen unseres Planeten. Er folgerte, die Erde selbst sei ein Riesenmagnet, und schrieb darüber 1600 in dem bahnbrechenden Werk *De Magnete (Über den Magneten).*

Ein neues Verständnis

Der Magnetismus von Magnetit wird Ferromagnetismus genannt. Man beobachtet ihn auch bei Eisen, Kobalt, Nickel und ihren Legierungen. Ein Magnet in der Nähe eines Körpers aus ferromagnetischem Material macht den Körper selbst magnetisch: Der Magnetpol induziert einen Gegenpol in der nahen Seite des ferromagnetischen Körpers und zieht ihn an. Abhängig von seiner genauen Zusammensetzung und der Wechselwirkung mit dem Magneten kann der ferromagnetische Körper permanent magnetisiert werden, d. h., diese Eigenschaft bleibt auch nach dem Entfernen des ursprünglichen Magneten erhalten.

Als die Physiker im 19. Jahrhundert Elektrizität und Magnetismus miteinander verbanden und die atomare Struktur der Materie zeigten, entstand eine sinnvolle Theorie des Ferromagnetismus. Demnach macht die Bewegung der Elektronen im Atom jedes Atom zu einem magnetischen Miniaturdipol (mit Nord- und Südpolen). In ferromagnetischen Materialien wie Eisen richten sich Gruppen benachbarter Atome aus und bilden sogenannte magnetische Domänen. Diese Domänen sind normalerweise ungeordnet, aber wenn ein Eisenstück magnetisiert wird, richten sie sich entlang einer einzigen Achse aus und bilden Nord- und Südpole an gegenüberliegenden Enden des Stücks. ■

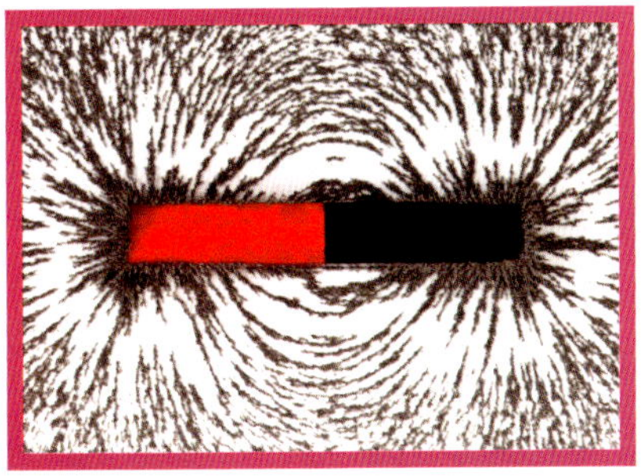

Ein einfacher Magnet mit Nord- und Südpol erzeugt Kraftlinien um sich herum. Eisenfeilspäne richten sich entlang der Linien aus und sammeln sich an den Polen, wo die Linien stärker sind.

William Gilbert

William Gilbert wurde 1544 in eine wohlhabende englische Familie geboren. Nach seinem Abschluss in Cambridge ließ er sich als leitender Arzt in London nieder. Er hatte Kontakte zur Marine, darunter Francis Drake, und pflegte Verbindungen am Hof von Elizabeth I. Durch seine Verbindungen und bei Besuchen in den Docks lernte Gilbert das Verhalten von Kompassen auf See kennen und kaufte einige Magneteisensteine. Seine Arbeit damit inspirierte sein Hauptwerk.

Im Jahr 1600 wurde Gilbert zum Präsidenten der Royal Society of Physicians gewählt und zum Leibarzt von Elizabeth ernannt. Er erfand auch das Elektroskop zum Nachweis elektrischer Ladung und unterschied die Kraft der statischen Elektrizität von der des Magnetismus. Er starb 1603, möglicherweise an der Beulenpest.

Hauptwerke

1600 *De Magnete (Über Magneten)*
1651 *De Mundo Nostro Sublunari Philosophia Nova (Neue Philosophie über unsere sublunare Welt)*

DIE ANZIEHUNG DURCH ELEKTRIZITÄT

DIE ELEKTRISCHE LADUNG

IM KONTEXT

SCHLÜSSELFIGUR
Charles-Augustin de Coulomb (1736–1806)

FRÜHER
6. Jh. v. Chr. Thales von Milet bemerkt elektrostatische Effekte beim Reiben von Bernstein (griech. *elektron*).

1747 Benjamin Franklin unterscheidet positive und negative Ladung.

SPÄTER
1832 Michael Faraday zeigt, dass statische elektrische Effekte und Strom Formen desselben Phänomens sind.

1891 Nach George J. Stoney tritt Ladung in festen Portionen auf.

1897 Laut J. J. Thomson sind Kathodenstrahlen Ströme geladener subatomarer Teilchen.

1909 Robert Millikan studiert die Ladung eines Elektrons.

Seit Jahrtausenden beobachten Menschen elektrische Erscheinungen in der Natur – etwa Blitze, elektrische Schläge (z. B. durch Zitterrochen) und die Anziehungskräfte, wenn bestimmte Materialien sich berühren oder aneinander gerieben werden.

Doch erst vor gut 300 Jahren erkannte man das als Manifestationen desselben Phänomens: der Elektrizität. Genauer gesagt handelt es sich dabei um elektrostatische Effekte, zurückzuführen auf Kräfte von statischen (d. h. ortsfesten) elektrischen Ladungen. Die Wirkungen des elektrischen Stroms hingegen werden durch bewegte Ladungen verursacht.

Siehe auch: Die Gravitationsgesetze 46–51 ▪ Elektrisches Potenzial 128–129 ▪ Elektrischer Strom und Widerstand 130–133 ▪ Bioelektrizität 156 ▪ Subatomare Teilchen 242–243

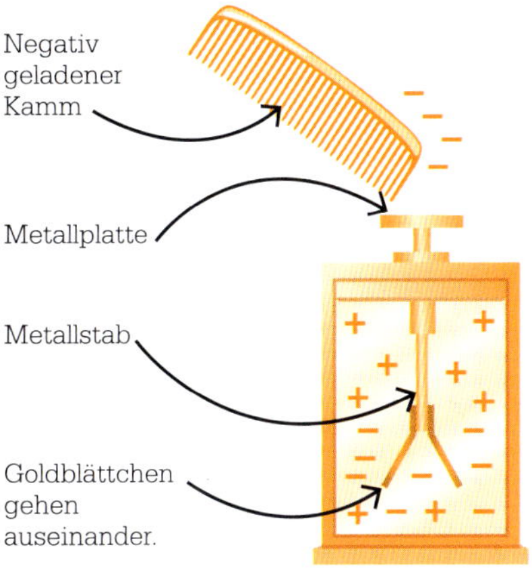

Das Goldblättchenelektroskop nutzt die Abstoßung gleicher Ladungen zum Nachweis statischer Elektrizität. Wenn ein negativ geladener Kamm der Metallplatte nahe kommt, werden Elektronen (mit negativer Ladung) auf die Goldblättchen des Elektroskops geschoben und treiben die Blättchen auseinander.

Der Begriff der elektrischen Ladung und eine mathematische Beschreibung der Kräfte zwischen Ladungen tauchten im 18. Jahrhundert auf. Zuvor hatten die antiken Griechen bemerkt, dass ein Stück Bernstein *(elektron)*, wenn es mit Wolle gerieben wurde, leichte Gegenstände wie Federn anzieht.

In seinem 1600 erschienenen Buch *De Magnete (Über den Magneten)* nannte William Gilbert diesen Effekt »electricus« und diskutierte seine Experimente mit einem eigens zum Nachweis der auftretenden Kraft erfundenen Instrument, dem Versorium. Gilbert sah, dass die Kraft auch über die Entfernung sofort wirkte, und meinte, sie müsse von einem sich schnell bewegenden elektrischen Fluid getragen werden, das durch den geriebenen Bernstein freigesetzt wird.

Im Jahr 1733 beobachtete der französische Chemiker Charles François du Fay, dass elektrische Kräfte abstoßend oder anziehend wirken können. Er postulierte zwei Arten elektrischer Fluide – glasartige und harzige. Gleichartige Fluide (etwa zwei glasartige) stoßen sich ab, ungleichartige ziehen sich an. Diese Theorie wurde 1747 von dem amerikanischen Staatsmann und Universalgelehrten Benjamin Franklin vereinfacht: Demnach sollte es nur eine Art elektrischen Fluids geben, aber manche Körper hätten einen Überschuss, andere einen Mangel daran. Er bezeichnete einen Fluidüberschuss (in heutigen Begriffen Ladung) als positiv, ein Defizit als negativ. Die Gesamtmenge des Fluids im Universum sollte konstant bleiben. Er entwarf ein Experiment (und führte es möglicherweise auch durch), um zu zeigen, dass ein Blitz ein Strom elektrischen Fluids ist, indem er einen Drachen in einem Sturm steigen ließ. Heute wird Ladung noch immer als positiv oder negativ bezeichnet, aber das ist einfach eine Konvention: Es gibt keinen Fluidüberschuss in einem Proton, der es positiv macht, und keinen Mangel in einem Elektron, der es negativ macht. »

» Körper, elektrisiert durch die gleiche Art Elektrizität, stoßen sich gegenseitig ab. «

Charles-Augustin de Coulomb

Elektrostatische Entladung

Eine elektrostatische Entladung entsteht, wenn die Ladungsträger (typischerweise Elektronen) in einem geladenen Körper oder Bereich schnell abgeleitet werden. Eine besonders starke Form ist ein Blitz. Er tritt dann auf, wenn sich zwischen verschiedenen Bereichen der Atmosphäre so viel Ladung aufgebaut hat, dass der Raum dazwischen ionisiert wird (d. h., Elektronen sind von ihren Atomen getrennt) und einen Strom leiten kann.

Der Strom ist sichtbar, weil die Elektronen die Luft so stark aufheizen, dass sie Licht ausstrahlt. Da immer nur über kurze Strecken ionisiert wird, gabeln sich die Blitze und ändern oft ihre Richtung. Zur elektrostatischen Entladung kommt es zuerst an scharfen Kanten – deshalb stehen die Haare bei statischer Aufladung zu Berge (die Haarspitzen stoßen sich gegenseitig ab) und daher sind Blitzableiter und Entladungsvorrichtungen an Flugzeugtragflächen wie Stacheln geformt.

Das Coulomb'sche Gesetz

Im 18. Jahrhundert leiteten Wissenschaftler mathematische Gesetze für die Stärke der elektrischen Kraft her, nach dem Vorbild des Newton'schen Gravitationsgesetzes von 1687.

1785 entwickelte der französische Ingenieur Charles-Augustin de Coulomb eine sehr empfindliche Torsionswaage, um die elektrische Kraft zwischen Ladungen zu messen. Sie bestand aus einer Reihe von Metallkugeln, die durch einen Stab, eine Nadel und einen Seidenfaden verbunden waren. Hielt Coulomb ein geladenes Objekt neben die äußere Kugel, übertrug sich die Ladung auf die innere Kugel und eine Nadel, die an einem Seidenfaden hing. Sie bewegte sich von der geladenen Kugel weg und verdrehte den Seidenfaden. Der Drehwinkel konnte auf einer Skala gemessen werden.

Coulomb schrieb eine Reihe von Abhandlungen über seine Experimente. Demnach war die Kraft zwischen zwei ruhenden geladenen Körpern umgekehrt proportional zu ihrem Abstand. Er nahm auch an, bewies es aber nicht, dass die Kraft proportional zum Produkt der Ladungen auf den Körpern war. Dies wird heute als Coulomb'sches Gesetz bezeichnet. Es dauerte aber noch mehr als ein Jahrhundert, bis die Wissenschaftler die Natur der elektrischen Ladung näher verstanden.

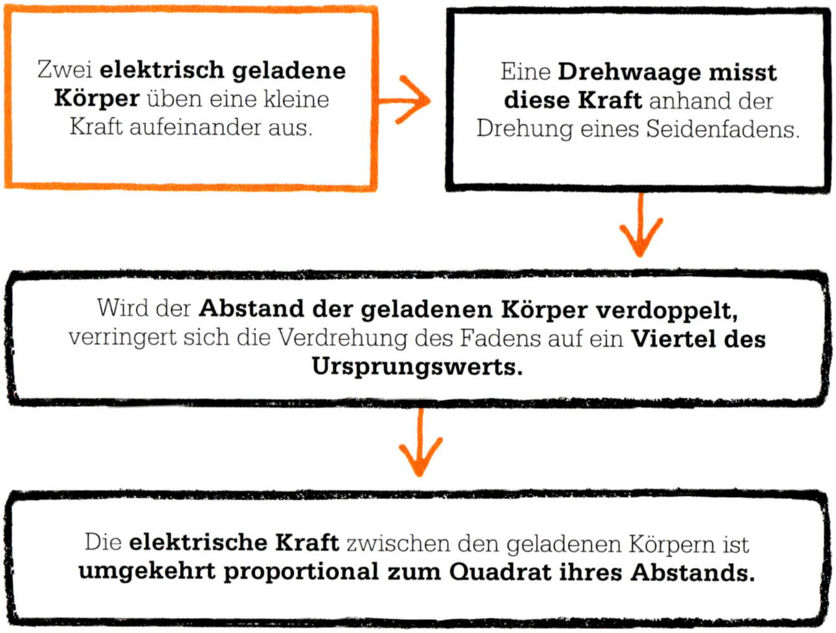

Die Suche nach dem Ladungsträger

In den 1830er-Jahren führte der britische Forscher Michael Faraday Experimente zur Elektrolyse (dabei regt Elektrizität chemische Reaktionen an) durch. Er stellte fest, dass er eine bestimmte Menge Elektrizität benötigte, um eine bestimmte Menge einer Verbindung oder eines Elements zu erzeugen. Obwohl er nicht an die Existenz von Atomen (unteilbaren Teilen) glaubte, legte dieses Ergebnis nahe, dass zumindest die Elektrizität in »Paketen« kommen könnte. 1874 entwickelte der irische Physiker George Stoney die Idee, dass es eine elektrische Ladungseinheit gibt, d.h. Ladungsquanten, und 1891 schlug er einen Namen dafür vor: das Elektron.

Im Jahr 1897 zeigte der britische Physiker J.J. Thomson, dass die Kathodenstrahlen – eine Art elektrischer Strahlen in einer nahezu luftleeren Glasröhre, die aus einer glühenden Kathode austraten – aus elektrisch geladenen Teilchen bestehen. Mit elektrischen und magnetischen Kräften bekannter Stärke konnte Thomson die Kathodenstrahlen um einen messbaren Betrag biegen. Daraus ließ sich berechnen, wie viel Ladung ein Teilchen pro Masseneinheit tragen muss.

Thomson schloss daraus auch, dass diese Ladungsträger sehr viel leichter waren als das kleinste Atom. Sie waren in jeder Materie gleich, weil sich das Verhalten der Kathodenstrahlen nicht änderte, wenn er Kathoden aus verschiedenen Metallen verwendete. Dieses erste je entdeckte subatomare Teilchen erhielt den Namen von Stoneys Ladungseinheit: Elektron. Die Ladung auf einem Elektron wurde als negativ bezeichnet. Die Entdeckung des positiven Ladungsträgers, des Protons, folgte einige Jahre später.

> »Die Naturwissenschaften sind Monumente des allgemeinen Gottes; jeder Bürger soll ihnen nach seinen Talenten Ehre erweisen.«
>
> **Charles-Augustin de Coulomb**

Die Ladung eines Elektrons

Obwohl Thomson das Ladungs-Masse-Verhältnis für das Elektron berechnet hatte, waren weder die Ladung noch die Masse selbst bekannt. Von 1909 bis 1913 führte der amerikanische Physiker Robert Millikan eine Reihe von Versuchen durch, um diese Werte zu ermitteln. Mit speziellen Apparaturen maß er das elektrische Feld, mit dem man geladene Öltröpfchen in der Schwebe halten konnte. Aus dem Radius eines Tröpfchens konnte er sein Gewicht berechnen. Wenn das Tröpfchen still stand, glich die nach oben gerichtete elektrische Kraft auf das Tröpfchen die nach unten gerichtete Gravitationskraft aus, und damit ließ sich dann die Ladung des Tröpfchens berechnen.

Indem er das Experiment viele Male wiederholte, entdeckte Millikan, dass die Ladungen auf den Tröpfchen ganzzahlige Vielfache einer bestimmten kleinsten Zahl waren. Millikan folgerte, diese kleinste Zahl müsse die Ladung eines einzelnen Elektrons sein, die sogenannte Elementarladung *e*. Er berechnete sie zu -1.6×10^{-19} C (Coulomb), sehr nahe an dem heute akzeptierten Wert. Fast ein Jahrhundert, nachdem Franklin behauptet hatte, die Gesamtmenge des elektrischen Fluids sei konstant, führte Faraday Experimente durch, nach denen die Ladung erhalten bleibt: Die Gesamtmenge der Ladung im Universum bleibt gleich.

Gleichgewicht der Ladung

Das Prinzip der Ladungserhaltung ist in der modernen Physik fundamental, obwohl bei hochenergetischen Kollisionen in Teilchenbeschleunigern auch eine Ladung aus einem neutralen Teilchen entstehen kann, das sich in negative und positive Teilchen spaltet. Allerdings ist die Nettoladung konstant – es entstehen gleich viele positive und negative Teilchen, die gleich viel negative und positive Ladung tragen.

Dieses Gleichgewicht zwischen den Ladungen ist angesichts der Stärke der elektrischen Kraft nicht überraschend. Der menschliche Körper hat keine Nettoladung und enthält gleiche Mengen positiver und negativer Ladung. Schon ein hypothetisches Ungleichgewicht von nur einem Prozent würde ihn verheerend starke Kräfte spüren lassen. Unser Verständnis von elektrischer Ladung und Ladungsträgern hat sich seit der Entdeckung des Elektrons und des Protons nicht dramatisch verändert. Wir wissen auch von anderen Ladungsträgern, wie dem positiv geladenen Positron und dem negativ geladenen Antiproton, eine exotische Form der Materie, die sogenannte Antimaterie.

In der modernen Terminologie ist die elektrische Ladung eine grundlegende Eigenschaft der Materie, die überall vorkommt – in Blitzen, in Elektronenstrahlen, in Sternen und in uns selbst. Statische Ladungen erzeugen elektrische Felder um sie herum, Regionen, in denen andere elektrische Ladungen eine Kraft »spüren«. Bewegte Ladungen erzeugen elektrische und magnetische Felder und durch das subtile Wechselspiel zwischen ihnen entsteht elektromagnetische Strahlung oder Licht.

Seit der Entwicklung der Quantenmechanik und der Teilchenphysik im 20. Jahrhundert verstehen wir heute, dass viele der bekanntesten Eigenschaften der Materie grundlegend mit dem Elektromagnetismus zusammenhängen. In der Tat ist die elektromagnetische Kraft eine der fundamentalen Kräfte der Natur. ■

Charles-Augustin de Coulomb

Coulomb wurde 1736 in eine relativ wohlhabende französische Familie geboren und wurde Militäringenieur. Er verbrachte neun Jahre in der französischen Kolonie Martinique in der Karibik, wurde jedoch krank und kehrte 1773 nach Frankreich zurück.

Beim Bau einer Holzfestung in Rochefort im Südwesten Frankreichs leistete er Grundlagenforschung zur Reibung und gewann 1781 den Großen Preis der Académie des Sciences. Danach ging er nach Paris und widmete sich der Forschung. Neben der Entwicklung der Drehwaage formulierte Coulomb auch das Gesetz des inversen Quadrats, das seinen Namen trägt. Er beriet auch bei Wasserbauprojekten und beaufsichtigte die Gründung von Gymnasien. Er starb 1806 in Paris. Ihm zu Ehren trägt die SI-Einheit der Ladung, das Coulomb, seinen Namen.

Hauptwerke

1784 *Theoretische Forschungen und Versuche zur Drehkraft und Elastizität von Metalldrähten*
1785 *Gedanken zu Elektrizität und Magnetismus*

POTENZIELLE ENERGIE WIRD ZU FÜHLBARER BEWEGUNG

ELEKTRISCHES POTENZIAL

IM KONTEXT

SCHLÜSSELFIGUR
Alessandro Volta
(1745–1827)

FRÜHER
1745 Pieter van Musschenbroek und Ewald Georg von Kleist erfinden die Leidener Flasche zum Speichern elektrischer Ladung.

1780 Luigi Galvani beobachtet »tierische Elektrizität«.

SPÄTER
1813 Der französische Mathematiker und Physiker Siméon-Denis Poisson stellt eine Potenzialgleichung auf.

1828 Der britische Mathematiker George Green führt Poissons Idee fort und prägt den Begriff Potenzial.

1834 Michael Faraday erklärt die Chemie der Volta'schen Säule (galvanischen Zelle).

1836 Der britische Chemiker John Daniell erfindet die Daniell-Zelle.

Im 17. und 18. Jahrhundert untersuchten immer mehr Forscher die Elektrizität, doch sie war kaum zu fassen. Erst mit der 1745 erfundenen Leidener Flasche konnte man elektrische Ladung speichern, bis sie gebraucht wurde. Die Flasche entlädt sich dann jedoch schlagartig mit einem Funken. Und erst im späten 18. Jahrhundert, als der italienische Chemiker Alessandro Volta die erste elektrochemische Zelle entwickelte, konnten die Forscher elektrische Ladungen auch über längere Zeit fließen lassen: als Strom.

Energie und Potenzial

Sowohl die plötzliche Entladung der Leidener Flasche als auch der Strom aus einer Batterie werden durch eine Differenz des elektrischen Potenzials zwischen einer Quelle und ihrer Umgebung verursacht.

Heute betrachtet man das Potenzial als eine Eigenschaft des elektrischen Feldes um Ladungen herum. Das Potenzial an einem Punkt wird immer relativ zu dem an einem anderen Punkt gemessen. Eine ungleichmäßige Ladungsverteilung zwischen zwei Punkten führt zu einer Potenzialdifferenz

In einem Gravitationsfeld haben **verschiedene Höhen** unterschiedliches **Gravitationspotenzial.**

Ähnlich erzeugt eine **ungleichmäßige Ladungsverteilung** in einem elektrischen Feld an verschiedenen Orten **unterschiedliches elektrisches Potenzial.**

Ein Höhenunterschied lässt **einen Strom Wasser** fließen.

Unterschiedliches elektrisches Potenzial lässt **elektrischen Strom** fließen.

Siehe auch: Kinetische und potenzielle Energie 54 ▪ Die elektrische Ladung 124–127 ▪ Elektrischer Strom und Widerstand 130–133 ▪ Bioelektrizität 156

zwischen ihnen. Zu Ehren von Volta wird sie in Volt (V) gemessen und als Spannung bezeichnet. Voltas Arbeit ebnete den Weg für grundlegende Durchbrüche im Verständnis der Elektrizität.

Von tierischer Elektrizität zu Batterien

Im Jahr 1780 hatte der italienische Arzt Luigi Galvani bemerkt, dass ein (totes) Froschbein zuckte, wenn er es mit zwei ungleichen Metallen berührte oder einen elektrischen Funken überspringen ließ. Er vermutete, die Ursache dieses Zuckens sei der Froschkörper, und schloss daraus, er würde eine elektrische Flüssigkeit enthalten. Volta führte ähnliche Experimente durch, jedoch ohne Tiere, und gelangte schließlich zu der Theorie, dass die Verschiedenheit der Metalle im Stromkreis die Quelle der Elektrizität war.

Die einfache elektrochemische Zelle von Volta besteht aus zwei Metallstücken (Elektroden), die durch eine Salzlösung (einen Elektrolyten) getrennt sind. Am Kontakt von Metall und Elektrolyt findet eine chemische Reaktion statt, bei der Ladungsträger entstehen, sogenannte Ionen (Atome, die Elektronen gewonnen oder verloren haben und daher negativ oder positiv geladen sind). Entgegengesetzt geladene Ionen erscheinen an den beiden Elektroden. Da sich ungleiche Ladungen gegenseitig anziehen, erfordert ihre Trennung Energie. Sie stammt aus chemischen Reaktionen in der Zelle. Wenn die Zelle an einen externen Stromkreis angeschlossen wird, erscheint die in der Potenzialdifferenz »gespeicherte« Energie als die elektrische Energie, die den Strom durch den Stromkreis treibt.

Für seine Batterie stapelte Volta mehrere Zellen aus Silber- und Zinkscheiben, die durch ein mit Sole getränktes Tuch voneinander getrennt waren, und führte sie 1800 vor. Diese Volta'sche Säulen liefern aber nur für kurze Zeit Strom, dann kommen die chemischen Reaktionen zum Stillstand. Spätere Entwicklungen wie die Daniell-Elemente und die modernen Trockenbatterien (Zink-Kohle oder Alkali-Mangan) haben die Langlebigkeit stark verbessert. Volta'sche Säulen und Batterien werden als Primärzellen bezeichnet und lassen sich nicht wieder aufladen. Sekundärzellen (Akkus) hingegen können durch Anlegen einer Potenzialdifferenz zwischen den Elektroden wieder aufgeladen werden, um die chemische Reaktion umzukehren. ▪

Die Volta'sche Säule besteht aus einigen Metallscheiben, getrennt durch ein solegetränktes Tuch. Eine chemische Reaktion zwischen ihnen führt zu einem chemischen Potenzial und damit zu elektrischem Strom.

Alessandro Volta

Alessandro Volta wurde 1745 im italienischen Como als Sohn einer aristokratischen Familie geboren. Als er sieben Jahre alt war, starb sein Vater. Seine Verwandten wollten ihn zum Priester machen, er aber experimentierte zur Elektrizität und korrespondierte mit anderen Wissenschaftlern.

Nach Voltas frühen Veröffentlichungen über Elektrizität wurde er 1774 Lehrer in Como. 1775 entwickelte er den Elektrophor (ein Instrument zur Erzeugung elektrischer Ladung), 1776 entdeckte er das Methan. 1779 wurde er Professor für Physik in Pavia. Dort stand er in freundschaftlicher Rivalität zu Luigi Galvani in Bologna. Seine Zweifel an Galvanis Idee der »tierischen Elektrizität« führten ihn zur Erfindung der Volta'schen Säule. Geehrt sowohl von Napoleon als auch vom österreichischen Kaiser, lebte Volta in seinen späteren Jahren in Wohlstand und starb 1827.

Hauptwerk

1769 *Über die Anziehungskräfte des elektrischen Feuers*

ELEKTRISCHER STROM FLIESST NUR DURCH LEITFÄHIGES MATERIAL

ELEKTRISCHER STROM UND WIDERSTAND

IM KONTEXT

SCHLÜSSELFIGUR
Georg Simon Ohm
(1789–1854)

FRÜHER
1775 Henry Cavendish ahnt einen Zusammenhang zwischen Potenzialdifferenz und Stromstärke.

1800 Alessandro Volta erfindet die erste stetige Stromquelle, die Volta'sche Säule.

SPÄTER
1840 James Joule untersucht, wie ein Widerstand elektrische Energie in Wärme wandelt.

1845 Gustav Kirchhoff entwickelt Regeln, um Stromstärken und Potenzialdifferenzen in Stromkreisen zu bestimmen.

1911 Der niederländische Physiker Heike Kamerlingh Onnes entdeckt die Supraleitung.

Schon 1600 hatten Wissenschaftler elektrische Stoffe wie Bernstein und Glas und nichtelektrische Stoffe wie Metalle unterschieden, da nur Erstere eine Ladung halten konnten. Im Jahr 1729 brachte der britische Astronom Stephen Gray eine neue Perspektive ein: Elektrizität (damals noch als eine Art Flüssigkeit gesehen) konnte über eine nichtelektrische Substanz von einer elektrischen Substanz zu einer anderen gelangen.

Mit seiner Überlegung, ob Elektrizität durch eine Substanz fließen kann, statt sie zu speichern, begründete Gray die moderne Unterscheidung zwischen Leitern und Isolatoren. Und Alessandro Voltas Erfindung der elektrochemischen Zelle (Batterie) im Jahr 1800 gab den

Siehe auch: Elektrische Ladung 124–127 ▪ Elektrisches Potenzial 128–129 ▪ Magnetherstellung 134–135 ▪ Die motorische Wirkung 136–137

Eine **Spannung** (Potenzialdifferenz) zwischen den Enden eines Leiters **lässt einen Strom durch den Leiter fließen.**

↓

Typische Leiter setzen dem Stromfluss einen gewissen **Widerstand** entgegen.

↓

Wenn der **Widerstand konstant** bleibt, bleibt die **Stromstärke proportional** zur angelegten **Spannung.**

Wissenschaftlern endlich eine Quelle kontinuierlich fließender elektrischer Ladung – einen elektrischen Strom – zur Untersuchung von Leitfähigkeit und Widerstand.

Leitend und isolierend

Wie Voltas Erfindung zeigte, fließt ein elektrischer Strom nur durch ein leitfähiges Material. Metalle sind im Allgemeinen sehr gute elektrische Leiter, Keramiken meist gute Isolatoren, andere Stoffe, wie Salzlösungen, Wasser oder Grafit, liegen irgendwo dazwischen.

Die Träger der elektrischen Ladung in Metallen sind Elektronen, die ein Jahrhundert später entdeckt wurden. Die Elektronen in Atomen befinden sich in Orbitalen in unterschiedlichen Abständen vom Kern, entsprechend unterschiedlichen Energieniveaus. In Metallen befinden sich relativ wenige Elektronen in den äußersten Orbitalen. Diese Elektronen werden leicht delokalisiert und bewegen sich frei durch das Metall. Gold, Silber und Kupfer sind ausgezeichnete Leiter, da ihre Atome nur ein einziges äußerstes Elektron haben, das leicht delokalisiert wird. Elektrolyte (Lösungen wie Salzwasser) enthalten geladene Ionen, die sich relativ leicht bewegen können. Im Gegensatz dazu sind in Isolatoren die Ladungsträger lokalisiert, d. h. an bestimmte Atome gebunden.

Ladungsfluss

Die moderne Beschreibung der Elektrizität des Stroms entstand Ende des 19. Jahrhunderts, als man Strom endlich als einen Fluss positiv oder negativ geladener Teilchen verstand. Damit ein Strom zwischen zwei Punkten fließen kann, müssen sie durch einen Leiter verbunden sein, und die Punkte müssen auf unterschiedlichen elektrischen Potenzialen liegen (mit einem Ladungsungleichgewicht zwischen den beiden Punkten). Strom fließt von einem höheren Potenzial zu einem niedrigeren (nach wissenschaftlicher Konvention von positiv zu negativ).

In Metallen sind die Ladungsträger negativ geladen, sodass ein Strom, der in einem Metalldraht von A nach B fließt, den negativ geladenen Elektronen entspricht, die in die entgegengesetzte Richtung (in Richtung des höheren oder relativ positiven Potenzials) fließen. Ladungsträger in anderen Materialien können positiv sein. Beispielsweise enthält Salzwasser (unter anderem) positiv geladene Natriumionen – sie bewegen sich in derselben Richtung wie der Stromfluss. Strom wird in der Einheit Ampere (A) gemessen. Bei einem Strom von 1 A bewegen sich jede Sekunde etwa 6 Bio. Elektronen an einem bestimmten Punkt vorbei.

In einem Kupferdraht bewegen sich die delokalisierten Elektronen mit mehr als 1000 km pro Sekunde. Da sie sich zufällig in alle Richtungen bewegen, ist die mittlere »

» Die Schönheit der Elektrizität … besteht nicht darin, dass die Kraft geheimnisvoll und unerwartet ist, sondern darin, dass sie gesetzmäßig wirkt … «

Michael Faraday

» … die Größe des Stroms [bleibt] in einer solchen galvanischen Kette an allen Stellen überall dieselbe … «

Georg Simon Ohm

Nettogeschwindigkeit gleich null, sodass es keinen Nettostrom gibt. Bei einer Potenzialdifferenz an den Drahtenden entsteht ein elektrisches Feld, das die freien, delokalisierten Elektronen beschleunigt. Sie driften langsam durch den Draht – typischerweise nur mit dem Bruchteil eines Millimeters pro Sekunde.

Obwohl sich Ladungsträger in einem Draht relativ langsam bewegen, interagieren sie miteinander über ein elektrisches Feld (aufgrund ihrer Ladung) und ein magnetisches Feld (das durch ihre Bewegung erzeugt wird). Diese Wechselwirkung ist eine elektromagnetische Welle, die sich extrem schnell ausbreitet: Die elektromagnetische Energie bewegt sich entlang des Drahtes mit (typischerweise) 80–90 Prozent der Geschwindigkeit, die sie im Vakuum hätte. Daher beginnen die Elektronen im gesamten Stromkreis fast augenblicklich zu driften, und es entsteht ein Strom.

Elektrischer Widerstand

Die Eigenschaft eines Objekts, sich einem Strom zu widersetzen, wird als sein Widerstand bezeichnet. Der Widerstand (und sein Gegenteil, die Leitfähigkeit) hängt nicht nur von den inneren Eigenschaften eines Objekts ab (z. B. wie die Teilchen angeordnet sind und insbesondere, ob die Ladungsträger delokalisiert sind), sondern auch von äußeren Faktoren wie seiner Form und Temperatur oder Druck. So ist etwa ein dicker Kupferdraht ein besserer Leiter als ein gleich langer dünner. Das ist mit hydraulischen Systemen vergleichbar: Es ist viel schwieriger, Wasser durch ein enges Rohr zu drücken als durch ein weites.

Auch die Temperatur spielt eine Rolle. Der Widerstand vieler Metalle sinkt mit abnehmender Temperatur. Einige Materialien zeigen gar keinen Widerstand, wenn sie unter eine bestimmte, sehr niedrige Temperatur gekühlt werden – dann spricht man von Supraleitung.

Der Widerstand eines Leiters kann mit der angelegten Potenzialdifferenz (Spannung) oder dem durch ihn fließenden Strom variieren. Zum Beispiel steigt der Widerstand eines Wolframfadens in einer Glühbirne mit der Stromstärke an. Bei vielen Leitern bleibt der Widerstand konstant, wenn sich Stromstärke oder Spannung ändern. Solche Leiter sind als Ohm'sche Leiter bekannt, benannt nach Georg Ohm, der den Zusammenhang von Spannung und Stromstärke fand.

Ohm'sches Gesetz

Nach dem von Ohm gefundenen Gesetz ist der durch einen Leiter fließende Strom proportional zur Spannung an diesem Leiter. Dividiert man die Spannung (gemessen in Volt) durch die Stromstärke (gemessen in Ampere), erhält man eine konstante Zahl, nämlich den Widerstand des Leiters (gemessen in Ohm).

Ein Kupferdraht ist ein Ohm'scher Leiter, er gehorcht dem Ohm'schen Gesetz, solange sich seine Temperatur nicht dramatisch ändert. Der Widerstand

Georg Simon Ohm

Ohm wurde 1789 in Erlangen geboren. Sein Vater, ein Schlosser, brachte ihm Mathematik und Naturwissenschaften bei. Mit 16 Jahren begann er ein Studium an der Universität Erlangen, musste aber wegen Geldmangels schon nach einem Jahr abbrechen. Ohms Vater schickte ihn in die Schweiz, wo er Mathematik unterrichtete und seine eigenen Studien fortsetzte. 1811 kehrte Ohm nach Erlangen zurück und promovierte. 1817 zog er nach Köln und unterrichtete dort. Nachdem er von Hans Christian Ørsteds Entdeckungen gehört hatte, begann er Versuche zur Elektrizität. Seine Veröffentlichungen wurden zunächst kritisiert, zum Teil wegen seines mathematischen Ansatzes, aber auch wegen Streitigkeiten über seine wissenschaftlichen Fehler. 1841 erhielt er jedoch die angesehene Copley-Medaille der Royal Society und wurde 1852, zwei Jahre vor seinem Tod, auf den Lehrstuhl für Physik der Universität München berufen.

Hauptwerk

1827 *Die galvanische Kette, mathematisch bearbeitet*

Das Ohm'sche Gesetz drückt den Zusammenhang von Spannung (Potenzialdifferenz), Stromstärke und Widerstand aus. Mit der Formel (rechts) kann man die Stromstärke (gemessen in Ampere, A) durch ein Bauteil berechnen, wenn die Spannung (Volt, V) der Quelle und der Widerstand (Ohm, Ω) des Stromkreises bekannt sind.

$$\text{Stromstärke (A)} = \frac{\text{Spannung (V)}}{\text{Widerstand }(\Omega)}$$

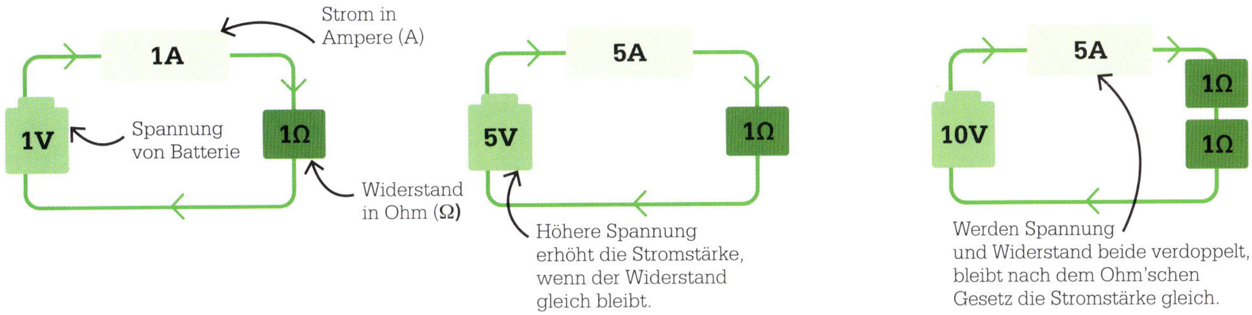

von Ohm'schen Leitern hängt von physikalischen Faktoren wie der Temperatur ab, aber nicht von der angelegten Potenzialdifferenz oder dem fließenden Strom.

Ohm erhielt sein Gesetz durch eine Kombination von Experimenten und mathematischer Theorie. In einigen seiner Experimente verwendete er elektrochemische Zellen zur Spannungsversorgung und eine Torsionswaage zur Strommessung. Er benutzte Drähte unterschiedlicher Länge und Dicke als Leiter und notierte die auftretenden Unterschiede in Stromstärke und Widerstand. Seine theoretische Arbeit basierte auf geometrischen Methoden zur Analyse von elektrischen Leitern und Schaltkreisen.

Ohm verglich den Stromfluss auch mit der Theorie der Wärmeleitung des französischen Mathematikers Joseph Fourier. Darin wird Wärmeenergie in Richtung eines Temperaturgradienten von einem Teilchen auf das nächste übertragen. Bei der Beschreibung des elektrischen Stromflusses ist die Potenzialdifferenz über einem elektrischen Leiter ähnlich der Temperaturdifferenz über zwei Enden eines Wärmeleiters.

Das Ohm'sche Gesetz ist jedoch nicht allgemeingültig, es gilt nicht für alle Leiter oder unter allen Umständen. Zu den sogenannten nicht Ohm'schen Materialien gehören Dioden und der Wolframfaden in Glühbirnen. Hier hängt der Widerstand von der angelegten Potenzialdifferenz (oder dem Stromfluss) ab.

Der Glühfaden in einer Glühbirne ist sehr dünn und setzt dem Strom einen hohen Widerstand entgegen. Dadurch beginnt der Faden zu glühen, die elektrische Energie wird also in Wärme und Licht umgesetzt.

Joule'sche Erwärmung

Je höher die Stromstärke in einem Metallleiter ist, desto häufiger stoßen die Elektronen und das Ionengitter zusammen. Diese Kollisionen führen dazu, dass die kinetische Energie der Elektronen in Wärme umgewandelt wird. Das Joule-Lenz-Gesetz (benannt nach dem britischen Physiker James Prescott Joule und dem deutschen Physiker Emil Lenz) oder Stromwärmegesetz besagt, dass die von einem stromdurchflossenen Leiter erzeugte Wärmemenge proportional zu seinem Widerstand ist, multipliziert mit dem Quadrat der Stromstärke.

Die Joule'sche Erwärmung (auch Widerstandsheizung genannt) hat viele praktische Anwendungen, etwa das Glühen von Glühlampenfäden. Sie kann jedoch auch ein erhebliches Problem darstellen. In Stromübertragungsnetzen etwa verursacht sie große Energieverluste. Diese Verluste werden dadurch minimiert, dass die Stromstärke im Netz relativ gering, die Potenzialdifferenz (Spannung) jedoch relativ hoch gehalten wird. ■

JEDES METALL HAT EINE BESTIMMTE KRAFT

MAGNETHERSTELLUNG

IM KONTEXT

SCHLÜSSELFIGUR
Hans Christian Ørsted (1777–1851)

FRÜHER
1600 William Gilbert erkennt, dass die Erde ein riesiger Magnet ist.

1800 Alessandro Volta baut die erste Batterie, die erstmals einen stetigen elektrischen Stromfluss ermöglicht.

SPÄTER
1820 André-Marie Ampère entwickelt eine mathematische Theorie des Elektromagnetismus.

1821 Michael Faraday baut den ersten Elektromotor und zeigt die elektromagnetische Rotation.

1876 Der Taubstummenlehrer Alexander Graham Bell erfindet ein Telefon, das Elektromagneten und einen Hufeisenmagneten zur Schallübertragung nutzt.

Eine **Batterie** in einem geschlossenen Stromkreis erzeugt einen **elektrischen Strom.**

Eine **Kompassnadel** lässt sich durch **Magneten** ablenken.

Wenn ein **Strom** neben einer Kompassnadel angeschaltet wird, **bewegt sich die Nadel.**

Elektrischer Strom erzeugt ein Magnetfeld.

Bis zum Ende des 18. Jahrhunderts wurden viele magnetische und elektrische Phänomene untersucht. Die meisten Forscher glaubten jedoch, Elektrizität und Magnetismus seien völlig unterschiedliche Kräfte. Heute weiß man, dass bewegte Elektronen ein Magnetfeld und dass bewegte Magnete einen elektrischen Strom erzeugen. Diese Beziehung zwischen Elektrizität und Magnetismus wird in fast jedem modernen Elektrogerät ausgenutzt, doch sie wurde rein zufällig entdeckt.

Ørsteds zufällige Entdeckung

Die Erfindung der Volta'schen Säule (einer frühen Batterie) im Jahr 1800 hatte ein ganz neues wissenschaftliches Untersuchungsfeld eröffnet. Zum ersten Mal konnten die Physiker einen konstanten elektrischen Strom erzeugen. Im Jahr 1820 hielt der dänische Physiker Hans

Siehe auch: Magnetismus 122–123 ▪ Die elektrische Ladung 124–127 ▪ Induktion und der Generatoreffekt 138–141 ▪ Kraftfelder und Maxwell'sche Gleichungen 142–147

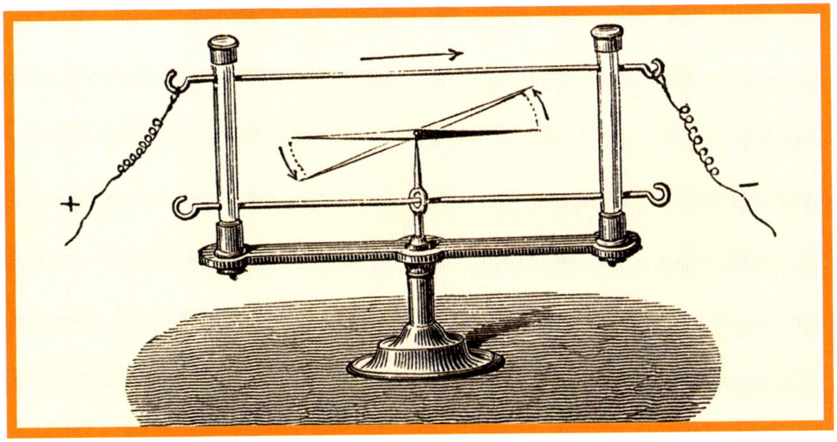

Ørsted ließ einen elektrischen Strom durch einen Draht fließen und erzeugte so ein Magnetfeld, das die Kompassnadel ablenkte.

Christian Ørsted eine Vorlesung an der Universität Kopenhagen. Er bemerkte, dass eine Kompassnadel abgelenkt wurde, wenn er einen elektrischen Strom ein- und ausschaltete. Damit wies er erstmals eine Verbindung zwischen einem elektrischen Strom und einem Magnetfeld nach. In weiteren Experimenten fand Ørsted heraus, dass ein Strom ein konzentrisches Magnetfeld um den Draht erzeugt, durch den er fließt.

Erzeugung von Elektromagneten

Vier Jahre nach Ørsteds Entdeckung stellte der britische Erfinder William Sturgeon aus einem hufeisenförmigen Stück Eisen einen Magneten her, den er mit 18 Schleifen Kupferdraht umwickelte. Als er einen elektrischen Strom durch den Draht leitete, magnetisierte das Hufeisen so weit, dass es andere Eisenstücke anzog.

In den 1830er-Jahren entwickelte der amerikanische Wissenschaftler Joseph Henry den Elektromagneten weiter, indem er Kupferdraht mit Seidengewebe isolierte und mehrere Lagen um Eisenkerne wickelte. In den 1850er-Jahren waren kleine Elektromagnete in den elektrischen Telegrafenempfängern in den USA weit verbreitet. Der Vorteil eines Elektromagneten besteht darin, dass sein Magnetfeld gesteuert werden kann: Die Stärke eines normalen Magneten ist konstant, die eines Elektromagneten dagegen lässt sich durch Änderung des durch seine Drahtspule fließenden Stroms variieren. Elektromagnete funktionieren jedoch nur bei kontinuierlicher Zufuhr von elektrischer Energie. ▪

» Die Übereinstimmung dieses Gesetzes sieht man besser durch Wiederholung der Experimente als durch eine lange Erklärung. «

Hans Christian Ørsted

Hans Christian Ørsted

Ørsted wurde 1777 im dänischen Rudkøbing geboren und begann 1793 ein Studium in Kopenhagen. Nach seiner Promotion in Physik und Ästhetik reiste er durch Europa und lernte den romantischen Naturphilosophen Johann Wilhelm Ritter kennen, der sein Interesse an der möglichen Verbindung zwischen Elektrizität und Magnetismus weckte.

1806 kehrte Ørsted nach Kopenhagen zurück und lehrte an der Universität. Seine Entdeckung der Verbindung zwischen den beiden Kräften 1820 brachte ihm internationale Anerkennung, u. a. erhielt er die Copley-Medaille der Royal Society London und den Orden Pour le Mérite und wurde Mitglied verschiedener Akademien der Wissenschaften. Im Jahr 1825 stellte er als erster Chemiker reines Aluminium her. Er starb 1851 in Kopenhagen.

Hauptwerke

1820 »Versuche zu der Wirkung eines Stroms auf die magnetische Nadel«
1821 »Beobachtungen zum Elektro-Magnetismus«

ELEKTRIZITÄT IN BEWEGUNG

DIE MOTORISCHE WIRKUNG

IM KONTEXT

SCHLÜSSELFIGUR
André-Marie Ampère
(1775–1836)

FRÜHER
1600 William Gilbert führt die ersten Versuche zu Elektrizität und Magnetismus durch.

1820 Hans Christian Ørsted zeigt, dass ein elektrischer Strom ein Magnetfeld erzeugt.

SPÄTER
1821 Michael Faraday baut den ersten Elektromotor.

1831 Joseph Henry und Faraday nutzen die elektromechanische Induktion und bauen den ersten Generator, der Bewegung in Elektrizität wandelt.

1839 Der deutsch-russische Ingenieur Moritz von Jacobi führt den ersten praktischen Elektromotor vor.

1842 Der schottische Ingenieur Robert Davidson baut einen Elektromotor für eine Lokomotive.

Aufbauend auf Hans Christian Ørsteds Entdeckung des Zusammenhangs von Elektrizität und Magnetismus führte der französische Physiker André-Marie Ampère eigene Experimente durch.

Ørsted hatte entdeckt, dass ein durch einen Draht fließender Strom ein Magnetfeld um den Draht bildet. Ampère erkannte, dass zwei stromführende parallele Drähte sich je nach Stromrichtung anziehen oder abstoßen. Fließt der Strom in beiden Drähten in die gleiche Richtung, ziehen sie sich an, bei entgegengesetzten Stromrichtungen stoßen sie sich ab.

Ampères Arbeit führte zu dem Gesetz, das seinen Namen trägt: Die Wirkung zweier stromführender Drähte aufeinander ist proportional

Siehe auch: Elektrisches Potenzial 128–129 ▪ Magnetherstellung 134–135 ▪ Induktion und Generatoreffekt 138–141 ▪ Kraftfelder und Maxwell'sche Gleichungen 142–147 ▪ Stromerzeugung 148–151

zu ihren Längen und zur Größe der Ströme. Diese Entdeckung war die Grundlage eines neuen Forschungszweigs, der Elektrodynamik.

Bau von Motoren

Ein stromführender Draht in einem Magnetfeld erfährt eine Kraft, weil das Magnetfeld mit dem durch den Strom erzeugten Feld wechselwirkt. Wenn die Wechselwirkung stark genug ist, bewegt sich der Draht. Die Kraft ist am größten, wenn der Strom senkrecht zu den Magnetfeldlinien fließt.

Legt man eine Drahtschleife mit zwei parallelen Seiten zwischen die Pole eines Hufeisenmagneten, bewirkt die Wechselwirkung des Stroms auf der einen Seite eine nach unten, auf der anderen Seite eine nach oben gerichtete Kraft. Dadurch wird die Schleife in Drehung versetzt. Mit anderen Worten, elektrische potenzielle Energie wird in kinetische (Bewegungs-)Energie umgewandelt, die Arbeit leisten kann. Aber nicht lange: Sobald sich die Schleife um 180 Grad gedreht hat, steht die Schleife still.

Um das zu vermeiden, befestigte 1832 der französische Instrumentenbauer Hippolyte Pixii an den Enden einer Spule mit Eisenkern einen in zwei Hälften geteilten Metallring. Dieser sogenannte Kommutator kehrt den Strom in der Spule jedes Mal um, wenn sie sich um eine halbe Umdrehung dreht – die Schleife dreht sich also in der gleichen Richtung weiter. Im selben Jahr erfand der britische Wissenschaftler William Sturgeon den ersten Kommutator-Elektromotor, der Maschinen antreiben konnte. Fünf Jahre später erfand der amerikanische Ingenieur Thomas Davenport einen leistungsstarken Motor, der sich mit 600 Umdrehungen pro Minute drehte, als Antrieb für eine Druckmaschine und Werkzeugmaschinen.

Eine elektrodynamische Welt

Seither gibt es immer leistungsfähigere und effizientere Motoren. Die Drehmomente (Drehkräfte, die eine Drehbewegung erzeugen) wurden durch den Einsatz stärkerer Magnete, höhere Ströme oder die Verwendung sehr dünner Drähte erhöht, um mehr Schleifen einbauen zu können. Je näher der Magnet an der Spule, desto größer die Motorkraft.

Gleichstrommotoren (DC-Motoren) werden immer noch für kleine batteriebetriebene Geräte verwendet. Universalmotoren, die Elektromagnete anstelle von Permanentmagneten verwenden, werden für viele Haushaltsgeräte eingesetzt. ■

> »Die experimentelle Untersuchung, durch die Ampère die mechanische Kraftwirkung zwischen elektrischen Strömen fand, ist eine der großartigsten Leistungen der Wissenschaft.«
>
> **James Clerk Maxwell**

André-Marie Ampère

1775 als Sohn wohlhabender Eltern in Lyon geboren, lernte André-Marie Ampère daheim in der wohlausgestatteten Bibliothek. Trotz Mangels an formaler Bildung nahm er 1804 einen Lehrauftrag an der neuen École Polytechnique in Paris an und wurde dort fünf Jahre später zum Professor für Mathematik ernannt.

Nachdem er von Ørsteds Entdeckung des Elektromagnetismus gehört hatte, konzentrierte Ampère seine Fähigkeiten darauf, die Elektrodynamik als neuen Zweig der Physik zu etablieren. Er spekulierte über die Existenz »elektrodynamischer Moleküle« und nahm damit die Entdeckung der Elektronen vorweg. In Anerkennung seiner Arbeiten ist die SI-Einheit des elektrischen Stroms – das Ampere – nach ihm benannt. Er starb 1836 in Marseille.

Hauptwerke

1827 *Mathematische Theorie der elektro-dynamischen Phänomene, einzig aus der Erfahrung abgeleitet*

DIE HERRSCHAFT MAGNETISCHER KRÄFTE

INDUKTION UND GENERATOREFFEKT

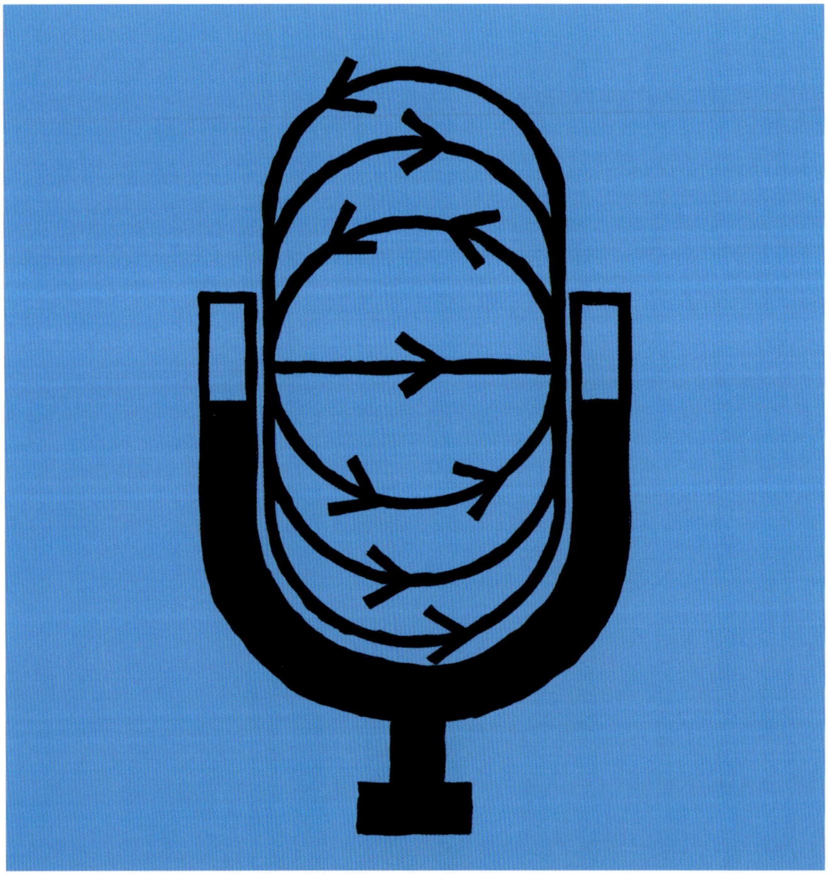

IM KONTEXT

SCHLÜSSELFIGUR
Michael Faraday
(1791–1867)

FRÜHER
1820 Hans Christian Ørsted findet die Verbindung von Elektrizität und Magnetismus.

1821 Michael Faraday erfindet ein Gerät, das aus der Wechselwirkung von Elektrizität und Magnetismus Bewegung erzeugt.

1825 Der britische Instrumentenbauer William Sturgeon baut den ersten Elektromagneten.

SPÄTER
1865 James Clerk Maxwell beschreibt elektromagnetische Wellen, einschließlich Lichtwellen.

1882 Die ersten Kraftwerke mit Stromgeneratoren werden in London und New York gebaut.

Elektromagnetische Induktion ist die Erzeugung einer elektromotorischen Kraft (EMK oder einer Potenzialdifferenz) über einen elektrischen Leiter durch ein sich änderndes Magnetfeld. Ihre Entdeckung hat die Welt verändert. Sie ist heute noch die Grundlage der Elektrizitätswirtschaft und ermöglichte die Erfindung von elektrischen Generatoren und Transformatoren als Herzstück unserer modernen Technik.

Inspiriert durch Hans Christian Ørsteds Entdeckung des Zusammenhangs von Elektrizität und Magnetismus im Jahr zuvor, baute der britische Physiker Michael Faraday 1821 zwei Geräte, die

Siehe auch: Elektrisches Potenzial 128–129 ▪ Die motorische Wirkung 136–137 ▪ Kraftfelder und Maxwell'sche Gleichungen 142–147 ▪ Stromerzeugung 148–151

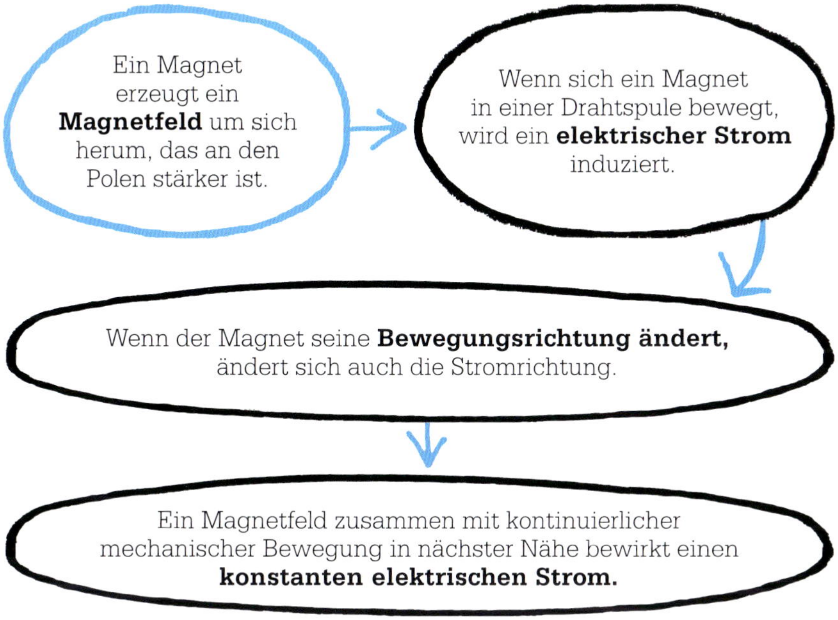

sich den sogenannten Motoreffekt zunutze machten (die Erzeugung einer Kraft, wenn Strom in einem Magnetfeld durch einen Leiter fließt). Sie wandelten mechanische in elektrische Energie um.

In vielen Experimenten untersuchte Faraday das Zusammenspiel von elektrischen Strömen, Magneten und mechanischen Bewegungen. Sie gipfelten in einer Reihe von Versuchen von Juli bis November 1831 mit revolutionärer Wirkung.

Der Induktionsring

Zunächst wickelte Faraday 1831 zwei Spulen aus isoliertem Draht um einen Eisenring. Wenn ein Strom durch eine der Spulen geleitet wurde, zeigte ein Galvanometer (ein damals neu erfundenes Strommessgerät) in der anderen Spule vorübergehend einen Stromfluss. Dieser Effekt wurde als gegenseitige Induktion bekannt. Sein Aufbau – ein Induktionsring – war der erste Transformator der Welt (ein Gerät, das elektrische Energie zwischen zwei Leitern überträgt).

Faraday bewegte auch einen Magneten durch eine Drahtspule. Dadurch floss Strom in der Spule. Sobald aber die Bewegung des Magneten gestoppt wurde, registrierte das Galvanometer keinen Strom: Offenbar entstand durch »

» Ich befasse mich jetzt wieder mit Elektro-Magnetismus und glaube, ich bin etwas auf der Spur. «

Michael Faraday

Michael Faraday

Als Sohn eines Schmieds erhielt Faraday nur begrenzte Schulbildung, hörte aber mit 20 Jahren eine öffentliche Vorlesung des berühmten Chemikers Humphry Davy und schickte ihm seine Notizen. Der machte ihn zu seinem Assistenten und reiste mit ihm 1813 bis 1815 durch Europa.

Berühmt wurde Faraday für die Erfindung des Elektromotors 1821, er entwickelte aber auch eine frühe Form des Bunsenbrenners, entdeckte das Benzol und formulierte die Gesetze der Elektrolyse. Als Pionier der Umweltwissenschaften warnte er vor den Gefahren der Themseverschmutzung. Als prinzipienfester Mann verachtete er die damaligen pseudowissenschaftlichen Kulte. Er hielt Weihnachtsvorträge für die Öffentlichkeit, weigerte sich, die Regierung in militärischen Angelegenheiten zu beraten, und lehnte eine Ritterschaft ab. Er starb 1867.

Hauptwerke

1832 *Experimental-Untersuchungen über Elektricität*
1859 *Die verschiedenen Kräfte der Materie und ihre Beziehungen zu einander*

das Magnetfeld nur dann ein Stromfluss, wenn das Feld zu- oder abnahm. Bewegte man den Magneten in die entgegengesetzte Richtung, floss wieder Strom in der Spule, jetzt aber in die entgegengesetzte Richtung. Und Strom floss auch, wenn die Spule über einen stationären Magneten bewegt wurde.

Das Induktionsgesetz

Wie anderen Physikern damals war Faraday die wahre Natur der Elektrizität nicht klar, dass Strom ein Fluss von Elektronen ist. Doch er erkannte, dass ein in einer Spule fließender Strom ein Magnetfeld erzeugt. Bleibt der Strom konstant, so bleibt auch das Magnetfeld konstant, und in der zweiten Spule wird keine Potenzialdifferenz (folglich auch kein Strom) induziert. Ändert sich jedoch die Stromstärke in der ersten Spule, so induziert die daraus resultierende Änderung des Magnetfelds eine Potenzialdifferenz in der anderen Spule, sodass ein Strom fließt.

Faradays Schluss: Der Strom wird unabhängig davon induziert, wie eine Änderung in der magnetischen Umgebung einer Spule erzeugt wird – durch eine Änderung der Magnetfeldstärke, durch Annäherung oder Entfernung von Magnet und Spule oder durch Drehen von Spule oder Magnet.

Unabhängig von Faraday hatte 1831 auch der amerikanische Wissenschaftler Joseph Henry die elektromagnetische Induktion entdeckt, aber Faraday veröffentlichte zuerst. Seine Erkenntnisse wurden als Faraday'sches Induktionsgesetz bekannt. Es ist bis heute das Prinzip hinter Generatoren, Transformatoren und vielen anderen Geräten.

1834 entwickelte der deutschbaltische Physiker Emil Lenz das Prinzip weiter. Er fand, dass die durch ein sich änderndes Magnetfeld in einem Leiter induzierte Potenzialdifferenz der Änderung dieses Magnetfelds entgegenwirkt. Der aus der Potenzialdifferenz resultierende Strom erzeugt ein Magnetfeld, das das ursprüngliche Magnetfeld verstärkt, wenn seine Stärke abnimmt, und schwächt es ab, wenn seine Stärke zunimmt. Dieses Prinzip ist als Lenz'sche Regel bekannt. Sie bewirkt, dass ein Teil des elektrischen Stroms verloren geht und in Wärme umgewandelt wird.

Später, in den 1880er-Jahren, beschrieb der britische Physiker John Ambrose Fleming eine einfache Methode, um die Richtung des induzierten Stromflusses zu bestimmen: die Rechte-Hand-Regel (siehe Bild oben).

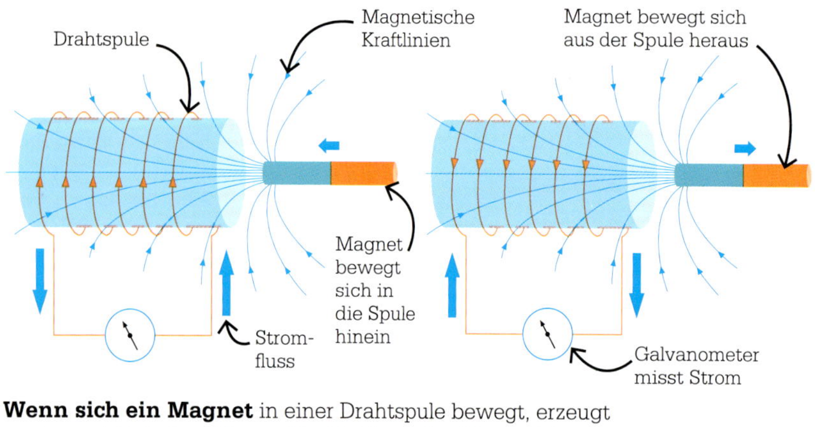

Wenn sich ein Magnet in einer Drahtspule bewegt, erzeugt er einen elektrischen Strom. Die Richtung des Stroms hängt von der Richtung der Magnetbewegung ab. Mit mehr Windungen der Spule oder einem stärkeren Magneten ist der Strom stärker.

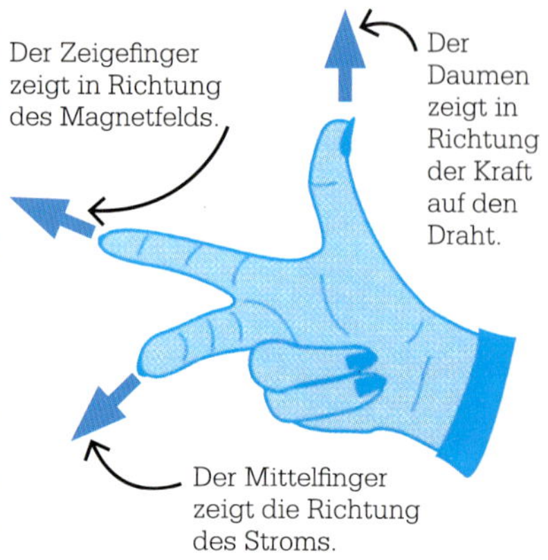

Die Rechte-Hand-Regel zeigt die Richtung des elektrischen Stroms, der in einem im Magnetfeld bewegten Draht induziert wird.

Faradays Dynamo

1831 baute Faraday auch den ersten elektrischen Dynamo. Dabei handelte es sich um eine auf Messingachsen montierte Kupferscheibe, die sich frei zwischen den Polen eines Permanentmagneten drehte. Er schloss die rotierende Scheibe an ein Galvanometer an, das einen Stromfluss registrierte: aus der Mitte der Scheibe heraus und durch einen Federkontakt in einen Drahtstromkreis. Die Anordnung wurde als Faraday'sche Scheibe bekannt.

Er zeigte damit, dass die Kombination aus einem Magnetfeld und einer anhaltenden mechanischen Bewegung in unmittelbarer Nähe einen konstanten elektrischen Strom verursacht. In einem Motor induziert der Elektronenfluss durch einen Draht in einem Magnetfeld eine Kraft auf die Elektronen und damit auf den Draht, wodurch dieser in Bewegung gerät. In der Faraday'schen Scheibe (und anderen Generatoren) gilt jedoch das Induktionsgesetz – ein Strom wird als Ergebnis der Bewegung eines Leiters (der Scheibe) in einem Magnetfeld erzeugt. Während also beim Motoreffekt elektrische Energie in mechanische Energie umgewandelt wird, wird beim Generatoreffekt mechanische Energie in elektrische Energie umgewandelt.

Praktische Anwendungen

Faradays Entdeckungen brachten sehr praktische Ergebnisse. Sie lieferten das Verständnis dafür, wie Elektrizität in bis dahin ungeahntem Ausmaß produziert werden kann.

Obwohl die Faraday'sche Scheibe ineffizient war, wurde die Idee bald aufgegriffen und zu praktischen Stromgeneratoren weiterentwickelt. Innerhalb weniger Monate hatte der französische Instrumentenbauer Hippolyte Pixii einen Handkurbelgenerator nach dem Faraday'schen Design gebaut. Der von ihm erzeugte Strom wechselte jedoch bei jeder halben Umdrehung die Richtung, und dieser Wechselstrom war für den Betrieb elektronischer Geräte nicht nutzbar. Pixiis Lösung bestand in der Entwicklung eines sogenannten Kommutators, der bei jeder Halbdrehung des Generators die Stromrichtung umkehrte – so floss der Wechselstrom immer in die gleiche Richtung. Erst in den frühen 1880er-Jahren wurden von dem britischen Elektroingenieur James Gordon die ersten großen Wechselstromgeneratoren konstruiert.

Der erste Industriedynamo wurde 1844 in der britischen Industriestadt Birmingham gebaut und für die Galvanisierung verwendet. Ein Leuchtturm in Kent war 1858 die erste Anlage, die von einem dampfbetriebenen elektrischen Generator angetrieben wurde. Mit der Kopplung der Dynamos an dampfgetriebene Turbinen wurde die kommerzielle Stromerzeugung möglich. Die ersten praktischen Stromgeneratoren gingen 1870 in Produktion, und in den 1880er-Jahren wurden Teile von New York und London mit auf diese Weise erzeugtem Strom beleuchtet.

Ein wissenschaftliches Sprungbrett

Faradays Arbeit über die Beziehung zwischen mechanischer Bewegung, Magnetismus und Elektrizität war auch das Sprungbrett für weitere wissenschaftliche Entdeckungen.

» Wir sehen jetzt alle Materie der Herrschaft magnetischer Kräfte unterworfen, so wie zuvor der Gravitation, der Elektrizität und der Kohäsion. «

Michael Faraday

1861 fasste der schottische Physiker James Clerk Maxwell das bisherige Wissen über Elektrizität und Magnetismus in 20 Gleichungen zusammen. Vier Jahre später vereinigte Maxwell in seinem Aufsatz *Eine dynamische Theorie des elektromagnetischen Feldes* elektrische und magnetische Felder in einem Konzept. Er fasste sie als elektromagnetische Strahlung auf, die sich in Wellen nahe der Lichtgeschwindigkeit ausbreitet. Damit ebnete er den Weg für die Entdeckung der Radiowellen und für Einsteins Relativitätstheorien. ■

» Endlich gelang es mir, eine magnetische Kurve zu erklären … und einen Lichtstrahl zu magnetisieren. «

Michael Faraday

Kabelloses Laden

Viele kleine Batteriegeräte wie Mobiltelefone, elektrische Zahnbürsten und Herzschrittmacher verwenden heute Induktionsladegeräte, die freiliegende Anschlüsse vermeiden und keine Stecker und Kabel brauchen. Zwei Induktionsspulen in unmittelbarer Nähe bilden einen elektrischen Transformator, der die Batterie des Geräts auflädt. Die Induktionsspule in einer Ladestation erzeugt ein elektromagnetisches Wechselfeld, während die Empfängerspule im Innern des Geräts dem Feld Energie entnimmt und wieder in elektrischen Strom umwandelt. In Haushaltsgeräten sind die Spulen klein und arbeiten nur in engem Kontakt.

Induktives Laden ist auch bei Elektrofahrzeugen möglich. In diesem Fall können größere Spulen verwendet werden. Automatische, fahrerlose Roboterfahrzeuge etwa müssen nicht in Kontakt mit dem Ladegerät stehen, sondern können einfach nah heranfahren und laden.

DAS LICHT SELBST IST EINE ELEKTROMAGNETISCHE STÖRUNG

KRAFTFELDER UND MAXWELL'SCHE GLEICHUNGEN

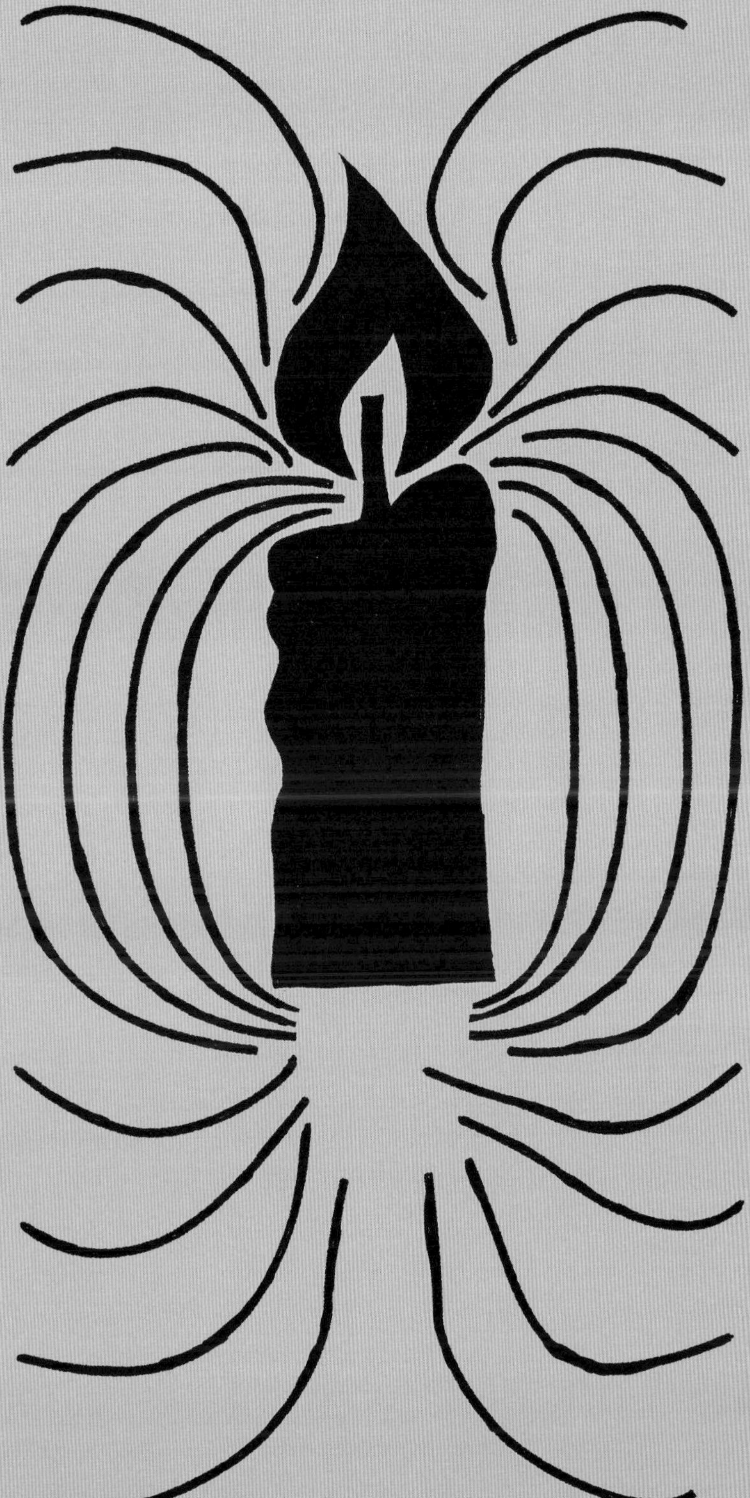

IM KONTEXT

SCHLÜSSELFIGUR
James Clerk Maxwell
(1831–1879)

FRÜHER
1820 Hans Christian Ørsted entdeckt, dass ein stromdurchflossener Draht eine Kompassnadel ablenkt.

1825 André-Marie Ampère bereitet den Weg für die Untersuchung des Elektromagnetismus.

1831 Faraday entdeckt die elektromagnetische Induktion.

SPÄTER
1886 Heinrich Hertz weist Radiowellen nach, als er Maxwells Theorie des Elektromagnetismus prüft.

1892 Der niederländische Physiker Hendrik Lorentz untersucht Maxwells Gleichungen für verschiedene Beobachter und bereitet so die Relativitätstheorie vor.

Vier Gleichungen beschreiben den Zusammenhang von **elektrischen Feldern, Magnetfeldern, elektrischen Ladungen** und **Strömen.**

↓

Eine daraus **abgeleitete Gleichung** beschreibt die **Bewegung einer elektromagnetischen Welle.**

↓

Diese Welle hat **eine konstante, sehr hohe Geschwindigkeit,** die der gemessenen **Lichtgeschwindigkeit** nahekommt.

↓

Elektromagnetische Wellen und Licht sind dasselbe Phänomen.

Im 19. Jahrhundert gab es eine Reihe von Durchbrüchen mit dem größten Fortschritt in der Physik seit Newtons Bewegungs- und Gravitationsgesetzen: die Theorie des Elektromagnetismus. Hauptarchitekt dieser Theorie war der schottische Physiker James Clerk Maxwell. Seine Gleichungen beruhten unter anderem auf den Arbeiten von Gauß, Faraday und Ampère. Es gelang ihm, die Arbeiten seiner Vorgänger auf eine strenge mathematische Grundlage zu stellen, Symmetrien zwischen den Gleichungen zu erkennen und ihre Bedeutung im Licht der experimentellen Ergebnisse abzuleiten.

Ursprünglich 1861 in 20 Gleichungen veröffentlicht, beschreibt Maxwells Theorie des Elektromagnetismus genau, wie Elektrizität und Magnetismus miteinander verflochten sind und wie diese Beziehung Wellenbewegungen erzeugt. Allerdings führte die Komplexität der Gleichungen (und vielleicht auch ihr revolutionärer Charakter) dazu, dass nur wenige andere Physiker sie sofort verstanden.

1873 verdichtete Maxwell die 20 Gleichungen auf nur vier, und 1885 entwickelte der britische Mathematiker Oliver Heaviside eine viel leichter zugängliche Form, in der ihre Bedeutung besser zu erkennen war. Noch heute sind die Maxwell-Gleichungen gültig und nützlich, kleinste Skalen ausgenommen, wo Quanteneffekte ihre Modifizierung erfordern.

» In keinem Teil des Raums, sei er … leer oder mit Materie gefüllt, nehme ich etwas anderes wahr als Kräfte und die Linien, in denen sie ausgeübt werden. «

Michael Faraday

Kraftlinien

In einer Reihe von Experimenten entdeckte Michael Faraday 1831 das Phänomen der elektromagnetischen Induktion – die Erzeugung eines elektrischen Feldes durch ein sich änderndes Magnetfeld. Faraday schlug intuitiv ein Modell für die Induktion vor, das unserem heutigen theoretischen Verständnis bemerkenswert nahekam. Allerdings konnte er sein Modell mathematisch nicht ausdrücken, sodass es von vielen seiner Kolle-

Siehe auch: Magnetismus 122–123 ▪ Die elektrische Ladung 124–127 ▪ Magnetherstellung 134–135 ▪ Die motorische Wirkung 136–137 ▪ Magnetische Monopole 159 ▪ Elektromagnetische Wellen 192–195 ▪ Die Lichtgeschwindigkeit 275 ▪ Spezielle Relativitätstheorie 276–279

gen ignoriert wurde. Als Maxwell Faradays Intuition in Gleichungen übersetzte, wurde auch er zunächst ignoriert – ironischerweise wegen der schwierigen Mathematik.

Faraday war sich eines alten Problems in der Physik sehr wohl bewusst – nämlich wie eine Kraft ohne Zeitverzug durch den »leeren« Raum zwischen Körpern übertragen werden kann. In unserer alltäglichen Erfahrung lässt nichts auf einen Mechanismus für diese »Fernwirkung« schließen. Angeregt durch die Muster der Eisenspäne um Magnete herum, schlug Faraday vor, magnetische Wirkungen würden durch unsichtbare Kraftlinien übertragen, die den Raum um einen Magneten herum durchdringen. Diese Kraftlinien zeigen in die Kraftrichtung, die Dichte der Linien entspricht der Stärke der Kraft.

Faradays experimentelle Ergebnisse wurden erstmals 1845 von dem britischen Physiker J.J. Thomson mathematisch interpretiert, doch erst 1862 fasste Maxwell die anschaulichen Kraftlinien in den mathematischen Formalismus

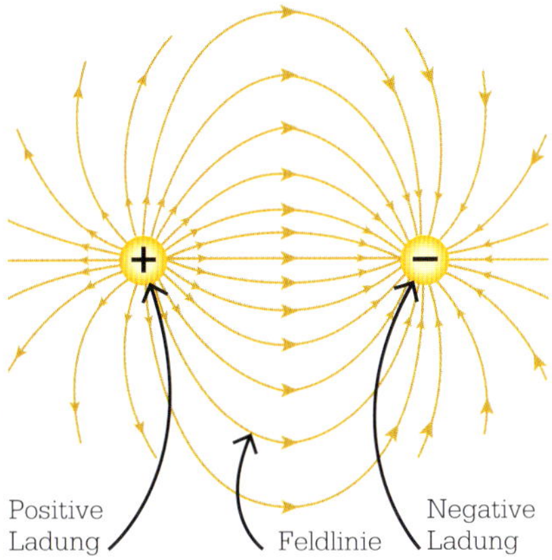

Elektrische Feldlinien zeigen die Richtung des Felds zwischen Ladungen. Sie treffen sich bei der negativen Ladung, divergieren (gehen auseinander) bei positiven Ladungen und kreuzen sich nie.

eines Felds. Jede Größe, die sich ortsabhängig ändert, lässt sich als ein Feld darstellen. So kann etwa die Temperatur in einem Raum als Feld betrachtet werden: Jeder Punkt im Raum ist durch drei Koordinaten definiert und mit einer Zahl verbunden – der Temperatur an diesem Punkt.

Kraftfelder

Zusammengenommen beschreiben magnetische Feld- oder Flusslinien die Region um einen Magneten, in der magnetisierbare Körper eine Kraft »spüren«. In diesem Magnetfeld ist die Stärke der Kraft in einem Punkt des Raums mit der Dichte der Feldlinien verbunden. Anders als bei einem Temperaturfeld haben die Punkte in einem Magnetfeld aber auch eine Richtung, gegeben durch die Richtung der Feldlinie. Ein Magnetfeld ist daher ein Vektorfeld – jeder Raumpunkt in ihm hat eine zugehörige Stärke und Richtung, wie das Geschwindigkeitsfeld von fließendem Wasser.

In ähnlicher Weise zeigt in einem elektrischen Feld die Feldlinie die Richtung der Kraft an, die von einer positiven Ladung »gefühlt« wird, und die Konzentration der Feldlinien zeigt die Stärke des Felds. Wie bei Flüssigkeitsströmungen können sich elektrische und magnetische Felder im Lauf der Zeit ändern (z. B. aufgrund von wechselnden Wettermustern), sodass der Vektor an jedem Punkt »

James Clerk Maxwell

James Clerk Maxwell, 1831 in Edinburgh geboren, war frühreif und schrieb schon mit 14 Jahren einen Aufsatz über mathematische Kurven. Er studierte in Edinburgh und Cambridge. 1856 erhielt er einen Lehrstuhl am Marischal College in Aberdeen. Dort wies er nach, dass die Ringe des Saturns aus vielen kleinen festen Teilchen bestehen. Maxwells produktivsten Jahre waren ab 1860 am King's College in London und ab 1871 in Cambridge, wo er zum ersten Professor für Experimentalphysik am neuen Cavendish-Laboratorium berufen wurde. Er leistete grundlegende Beiträge zum Verständnis des Elektromagnetismus, der Thermodynamik, der kinetischen Gastheorie sowie der Theorie von Optik und Farbe. Er starb 1879 mit 48 Jahren an Magenkrebs.

Hauptwerke

1861 *Über physikalische Kraftlinien*
1864 *Eine dynamische Theorie des elektromagnetischen Feldes*
1870 *Theorie der Wärme*
1873 *Lehrbuch der Electrizität und des Magnetismus*

zeitabhängig ist. Die ersten beiden Maxwell-Gleichungen fassen die Gauß'schen Gesetze für elektrische und magnetische Felder zusammen. Diese Gesetze sind eine Anwendung des Divergenzsatzes, der erstmals 1762 von Joseph-Louis Lagrange formuliert und 1813 von Gauß wiederentdeckt wurde. In seiner allgemeinsten Form ist er eine Aussage über Vektorfelder, etwa Flüssigkeitsströmungen, durch Oberflächen.

Gauß formulierte das Gesetz für elektrische Felder um 1835, veröffentlichte es aber nicht. Es verbindet die Divergenz (das Auseinanderstreben) eines elektrischen Felds an einem Punkt mit dem Vorhandensein einer statischen elektrischen Ladung. Die Divergenz ist null, wenn an diesem Punkt keine Ladung vorhanden ist, positiv (Feldlinien fließen weg) bei positiver Ladung und negativ (Feldlinien konvergieren) bei negativer Ladung. Das Gauß'sche Gesetz für Magnetfelder besagt, dass die Divergenz eines Magnetfelds überall null ist; anders als bei elektrischen Feldern gibt es keine isolierten Punkte, von denen Magnetfeldlinien aus- oder einfließen. Es gibt keine magnetischen Monopole, jeder Magnet hat einen Nord- und einen Südpol. Infolgedessen treten Magnetfeldlinien immer als geschlossene Schleifen auf.

Induktions- und Durchflutungsgesetz

Die dritte der Maxwell'schen Gleichungen ist eine strenge Form des Faraday'schen Induktionsgesetzes von 1831. Sie setzt die zeitliche Änderung des Magnetfelds $\boldsymbol{B}$ in Beziehung zur Verwirbelung des elektrischen Felds. Die Wirbel beschreiben, wie elektrische Feldlinien um einen Punkt rotieren. Im Gegensatz zu den durch statische Punktladungen erzeugten elektrischen Feldern, die eine Divergenz, aber keine Wirbel aufweisen, zeigen elektrische Felder, die durch sich ändernde Magnetfelder induziert werden, eine Rotation, aber keine Divergenz, und können einen Stromfluss in einer Spule bewirken.

Die vierte der Maxwell'schen Gleichungen ist eine erweiterte Fassung Version des Ampère'schen Durchflutungsgesetzes von 1826. Es besagt, dass ein konstanter elektrischer Strom, der durch einen Leiter fließt, ein zirkulierendes Magnetfeld um den Leiter herum erzeugt.

In einem Sinn für Symmetrie argumentierte Maxwell, dass – so wie ein sich änderndes Magnetfeld ein elektrisches Feld erzeugt (Faraday'sches Gesetz) – auch ein sich änderndes elektrisches Feld ein magnetisches Feld erzeugen sollte. Daher erweiterte er das Ampère'sche Durchflutungsgesetz um den Term $\partial \boldsymbol{E}/\partial t$ (die Änderung des elektrischen Felds $\boldsymbol{E}$ mit der Zeit t). Diese Ergänzung basierte

> »Die spezielle Relativitätstheorie verdankt ihren Ursprung Maxwells Gleichungen des elektromagnetischen Feldes.«
>
> **Albert Einstein**

Maxwell'sche Gleichungen

Die Maxwell'schen Gleichungen enthalten die Variablen $\boldsymbol{E}$ und $\boldsymbol{B}$ für die elektrische und magnetische Feldstärke, die je nach Ort und Zeit variieren. Sie lassen sich als Satz von vier gekoppelten partiellen Differenzialgleichungen schreiben. Sie sind differenziell, weil sie eine Differenzierung enthalten, eine mathematische Operation, die sich damit befasst, wie sich etwas ändert. Sie sind partiell, weil die Größen von mehreren Variablen abhängen, aber jeder Term nur einen Teil der Änderungen berücksichtigt, z. B. die Abhängigkeit von der Zeit. Sie sind gekoppelt, weil sie die gleichen Variablen enthalten und alle gleichzeitig zutreffen.

Name	Gleichung
Gauß'sches Gesetz für elektrische Felder	$\nabla \cdot \boldsymbol{E} = \rho/\varepsilon_0$
Gauß'sches Gesetz für Magnetfelder	$\nabla \cdot \boldsymbol{B} = 0$
Induktionsgesetz	$\nabla \times \boldsymbol{E} = -\partial \boldsymbol{B}/\partial t$
Erweitertes Ampère'sches Durchflutungsgesetz	$\nabla \times \boldsymbol{B} = \mu_0 \boldsymbol{J} + \mu_0 \varepsilon_0 (\partial \boldsymbol{E}/\partial t)$

$\boldsymbol{J}$ = elektrische Stromdichte (Strom, der in einer Richtung durch eine Einheitsfläche fließt)

∂t = partielle zeitliche Ableitung

$\boldsymbol{B}$ = Magnetfeld

$\boldsymbol{E}$ = elektrisches Feld

ρ = elektrische Ladungsdichte (Ladungen pro Einheitsvolumen)

∇ = Differenzialoperator

ε_0 = elektrische Konstante

μ_0 = magnetische Konstante

nicht auf experimentellen Ergebnissen, wurde aber durch spätere Experimente und Fortschritte in der Theorie gerechtfertigt. Die dramatischste Konsequenz von Maxwells Ergänzung war, dass sie nahelegte, elektrische und magnetische Felder mit einer Welle zu assoziieren.

Elektromagnetische Wellen und Licht

1845 beobachtete Faraday, dass ein Magnetfeld die Polarisationsebene des Lichts verändert (sog. Faraday-Effekt). Das Phänomen der Polarisation war bereits 1690 von Christiaan Huygens entdeckt worden, aber die Physiker verstanden es nicht. Faradays Entdeckung erklärte die Polarisation nicht direkt, aber sie stellte eine Verbindung zwischen Licht und Elektromagnetismus her – ein Zusammenhang, den Maxwell einige Jahre später mathematisch begründete.

Aus seinen verschiedenen Gleichungen stellte Maxwell eine weitere für eine Wellenbewegung im Raum auf. Dies war seine Gleichung für elektromagnetische Wellen mit der Geschwindigkeit $1/\sqrt{(\mu_0\varepsilon_0)}$. Damit hatte er nicht nur gezeigt, dass elektromagnetische Phänomene einen wellenartigen Charakter haben (d. h., Störungen im elektromagnetischen Feld breiten sich als Welle aus), sondern auch, dass die Wellengeschwindigkeit, die er theoretisch durch Vergleich mit der Standardform einer Wellengleichung bestimmt hatte, sehr nahe an dem experimentell ermittelten Wert für die Lichtgeschwindigkeit liegt.

Da bekannt war, dass sich nur Licht mit Lichtgeschwindigkeit ausbreitet, schloss Maxwell, dass Licht und Elektromagnetismus zwei Aspekte desselben Phänomens sein müssen.

> »Es zeigt sich, dass die magnetische und die elektrische Kraft … letztlich etwas viel Tieferes sind, … von wo aus wir vieles andere erklären können.«
>
> **Richard Feynman**

Maxwells Vermächtnis

Maxwells Entdeckung ermutigte Wissenschaftler wie den amerikanischen Physiker Albert Michelson in den 1880er-Jahren zu einer genaueren Messung der Lichtgeschwindigkeit. Doch Maxwells Theorie sagt ein ganzes Spektrum von Wellen voraus, von denen das sichtbare Licht nur das vom Menschen am leichtesten wahrnehmbare ist. Die Kraft und Gültigkeit der Theorie wurde 1886 offensichtlich, als der deutsche Physiker Heinrich Hertz Maxwells Theorie des Elektromagnetismus prüfte und die Radiowellen nachwies.

Die vier Maxwell'schen Gleichungen liegen heute den verschiedensten Technologien zugrunde, von Radar und Mobilfunk über Mikrowellenherde bis zur Infrarotastronomie. Jedes Gerät, das mit Elektrizität oder Magneten arbeitet, hängt von ihnen ab. Die Auswirkungen des klassischen Elektromagnetismus können nicht hoch genug eingeschätzt werden: Maxwells Theorie enthält nicht nur die Grundlagen der speziellen Relativitätstheorie Einsteins, sie ist als erste Feldtheorie auch das Modell für viele nachfolgende Theorien in der Physik. ■

Die Versuche von Heinrich Hertz in den 1880er-Jahren bewiesen Maxwells theoretische Vorhersagen und bestätigten die Existenz elektromagnetischer Wellen, einschließlich der Radiowellen.

DER MENSCH WIRD DIE KRAFT DER SONNE EINFANGEN

STROMERZEUGUNG

IM KONTEXT

SCHLÜSSELFIGUR
Thomas Alva Edison
(1847–1931)

FRÜHER
1831 Michael Faraday zeigt, dass ein sich änderndes Magnetfeld eine elektromagnetische Kraft auf einen Leiter ausübt.

1832 Hippolyte Pixii entwickelt einen Gleichstromgenerator nach Faradays Prinzip.

1878 Der Elektrotechniker Sigmund Schuckert baut ein Kraftwerk für die elektrische Beleuchtung von Schloss Linderhof.

SPÄTER
1884 Der Ingenieur Charles Parsons erfindet die Reaktionsdampfturbine zur effektiven Stromerzeugung.

1954 In der Sowjetunion geht das erste Kernkraftwerk ans Netz.

Am 12. Januar 1882 erzeugte die Edison Electric Light Station am Holborn Viaduct in London zum ersten Mal Strom für den öffentlichen Gebrauch. Diese Anlage, die auf den amerikanischen Erfinder Thomas Alva Edison zurückgeht, war das erste Kohlekraftwerk der Welt. Wenige Monate später eröffnete Edison eine größere Version in der New Yorker Pearl Street. Die Fähigkeit, Elektrizität in großem Maßstab zu erzeugen, sollte eine der wichtigsten Triebfedern für die zweite industrielle Revolution von 1870–1914 werden.

Bis in die 1830er-Jahre waren chemische Reaktionen in einer

Siehe auch: Magnetismus 122–123 ▪ Elektrisches Potenzial 128–129 ▪ Elektrischer Strom und Widerstand 130–133 ▪ Magnetherstellung 134–135 ▪ Die motorische Wirkung 136–137 ▪ Induktion und Generatoreffekt 138–141 ▪ Kraftfelder und Maxwell'sche Gleichungen 142–147

Edisons 1882 in Betrieb gegangenes Kraftwerk in der Pearl Street in Manhattan/New York hatte sechs riesige Dynamos. Jeder von ihnen konnte Strom für 1200 Glühbirnen erzeugen.

Batterie wie die 1800 erfundene Volta'sche Säule die einzige Möglichkeit, Elektrizität zu erzeugen. Diese erste elektrische Batterie war jedoch unhandlich. 1836 baute der britische Erfinder John Daniell eine neuartige Zelle, die besser handhabbar war. Sie bestand aus einem mit Kupfersulfatlösung gefüllten Kupfertopf, in den ein mit Zinksulfat gefüllter Steingutbehälter und eine Zinkelektrode eintauchten. Negativ geladene Ionen wanderten zur einen und positiv geladene Ionen zur anderen Elektrode, wodurch ein elektrischer Strom erzeugt wurde.

Der erste Dynamo

In den 1820er-Jahren experimentierte der britische Physiker Michael Faraday mit Magneten und Spulen aus isoliertem Draht. Er entdeckte die Beziehung zwischen magnetischen und elektrischen Feldern (das Induktionsprinzip) und baute mit diesem Wissen 1831 den ersten elektrischen Generator oder Dynamo. Er bestand aus einer hochleitfähigen Kupferscheibe, die zwischen den Polen eines Hufeisenmagneten rotierte. Dessen Magnetfeld induzierte einen elektrischen Strom.

Faradays Erklärung der Prinzipien der mechanischen Stromerzeugung – und sein Dynamo – sollten die Grundlage für die leistungsstärkeren Generatoren der Zukunft werden, aber Anfang des 19. Jahrhunderts gab es noch nicht die Nachfrage nach hohen Spannungen.

Elektrizität für Telegrafie, Bogenbeleuchtung und Galvanisierung wurde durch Batterien geliefert, doch das war sehr teuer und international suchten Wissenschaftler nach Alternativen. Der französische Erfinder Hippolyte Pixii, der belgische Elektroingenieur Zenobe Gramme und der deutsche Erfinder Werner von Siemens arbeiteten unabhängig voneinander an der Nutzung des Faraday'schen Induktionsprinzips, um Elektrizität effizienter zu erzeugen. Grammes Dynamo ging 1871 als erster Elektromotor in Betrieb und war in Fabriken und Landwirtschaft weitverbreitet.

Die Industrie forderte immer effizientere Verfahren, um die Produktion zu steigern. Dies war das Zeitalter der fruchtbaren Erfindungen. Edison war ein herausragendes Beispiel dafür, wie er in seinen Labors durch systematisches Vorgehen etliche Ideen kommerzialisierte. Seine »Erleuchtung« war ein Beleuchtungssystem, das Gaslampen und Kerzen in Wohnungen, Fabriken und öffentlichen Gebäuden ersetzen sollte. Edison hat die Glühbirne nicht erfunden, aber seine Kohlefaden-Glühbirne von 1879 war wirtschaftlich, sicher und praktisch für den Hausgebrauch. Sie lief mit Niederspannung, benötigte aber eine billige, konstante Form der Elektrizität.

Riesendynamos

Die Kraftwerke von Edison wandelten die mechanische Energie einer Dampfmaschine in Elektrizität um. Die Welle des Motors war für einen höheren Wirkungsgrad direkt mit dem Anker (rotierende Spule) des Dynamos verbunden. In seinem New Yorker Kraftwerk setzte Edison »

» Wir werden Elektrizität so billig machen, dass nur die Reichen noch Kerzen abbrennen werden. «

Thomas Alva Edison

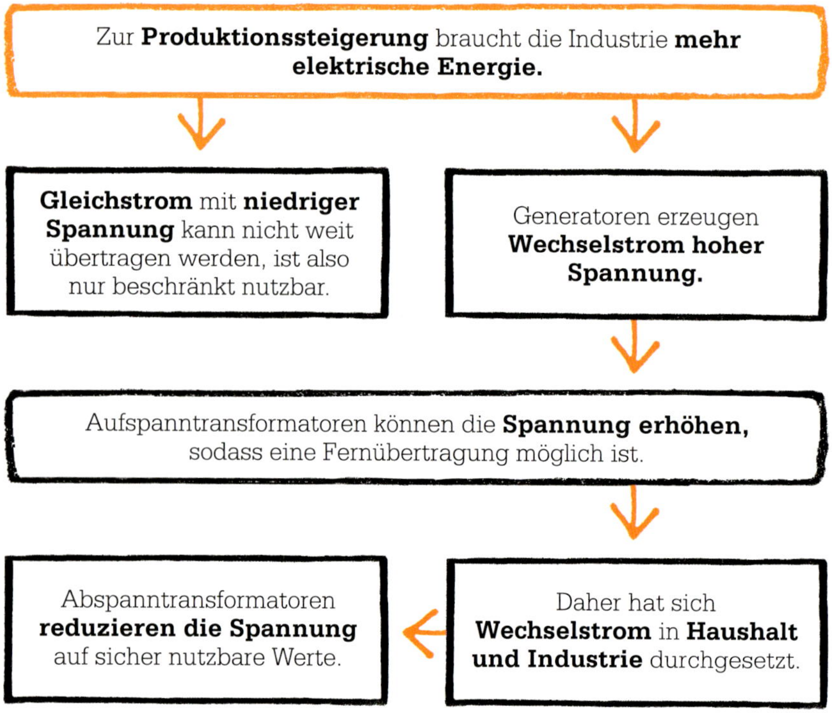

sechs riesige Dynamos ein, die viermal größer waren als alle zuvor gebauten. Jeder wog 27 Tonnen, produzierte 100 Kilowatt Strom und konnte 1200 Glühbirnen beliefern. Etwa 110 Volt Gleichstrom wurden in Kupferdrähten, die durch Isolierrohre verliefen, unterirdisch transportiert.

Im späten 19. Jahrhundert war es nicht möglich, Gleichstrom auf eine hohe Spannung zu wandeln, und Strom, der mit niedriger Spannung und hoher Stromstärke übertragen wurde, hatte aufgrund des Widerstands in den Drähten nur begrenzte Reichweite. Um dieses Problem zu umgehen, schlug Edison ein System von lokalen Kraftwerken vor. Wegen der schwierigen Übertragung über große Entfernungen durften diese Kraftwerke höchstens eineinhalb Kilometer vom Benutzer entfernt sein. Bis 1887 hatte Edison 127 dieser Stationen gebaut, aber es war klar, dass selbst mit Tausenden von Kraftwerken weite Teile der USA nicht würden abgedeckt werden können.

Der Aufstieg des Wechselstroms

Der serbischstämmige amerikanische Elektroingenieur Nikola Tesla hatte eine Alternative mit Wechselstromgeneratoren vorgeschlagen. Hier wechselt die Polarität der Spannung in einer Spule, wenn die entgegengesetzten Pole eines rotierenden Magneten über sie hinweggehen. Dadurch kehrt sich die Stromrichtung in der Schaltung regelmäßig um. Als der amerikanische Elektroingenieur William Stanley 1886 den ersten funktionsfähigen Transformator baute, konnte die Übertragungsspannung von einem Wechselstromgenerator erhöht und gleichzeitig die Stromstärke herabgesetzt werden, sodass ein Draht mit kleinerem

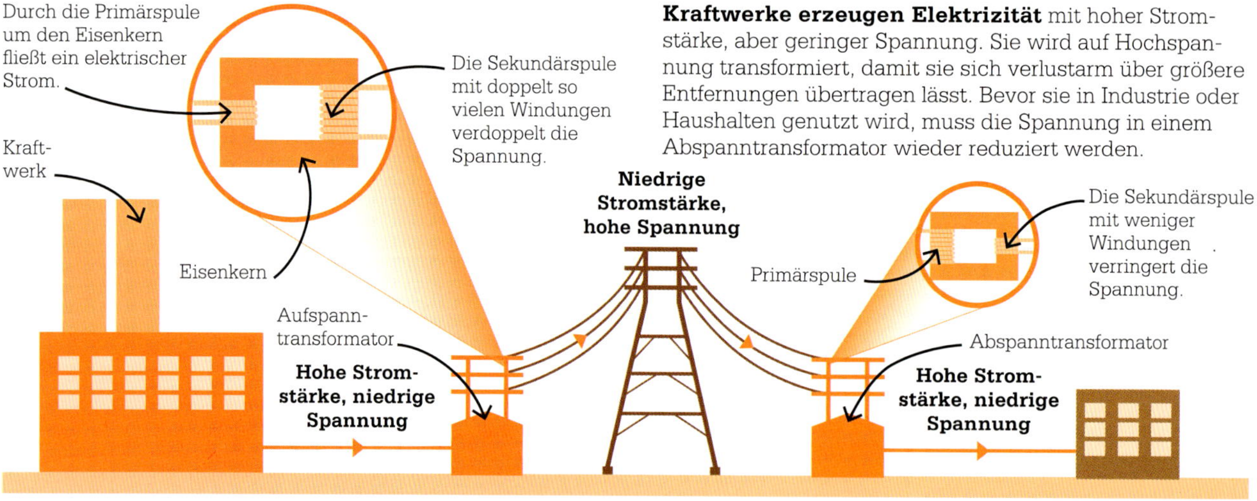

Kraftwerke erzeugen Elektrizität mit hoher Stromstärke, aber geringer Spannung. Sie wird auf Hochspannung transformiert, damit sie sich verlustarm über größere Entfernungen übertragen lässt. Bevor sie in Industrie oder Haushalten genutzt wird, muss die Spannung in einem Abspanntransformator wieder reduziert werden.

» Die tödliche Elektrizität des Wechselstroms kann dem Menschen nicht schaden, es sei denn, er ist närrisch genug, einen ganzen Dynamo zu verschlucken. «

George Westinghouse

Durchmesser reichte. Bei höheren Spannungen ließ sich die gleiche Leistung mit einer viel niedrigeren Stromstärke und über weite Entfernungen übertragen. Vor der Verwendung in einer Fabrik oder einem Haushalt wurde die Spannung wieder heruntertransformiert.

Der amerikanische Unternehmer George Westinghouse erkannte die Probleme von Edisons Plan. Er kaufte Teslas viele Patente zum Wechselstrom und stellte Stanley ein. 1893 erhielt Westinghouse den Auftrag, einen Staudamm und ein Wasserkraftwerk an den Niagarafällen zu bauen, um die Wasserkraft zur Stromerzeugung zu nutzen. Die Anlage übertrug schon bald Wechselstrom zur Versorgung. Das war der Anfang vom Ende der Gleichstromübertragung in den USA.

Neue, effiziente Dampfturbinen ermöglichten eine rasche Ausweitung der Erzeugungskapazität. Größere Betriebsanlagen setzten höhere Dampfdrücke ein, um den Wirkungsgrad zu erhöhen. Im 20. Jahrhundert stieg die Stromerzeugung auf fast das Zehnfache. Die Hochspannungs-Wechselstrom-Übertragung ermöglichte die Lieferung von Strom aus entlegenen Kraftwerken in weit entfernte Industrie- und Stadtzentren.

Zu Beginn des Jahrhunderts wurde hauptsächlich Kohle verbrannt, um Dampf für den Antrieb von Turbinen zu erzeugen. Später wurde sie durch andere fossile Brennstoffe (Erdöl und Erdgas), Holzhackschnitzel und in Kernkraftwerken durch angereichertes Uran ergänzt.

Nachhaltige Lösungen

Noch immer werden weltweit etwa zwei Drittel des Stroms mit fossilen Brennstoffen erzeugt. Angesichts der steigenden CO_2-Werte in der Atmosphäre müssen nachhaltige Alternativen eingeführt werden. Die Wasserkraft, deren Ursprünge bis ins 19. Jahrhundert zurückreichen, produziert heute etwa ein Sechstel der Elektrizität weltweit, die übrigen erneuerbaren Energien (Wind, Wellen und Gezeiten, Sonnenkollektoren sowie geothermische Energie) erzeugen zusammen etwa 6 Prozent der weltweiten Elektrizität, etwa 10 Prozent stammen aus Kernkraftwerken. Wissenschaftler arbeiten auch an der Entwicklung von Wasserstoff-Brennstoffzellen. ■

Wenn die fotovoltaischen Zellen eines Solarpanels die Sonnenstrahlung absorbieren, entstehen freie Elektronen, die einen elektrischen Strom erzeugen.

Thomas Alva Edison

Als einer der produktivsten Erfinder aller Zeiten hatte Edison bei seinem Tod mehr als 1000 Patente inne. Er hatte kaum Schulbildung, sondern wurde von seiner Mutter unterrichtet. Als frühes Zeichen seines unternehmerischen Talents erwarb er die Exklusivrechte für den Verkauf von Zeitungen im Zug, während er als Telegrafist bei der Eisenbahngesellschaft arbeitete. Seine erste Erfindung war ein elektrischer Wahlschreiber.

Mit 29 Jahren gründete Edison ein industrielles Forschungslabor in New Jersey. Einige seiner berühmtesten Patente betrafen Verbesserungen an bestehenden Geräten wie Telefon, Mikrofon und Glühbirne. Andere waren revolutionär, darunter 1877 der Phonograph. 1892 gründete er die General Electric Company. Edison war Vegetarier und stolz darauf, dass er nie Waffen erfunden hat.

Hauptwerke

2007 *The Papers of Thomas A. Edison, Electrifying New York and Abroad* (Gesammelte Werke, Bd. 6), 1881–1883

EIN KLEINER SCHRITT IN DER KONTROLLE DER NATUR

ELEKTRONIK

IM KONTEXT

SCHLÜSSELFIGUR
John Bardeen (1908–1991)

FRÜHER
1821 Der deutsche Physiker Thomas Seebeck beobachtet einen thermoelektrischen Effekt in einem Halbleiter.

1904 Der britische Ingenieur John A. Fleming erfindet die Röhrendiode.

1926 Der Ingenieur Julius Edgar Lilienfeld patentiert das Prinzip des Feldeffekttransistors.

1931 Alan Herries Wilson begründet die Bändertheorie der elektrischen Leitung.

SPÄTER
1958/59 Jack Kilby und Robert Noyce entwickeln den Integrierten Schaltkreis (IC).

1971 Die Intel Corp. stellt den ersten Mikroprozessor vor.

Elektronik umfasst die Wissenschaft, Technologie und den Bau von Komponenten und Schaltungen zur Erzeugung, Umwandlung und Steuerung elektrischer Signale. Elektronische Schaltungen enthalten aktive Komponenten wie Dioden und Transistoren, die elektrische Signale schalten, verstärken, filtern oder anderweitig verändern. Passive Komponenten wie Zellen, Lampen und Motoren wandeln in der Regel nur zwischen elektrischen und anderen Energieformen wie Wärme und Licht um.

Der Begriff »Elektronik« wurde erstmals für die Untersuchung des Elektrons verwendet, des subatomaren Teilchens, das in Festkörpern

Siehe auch: Die elektrische Ladung 124–127 ▪ Elektrischer Strom und Widerstand 130–133 ▪ Quantenanwendungen 226–231 ▪ Subatomare Teilchen 242–243

Elektronik **nutzt Elektrizität,** um Signale zu erzeugen, die **Informationen tragen** und **Geräte steuern.**

→ Zur Erzeugung dieser Signale muss der **Fluss des elektrischen Stroms** äußerst genau gesteuert werden.

→ **Halbleiter** enthalten ganz **verschiedene Anzahlen von Ladungsträgern.**

→ **Dotieren** (Zufügen von kleinsten Verunreinigungen) von Siliciumhalbleitern ändert die Art der Ladungsträger, sodass der Strom genau gesteuert werden kann.

→ In den meisten Halbleitern besteht das Kernstück, der **Transistor,** aus **dotierten Siliciumbereichen.** Er kann Signale verstärken und an- oder abschalten.

Elektrizität transportiert. Nach der Entdeckung des Elektrons 1897 durch den britischen Physiker J.J. Thomson erforschte man, wie die elektrische Ladung des Teilchens genutzt werden konnte. Innerhalb von 50 Jahren führte dies zur Erfindung des Transistors und ebnete den Weg für die Verarbeitung elektrischer Signale in immer kompakteren und immer schnelleren Geräten. Dies führte zur digitalen Revolution, die Ende des 20. Jahrhunderts begann und bis heute andauert.

Ventile und Ströme

Die ersten elektronischen Komponenten wurden aus Vakuumröhren entwickelt – luftleer gepumpten Glasröhren. 1904 entwickelte der britische Physiker John Ambrose Fleming daraus die Röhrendiode mit zwei Elektroden – einer Kathode und einer Anode – im Innern. Die Metallkathode wurde zum Glühen gebracht, sodass sie Elektronen emittierte. Legte man eine Spannung an die Elektroden an, sodass die Anode relativ positiv war, wurden die Elektronen von ihr angezogen und ein Strom floss. Bei Umkehrung der Spannung wurden die von der Kathode emittierten Elektronen von der Anode abgestoßen und es floss kein Strom. Die Diode leitete nur dann, wenn die Anode relativ zur Kathode positiv war, und wirkte so wie ein Einwegventil, das Wechselstrom in Gleichstrom umwandeln konnte. Dies ermöglichte die Erkennung von Radiowellen, sodass die Röhre breite Anwendung als Demodulator (Detektor) von Signalen in frühen Radioempfängern fand.

Der britische Computer Colossus Mark II von 1944 enthielt 2500 Vakuumröhren. Mit seinen Rechnungen wurde die Lorenz-Schlüsselmaschine der Nazis entschlüsselt.

1906 erweiterte der amerikanische Erfinder Lee de Forest die Diode von Fleming mit einer dritten gitterförmigen Elektrode zur Triode. Eine kleine, variierende Spannung zwischen Gitterelektrode und Kathode veränderte den Elektronenfluss zwischen Kathode und Anode, wodurch eine große Spannungsschwankung entstand – mit anderen Worten, die kleine Eingangsspannung wurde zu einer großen Ausgangsspannung verstärkt. Die Triode wurde zu einer wichtigen Komponente in der Entwicklung des Rundfunks und der Telefonie.

Festkörperphysik

Doch die Röhren waren sperrig, zerbrechlich, stromhungrig und hielten nicht lange. Die britischen Colossus-Computer etwa, die während des Kriegs zur Dechiffrierung eingesetzt wurden, hatten jeweils bis zu 2500 Röhren, belegten einen ganzen Raum und wogen mehrere Tonnen.

Diese Einschränkungen wurden mit dem Übergang zu einer Elektronik gelöst, die nicht auf Vakuumröhren, sondern auf den »

» An einer Oberfläche treten die interessantesten und nützlichsten Phänomene auf. «

Walter Brattain

Elektroneneigenschaften von Halbleitern wie den Elementen Bor, Germanium und Silicium basierte. Dies wiederum war das Ergebnis eines seit den 1940er-Jahren steigenden Interesses an der Festkörperphysik, der Untersuchung jener Eigenschaften von Festkörpern, die von der mikroskopischen Struktur auf atomarer und subatomarer Ebene abhängen, einschließlich des Quantenverhaltens.

Ein Halbleiter ist ein Festkörper mit einer elektrischen Leitfähigkeit zwischen der eines Leiters und der eines Isolators – also weder hoch noch niedrig. Damit kann er einen elektrischen Strom steuern. Die Elektronen in allen Festkörpern liegen in unterschiedlichen Energieniveaus (Bändern), die als Valenz- und Leitungsbänder bezeichnet werden. Das Valenzband enthält das höchste Energieniveau, das Elektronen besetzen, wenn sie sich mit anderen Atomen verbinden. Das Leitungsband hat noch höhere Energieniveaus. Seine Elektronen sind nicht an bestimmte Atome gebunden und haben genug Energie, um sich durch den Festkörper zu bewegen und so Strom zu leiten. In einem Leiter überlappen sich das Valenz- und das Leitungsband, sodass die an der Bindung beteiligten Elektronen ebenfalls zur Leitung beitragen können. In Isolatoren gibt es eine große Bandlücke (Energiedifferenz) zwischen dem Valenz- und dem Leitungsband, durch die die meisten Elektronen gebunden, aber nicht leitend bleiben. Bei Halbleitern ist die Bandlücke klein. Wird ein wenig zusätzliche Energie zugeführt (durch Wärme, Licht oder Spannung), können ihre Valenzelektronen in das Leitungsband wandern: Der Halbleiter wird vom Isolator zum Leiter.

Kontrolle durch Dotieren

1940 gab es eine zufällige Entdeckung zum elektrischen Potenzial von Halbleitern: Der amerikanische Elektrochemiker Russell Ohl stellte beim Testen eines Siliciumkristalls fest, dass es an verschiedenen Stellen unterschiedliche elektrische Eigenschaften hatte. Der Kristall schien Bereiche mit deutlichen Verunreinigungen zu enthalten. Phosphor etwa wies einen kleinen Überschuss an Elektronen auf, Bor einen kleinen Mangel. Es wurde deutlich, dass winzige Verunreinigungen in einem Halbleiterkristall dessen elektrische Eigenschaften dramatisch verändern können. Das kontrollierte Einbringen von spezifischen Verunreinigungen zur Erzielung der gewünschten Eigenschaften heißt Dotierung.

Die Bereiche eines Kristalls können auf unterschiedliche Weise dotiert werden. In einem reinen Siliciumkristall zum Beispiel hat jedes Atom vier Bindungselektronen (Valenzelektronen), die es mit seinen Nachbarn teilt. Bereiche des Kristalls können dotiert werden, indem einige Atome Phosphor oder Bor (mit fünf bzw. drei Valenzelektronen) eingeführt werden. Der phosphordotierte Bereich hat zusätzliche freie Elektronen und wird als n-Halbleiter (n für negativ) bezeichnet. Die Bor-dotierte Region, ein sogenannter p-Halbleiter (p für positiv), hat weniger Elektronen, wodurch ladungstragende »Löcher« entstehen. Verbindet man die beiden Typen miteinander, entsteht ein p-n-Übergang. Wenn eine Spannung an die p-Seite angelegt wird, zieht sie Elektronen von der n-Seite an und Strom fließt. Ein Kristall mit einem p-n-Übergang wirkt wie eine Diode – er leitet einen Strom über den Übergang nur in eine Richtung.

Die meisten Halbleiter in Transistoren bestehen aus Silicium (Si), das mit verschiedenen Stoffen dotiert wurde, um den Stromfluss zu steuern. Phosphoratome in Silicium erzeugen einen n-Halbleiter, in dem sich negativ geladene Elektronen frei bewegen können. Mit Boratomen entsteht ein p-Halbleiter, in dem sich positiv geladene »Löcher« als Ladungsträger bewegen.

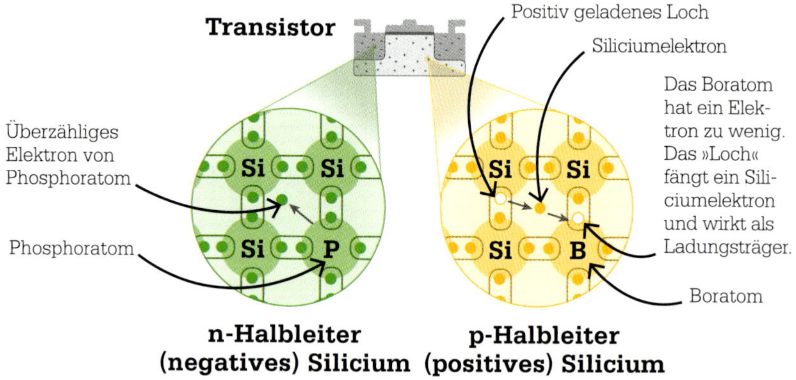

John Bardeen

John Bardeen, geboren 1908, begann schon mit 15 Jahren ein Studium der Elektrotechnik an der University of Wisconsin. Nach seinem Abschluss ging er 1930 als Geophysiker zu Gulf Oil und entwickelte dort magnetische und gravitative Untersuchungsverfahren. 1936 promovierte er in mathematischer Physik an der Universität Princeton und forschte später in Harvard zur Festkörperphysik. Während des Zweiten Weltkriegs arbeitete er für die US Navy an Torpedos und Minen.

Nach einer produktiven Zeit in den Bell Labs, wo Bardeen den Transistor miterfand, war er 1957 Mitautor der BCS-Theorie (Bardeen-Cooper-Schrieffer) der Supraleitung. Er erhielt zwei Nobelpreise in Physik: 1956 (für den Transistor) und 1972 (für die BCS-Theorie). Er starb 1991.

Hauptwerke

1948 »The transistor, a semiconductor triode« (»Der Transistor, eine Halbleitertriode«)
1957 »Microscopic theory of superconductivity« (»Mikroskopische Theorie der Supraleitung«)
1957 »Theory of superconductivity«

Transistor-Durchbrüche

Nach dem Ende des Zweiten Weltkriegs ging die Suche nach einem Ersatz für die Vakuumröhren weiter. In den USA stellte die Bell Telephone Company in ihren Labors in New Jersey ein Team von Physikern zusammen, darunter William Shockley, John Bardeen und Walter Brattain, um eine Halbleiterversion des Triodenverstärkers zu entwickeln.

Bardeen war der Theoretiker und Brattain der Experimentator in der Gruppe. Nach fehlgeschlagenen Versuchen, ein äußeres elektrisches Feld an einen Halbleiterkristall anzulegen, um seine Leitfähigkeit kontrolliert zu ändern, konzentrierte man sich auf die Oberfläche des Halbleiters. 1947 experimentierte die Gruppe mit elektrischen Kontakten auf einem Germaniumkristall. Darunter wurde eine dritte Elektrode (die sogenannte Basis) angebracht. Für die gewünschte Funktion mussten die beiden oberen Kontakte sehr nah beieinanderliegen. Dazu wickelte man Goldfolie um ein Kunststoffstück und schlitzte die Folie entlang des Randes, um zwei eng beieinander liegende Kontakte zu schaffen. Wenn sie auf das Germanium gepresst wurden, bildeten sie einen Verstärker, der das Signal für die Basis verstärken konnte. Diese erste Arbeitsversion, zuerst einfach als Punktkontakt bezeichnet, wurde als Transistor bekannt.

Der Punktkontakt-Transistor war zu filigran für eine Massenproduktion. Shockley begann daher 1948 mit der Arbeit an einem neuen Transistor. Sein bipolarer Transistor mit p-n-Halbleiterübergang basierte auf der Annahme, dass die durch die Dotierung erzeugten positiv geladenen Löcher in den Halbleiterkörper eindringen und nicht nur über die Oberfläche des Halbleiters schweben. Der Transistor bestand aus einem Sandwich aus p-leitendem Material zwischen zwei n-leitenden Schichten (npn) oder aus einem n-leitenden Sandwich zwischen p-leitenden Schichten (pnp), die Halbleiter waren durch p-n-Übergänge getrennt. 1951 stellte Bell den Transistor in Massenproduktion her. Obwohl das Gerät anfangs hauptsächlich in Hörgeräten und Radios verwendet wurde, sorgte es bald für ein spektakuläres Wachstum auf dem Elektronikmarkt und begann, die Vakuumröhren in Computern zu ersetzen.

Verarbeitungsleistung

Die ersten Transistoren wurden aus Germanium hergestellt, doch dieses Basismaterial wurde bald durch das vielseitigere Silicium ersetzt. Seine Kristalle bilden auf ihrer Oberfläche eine dünne isolierende Oxidschicht. Mithilfe der sogenannten Photolithografie kann man hochkomplexe Muster von dotierten Bereichen und anderen Merkmalen auf dieser Schicht erzeugen.

Silicium als Basis und Fortschritte im Transistordesign trieben die rasche Miniaturisierung voran. Dies führte Ende der 1960er-Jahre zunächst zu integrierten Schaltkreisen (ganze Schaltungen auf einem einzigen Kristall) und 1971 zum Mikroprozessor Intel 4004 – eine ganze CPU (Zentraleinheit) auf einem 3 × 4 mm großen Chip mit mehr als 2000 Transistoren. Seitdem hat sich die Technologie mit unglaublicher Schnelligkeit entwickelt. Heute kann ein CPU- oder GPU-Chip (Graphics Processing Unit) bis zu 20 Mrd. Transistoren enthalten. ■

TIERISCHE ELEKTRIZITÄT

BIOELEKTRIZITÄT

IM KONTEXT

SCHLÜSSELFIGUREN
Joseph Erlanger (1874–1965),
Herbert Spencer Gasser (1888–1963)

FRÜHER
1791 Der italienische Arzt Luigi Galvani schreibt über »tierische Elektrizität« in einem Froschschenkel.

1843 Der deutsche Mediziner Emil du Bois-Reymond zeigt, dass sich in den Nerven elektrische Wellen ausbreiten.

SPÄTER
1944 Die amerikanischen Physiologen Joseph Erlanger und Herbert Gasser erhalten den Nobelpreis für ihre Arbeiten zu Nervenfasern.

1952 Die britischen Forscher Alan Hodgkin und Andrew Huxley zeigen, dass Nervenzellen über Ionenströme miteinander kommunizieren (Hodgkin-Huxley-Modell).

Bioelektrizität lässt das Nervensystem eines Tieres funktionieren. So kann das Gehirn Wärme, Kälte, Gefahr, Schmerz und Hunger interpretieren und die Muskelbewegungen, einschließlich Herzschlag und Atmung, regulieren.

Als einer der ersten Wissenschaftler untersuchte Luigi Galvani die Bioelektrizität und prägte 1791 den Begriff tierische Elektrizität. Er beobachtete, wie in einem sezierten Froschschenkel die Muskeln kontrahierten, als ein durchtrennter Nerv und ein Muskel mit zwei Metallstücken verbunden wurden. 1843 zeigte Emil du Bois-Reymond, dass Nervensignale bei Fischen elektrisch sind, 1875 zeichnete der britische Physiologe Richard Caton die elektrischen Felder der Gehirne von Kaninchen und Affen auf.

Wie die elektrischen Impulse erzeugt werden, zeigten 1932 Joseph Erlanger und Herbert Gasser. Sie fanden heraus, dass verschiedene Fasern im selben Nervenstrang unterschiedliche Eigenschaften und Funktionen haben. Ab den 1930er-Jahren untersuchten Alan Hodgkin und Andrew Huxley mithilfe des Riesenaxons (Teil einer Nervenzelle) eines Tintenfisches, wie sich Ionen (geladene Atome oder Moleküle) in und aus Nervenzellen bewegen. Sie fanden heraus, dass Natrium-, Kalium- und Chloridionen bei der Weiterleitung von Nervenbotschaften schnell laufende Impulse über elektrische Potenziale erzeugen. ■

Haie und einige andere Fische haben ein Sinnesorgan für elektrische Feldänderungen im Wasser: die Lorenzini'schen Ampullen. Sie können damit Potenzialunterschiede von 0,01 Mikrovolt wahrnehmen.

Siehe auch: Magnetismus 122–123 ▪ Die elektrische Ladung 124–127 ▪ Elektrisches Potenzial 128–129 ▪ Elektrischer Strom und Widerstand 130–133 ▪ Magnetherstellung 134–135

EINE VÖLLIG UNERWARTETE WISSENSCHAFTLICHE ENTDECKUNG

DATENSPEICHERUNG

IM KONTEXT

SCHLÜSSELFIGUREN
Albert Fert (*1938),
Peter Grünberg (1939–2018)

FRÜHER
1856 Der schottische Physiker William Thomson (Lord Kelvin) entdeckt den Magnetowiderstand.

1928 Die Physiker George Uhlenbeck und Samuel Goudsmit postulieren die quantenmechanische Idee eines Elektronenspins.

1957 Die erste Computerfestplatte ist so groß wie zwei Kühlschränke und kann 3,75 Megabyte (MB) speichern.

SPÄTER
1997 Der britische Physiker Stuart Parkin entwickelt mit dem Riesenmagnetowiderstand die extrem empfindliche Spin-Valve-Technik für Datenleseköpfe.

Festplattenlaufwerke von Computern speichern Daten in einer Reihe von Änderungen der Magnetisierungsrichtung auf die Plattenoberfläche. Beim Lesen werden die Daten als eine Folge von Einsen und Nullen erkannt. Doch schon bald trat ein großes Problem bei der Miniaturisierung auf: Es war für herkömmliche Sensoren schwierig, immer größere Datenmengen auf immer kleinerem Plattenplatz zu lesen.

1988 entdeckten zwei Teams von Physikern – eines unter der Leitung von Albert Fert, das andere unter der Leitung von Peter Grünberg – unabhängig voneinander den Riesenmagnetowiderstand (GMR). Der GMR hängt vom Elektronenspin ab, einer quantenmechanischen Eigenschaft.

Elektronen haben entweder einen Up- oder einen Down-Spin (das Forschungsgebiet nennt sich Spintronik). Bei einem Up-Spin bewegt es sich leicht durch ein nach oben orientiertes magnetisiertes Material, wird aber durch einen nach unten orientierten Magneten gehemmt. Indem man ein nichtmagnetisches Material zwischen nur wenige Atome dicke Magnetschichten schichtete und kleine Magnetfelder anlegte, wurde der durchfließende Strom spinpolarisiert. Wenn sich das Magnetfeld änderte, wurde der spinpolarisierte Strom wie ein Ventil ein- oder ausgeschaltet. Dieses Spin-Ventil konnte kleinste magnetische Impulse beim Lesen von Festplattendaten erkennen, sodass erheblich größere Datenmengen gespeichert werden konnten. ■

» Wir haben gerade die Geburt eines Phänomens erlebt, das wir Riesenmagnetowiderstand nennen. «

Albert Fert

Siehe auch: Magnetismus 122–123 ▪ Nanoelektronik 158 ▪ Quantenzahlen 216–217 ▪ Quantenfeldtheorie 224–225 ▪ Quantenanwendungen 226–231

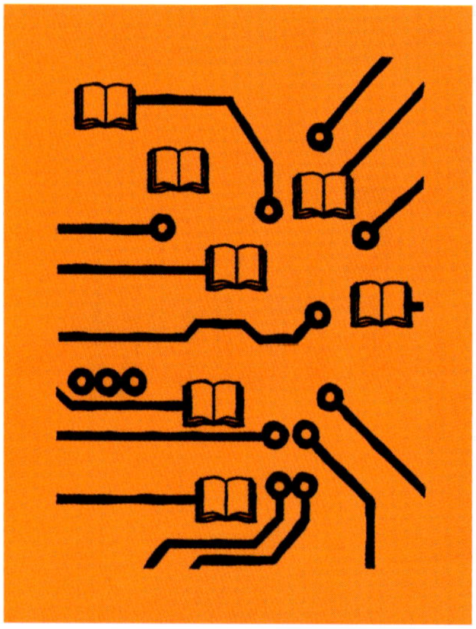

EINE ENZYKLOPÄDIE AUF EINEM STECKNADELKOPF

NANOELEKTRONIK

IM KONTEXT

SCHLÜSSELFIGUR
Gordon Moore (*1929)

FRÜHER
Ende 1940er-Jahre
Die ersten Transistoren (ca. 1 cm lang) entstehen.

1958 Der Elektroingenieur Jack Kilby baut den ersten funktionsfähigen integrierten Schaltkreis.

1959 Der Physiker Richard Feynman regt die Entwicklung der Nanotechnologie an.

SPÄTER
1988 Albert Fert und Peter Grünberg finden unabhängig voneinander den Riesenmagnetowiderstand, der eine Miniaturisierung von magnetischen Festplatten erlaubt.

1999 Der Elektroingenieur Chad Mirkin entwickelt die Dip-Pen-Nanolithografie, die Nanoschaltkreise auf Siliciumwafer schreibt.

Die Komponenten, die in praktisch jedem elektronischen Gerät, von Smartphones bis hin zu Autozündsystemen, integriert sind, haben eine Größe von nur wenigen Nanometern (nm, 1 nm ist ein Milliardstel von 1 m). Eine Handvoll winziger integrierter Schaltkreise (ICs) können Funktionen ausführen, die früher von Tausenden von Transistoren ausgeführt wurden, indem sie elektronische Signale schalten oder verstärken. ICs sind Ansammlungen von Komponenten wie Transistoren und Dioden, die auf einem Siliciumwafer gedruckt werden.

Die Verringerung von Größe, Gewicht und Stromverbrauch elektronischer Geräte schreitet seit den 1950er-Jahren voran. 1965 sagte der amerikanische Ingenieur Gordon Moore voraus, dass sich die Anzahl der Transistoren pro Siliciumchip alle 18 Monate verdoppeln würde. 1975 revidierte er die Zeitskala auf alle zwei Jahre. Seine Maxime ist als Moore'sches Gesetz bekannt. Heute haben die kleinsten Transistoren einen Durchmesser von 7 nm, sodass man 20 Mrd. Transistor-Schaltkreise in einen einzigen Mikrochip integrieren kann. Zur Herstellung dieser Nanoschaltungen wird die Fotolithografie (Übertragung eines Musters auf das Halbleitermaterial mit Licht) verwendet. ■

Gordon Moore war 1975–1987 Leiter des Technologieunternehmens Intel. Er ist bekannt für seine Beobachtungen zum Bedarf an immer kleineren elektronischen Komponenten.

Siehe auch: Die motorische Wirkung 136–137 ▪ Elektronik 152–155 ▪ Datenspeicherung 157 ▪ Quantenanwendungen 226–231 ▪ Quantenelektrodynamik 260

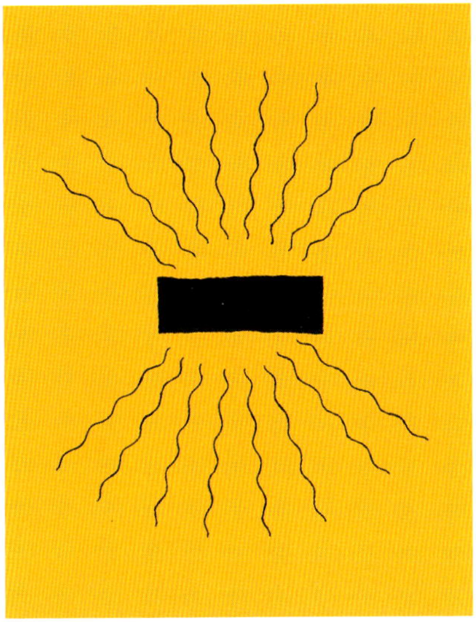

EIN EINZELNER POL, ENTWEDER NORD ODER SÜD

MAGNETISCHE MONOPOLE

IM KONTEXT

SCHLÜSSELFIGUREN
Gerard 't Hooft (*1946),
Alexander Poljakow (*1945)

FRÜHER
1865 Maxwell vereinigt Elektrizität und Magnetismus in einer einzigen Theorie.

1894 Pierre Curie sagt, magnetische Monopole könnten existieren.

1931 Nach Paul Dirac können magnetische Monopole die Quantisierung der elektrischen Ladung erklären.

1974 Sheldon Glashow und Howard Georgi entwickeln die erste Große Vereinheitlichte Theorie (GUT) der Teilchenphysik.

SPÄTER
1982 Blas Cabrera zeichnet an der Stanford University ein Ereignis auf, das man mit dem Durchgang eines Monopols durch einen supraleitenden Detektor erklären könnte.

Im klassischen Magnetismus haben Magnete zwei Pole, die nicht getrennt werden können. Bricht man einen Magnet in zwei Hälften, wird das gebrochene Ende zu einem neuen Pol. In der Teilchenphysik jedoch sind magnetische Monopole hypothetische Teilchen mit einem einzigen Pol, Nord oder Süd, wobei sich entgegengesetzte Monopole anziehen und gleiche abstoßen sollen, ihre Flugbahnen biegen sich im elektrischen Feld.

Es gibt keinen experimentellen Beweis für die Existenz magnetischer Monopole, aber 1931 schlug der britische Physiker Paul Dirac vor, sie könnten die Quantisierung der elektrischen Ladung erklären (alle Elektronenladungen sind Vielfache von $1{,}6 \times 10^{-19}$ Coulomb).

Schwerkraft, Elektromagnetismus, die schwache und die starke Kernkraft sind die vier anerkannten fundamentalen Kräfte. In der Teilchenphysik schlagen mehrere Varianten der Grand Unified Theory (GUT) vor, dass in einer hochenergetischen Umgebung elektromagnetische, schwache und starke Kernkräfte zu einer einzigen Kraft verschmelzen. 1974 argumentierten die theoretischen Physiker Gerard t'Hooft und Alexander Poljakow unabhängig voneinander, dass die GUT die Existenz von magnetischen Monopolen vorhersagt.

1982 zeichnete ein Detektor an der Stanford University ein Teilchen auf, das einem Monopol entsprechen könnte. Solche Teilchen wurden aber seither trotz aller Bemühungen nie mehr gefunden. ■

» Die Experimentatoren werden dem Monopol weiterhin mit Verbissenheit und Erfindungsgeist nachjagen. «

John Preskill
Amerikanischer theoretischer Physiker

Siehe auch: Magnetismus 122–123 ▪ Die elektrische Ladung 124–127 ▪ Quantenfeldtheorie 224–225 ▪ Quantenanwendungen 226–231 ▪ Die Stringtheorie 308–311

SCHALL U
LICHT
DIE EIGENSCHAFTEN DER WELLEN

ND

6. JH. V. CHR.
Pythagoras entdeckt den **Zusammenhang zwischen der Länge einer Seite** und der erzeugten **Tonhöhe.**

4. JH. V. CHR.
Nach Aristoteles ist **Schall eine Welle,** die durch **Bewegung der Luft** übertragen wird. Er irrt damit, dass hohe Frequenzen sich schneller ausbreiten als tiefe.

3. JH. V. CHR.
Euklid schreibt in seiner *Optik*, dass **Licht sich geradlinig ausbreitet,** und formuliert das **Reflexionsgesetz.**

50 N. CHR.
Mit der Regel, dass **Licht** zwischen zwei Punkten immer den **kürzesten Weg** nimmt, zeigt Heron von Alexandria, dass sich das **Reflexionsgesetz** rein geometrisch herleiten lässt.

1621
Der niederländische Astronom Willebrord Snellius gibt ein Gesetz für die Beziehung von **Einfallswinkel** und **Brechungswinkel von Licht** in transparenten Stoffen an.

1658
Pierre de Fermat zeigt, dass sich alle **Reflexions- und Brechungsgesetze** mit dem Prinzip herleiten lassen, dass **Licht zwischen zwei Punkten** immer den **Weg nimmt, der die kürzeste Zeit** dauert.

1665
Die *Micrographia* von Robert Hooke erscheint, das erste **Buch** über winzige, mit **selbst gebauten Mikroskopen beobachtete Objekte.**

Sehen und Hören sind die Sinne, mit denen wir hauptsächlich die Welt wahrnehmen. Kein Wunder also, dass Licht – als Voraussetzung für das Sehvermögen – und Schall die Menschen schon immer fasziniert haben.

Musik gehört seit der Jungsteinzeit zum alltäglichen Leben, wie Höhlenmalereien und archäologische Funde bezeugen. Die alten Griechen mit ihrer Liebe zum Lernen versuchten, die Prinzipien zur Erzeugung harmonischer Klänge zu erkunden. Pythagoras hörte Hämmer, die verschiedene Töne auf einen Amboss schlagen, und erkannte, dass Klang und Größe des Schallerzeugers zusammengehören. Er und seine Schüler forschten zur Wirkung von Spannung und Länge auf den Klang von Saiten.

Reflexion und Brechung

Auch Spiegel und Reflexionen haben die Menschen schon früh beschäftigt. Im antiken Griechenland bewiesen Gelehrte – allein durch Geometrie –, dass Licht von einer spiegelnden Oberfläche immer im selben Winkel zurückgeworfen wird, wie es einfällt. Das ist heute als Reflexionsgesetz bekannt.

Im 10. Jahrhundert erkannte der persische Mathematiker ibn Sahl den Zusammenhang zwischen dem Einfallswinkel eines Lichtstrahls beim Eintritt in ein transparentes Material und seinem Brechungswinkel in diesem Material. Im 17. Jahrhundert stellte der französische Mathematiker Pierre de Fermat fest, dass bei Reflexion und Brechung ein Prinzip gilt: Licht wählt immer den kürzesten Weg zwischen zwei beliebigen Punkten.

Reflexion und Brechung von Licht ermöglichten Pionieren wie Galileo Galilei in Italien und Robert Hooke in England den Bau optischer Geräte: Teleskope enthüllten bisher ungesehene Monde um andere Planeten und führten dazu, die Stellung der Erde im Kosmos neu zu bewerten. Mikroskope ermöglichten einen Blick in eine fremde Welt winziger Lebewesen und die zelluläre Struktur des Lebens selbst.

Was Licht eigentlich ist, wurde im Lauf der Jahrhunderte immer wieder gefragt. Für einige – darunter Isaac Newton – bestand Licht aus kleinen Partikeln, die sich durch die Luft von einer Quelle zu einem Beobachter bewegen, möglicherweise nach Reflexion an einem Objekt. Andere, etwa Robert Hooke oder Christiaan Huygens,

1669

Der dänische Forscher Erasmus Bartholin beschreibt die **Polarisation des Lichts** durch die Doppelbrechung an Kalkspat.

1675

Isaac Newton stellt die Theorie auf, **Licht bestehe aus Teilchen,** den sogenannten Korpuskeln.

1690

Christiaan Huygens schreibt seine *Abhandlungen über das Licht*, worin er mit seiner **Wellentheorie** die Brechung beim Übergang zwischen zwei Medien erklärt.

1800

Der Astronom William Herschel entdeckt die **Infrarotstrahlung,** das erste Licht **außerhalb des sichtbaren Spektrums.**

1803

Thomas Young zeigt mit einem **Doppelspaltexperiment** die **Welleneigenschaften des Lichts.**

1842

Christian Doppler beschreibt, wie sich die **Farbe der Sterne** durch ihre **Bewegung** ändert. Dieser Doppler-Effekt wird später an **Schallwellen** demonstriert.

1865

James Clerk Maxwell zeigt, dass **Licht** eine **Wellenerscheinung von elektrischen und magnetischen Feldern** ist.

1967

Die Astrophysikerin Jocelyn Bell Burnell entdeckt mithilfe der **Radioastronomie** die **Pulsare** (pulsierende Sterne).

sahen das Licht als Welle und beriefen sich etwa auf die Beugung (Ausbreitung des Lichts beim Durchgang durch enge Spalten).

Der britische Universalgelehrte und Arzt Thomas Young gab eine Antwort. In einem Experiment teilte er 1803 mithilfe einer Blende mit zwei Spalten einen Sonnenstrahl so auf, dass er gebeugt wurde und auf einer Mattscheibe ein Muster erzeugte. Es bestand nicht aus zwei hellen Flecken von zwei Lichtstrahlen, sondern aus einer Reihe heller und dunkler Linien. Das ließ sich nur erklären, wenn Licht als Welle wirkte und die Wellen auf jeder Seite der Blende miteinander interferierten.

Die Wellentheorie setzte sich durch, als klar wurde, dass Licht sich, anders als Schall, in Transversalwellen und nicht in Longitudinalwellen ausbreitet. Als Physiker die Eigenschaften des Lichts untersuchten, erkannten sie, dass die Schwingungen der Lichtwellen in bestimmte Orientierungen gezwungen werden konnten. Das nennt man Polarisation. Bis 1821 hatte der französische Physiker Augustin-Jean Fresnel eine vollständige Wellentheorie des Lichts aufgestellt.

Der Doppler-Effekt

Bei der Betrachtung des Lichts von Doppelsternen, die einander umkreisen, stellte der österreichische Physiker Christian Doppler fest, dass die meisten Paare aus einem roten und einem blauen Stern bestehen. 1842 führte er dies auf ihre Relativbewegung zurück, da sich der eine von der Erde weg und der andere zu ihr hin bewegte. Die Theorie wurde für den Schall bewiesen und galt wohl auch für das Licht: Die Farbe hängt von seiner Wellenlänge ab: Sie ist kürzer, wenn sich ein Stern nähert, und länger, wenn er sich entfernt.

Im 19. Jahrhundert entdeckten die Physiker auch neues, für das menschliche Auge unsichtbares Licht – zunächst Infrarot und dann Ultraviolett. Im Jahr 1865 deutete der schottische Physiker James Clerk Maxwell Licht als elektromagnetische Welle. Das warf Fragen nach der Ausdehnung des elektromagnetischen Spektrums auf. Bald entdeckten Physiker Licht mit extrem hohen oder niedrigen Frequenzen, wie Röntgenstrahlen, Gammastrahlen, Radiowellen und Mikrowellen, und ihre vielfältigen Einsatzmöglichkeiten. Licht, das für den Menschen unsichtbar ist, ist heute ein wesentlicher Bestandteil des modernen Lebens. ■

ES LIEGT GEOMETRIE IM SUMMEN DER SAITEN

MUSIK

IM KONTEXT

SCHLÜSSELFIGUR
Pythagoras (um 570–495 v. Chr.)

FRÜHER
um 40 000 v. Chr. Das früheste bekannte Musikinstrument ist eine aus der Speiche eines Geiers geschnitzte Knochenflöte, gefunden 2008 in der Karsthöhle Hohler Fels bei Ulm.

SPÄTER
um 350 v. Chr. Aristoteles sagt, Schall wird durch Luftbewegungen übertragen.

1636 Der französische Mathematiker Marin Mersenne findet den Zusammenhang zwischen dem Ton einer gespannten Saite mit ihrer Länge, Masse und Spannung.

1638 Galileo Galilei behauptet, die Tonhöhe hänge von der Frequenz der Schallwellen ab, nicht von der Geschwindigkeit.

Die Menschen haben seit prähistorischen Zeiten Musik gemacht, aber erst in der klassischen griechischen Antike (500–300 v. Chr.) wurden einige der physikalischen Prinzipien für die Erzeugung harmonischer Klänge, insbesondere Frequenz und Tonhöhe, erkannt. Der früheste wissenschaftliche Versuch, diese Aspekte zu verstehen, wird dem griechischen Philosophen Pythagoras zugeschrieben.

Der Klang der Musik

Die Tonhöhe wird durch die Frequenz der Schallwellen (Anzahl der

Siehe auch: Die wissenschaftliche Methode 20–23 ▪ Die Sprache der Physik 24–31 ▪ Druck 36 ▪ Harmonische Schwingungen 52–53 ▪ Elektromagnetische Wellen 192–195 ▪ Piezoelektrizität und Ultraschall 200–201 ▪ Himmelsmechanik 270–271

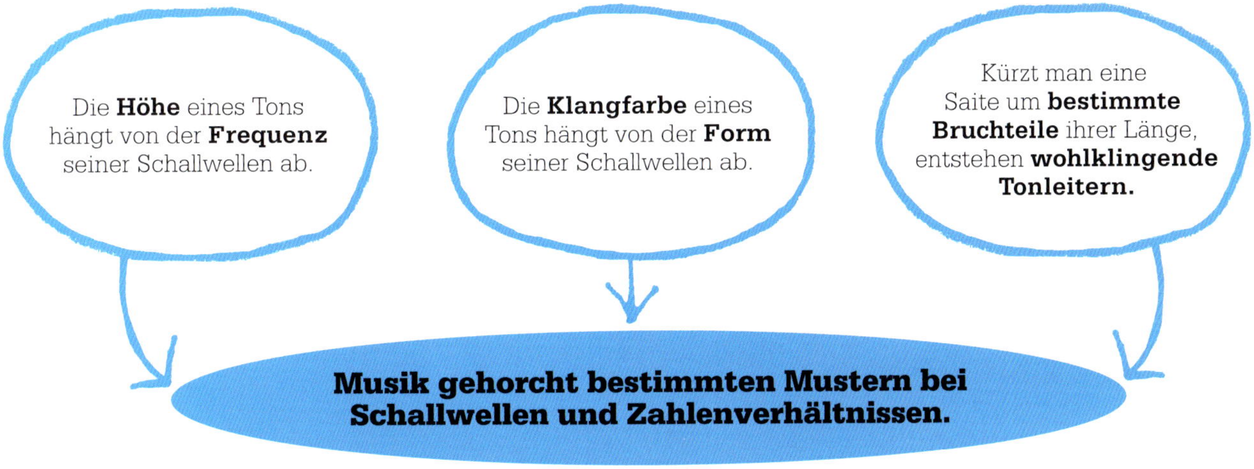

Wellen pro Sekunde an einem festen Punkt) bestimmt. Eine Kombination aus Physik und Biologie ermöglicht die Wahrnehmung durch das Ohr. Heute wissen wir, dass Schallwellen longitudinal sind – sie entstehen durch Druckschwankungen der Luft in der Ausbreitungsrichtung der Welle. Wir nehmen Schall wahr, wenn diese Schwankungen unser Trommelfell zum Schwingen bringen.

Frequenz oder Höhe bestimmen den Ton, den wir hören, doch gibt es noch eine andere Eigenschaft, die Klangfarbe. Dabei handelt es sich um fast unmerkliche Variationen von Anstieg und Abfall der von einem Musikinstrument erzeugten Wellen – die Form der Welle unterscheidet sich von der einfachen Frequenz und Wellenlänge. Kein nicht digitales Musikinstrument kann Schallwellen erzeugen, die völlig gleichmäßig sind. Wegen der Klangfarbe kann ein von einer menschlichen Stimme gesungener Ton ganz anders klingen, wenn er auf einem Saiten-, Blas- oder Blechinstrument gespielt oder sogar von jemand anderem gesungen wird. Außerdem kann ein Musiker die Klangfarbe seines Instruments auch durch unterschiedliche Spieltechniken verändern, bei einer Geige etwa durch einen anderen Ansatz des Bogens.

Pythagoräische Erkenntnisse

Der Legende nach formulierte Pythagoras seine Vorstellungen zur Tonhöhe, als er im Vorübergehen den Klang von Hämmern auf dem Amboss in einer Schmiede hörte. Als er einen Ton hörte, der anders klang als die anderen, soll er Hämmer und Ambosse untersucht und dabei einen Zusammenhang zwischen der Größe des Hammers und der Höhe des von ihm erzeugten Tons entdeckt haben.

Wie viele andere Geschichten über Pythagoras ist auch diese Episode sicherlich erfunden (den angeblichen Zusammenhang gibt es nicht), sehr wohl aber haben der Philosoph und seine Anhänger grundlegende Verbindungen zwischen der Physik der Musikinstrumente und den von ihnen erzeugten Tönen gefunden. Sie erkannten, dass es einen Zusammenhang zwischen der Größe und dem Klang von Musikinstrumenten gibt. Insbesondere fanden sie ähnliche Beziehungen zwischen dem Klang von ››

Selbst wenn zwei Töne gleich hoch sind, hängt ihr Klang von der Form ihrer Schallwellen ab. Eine Stimmgabel gibt einen reinen Ton mit nur einer Tonhöhe ab. Bei einer Geige ist die Wellenform verzerrt, dadurch gibt es charakteristische Obertöne.

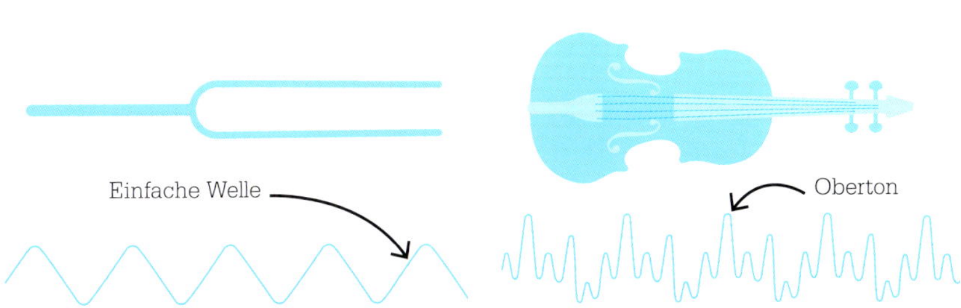

> »Harmonie … hängt von musikalischen Verhältnissen ab. Sie ist nichts als eine geheimnisvolle musikalische Verbindung.«
>
> **Florian Cajori**
> Schweizerisch-amerikanischer Mathematiker

Saiten unterschiedlicher Länge, Orgelpfeifen unterschiedlicher Höhe und Blasinstrumenten mit unterschiedlichen Durchmessern und Länge.

Die Entdeckungen der Pythagoräer waren eher systematische Experimente mit schwingenden Saiten als mit Hämmern und Ambossen. Die Beobachtung, dass kürzere Saiten schneller schwingen und höhere Töne erzeugen als lange, war nichts Neues – das war schon mindestens 2000 Jahre lang Grundlage für den Bau von Saiteninstrumenten. Interessantere Ergebnisse gab es jedoch, wenn identische Saiten auf unterschiedliche Weise in Schwingung versetzt wurden.

Pythagoras und seine Schüler testeten Saiten auf einer Lyra (einem frühen Musikinstrument) mit unterschiedlicher Länge und Spannung. Zupft man eine Saite in der Mitte, so entsteht eine stehende Welle, bei der die Mitte hin und her schwingt, während die Enden fest bleiben. So erzeugt die Saite eine Welle mit einer Wellenlänge, die doppelt so groß ist wie ihre eigene Länge. Die Frequenz wird durch die Wellenlänge und die Spannung der Saite bestimmt. Dies wird als Grundton oder erste Harmonische bezeichnet. Stehende Wellen von kürzerer Wellenlänge, sogenannte höhere Harmonische, entstehen, wenn man das Schwingen der Saite an bestimmten Stellen unterbindet. Die zweite Harmonische erzeugt man, indem die Saite genau auf halber Länge fixiert wird. Die Wellenlänge der entstehenden Welle stimmt mit der Saitenlänge überein – sie ist halb so lang und die Frequenz doppelt so hoch wie beim Grundton. Für das menschliche Gehör hat der entstehende Ton viele der Eigenschaften des Grundtons, er ist aber musikalisch gesehen eine Oktave höher. Fixiert man die Saite bei einem Drittel der Länge, entsteht die dritte Harmonische mit einer Wellenlänge von zwei Dritteln der Saitenlänge und einer Frequenz, die dreimal so hoch ist wie die des Grundtons.

Die perfekte Quinte

Der Unterschied zwischen der zweiten und dritten Harmonischen war wichtig. Sie entsprach einem Verhältnis von 3:2 zwischen den Frequenzen der Wellen. Die Töne klangen angenehm zusammen, sie unterschieden sich aber auch musikalisch stärker voneinander als harmonische, durch eine ganze Oktave getrennte Töne.

Nach ihren Versuchen konnten die Pythagoräer bald ein ganzes musikalisches System um dieses Verhältnis herum konstruieren. Indem sie andere Saiten so stimmten, dass ihre Frequenzen jeweils durch einfache Zahlenverhältnisse festgelegt waren, bauten sie eine musikalische Reihe vom Grundton zur Oktave in sieben Schritten, ohne dabei unharmonische Töne anzuschlagen. Das Verhältnis 3:2 definierte den fünften dieser Schritte, die perfekte Quinte.

Nur sieben Töne (entspricht den weißen Tasten, bezeichnet mit A bis G, einer Oktave auf einem modernen Klavier) erwiesen sich jedoch als etwas eingeschränkt; später wurden kleinere Intervalle, sogenannte Halbtöne, eingeführt. Diese führten zu einem System von zwölf Tönen für eine Oktave (entsprechend den weißen und schwarzen Tasten auf einem modernen Klavier). Während die sieben weißen Tasten allein nur dann eine gefällige Tonleiter (die sogenannte diatonische Skala) bilden, wenn sie von einem C ausgehend nach oben oder unten bis zur Oktave gespielt werden, kann man mit den zusätzlichen schwarzen Tasten eine Tonleiter von jedem Punkt aus spielen.

Die auf der perfekten Quinte basierende pythagoräische Stimmung wurde in der westlichen Musik viele Jahrhunderte lang für die gewünschte Tonhöhe auf Musikinstrumenten verwendet, bis Veränderungen des Musikgeschmacks in der Renaissance zu komplexeren Stimmungen führten. Musikkulturen außerhalb Europas, z. B. in Indien

Die antike Leier hatte ursprünglich nur vier Saiten, es gab sie aber im 5. Jahrhundert v. Chr. auch mit 12 Saiten. Sie wurden mit einem Plektrum gezupft.

Ein mittelalterlicher Holzschnitt zeigt die musikalischen Untersuchungen von Pythagoras und seinem Anhänger Philolaus, hier die unterschiedlichen Töne verschiedener Blasinstrumente.

und China, folgten ihren eigenen Traditionen, obwohl man auch dort den Wohlklang erkannte, wenn Töne bestimmter Höhe nacheinander oder zusammen gespielt wurden.

Sphärenmusik?

Für die pythagoräischen Philosophen offenbarte die Erkenntnis, dass Musik von der Mathematik geprägt ist, eine tiefe Wahrheit über das Universum. Sie suchten überall nach mathematischen Mustern, auch im Himmel. Die zyklischen Muster, in denen sich die Planeten und Sterne über den Himmel bewegten, führten zu einer Theorie der kosmischen Harmonie, die später als die Sphärenharmonie oder Sphärenmusik bekannt wurde.

Einige Jünger von Pythagoras versuchten auch, die Natur der Töne physikalisch zu erklären. Der griechische Philosoph Archytas (um 428–347 v. Chr.) lehrte, dass schwingende Saiten Klänge erzeugen, die sich mit unterschiedlichen Geschwindigkeiten bewegen und von den Menschen als unterschiedliche Tonhöhen gehört werden. Obwohl diese Theorie falsch ist, wurde sie in den Lehren der einflussreichen Philosophen Platon und Aristoteles übernommen und wiederholt und in den Kanon der westlichen Musiktheorie der Vorrenaissance aufgenommen.

Ein weiteres Missverständnis, das auf die Pythagoräer zurückgeht, war ihre Behauptung, die Tonhöhe einer Saite sei proportional sowohl zu ihrer Länge als auch zu ihrer Spannung. Der italienische Lautenist und Musiktheoretiker Vincenzo Galilei (Vater von Galileo) untersuchte Mitte des 16. Jahrhunderts diese vermeintlichen Gesetze. Er fand die behauptete Beziehung zwischen Länge und Tonhöhe korrekt, das Spannungsgesetz jedoch war komplexer – die Tonhöhe ändert sich mit der Quadratwurzel der Saitenspannung.

Galileis Entdeckung führte zur Infragestellung der vermeintlichen Überlegenheit des antiken Wissens. Seine experimentelle Methode, also die Durchführung praktischer Tests und mathematischer Analysen, anstatt die Behauptungen der Autoritäten als selbstverständlich hinzunehmen, übte großen Einfluss auf seinen Sohn aus. ■

» Sie sahen in den Zahlen die Attribute und Verhältnisse der Tonleitern. «

Aristoteles
über die Pythagoräer

Pythagoras

Über die frühen Jahre des Pythagoras ist wenig bekannt. Spätere griechische Historiker waren sich einig, dass er um 570 v. Chr. auf Samos geboren wurde. Legenden erzählen von Reisen in den Nahen Osten und vom Studium bei ägyptischen oder persischen Priestern und Philosophen sowie griechischen Gelehrten. Nach seiner Rückkehr nach Samos soll er rasch im öffentlichen Leben aufgestiegen sein.

Mit etwa 40 Jahren zog Pythagoras nach Croton, einer griechischen Kolonie in Süditalien, und gründete dort eine Philosophieschule, die viele Anhänger fand. Überlieferte Schriften seiner Schüler legen nahe, dass er nicht nur Mathematik und Musik, sondern auch Ethik, Politik, Metaphysik (philosophische Untersuchung über das Wesen der Wirklichkeit selbst) und Mystik lehrte. Pythagoras erlangte großen politischen Einfluss auf die Führer von Croton und kam wohl während eines Bürgeraufstands ums Leben, der durch seine Ablehnung der Forderungen nach einer demokratischen Verfassung ausgelöst wurde. Er soll um 495 v. Chr. gestorben sein.

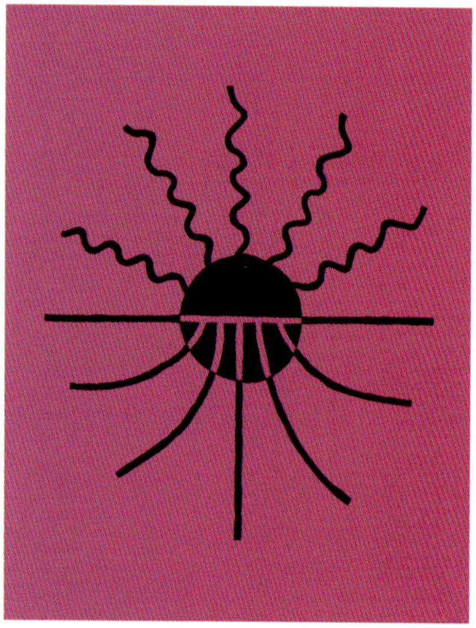

LICHT NIMMT DEN SCHNELLSTEN WEG

REFLEXION UND BRECHUNG

IM KONTEXT

SCHLÜSSELFIGUR
Pierre de Fermat (1607–1665)

FRÜHER
um 160 n. Chr. Ptolemäus vertritt die Theorie der »Sehstrahlen«, die das Auge aussendet und wieder empfängt.

um 990 Nach Versuchen zur Lichtbrechung entwickelt der persische Mathematiker ibn Sahl eine Brechungstheorie.

1010 In seinem *Buch der Optik* sagt der arabische Gelehrte ibn al-Haitham, zum Sehen müssten Strahlen ins Auge dringen.

SPÄTER
1807 Thomas Young prägt den Begriff Brechungsindex für das Verhältnis der Lichtgeschwindigkeit im Vakuum und in einem brechenden Material.

1821 Augustin-Jean Fresnel entwirft eine vollständige Wellentheorie des Lichts und erklärt damit Reflexion und Brechung.

Reflexion und Brechung sind die beiden grundlegenden Reaktionen des Lichts an Oberflächen. Bei einer Reflexion wird das Licht in eine Richtung zurückgeworfen, die mit dem Winkel zusammenhängt, unter dem es auf diese Oberfläche gefallen ist. Schon der griechische Mathematiker Euklid hatte festgestellt, dass Licht von einem Spiegel unter einem Ausfallswinkel reflektiert wird, der gleich seinem Einfallswinkel ist. Beide Winkel werden dabei gegen eine Linie senkrecht zur Spiegeloberfläche gemessen, die sogenannte Normale. Im 1. Jahrhundert n. Chr. zeigte der Mathematiker Heron von Alexandria, dass der Lichtstrahl so immer die kürzeste Strecke zurücklegt (und dabei die geringste Zeit benötigt).

Brechung ist die Richtungsänderung von Lichtstrahlen, wenn sie von einem transparenten Material in ein anderes übergehen. Der persische Mathematiker ibn Sahl fand im 10. Jahrhundert als Erster,

Licht wird an der Grenzfläche zu einem anderen Material reflektiert (Einfalls- und Ausfallswinkel gegen die Normale senkrecht zur Grenzfläche sind dabei gleich), oder es wird in einem Winkel gebrochen, der vom Einfallswinkel und der relativen Lichtgeschwindigkeit in den beiden Materialien abhängt. In beiden Fällen läuft es auf dem zeitlich kürzesten Weg.

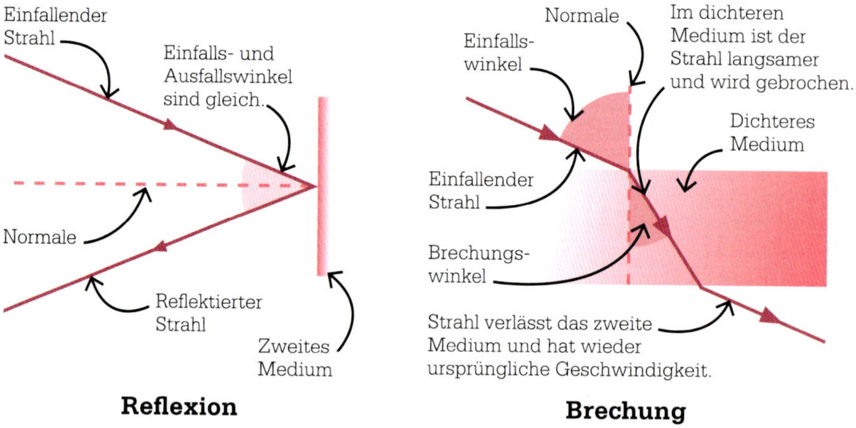

Siehe auch: Energie und Bewegung 56–57 ▪ Fernrohr und Mikroskop 170–175 ▪ Welle oder Teilchen? 176–179 ▪ Beugung und Interferenz 180–183 ▪ Polarisation 184–187 ▪ Lichtgeschwindigkeit 275 ▪ Dunkle Materie 302–305

wie der Einfallswinkel eines Strahls an der Grenze zweier Materialien mit seinem Brechungswinkel sowie mit den Eigenschaften der beiden Materialien zusammenhängt. Dieses Gesetz wurde in Europa zu Beginn des 17. Jahrhunderts von dem niederländischen Astronomen Willebrord Snell wiederentdeckt und ist als Snellius'sches Brechungsgesetz bekannt.

Kürzester Weg und Zeit

1658 erkannte der französische Mathematiker Pierre de Fermat, dass man mit demselben Grundprinzip sowohl Reflexion als auch Brechung beschreiben kann – eine Erweiterung des Prinzips von Heron: Demnach nimmt das Licht zwischen zwei beliebigen Punkten den Weg, der in der kürzesten Zeit durchlaufen wird.

Fermat griff bei seinem Prinzip auf ein Konzept des niederländischen Physikers Christiaan Huygens zurück, das die Ausbreitung von Licht in Form von Wellen beschreibt und das auf Fälle mit der kleinsten vorstellbaren Wellenlänge anwendbar ist. Es gilt oft als Rechtfertigung für die verbreitete Vorstellung eines Licht-»Strahls«, der sich auf dem Weg der minimalen Zeit durch den Raum bewegt. Bei der Ausbreitung durch ein einziges unveränderliches Medium heißt das, dass es sich auf einer Geraden bewegt (außer wenn der Raum, durch den es sich bewegt, verzerrt ist). Wird Licht jedoch an einer Grenze reflektiert oder tritt es in ein transparentes Medium ein, in dem seine Geschwindigkeit sich ändert, bestimmt das Prinzip der geringsten Zeit den Weg, den es nehmen wird.

Mit der Annahme einer endlichen Lichtgeschwindigkeit, die in dichteren transparenten Materialien langsamer ist, konnte Fermat aus seinem Prinzip das Brechungsgesetz ableiten, das korrekt beschreibt, wie Licht beim Eintritt in ein dichteres Material zur Normalen hin und beim Eintritt in ein weniger dichtes Material von ihr weg gebrochen wird.

Fermats Entdeckung war an sich schon wichtig, gilt aber auch als das erste Beispiel für eines der sogenannten Variationsprinzipien der Physik. Sie beschreiben die Tendenz von Prozessen, immer dem effizientesten Weg zu folgen. ■

Eine Landschaft wird an einem See reflektiert. Der Winkel, unter dem das Licht auf den See auftrifft, und der Winkel, unter dem es vom Wasser reflektiert wird, sind gleich.

Pierre de Fermat

Pierre de Fermat wurde 1607 als Sohn eines Kaufmanns aus dem Südwesten Frankreichs geboren und arbeitete als Jurist, ist aber vor allem als Mathematiker in Erinnerung geblieben. Er fand einen Weg zur Berechnung der Steigungen und Wendepunkte von Kurven, eine Generation vor der Entwicklung der Analysis durch Isaac Newton und Gottfried Wilhelm Leibniz. Die Fermat'sche Vermutung über Zahlengleichungen wurde erst 1995 bewiesen.

Sein Prinzip der geringsten Zeit gilt als ein Schlüsselschritt hin zum universelleren Prinzip der geringsten Aktion – die Beobachtung, dass sich viele physikalische Phänomene so verhalten, dass die erforderliche Energie minimal wird. Dies war wichtig für das Verständnis nicht nur von Licht- und großräumigen Bewegungen, sondern auch des Verhaltens von Atomen auf der Quantenebene. Er starb 1665.

Hauptwerk

1636 »Verfahren zum Finden der Maxima, Minima und linearen Tangenten der Kurven«

EINE NEUE SICHTBARE WELT

FERNROHR UND MIKROSKOP

IM KONTEXT

SCHLÜSSELFIGUR
Antonie van Leeuwenhoek
(1632–1723)

FRÜHER
5. Jh. v. Chr. Im antiken Griechenland kann man mit konvexen Glasscheiben Sonnenlicht auf einen Punkt fokussieren und Feuer entzünden.

um 1000 n. Chr. In Europa werden die ersten Lesesteine, flache Glaslinsen mit einer konvexen Seite, verwendet.

SPÄTER
1893 Der deutsche Optiker August Köhler entwickelt eine Beleuchtung für Mikroskope.

1931 Ernst Ruska und Max Knoll bauen das erste Elektronenmikroskop, das die Quanteneigenschaften von Elektronen zur Bildgebung nutzt.

1979 Auf dem Mount Hopkins in Arizona wird das Multiple Mirror Telescope gebaut.

» Wo das Teleskop aufhört, beginnt das Mikroskop. Welches von beiden bietet großartigere Bilder? «

Victor Hugo
Les Misérables

So wie Lichtstrahlen von ebenen Spiegeln in verschiedene Richtungen reflektiert oder um einen Winkel gebrochen werden können, wenn sie die ebene Grenze zwischen verschiedenen transparenten Materialien passieren, so können gekrümmte Oberflächen Lichtstrahlen konvergieren lassen und sie an einem Punkt zusammenbringen, dem Brennpunkt oder Fokus. Diese Richtungsänderung von Lichtstrahlen mithilfe von Linsen oder Spiegeln ist Grundlage der optischen Instrumente.

Prinzipien der Vergrößerung

Linsen wurden in Europa ab dem 11. Jahrhundert verwendet. Die Brechung beim Ein- und Austritt von Licht in und aus einer konvexen Linse (mit einer nach außen gewölbten Oberfläche) bringt die Lichtstrahlen auf engere parallele Bahnen. Dadurch entsteht ein Bild, das einen größeren Teil des Sichtfelds des Auges einnimmt. Eine solche Vergrößerungslinse (Lupe) hatte jedoch ihre Grenzen. Wollte man Objekte untersuchen, die sich sehr nahe an der Linse befanden, brauchte man große Linsen, damit das Sichtfeld (Bereich des Objekts, der vergrößert werden konnte) groß genug war. Dazu mussten Lichtstrahlen stark abgelenkt werden, damit sie zwischen den gegenüberliegenden Seiten der Linse stark divergierten. Dies erforderte eine stark gekrümmte und in der Mitte dickere Linse – das führte aber aufgrund der Beschränkungen der frühen Glasherstellung eher zu Verzerrungen. Hohe Vergrößerungen schienen daher über Jahrhunderte hinweg unmöglich zu erreichen.

Die ersten Teleskope

Im 17. Jahrhundert erkannten Forscher, dass sich mit einer Kombination aus mehreren Linsen anstelle einer einzigen Linse die Vergrößerung erheblich verbessern ließ. So konnten sie optische Werkzeuge bauen, die nicht nur nahe, sondern

Das ursprüngliche Galilei-Fernrohr hat im Okular eine konkave Linse, um das Licht zu zerstreuen, ohne dass es durch einen Fokus geht. Das modernere Kepler-Fernrohr hat jenseits des Fokus eine Sammellinse und damit ein größeres Gesichtsfeld.

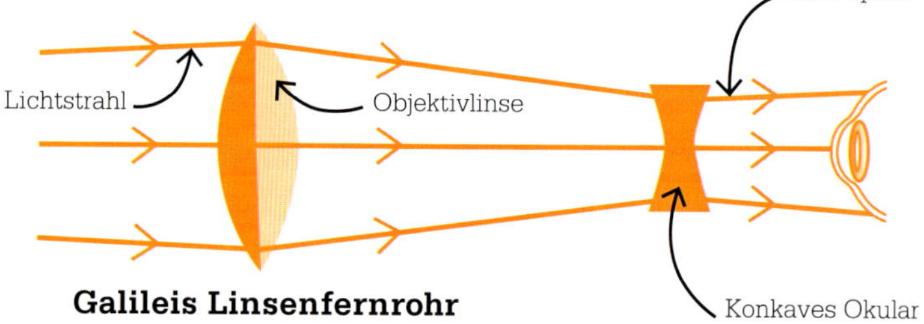

Galileis Linsenfernrohr

Keplers Linsenfernrohr

Siehe auch: Reflexion und Brechung 168–169 ▪ Welle oder Teilchen? 176–179 ▪ Beugung und Interferenz 180–183 ▪ Polarisation 184–187 ▪ Über das Licht hinaus 202–203

Glas oder Kristalle in Linsenform können **Sonnenlicht brechen** und **fokussieren.**

Linsen können auch **Licht von nahegelegenen Objekten brechen** und ein **vergrößertes Bild** erzeugen.

Eine **sehr starke Vergrößerung** führt allerdings durch die Dicke der Linse zu **Verzerrungen.**

Die Kombination einer **Objektivlinse** mit einer weiteren Linse **(Okular)** erzeugt ein **vergrößertes Bild eines kleinen Bereichs.**

Eine winzige, perfekt kugelförmig geschliffene Einzellinse kann ein **winziges Gebiet noch weit stärker vergrößern.**

auch sehr weit entfernte Objekte vergrößern konnten.

Das erste optische Instrument mit mehreren Linsen war das Fernrohr oder Teleskop, erfunden um 1608 von dem niederländischen Linsenmacher Hans Lippershey. Es bestand aus zwei Linsen an den Enden eines Rohrs und erzeugte Bilder weit entfernter Objekte, die um den Faktor drei vergrößert waren. So wie eine Lupe divergierende Strahlen von nahen Objekten auf parallele Bahnen krümmt, so sammelt die vordere, die Objektivlinse eines Teleskops nahezu parallele Strahlen von entfernteren Objekten. Bevor die Strahlen jedoch zusammentreffen können, werden sie vom Okular (einer konkaven, nach innen gekrümmten Linse) wieder zerstreut. Dadurch entsteht im Auge des Beobachters ein Bild, das größer und (da die Objektivlinse mehr Licht sammelt als die Pupille) auch heller erscheint.

1609 baute der italienische Physiker Galileo Galilei nach diesem Vorbild sein eigenes Fernrohr, das um den Faktor 30 vergrößern konnte. Er machte damit wichtige astronomische Entdeckungen, doch die Bilder waren immer noch verschwommen und das Sichtfeld winzig. 1611 kam der Astronom Johannes Kepler mit einem besseren Entwurf. Beim Kepler'schen Fernrohr treffen sich die Strahlen, und die Okularlinse ist konvex statt konkav. Die Linse ist jenseits des Brennpunkts platziert, in einer Entfernung, in der die Strahlen wieder divergieren. Das Okular verhält sich daher eher wie ein normales Vergrößerungsglas, das ein Bild mit einem größeren Sichtfeld erzeugt und eine weitaus höhere Vergrößerung bietet. Kepler'sche Fernrohre erzeugen Bilder, die auf dem Kopf und spiegelverkehrt stehen, doch das war für astronomische Beobachtungen kein wesentliches Problem.

» [Mein Augenglas macht, dass] man sichtbare Gegenstände, mochten sie auch weit entfernt sein, so deutlich wahrnahm, als sähe man sie aus der Nähe. «

Galileo Galilei

Bekämpfung der Aberration

Der Schlüssel für die Vergrößerungskraft eines Teleskops waren die Stärke und das Trennvermögen seiner Linsen, aber stärkere Linsen brachten eigene Probleme mit sich. Die Astronomen identifizierten zwei Hauptprobleme: farbige Streifen um Objekte, die als chromatische Aberration bekannt sind (verursacht dadurch, dass Licht unterschiedlicher Farben unter »

Das Giant Magellan Telescope in Chile wird zehnmal leistungsfähiger sein als das Hubble-Weltraumteleskop und soll ab 2025 Licht von den äußersten Rändern des Universums auffangen.

verschiedenen Winkeln gebrochen wird), und unscharfe Bilder aufgrund der sphärischen Aberration (entsteht dadurch, dass eine Linse mit idealer Krümmung nur sehr schwierig herzustellen ist).

Der einzige praktische Weg zu einer hohen Vergrößerung mit minimaler Aberration schien zu sein, die Objektivlinse größer und dünner zu machen und sehr weit vom Okular entfernt zu platzieren. Im späten 17. Jahrhundert führte dies zum Bau außergewöhnlicher Luftteleskope ohne Rohr, die das Licht über mehr als 100 Meter bündelten.

Eine praktischere Lösung fand um 1733 der britische Jurist Chester Moore Hall: Er fügte eine Objektivlinse aus schwach brechendem Glas und eine zweite, konkave Linse mit viel stärkerer Brechung zusammen. Diese Doppellinse sollte alle Farben in einer einzigen Entfernung fokussieren und unscharfe Streifen vermeiden. Hall hielt seine Erfindung aber geheim. Als Erfinder der achromatischen Linse gilt daher der Optiker John Dollond, der 1758 dafür ein Patent erhielt. Spätere Entwicklungen der gleichen Idee ermöglichten es, auch die sphärische Aberration zu beseitigen.

Spiegelteleskope

Um die Beschränkungen der Linsenteleskope zu umgehen, versuchten sich viele Astronomen ab den 1660er-Jahren an Spiegelteleskopen. Sie hatten einen konkaven, gekrümmten Hauptspiegel, der parallele Lichtstrahlen sammelte. Das erste praktische Exemplar wurde 1668 von Isaac Newton gebaut. Es hatte eine sphärisch gekrümmte Primärlinse, vor der diagonal ein kleiner Sekundärspiegel aufgehängt war, der die konvergierenden Strahlen auffing und zu einem Okular an der Seite des Teleskoptubus schickte.

Die frühen Spiegel waren aber bei Weitem nicht perfekt. Das damals verwendete Spiegelmetall oder Speculum (eine hochglanzpolierte Kupfer- und Zinnlegierung) erzeugte schwache, bräunlich getönte Bilder. Silberbeschichtetes Glas, ein besserer Reflektor, wurde erst in den 1850er-Jahren von dem französischen Physiker Léon Foucault entwickelt.

Mehrlinsenmikroskope

Doch die Wissenschaftler kombinierten Linsen nicht nur, um entfernte Objekte zu vergrößern, sondern auch, um die Stärke der Lupe zu verbessern und winzige, nahe Objekte besser betrachten zu können. Die Erfindung des Mehrlinsenmikroskops ist umstritten, aber der niederländische Erfinder Cornelis Drebbel führte 1621 ein solches Instrument vor. Um die Dicke zu minimieren und die Aberration zu verringern, hatte die Objektivlinse eines zusammengesetzten Mikroskops nur einen sehr kleinen Durchmesser. Dadurch waren die

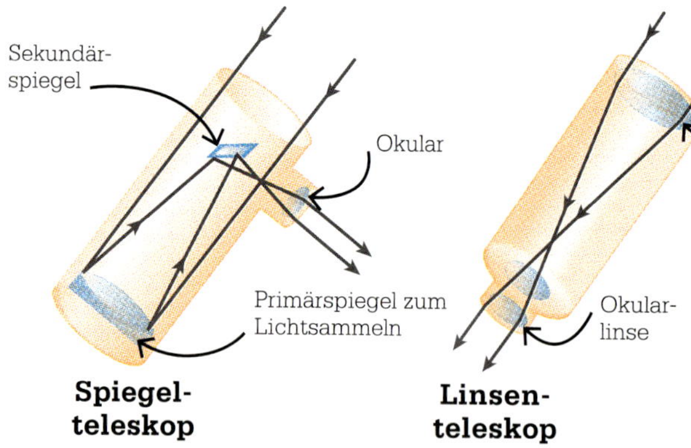

Spiegelteleskope (Reflektoren) sammeln das Licht mit gekrümmten Spiegeln. In Linsenteleskopen (Refraktoren) gibt es nur Linsen.

»Ich verrate nicht mein Verfahren, die Animalcula und winzigen Würmer zu sehen; auch nicht, wie man sehr viele davon gleichzeitig sieht.«

Antonie van Leeuwenhoek

Lichtstrahlen, die durch verschiedene Punkte auf der Linse fielen, nur leicht divergent. Den Hauptteil zur Erzeugung des vergrößerten Bildes leistete die Okularlinse, die oft größer war als das Objektiv.

Das erfolgreichste frühe Mehrlinsenmikroskop wurde in den 1660er-Jahren von Robert Hooke entworfen. Er montierte eine dritte konvexe Linse zwischen Objektiv und Okular, wodurch das Licht stärker gebeugt und die Vergrößerung erhöht wurde – allerdings auch die Aberration. Er ging auch ein anderes wichtiges Thema an: Durch das winzige Sichtfeld des Mikroskops waren die Bilder nur schwach (weil von einer kleineren Fläche weniger Lichtstrahlen reflektiert werden). Um dies zu korrigieren, entwarf er eine zusätzliche Beleuchtungsquelle: eine Kerze, deren Licht durch einen mit Wasser gefüllten kugelförmigen Glaskolben auf das Objekt fokussiert wurde.

Hookes großformatige Zeichnungen von Pflanzen- und Insektenstrukturen, die unter dem Mikroskop entstanden und 1665 in dem einflussreichen Buch *Micrographia* veröffentlicht wurden, erregten Aufsehen, aber sein Werk wurde bald von dem des niederländischen Wissenschaftlers Antonie van Leeuwenhoek übertroffen.

Einfacher Einfallsreichtum

Van Leeuwenhoeks Einlinsenmikroskop war weitaus leistungsfähiger als die Mehrlinsenmikroskope der damaligen Zeit. Die Linse selbst war eine winzige Glasperle, eine polierte Kugel, die Lichtstrahlen aus einem kleinen Bereich sehr scharf ablenken und ein stark vergrößertes Bild erzeugen konnte. Die winzige Linse wurde in einem Metallrahmen nahe vors Auge gehalten. Zur Beleuchtung diente der helle Himmel. Eine Nadel am Rahmen fixierte die Probe, mit drei Schrauben konnte man die Nadel in drei Dimensionen bewegen und so Fokus und Sichtbereich einstellen.

Van Leeuwenhoek hielt seine Linsenherstellungstechnik geheim, aber er erreichte eine mindestens 270-fache Vergrößerung. Damit wurden weitaus kleinere Merkmale sichtbar als die, die Hooke gesehen hatte. Leeuwenhoek entdeckte die ersten Bakterien (von ihm Animalcula genannt), menschliche Spermatozoen und die innere Struktur der bereits von Hooke identifizierten Zellen. Damit gilt er als der Gründervater der Mikrobiologie. ■

Van Leeuwenhoek baute seine Mikroskope selbst. Eine winzige Kugellinse saß in einem Loch zwischen zwei Metallplatten, eine Nadel fixierte die Probe.

Antonie van Leeuwenhoek

Der 1632 im niederländischen Delft geborene van Leeuwenhoek wurde mit sechs Jahren Lehrling eines Tuchhändlers. Als er 1654 heiratete, gründete er sein eigenes Tuchgeschäft. Weil er unzufrieden mit den Lupen war, wenn er die Qualität der Fasern aus der Nähe untersuchte, befasste er sich mit Optik und baute eigene Mikroskope. Bald verwendete er sie auch für wissenschaftliche Studien und ein Freund, der Arzt Regnier de Graaf, machte die Royal Society in London auf seine Arbeiten aufmerksam. Mit seinen Studien der Mikrowelt, einschließlich der Entdeckung von Einzellern, versetzte er die Mitglieder der Gesellschaft in Erstaunen. 1680 wurde er in die Royal Society gewählt und bis zu seinem Tod 1723 von führenden Wissenschaftlern der damaligen Zeit besucht.

Hauptwerke

375 Briefe an die *Philosophical Transactions of the Royal Society*
27 Briefe an die *Memoires de l'Académie des Sciences in Paris*

LICHT IST EINE WELLE

WELLE ODER TEILCHEN?

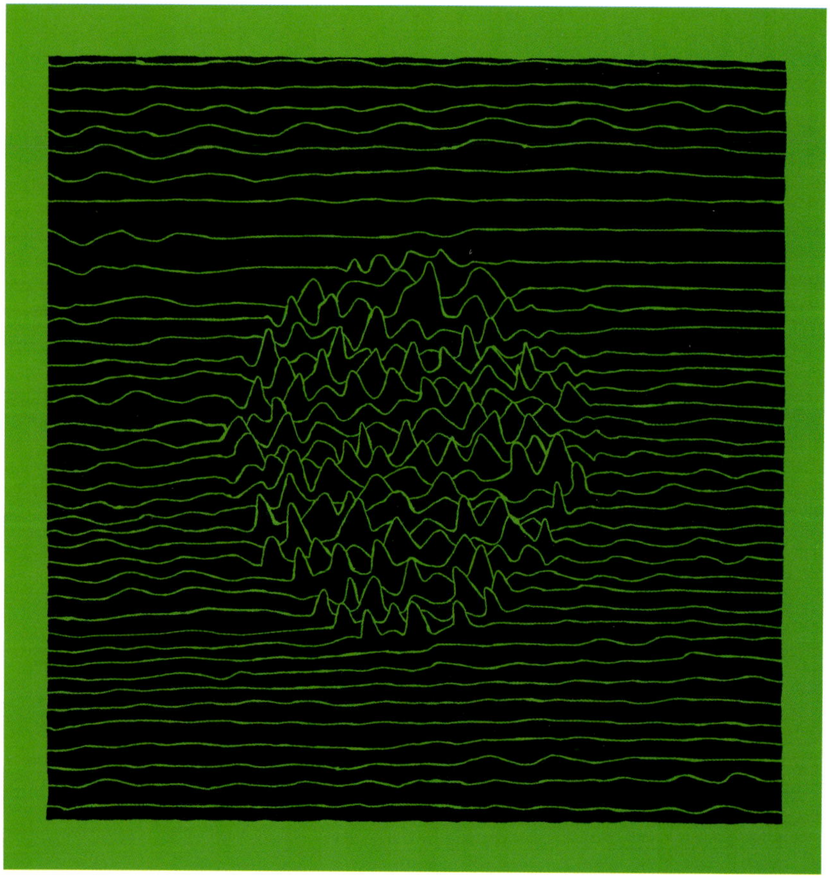

IM KONTEXT

SCHLÜSSELFIGUR
Thomas Young (1773–1829)

FRÜHER
5 Jh. v. Chr. Der griechische Philosoph Empedokles sagt, dass das Auge Lichtkorpuskeln aussendet und die Welt beleuchtet.

um 60 v. Chr. Der römische Philosoph Lukrez behauptet, Licht bestehe aus Teilchen, die von leuchtenden Körpern ausgehen.

um 1020 In seinem Buch der Optik schreibt der arabische Gelehrte ibn al-Haitham, Objekte seien sichtbar, wenn sie Licht reflektieren.

SPÄTER
1969 William Boyle und George E. Smith entwickeln für die amerikanischen Bell Labs den CCD-Detektor, der Photonen sammelt und so Digitalbilder erzeugt.

Theorien über die Natur des Lichts gibt es seit der Antike, aber erst im 17. Jahrhundert führte die Anwendung dieser Theorien zur Entwicklung optischer Instrumente wie Teleskop oder Mikroskop und zu neuen Erkenntnissen, etwa dass die Erde nicht das Zentrum des Sonnensystems ist, oder der Entdeckung einer mikroskopischen Welt.

Um 1630 versuchte der französische Wissenschaftler und Philosoph René Descartes das Phänomen der Lichtbrechung (die Richtungsänderung von Licht, wenn es zwischen Medien hindurchtritt) zu erklären. Für ihn war Licht eine Wander-

Siehe auch: Kraftfelder und Maxwell'sche Gleichungen 142–147 ▪ Beugung und Interferenz 180–183 ▪ Polarisation 184–187 ▪ Elektromagnetische Wellen 192–195 ▪ Energiequanten 208–211 ▪ Teilchen und Wellen 212–215

Weißes Licht wird in alle Farben des sichtbaren Spektrums zerlegt, wenn es durch ein Prisma läuft. Die Farben hängen von der Wellenlänge ab – am längsten sind rote Wellen.

störung – eine Welle, die sich mit unendlicher Geschwindigkeit durch ein Medium bewegt, das den leeren Raum füllt. Um 1665 erkannte der englische Wissenschaftler Robert Hooke als Erster eine Verbindung zwischen der Beugung des Lichts (seine Fähigkeit, sich nach dem Durchgang durch enge Öffnungen auszubreiten) und dem ähnlichen Verhalten von Wasserwellen. Dies veranlasste ihn zu der Vermutung, Licht sei nicht nur eine Welle, sondern speziell eine Transversalwelle, bei der die Störung senkrecht zur Ausbreitungsrichtung steht.

Das Farbspektrum

Aufgrund des Einflusses seines großen Rivalen Isaac Newton wurden Hookes Ideen weitgehend übersehen. Um 1670 begann Newton mit einer Reihe von Versuchen zu Licht und Optik, in denen er zeigte, dass Farbe eine dem Licht innewohnende Eigenschaft ist. Bis dahin war man davon ausgegangen, dass Licht durch seine Wechselwirkung mit verschiedenen Stoffen Farben annimmt. Mit seinen Experimenten – Newton spaltete weißes Licht mit einem Prisma in seine Farbkomponenten auf und erzeugte dann mithilfe von Linsen wieder einen weißen Strahl – bewies er das Gegenteil.

Newton untersuchte auch die Reflexion. Er zeigte, dass Lichtstrahlen immer geradlinig reflektiert werden und scharfe Schatten werfen. Seiner Ansicht nach würde wellenförmiges Licht Anzeichen von Krümmung zeigen und sich unkontrolliert ausbreiten. Daher schloss er, Licht sei korpuskular, d. h. aus winzigen, klumpigen Partikeln zusammengesetzt. Newton veröffentlichte seine Erkenntnisse 1675 und entwickelte sie 1704 in seinem Buch *Opticks* weiter. Seine Ansichten dominierten mehr als ein Jahrhundert lang die Theorien über Licht.

Licht krümmt sich

Newtons Arbeit hatte einige Schwächen, insbesondere was die Brechung betraf. 1690 veröffentlichte der niederländische Forscher Christiaan Huygens seine Abhandlung über das Licht, in der er die Lichtbrechung in verschiedenen Medien (wie Wasser und Luft) mit dem Wellenmodell erklärte. Das Korpuskularmodell lehnte er mit der Begründung ab, dann könnten zwei Strahlen kollidieren, ohne in unerwartete Richtungen gestreut zu werden. Er vermutete, Licht sei eine Störung, die sich mit sehr hoher »

> »Man könnte sich vorstellen, dass Licht sich durch Kugelwellen ausbreitet.«
>
> **Christiaan Huygens**

Wasserwellen, die durch eine Engstelle gehen, **breiten sich halbkreisförmig** weiter aus.

↓

Wenn die **Wasserwellen sich überlappen,** entstehen **komplizierte Muster.**

Licht, das durch eine Blende geht, **verbreitert** sich über die Blendenbreite.

↓

Wenn die **Lichtwellen sich überlappen,** bilden sie ein kompliziertes **Hell-Dunkel-Muster.**

↓

Licht ist eine Welle.

» Die Experimente, die ich hier mitteile, ... können leicht wiederholt werden, wenn die Sonne scheint, mit den einfachsten, jedem verfügbaren Hilfsmitteln. «

Thomas Young

(wenn auch endlicher) Geschwindigkeit durch den sogenannten leuchtenden Äther (ein lichtführendes Medium) bewegt. Huygens entwickelte ein nützliches Prinzip, bei dem jeder Punkt auf der fortschreitenden Wellenfront eines Lichtstrahls als Ausgangspunkt sogenannter Elementarwellen behandelt wird, die sich in alle Richtungen ausbreiten. Der gebrochene Strahl läuft in die Richtung, in der sich die Elementarwellen ausbreiten und gegenseitig verstärken.

Die Experimente von Young

Während des größten Teils des 18. Jahrhunderts dominierte das Newton'sche Korpuskularmodell. Das änderte sich im frühen 19. Jahrhundert mit dem Werk des britischen Universalgelehrten Thomas Young. In den 1790er-Jahren untersuchte Young die Eigenschaften von Schallwellen und interessierte sich für allgemeine Wellenphänomene. Ähnlichkeiten zwischen Schall und Licht überzeugten ihn, dass auch Licht Wellen bilden kann.

Angesichts der heftigen Skepsis der Anhänger des Newton'schen Modells entwarf Young Experimente, die das Wellenverhalten des Lichts zweifelsfrei beweisen sollten. Mit Gespür für die Kraft der Analogie baute er einen Wellentank, ein flaches Wasserbad, in dem ein Paddel periodische Wellen erzeugen konnte. Er stellte Hindernisse, z. B. eine Barriere mit einer oder mehreren Öffnungen, in das Bad und konnte so das Wellenverhalten studieren. Er zeigte, dass nach dem Passieren eines Spalts parallele gerade Wellen ein sich ausbreitendes halbkreisförmiges Muster erzeugen würden, ganz ähnlich wie bei der Beugung von Licht durch enge Öffnungen.

Eine Barriere mit zwei Spalten führte zu zwei sich ausbreitenden Wellenmustern, die sich überlagerten. Die Wellen aus den beiden Spalten konnten sich frei durchdringen. Wo sie sich kreuzten, wurde die Wellenhöhe durch die Phasen der sich überlappenden Wellen bestimmt, das ist die sogenannte Interferenz. Wenn sich zwei Wellenberge oder zwei Wellentäler überlagerten, vergrößerten sie die Höhe oder Tiefe der Welle, wenn sich ein Gipfel und ein Tal trafen, löschten sie sich gegenseitig aus.

Youngs nächster Schritt, 1803 in einem Vortrag vor der Royal Society demonstriert, war der Nachweis, dass sich Licht ähnlich wie Wellen verhält. Dazu teilte er einen schmalen Strahl Sonnenlicht mit einem Stück Karton in zwei Strahlen auf. Dann verglich er, wie ein einzelner Lichtstrahl und diese beiden Strahlen eine Mattscheibe beleuchteten. Ein Muster aus hellen und dunklen Bereichen erschien, wenn der Strahl geteilt wurde, und verschwand, als die Karte entfernt wurde. Young hatte auf elegante Weise gezeigt, dass sich Licht genauso verhält wie Wasserwellen: Die beiden getrennten Strahlen wurden gebeugt und erzeugten ein Interferenzmuster, das die Korpuskulartheorie nicht erklären konnte. (Das Experiment wurde später mit zwei schmalen Schlitzen in einer opaken Glasoberfläche verfeinert, wofür es als Doppelspaltexperiment bekannt wurde). Darüber hinaus änderte sich das Interferenzmuster je nach Farbe des gebeugten Lichts. Offenbar wurden die Farben durch die Wellenlängen bestimmt.

Youngs überzeugendes Experiment belebte die Debatte zur Natur des Lichts, doch war die Wellen-

Der klassische Doppelspaltversuch, eine Modifikation von Youngs Original, erzeugt zwei gebeugte Wellen, deren Interferenz ein Muster von hellen und dunklen Streifen auf der Mattscheibe bildet.

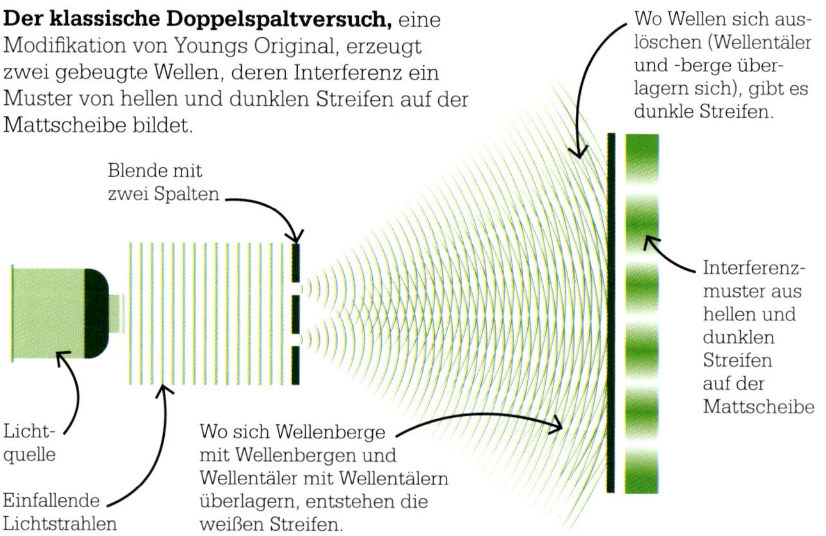

Thomas Young

Young wurde 1773 als ältestes von zehn Kindern einer Quäkerfamilie im englischen Somerset geboren. Als Wunderkind beherrschte er mehrere moderne und alte Sprachen, studierte Medizin und machte sich mit privaten wissenschaftlichen Forschungen einen Namen. 1801 zum Professor an der kürzlich gegründeten Royal Institution ernannt, trat er später zurück, um Konflikte mit seiner medizinischen Praxis zu vermeiden.

Young studierte und experimentierte weiter und arbeitete auf den unterschiedlichsten Gebieten. Er befasste sich mit der Übersetzung ägyptischer Hieroglyphen, erklärte die Funktionsweise des Auges, untersuchte die Eigenschaften elastischer Materialien und entwickelte eine Methode zum Stimmen von Musikinstrumenten. Sein Tod 1829 wurde in der Wissenschaft weithin betrauert.

Hauptwerke

1804 »Versuche und Rechnungen zur physikalischen Optik«
1807 *Vorlesungen zur Naturphilosophie und den mechanischen Künsten*

theorie noch nicht vollständig akzeptiert. Trotz der frühen Ideen von Hooke gingen die meisten Wissenschaftler (auch Young) zunächst davon aus, Licht, falls es denn eine Welle sein sollte, wäre longitudinal, so wie Schall, bei dem sich die Störung des Mediums parallel zur Ausbreitungsrichtung bewegt. Dies machte es aber unmöglich, einige Lichtphänomene wie die Polarisation durch Wellen zu erklären.

Eine Lösung tauchte 1816 in Frankreich auf. André-Marie Ampère schlug Augustin-Jean Fresnel vor, dass die Wellen transversal sein könnten, womit sich auch polarisiertes Licht erklären ließe. Fresnel erarbeitete daraufhin eine detaillierte Wellentheorie des Lichts, die auch Beugungseffekte erklärte.

Elektromagnetische Eigenschaften

Die Akzeptanz der Wellentheorie des Lichts fiel mit den Untersuchungen zum Elektromagnetismus zusammen. In den 1860er-Jahren konnte James Clerk Maxwell Licht in einer Reihe eleganter Gleichungen als eine elektromagnetische Störung beschreiben, die sich mit 299792 km pro Sekunde ausbreitet.

Allerdings war Huygens' sogenannter leuchtender Äther, durch den sich Licht bewegen sollte, noch immer nicht widerlegt. Das Scheitern immer ausgefeilterer Experimente zum Nachweis dieses lichttragenden Mediums warf grundlegende Fragen auf und führte zu einer Krise, die erst durch Einsteins spezielle Relativitätstheorie gelöst wurde.

Wellen und Teilchen

Vor allem Einstein war verantwortlich für eine letzte Veränderung in unserem Verständnis des Lichts. 1905 legte er eine Erklärung für den fotoelektrischen Effekt vor – ein Phänomen, bei dem Ströme von der Oberfläche bestimmter Metalle fließen, wenn sie mit bestimmten Lichtarten bestrahlt werden. Verwirrenderweise verursachte blaues oder ultraviolettes Licht einen Stromfluss, doch selbst unter intensivstem Rotlicht blieben die Metalle inaktiv. Einstein nutzte das Konzept der Lichtquanten von Max Planck und sagte, dass sich Licht, obwohl grundsätzlich wellenförmig, in kleinen teilchenartigen Portionen ausbreitet, die heute Photonen genannt werden. Die Intensität einer Lichtquelle hängt von der Anzahl der Photonen ab, aber die Energie eines einzelnen Photons ist durch seine Wellenlänge oder Frequenz bestimmt. Daher können hochenergetische blaue Photonen Elektronen aus der Metalloberfläche herauslösen, während energieschwächere rote Photonen, selbst in großer Zahl, dies nicht vermögen. Die Vorstellung, dass sich Licht wie eine Welle oder wie ein Teilchen verhalten kann, wurde seither in zahllosen Experimenten bestätigt. ■

» Man kann mit gutem Grund schließen, dass Licht selbst […] eine elektromagnetische Störung in Form fortschreitender Wellen ist […] nach den Gesetzen des Elektromagnetismus. «

James Clerk Maxwell

LICHT BEUGT SICH NIE IN DEN SCHATTEN

BEUGUNG UND INTERFERENZ

IM KONTEXT

SCHLÜSSELFIGUR
Augustin-Jean Fresnel
(1788–1827)

FRÜHER
1665 Robert Hooke vergleicht die Bewegung von Licht mit der Ausbreitung von Wellen im Wasser.

1666 Isaac Newton zeigt, dass Sonnenlicht verschiedene Farben enthält.

SPÄTER
1821 Augustin-Jean Fresnel schreibt sein Buch über die Polarisation und hält Licht erstmals für eine transversale Welle.

1860 Gustav Kirchhoff und Robert Bunsen gelingt es mit Beugungsgittern, das Licht der hellen Emissionslinien bei bestimmten Wellenlängen mit verschiedenen chemischen Elementen zu verbinden.

Verschiedene Arten von Wellen verhalten sich ähnlich, es gibt z. B. Reflexion (Abprall von einer Oberfläche unter dem gleichen Winkel, unter dem sie sich der Oberfläche nähern), Brechung (Richtungsänderung an den Grenzen zwischen den Medien) und Beugung – das Ausbreiten einer Welle um Hindernisse herum oder hinter einer Öffnung. Ein Beispiel für Beugung ist die Ausbreitung von Wasserwellen hinter einer Sperre in den Schattenbereich. Die Entdeckung, dass auch Licht Beugung zeigt, war der Schlüssel zum Nachweis seiner Wellennatur.

Die Beugung von Licht wurde erstmals in den 1660er-Jahren von

Siehe auch: Reflexion und Brechung 168–169 ▪ Welle oder Teilchen? 176–179 ▪ Polarisation 184–187 ▪ Doppler-Effekt und Rotverschiebung 188–191 ▪ Elektromagnetische Wellen 192–195 ▪ Teilchen und Wellen 212–215

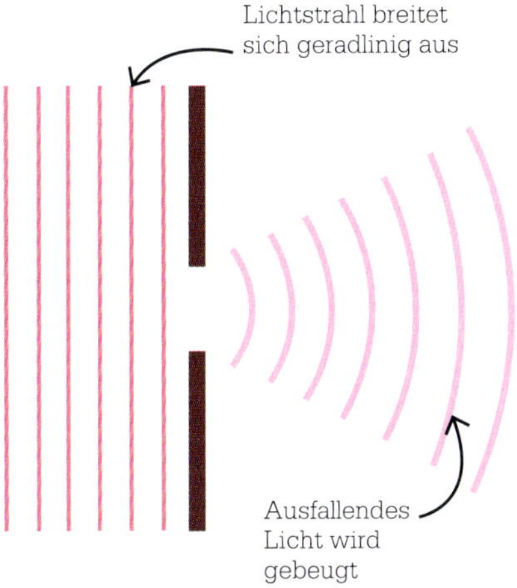

Wenn lineare Lichtwellen durch eine enge Öffnung treten, breiten sie sich durch Beugung in halbkreisförmigen Wellenfronten aus.

dem italienischen Jesuitenpater und Physiker Francesco Maria Grimaldi systematisch beobachtet. Grimaldi verdunkelte einen Raum und ließ durch eine Lochblende einen bleistiftdicken Strahl Sonnenlicht eindringen, der auf eine schräge Mattscheibe treffen konnte. Es entstand ein ovaler Lichtkreis, den Grimaldi vermaß. Dann hielt er einen dünnen Stab in den Weg des Lichtstrahls und vermaß die Größe des Schattens, den er innerhalb des beleuchteten Bereichs warf. Grimaldi verglich dann seine Ergebnisse mit Berechnungen unter der Annahme, dass Licht sich geradlinig ausbreitet. Nicht nur war der Schatten größer als nach solchen Berechnungen, sondern auch das beleuchtete Oval.

Grimaldi zog aus diesen Vergleichen den Schluss, dass Licht nicht aus einfachen Teilchen (Korpuskeln) bestand, die sich geradlinig bewegten, sondern wellenartige Eigenschaften hatte, ähnlich wie Wasser, und dass es sich dadurch beugen konnte – der Begriff Beugung wurde von Grimaldi geprägt. Seine Ergebnisse wurden 1665 posthum veröffentlicht.

Konkurrierende Theorien

In den 1670er-Jahren behandelte Isaac Newton die Beugung als eine besondere Art der Brechung von Lichtstrahlen, die nahe an Hindernissen vorbeigingen, und versuchte sie im Rahmen seiner Korpuskulartheorie zu erklären. Etwa zur gleichen Zeit stellte Newtons Rivale Robert Hooke diese Theorie mit erfolgreichen Demonstrationen von Grimaldis Experimenten infrage und der niederländische Wissenschaftler und Erfinder Christiaan Huygens stellte seine eigene Wellentheorie des Lichts vor. Huygens argumentierte, viele optische Phänomene könnten nur erklärt werden, wenn man Licht als eine fortschreitende Wellenfront behandelte, auf der jeder Punkt eine Quelle von Sekundärwellen sei, deren Interferenz und Verstärkung die Richtung der Wellenfront bestimmten.

Doch weder die Wellentheorie des Lichts noch Newtons Korpuskulartheorie erklärte Farbsäume, die Grimaldi in seinen Experimenten sowohl an den Rändern des beleuchteten Kreises als auch am Schatten des Stabs festgestellt hatte. Newtons Auseinandersetzung mit dieser Frage brachte ihn zu einigen faszinierenden Ideen: Licht sei zwar streng korpuskular, doch jedes sich schnell bewegende Korpuskel könne als Quelle periodischer Wellen wirken, deren Schwingungen seine Farbe bestimmten.

» Schwierigkeiten der Untersuchung stören die Natur nicht. Sie vermeidet Komplikationen nur in den Mitteln. «

Augustin-Jean Fresnel

Oberflächenwellen auf einem See breiten sich wie Lichtwellen in kreisförmigen Mustern aus, wenn sie durch Engstellen gehen. Dieses Beugungsphänomen ist allen Wellen gemeinsam.

Youngs Experimente

Newtons verbesserte Lichttheorie, 1704 in seinem Buch *Opticks* veröffentlicht, löste die Fragen rund um die Beugung zwar nicht vollständig, aber das Korpuskularmodell wurde bis 1803 allgemein akzeptiert, bis Thomas Youngs Nachweis der Interferenz zwischen gebeugten Lichtwellen zu einem Wiederaufleben des Interesses an Huygens' Ideen führte. Young »

Augustin-Jean Fresnel

Fresnel wurde 1788 als zweiter von vier Söhnen eines Architekten in Broglie in der Normandie geboren. 1806 begann er ein Bauingenieurstudium und wurde später Regierungsingenieur.

In den letzten Tagen der napoleonischen Zeit wurde Fresnel als Königstreuer suspendiert, ging nach Paris und verfolgte sein Interesse an der Optik. Von dem Physiker François Arago ermutigt, schrieb er Denkschriften und einen preisgekrönten Aufsatz zu diesem Thema, in dem er die Beugung mathematisch behandelte. Später erklärte Fresnel die Polarisation anhand eines Modells von Licht als Transversalwelle und entwickelte eine Linse zur Fokussierung intensiver gerichteter Lichtstrahlen (hauptsächlich in Leuchttürmen verwendet). Er starb 1827 mit 39 Jahren an Tuberkulose.

Hauptwerke

1818 *Denkschrift zur Lichtbeugung*
1819 »Über die Wirkung von polarisierten Lichtstrahlen aufeinander« (mit François Arago)

schlug zwei Modifikationen des Huygens'schen Modells vor, die die Beugung erklären könnten. Die eine war die Idee, dass die Punkte auf einer Wellenfront an den äußersten Rändern der Öffnung Elementarwellen erzeugen, die sich in den Schattenbereich hinter der Barriere ausbreiten. Die andere war, dass das beobachtete Beugungsmuster durch eine Welle entsteht, die in der Nähe des Randes der Öffnung verläuft und mit einer Welle interferiert, die an den Seiten der Barriere abprallt.

Young sagte außerdem, es müsse einen Abstand geben, in dem das Licht ausreichend weit vom Rand entfernt sei, sodass es nicht durch Beugung beeinträchtigt werde. Wenn dieser Abstand zwischen den verschiedenen Farben des Lichts variierte, so Young, könnte dies die von Grimaldi entdeckten Farbsäume erklären. Wenn es zum Beispiel einen Abstand gibt, in dem rotes Licht noch gebeugt wird, blaues Licht aber nicht, dann würden rote Farbsäume entstehen.

Entscheidender Durchbruch

1818 schrieb die Französische Akademie der Wissenschaften einen Preis für eine umfassende Erklärung des von Young identifizierten »Beugungsproblems« aus. Der Bauingenieur Augustin-Jean Fresnel beschäftigte sich seit mehreren Jahren mit genau dieser Frage, führte dazu eine Reihe komplizierter Experimente durch und teilte seine Erkenntnisse dem Akademiemitglied François Arago mit. Einige seiner Arbeiten wiederholten unwissentlich die von Young, aber es gab auch neue

Licht fällt in Bereiche, die **völlig im Schatten** liegen sollten.

Nach einem Hindernis ist **Licht gebeugt oder fächert sich auf.**

Die Wellenfront in Huygens' Modell beschreibt **Elementarwellen,** die sich **in Schattenbereiche ausbreiten.**

Zur Verstärkung oder Auslösung der Elementarwellen kommt es nur an wenigen Stellen – **meist ist ihre Überlagerung komplizierter.**

Interferenzmuster sind **nur dort völlig dunkel, wo Wellen sich gegenseitig auslöschen** – überall sonst gibt es Licht.

Lichtbeugung ist eine Wellenerscheinung.

Die Farben auf einer Seifenblase entstehen, wenn die Lichtwellen an der Innen- und der Außenseite der Blase reflektiert werden und miteinander interferieren.

Erkenntnisse, und Arago ermutigte Fresnel, einen erläuternden Aufsatz für den Wettbewerb einzureichen. Darin stellte Fresnel komplexe mathematische Gleichungen für die Position und Stärke von dunklen und hellen Interferenzrändern auf und zeigte, dass sie mit den Ergebnissen realer Experimente übereinstimmten.

Fresnel zeigte auch, dass die Geometrie der Randzone von der Wellenlänge des Lichts abhängt. Zum ersten Mal konnte er von einer monochromatischen (einfarbigen) Lichtquelle erzeugte Interferenzstreifen vermessen und dadurch die Wellenlänge dieser spezifischen Farbe berechnen.

In seinem Aufsatz fasste Fresnel den Unterschied zwischen Huygens' Wellentheorie und seiner eigenen bemerkenswert einfach zusammen. Huygens' Fehler sei es anzunehmen, dass sich das Licht nur dort ausbreitet, wo sich die Sekundärwellen genau gegenseitig verstärken. In Wirklichkeit sei aber völlige Dunkelheit nur dort möglich, wo sich die Wellen genau gegenseitig auslöschen.

Trotz seiner Eleganz wurde Fresnels Aufsatz von der Jury skeptisch aufgenommen – ihre Mitglieder hingen der Korpuskulartheorie von Newton an. Wie einer der Juroren, Siméon-Denis Poisson, hervorhob, sollte der Schatten eines kreisförmigen Hindernisses, das von einer punktförmigen Lichtquelle wie einer Lochblende beleuchtet wird, nach Fresnels Gleichungen in der Mitte einen hellen Fleck haben. Poisson hielt diese Idee für absurd. Die Angelegenheit wurde gelöst, als Arago ein Experiment entwarf, das genau einen solchen Poisson-Fleck erzeugte, und Fresnel erhielt den ausgelobten Preis. Trotzdem wurde die Wellentheorie erst 1821 allgemein akzeptiert, als Fresnel die Polarisation von Licht mithilfe von Transversalwellen erklärte.

Beugung und Dispersion

Während Young und Fresnel Beugung und Interferenz zeigten, indem sie Lichtstrahlen durch zwei enge Spalte lenkten, gab es noch einen anderen Ansatz. Schon 1673 hatte der schottische Astronom James Gregory Sonnenlicht mit den feinen Federästen einer Vogelfeder in ein regenbogenartiges Spektrum aufgespalten, ähnlich wie weißes Licht, das durch ein Prisma geht.

1785 gelang es dem amerikanischen Erfinder David Rittenhouse, den Effekt von Gregorys Vogelfeder künstlich zu reproduzieren. Dazu wickelte er feine Haare zwischen zwei Schrauben zu einem Netz mit einer Dichte von etwa 100 Haaren pro Zoll. Diese Anordnung wurde 1813 von dem deutschen Physiker und Instrumentenbauer Joseph von Fraunhofer als Beugungsgitter perfektioniert. Diese Gitter spalten Licht weit effizienter als Glasprismen auf, da sie kaum Licht absorbieren. Sie eignen sich daher ideal zur Erzeugung von Spektren aus schwachen Quellen. Gitter und ähnliche Instrumente haben sich in vielen Bereichen der Wissenschaft als äußerst nützlich erwiesen.

Fraunhofer baute auch die erste Maschine zum Ritzen der sehr eng beieinander liegenden transparenten Linien in eine Glasplatte, deren Oberfläche ansonsten undurchsichtig beschichtet war. So gelang es ihm, das Sonnenlicht in ein viel breiteres Spektrum zu streuen, als dies zuvor möglich war. Zudem fand er die sogenannten Fraunhofer'schen Linien, die später eine Schlüsselrolle beim Verständnis der Chemie von Sternen und Atomen spielen sollten. ■

» Ich glaube, ich habe die Erklärung für die farbigen Ränder am Schatten eines Körpers gefunden, der von einer Punktquelle beleuchtet wird. «

Augustin-Jean Fresnel

DIE NORD- UND SÜD-SEITE DES STRAHLS

POLARISATION

IM KONTEXT

SCHLÜSSELFIGUR
Étienne-Louis Malus
(1775–1812)

FRÜHER
13. Jh. Hinweise auf »Sonnensteine« in den isländischen Sagas lassen vermuten, dass die Wikinger Island-Kalkspat bei der Navigation zum Nachweis der Polarisation verwendet haben könnten.

SPÄTER
1922 Georges Friedel untersucht die Eigenschaften von drei Arten Flüssigkristallen und bemerkt, dass sie die Polarisationsebene von Licht ändern können.

1929 Der amerikanische Erfinder und Forscher Edwin H. Land erfindet die Kunststofffolie »Polaroid«, die als Filter für polarisiertes Licht dienen kann, u.a. in Sonnenbrillen.

Polarisation ist die Ausrichtung von Wellen in einer bestimmten Ebene oder Richtung. Der Begriff wird normalerweise auf Licht angewendet, es kann aber jede Transversalwelle (eine Welle, die senkrecht zur Wellenrichtung schwingt) polarisiert werden. Eine Reihe natürlicher Phänomene erzeugt polarisiertes Licht. So ist etwa Sonnenlicht, das von einer flachen und glänzenden Oberfläche wie einem See reflektiert wird, polarisiert. Licht kann auch künstlich polarisiert werden.

Die Untersuchung verschiedener Effekte, die durch die Polarisation verursacht werden, trug zum Nachweis bei, dass Licht wellenförmig ist

Siehe auch: Kraftfelder und Maxwell'sche Gleichungen 142–147 ▪ Fernrohr und Mikroskop 170–175 ▪ Welle oder Teilchen? 176–179 ▪ Beugung und Interferenz 180–183 ▪ Elektromagnetische Wellen 192–195

» Dieses Phänomen kann den Liebhabern der Natur und anderen Personen zur Belehrung oder wenigstens zur Belustigung dienen. «

Erasmus Bartholin
über die Doppelbrechung

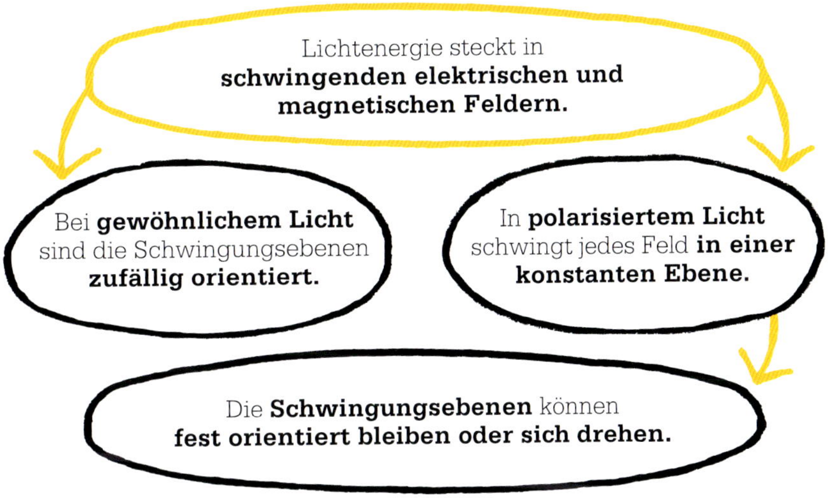

und legte auch nahe, dass es elektromagnetischer Natur ist. Der erste Bericht über identische Lichtstrahlen, die sich aus scheinbar unerklärlichen Gründen unterschiedlich verhalten, stammt von dem dänischen Wissenschaftler Erasmus Bartholin aus dem Jahr 1669. Bei Betrachtung eines Objekts durch die transparenten Kristalle von isländischem Kalkspat sah er ein Doppelbild dieses Objekts.

Dieses Phänomen, die Doppelbrechung, entsteht, weil sich der Brechungsindex von Kalkspat (und damit die Geschwindigkeit des hindurchlaufenden Lichts) je nach der Polarisation des Lichts ändert. Das von dem betrachteten Objekt ausgehende Licht hat meist keine besondere Polarisation, sodass im Mittel die Hälfte der Strahlen beim Durchgang durch den Kristall aufgespalten wird und ein Doppelbild entsteht.

Frühe Erklärungen

Bartholin veröffentlichte 1670 eine ausführliche Diskussion der Doppelbrechung, konnte sie aber nicht mit einem bestimmten Lichtmodell erklären. Christiaan Huygens, ein früher Verfechter der Wellentheorie, argumentierte, die Geschwindigkeit der Lichtstrahlen in einem Kristall würde sich je nach der Richtung ändern. 1690 modellierte er die Doppelbrechung mit seinen Wellenfronten.

Huygens führte auch Experimente mit zwei Kalkspatkristallen hintereinander durch, die er gegeneinander verdrehte. Dabei verschwand das Doppelbild bei bestimmten Winkeln. Den Grund dafür verstand er nicht, aber er erkannte, dass sich die beiden von dem ersten Kristall erzeugten Bilder in irgendeiner Weise voneinander unterschieden.

Isaac Newton behauptete, die Doppelbrechung würde seine Ansicht von Licht als Korpuskel stärken, es seien Teilchen mit diskreten »Seiten«, die durch ihre Orientierung beeinflusst werden könnten. Für ihn widerlegte der Effekt die Wellentheorie, da Huygens' Modell Licht als Longitudinalwellen (Störungen parallel zur Wellenrichtung) und nicht als Transversalwellen auffasste, und damit konnte Newton sich keine Richtungsempfindlichkeit vorstellen.

Seiten und Pole

Zu Beginn des 19. Jahrhunderts führte der französische Militär und Physiker Étienne-Louis Malus seine eigene Version von Huygens' Experimenten durch. Er war an einer mathematisch strengen Unter- »

Sonnenbrillen mit Polarisationsgläsern reduzieren die gleißenden Lichtreflexe, z. B. in einer Schneelandschaft, indem sie nur Lichtwellen mit bestimmter Polarisation durchlassen.

suchung interessiert und entwickelte ein nützliches mathematisches Modell für Lichtstrahlen in drei Dimensionen, wenn sie auf Materialien mit unterschiedlichen Reflexions- und Brechungseigenschaften trafen. (Frühere Modelle hatten die Sache vereinfacht und nur zwei Dimensionen berücksichtigt.)

1808 schrieb das Institut de France einen Preis für eine vollständige Erklärung der Doppelbrechung aus und ermutigte Malus zur Teilnahme. Wie viele andere im französischen wissenschaftlichen Establishment hing Malus der Korpuskulartheorie des Lichts an, und man hoffte, mit einer korpuskularen Erklärung der Doppelbrechung die kurz zuvor von Thomas Young in Großbritannien vorgestellte Wellentheorie zu entkräften. Malus entwickelte eine Theorie, in der die Lichtkörperchen unterschiedliche Seiten und Pole (Drehachsen) hatten. Doppelbrechende Materialien sollten die Teilchen je nach Richtung ihrer Pole unterschiedlich brechen. Für diesen Effekt prägte er den Begriff Polarisation.

Malus entdeckte einen wichtigen neuen Aspekt des Phänomens,

> »Haben die Lichtstrahlen nicht etliche Seiten, begabt mit verschiedenen Eigenschaften?«
>
> **Isaac Newton**

als er die Reflexion der untergehenden Sonne an einem Fenster durch ein Stück isländischen Kalkspats beobachtete: Die Intensität der beiden Sonnenbilder änderte sich, während Malus den Kristall drehte, und je eines der Bilder verschwand mit jeder 90-Grad-Drehung vollständig. Offenbar war das Sonnenlicht durch die Reflexion am Glas bereits polarisiert. Er überprüfte den Effekt, indem er Kerzenlicht durch einen doppelbrechenden Kristall schickte und beobachtete, wie die resultierenden Doppelstrahlen in einer Schale mit Wasser reflektiert wurden, während er den Kristall drehte. Die Reflexionen verschwanden und tauchten je nach Drehung des Kristalls wieder auf. Bald entwickelte er ein Gesetz (das Malus'sche Gesetz) dazu, wie die Intensität eines polarisierten Bildes, das durch einen Kristall-»Filter« betrachtet wird, mit der Ausrichtung des Kristalls zusammenhängt.

Weitere Experimente zeigten einen ähnlichen Effekt bei der Reflexion an transparenten Materialien. Malus bemerkte, dass unpolarisiertes Licht (mit einer zufälligen Mischung von Orientierungen) beim Übergang von einem Medium zu einem anderen (z. B. Wasser oder Glas) in gewissen Richtungen polarisiert reflektiert wird, wohingegen in bestimmte Richtungen polarisiertes Licht in das neue Medium eindringen kann und gebrochen wird. Ob reflektiert oder gebrochen wird, hängt von der inneren Struktur des neuen Mediums und seinem Brechungsindex ab.

Neue Erkenntnisse

Der Zusammenhang zwischen der Struktur eines Materials und seiner Wirkung auf polarisiertes Licht, den Malus gefunden hatte, wird heute bei der Untersuchung von inneren Veränderungen in Materialien unter Belastung durch die Art und Weise

Étienne-Louis Malus

1775 in eine privilegierte Pariser Familie geboren, zeigte Malus früh mathematische Begabung. Er diente als Soldat, ab 1794 besuchte er die École Polytechnique in Paris. Danach stieg er im Ingenieurkorps der Armee auf und nahm an Napoleons Expedition nach Ägypten (1798–1801) teil. Nach seiner Rückkehr arbeitete er an militärtechnischen Projekten.

Ab 1806 konnte Malus in Paris mit führenden Wissenschaftlern arbeiten. Sein Talent, das Verhalten des Lichts mathematisch zu beschreiben, einschließlich der Reflexionen an gekrümmten reflektierenden Oberflächen, beeindruckte seine Kollegen. Nach seiner Erklärung der Doppelbrechung 1810 wurde er in die Académie des Sciences gewählt, ein Jahr später erhielt er für dasselbe Werk die Rumford-Medaille der Royal Society, obwohl Großbritannien sich im Krieg mit Frankreich befand. Malus starb 1812 mit nur 36 Jahren.

Hauptwerke

1807 *Abhandlung zur Optik*
1811 »Über einige neue optische Phänomene«

untersucht, wie sie auf polarisiertes Licht einwirken. Malus versuchte, den Zusammenhang zwischen dem Brechungsindex eines Materials und dem Winkel zu bestimmen, unter dem von einer Oberfläche reflektiertes Licht perfekt plan polarisiert (in einer einzigen Ebene ausgerichtet) wäre. Er fand den richtigen Winkel für Wasser, die schlechte Qualität anderer Materialien, die er untersuchte, vereitelte aber weitere Untersuchungen. Ein allgemeines Gesetz wurde dann 1815 von dem schottischen Physiker David Brewster gefunden.

Und man fand weitere Polarisationsphänomene. 1811 zeigte der französische Physiker François Arago, dass Quarzkristalle die Polarisationsachse von polarisiertem Licht drehen können (dieser Effekt ist heute als optische Aktivität bekannt), und sein Zeitgenosse Jean-Baptiste Biot berichtete, dass das Licht von Regenbögen stark polarisiert ist.

Biot untersuchte die optische Aktivität in Flüssigkeiten weiter und formulierte das Konzept der zirkularen Polarisation (dabei dreht sich die Polarisationsachse, wenn der Lichtstrahl sich vorwärts bewegt).

»Wir finden, dass Licht je nach den Seiten des Strahls bestimmte Eigenschaften hat … Ich werde diese Seiten des Strahls Pole nennen.«

Étienne-Louis Malus

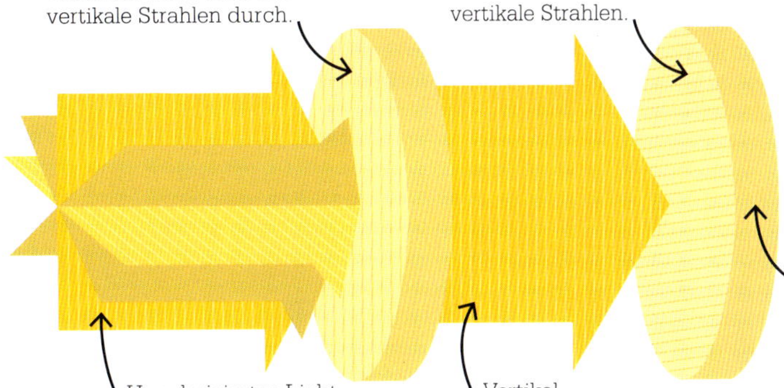

Unpolarisierte Lichtwellen schwingen senkrecht zu ihrer Ausbreitungsrichtung in zufälliger Orientierung. Bei linear polarisiertem Licht schwingen die Wellen in einer einzigen Ebene, bei zirkular polarisiertem Licht rotiert die Schwingungsebene mit der Ausbreitung.

Er entdeckte auch dichroitische Mineralien, d. h. natürliche Materialien, die Licht durchlassen, wenn es entlang einer Achse polarisiert ist, aber Licht blockieren, das senkrecht dazu polarisiert ist. Mit solchen Stoffen konnte man polarisiertes Licht leicht erzeugen, doch auch bestimmte Glasarten und speziell geformte Kalkspatprismen wurden verwendet.

Polarisierte Wellen

1816 machten Arago und sein Schützling Augustin-Jean Fresnel eine unerwartete und wichtige Entdeckung, die der Korpuskulartheorie des Lichts den Boden entzog. Sie wiederholten Thomas Youngs Doppelspaltexperiment mit zwei Lichtstrahlen, deren Polarisation verändert werden konnte. Es zeigte sich, dass Interferenzmuster der beiden Strahlen am stärksten waren, wenn sie dieselbe Polarisation haben; die Muster verblassten, als der Unterschied in der Polarisation zunahm, und sie verschwanden vollständig, als die Strahlen senkrecht zueinander polarisiert waren.

Diese Entdeckung war mit keiner Korpuskulartheorie des Lichts erklärbar, ließ sich aber auch durch die Vorstellung von Licht als Longitudinalwelle nicht erklären. André-Marie Ampère schlug Fresnel vor, eine Lösung zu suchen, bei der Licht als Transversalwelle behandelt würde. Dann gäbe die Polarisationsachse die Ebene an, in der die Welle schwingt. Als Arago ihm von dem Experiment erzählte, kam Thomas Young zu demselben Schluss, doch erst Fresnel entwarf eine umfassende Wellentheorie des Lichts, die schließlich alle älteren Modelle verdrängte.

Die Polarisation sollte auch beim nächsten großen Erkenntnisfortschritt eine Schlüsselrolle spielen. 1845 versuchte Michael Faraday, die vermutete Verbindung zwischen Licht und Elektromagnetismus zu beweisen, und schickte einen Strahl polarisierten Lichts durch ein Magnetfeld. Er entdeckte, dass sich die Polarisationsebene drehte, wenn er die Stärke des Felds änderte. Dieser sogenannte Faraday-Effekt inspirierte letztlich James Clerk Maxwell dazu, sein Modell des Lichts als elektromagnetische Welle zu entwickeln. ■

DIE TROMPETER UND DER WELLENZUG

DOPPLER-EFFEKT UND ROTVERSCHIEBUNG

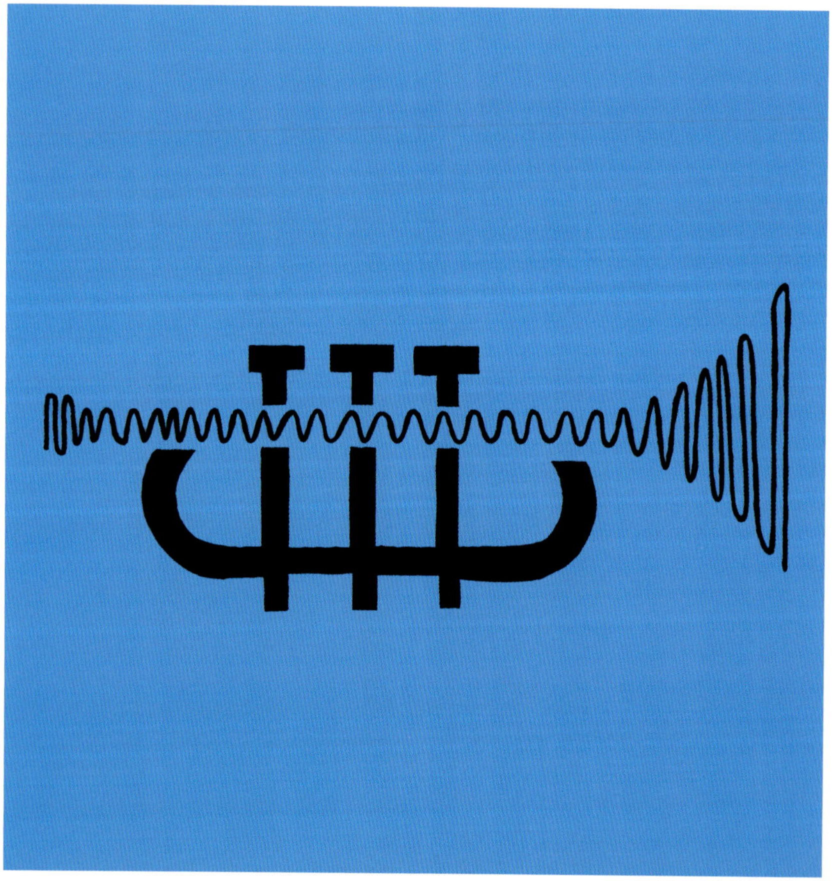

IM KONTEXT

SCHLÜSSELFIGUR
Christian Doppler
(1803–1853)

FRÜHER
1723 Der britische Astronom James Bradley erklärt die Aberration – eine Änderung des Winkels, unter dem Licht der Sterne hier eintrifft. Ursache ist die Bewegung der Erde um die Sonne.

SPÄTER
1940er-Jahre Das Doppler-Radar wird entwickelt. Frühere Radarformen hatten den Doppler-Effekt bewegter Objekte vernachlässigt.

1999 Beobachtungen explodierender Sterne zeigen, dass einige Galaxien weiter entfernt sind, als ihre Doppler-Verschiebung nahelegt. Offenbar beschleunigt sich die Expansion des Universums.

Heute ist uns der Doppler-Effekt vertraut. Wir bemerken ihn als Verschiebung der Tonhöhe von Schallwellen, wenn ein Fahrzeug mit Sirene auf uns zu rast und vorbeifährt. Der Effekt ist nach dem Wissenschaftler benannt, der ihn zuerst theoretisch vorhergesagt hat. Wenn man ihn auf Licht anwendet, hat er sich als ein mächtiges Werkzeug für Untersuchungen im Universum erwiesen.

Veränderte Farben

Die Idee, dass Wellen (insbesondere Lichtwellen) ihre Frequenz in Abhängigkeit der Relativbewegung von Quelle und Beobachter ändern können, äußerte erstmals 1842 der österreichische Physiker Christian

Siehe auch: Welle oder Teilchen? 176–179 ▪ Entdeckung anderer Galaxien 290–293 ▪ Statisches oder expandierendes Universum? 294–295 ▪ Dunkle Energie 306–307

» Es ist fast für gewiss anzunehmen, dass [der Doppler-Effekt] in nicht ferner Zukunft den Astronomen ein willkommenes Mittel darbieten dürfte, die Bewegungen und Entfernungen selbst solcher Sterne zu bestimmen. «

Christian Doppler

Doppler. Er untersuchte die Aberration des Sternenlichts, d. h., eine leichte Verschiebung in der scheinbaren Richtung des Lichts von fernen Sternen, die durch die Bewegung der Erde um die Sonne verursacht wird. Da erkannte er, dass die Bewegung durch den Raum auch die Frequenz und damit die Farbe des Lichts verschieben würde.

Die Idee ist folgende: Wenn sich Quelle und Beobachter einander nähern, kommen die Wellenberge der Lichtwellen von der Quelle beim Beobachter mit einer höheren Frequenz an, sodass die gemessene Wellenlänge des Lichts kürzer ist. Wenn Quelle und Beobachter sich dagegen voneinander entfernen, erreichen die Wellenberge den Beobachter mit einer niedrigeren Frequenz. Da die Farbe des Lichts von seiner Wellenlänge abhängt, erscheint Licht von einer sich nähernden Quelle blauer und Licht von einer sich entfernenden Quelle röter.

Doppler hoffte, dieser Effekt (der bald nach ihm benannt wurde) könnte die unterschiedlichen Farben der Sterne am Nachthimmel erklären. Er arbeitete seine Theorie aus und berücksichtigte die Bewegung der Erde durch den Raum, erkannte aber nicht, dass die Geschwindigkeit der Sternbewegungen und die Lichtgeschwindigkeit sich um mehrere Größenordnungen unterscheiden. Dadurch war der Effekt mit den damaligen Instrumenten nicht nachweisbar.

Trotzdem wurde Dopplers Entdeckung 1845 bestätigt – mit Schall. Der niederländische Wissenschaftler C. H. D. Buys Ballot nutzte die kurz zuvor eröffnete Eisenbahn Amsterdam–Utrecht und ließ einen Trompeter während der Fahrt einen einzigen Ton spielen. Als der Waggon an ihm vorbeirauschte, »

Schallwellen breiten sich in alle Richtungen relativ zur Quelle mit gleicher Geschwindigkeit aus. Doch wenn eine Sirene sich dem Beobachter nähert, nimmt die Frequenz zu und die Wellenlänge ab.

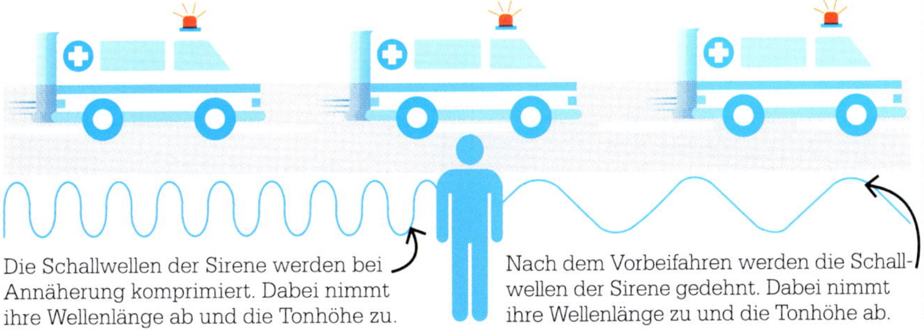

Christian Doppler

Als Sohn eines Steinmetzes wurde Doppler 1803 im österreichischen Salzburg geboren. Er studierte Mathematik am Polytechnischen Institut in Wien, dann Physik und Astronomie in Salzburg. Frustriert über die Schwierigkeiten, eine feste Anstellung zu finden, war er entschlossen, in die USA auszuwandern, fand aber schließlich eine Stelle als Mathematiklehrer in Prag.

1838 wurde Doppler Professor am Prager Polytechnikum, wo er eine Fülle von Arbeiten in Mathematik und Physik verfasste, darunter eine berühmte Studie über die Farben der Sterne und das Phänomen, das heute als Doppler-Effekt bekannt ist. 1849 war sein Ruf so gut, dass er zum Leiter des Physikalischen Instituts der Universität Wien berufen wurde. Seine Gesundheit – er war zeitlebens kränklich – verschlechterte sich und er starb 1853 an einem Atemwegsinfekt.

Hauptwerk

1842 *Über das farbige Licht der Doppelsterne*

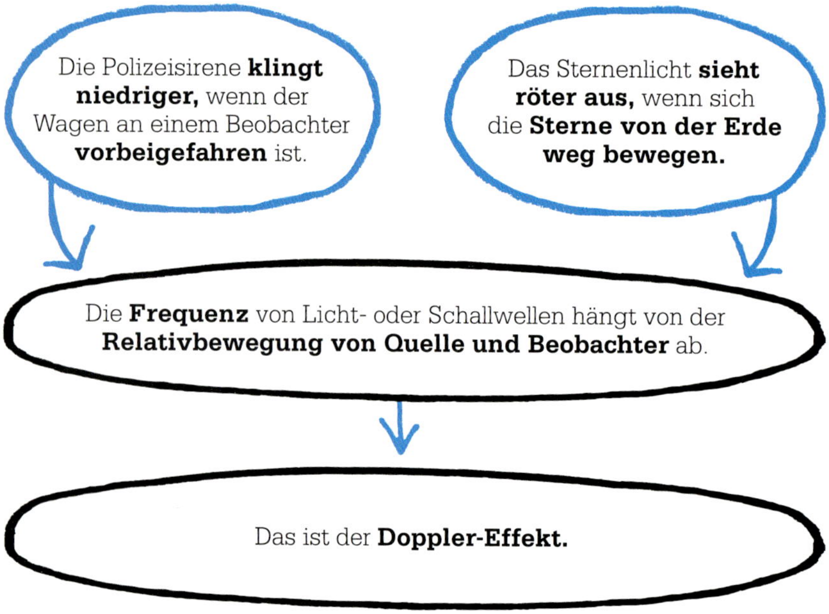

erlebte Buys Ballot die uns heute so vertraute Tonhöhenverschiebung.

Messung der Verschiebung

Die Auswirkungen der Doppler-Verschiebung auf das Licht wurden 1848 von dem französischen Physiker Armand Fizeau berechnet. In Unkenntnis von Dopplers Arbeit lieferte er eine mathematische Grundlage für das Konzept der Rot- und Blaulichtverschiebung und schlug eine praktische Methode zum Nachweis der Verschiebung vor. Er erkannte richtig, die Veränderungen in der Gesamtfarbe eines Sterns wären so winzig, dass sie nur schwer zu quantifizieren sein würden. Stattdessen sollten die Astronomen die Doppler-Verschiebung durch die Position von Referenzmarken bestimmen: der Fraunhofer'schen Linien. Das sind schmale, dunkle Linien, die bereits im Spektrum der Sonne beobachtet wurden und von denen angenommen wurde, dass sie auch in den Spektren anderer Sterne auftauchen.

Die Umsetzung dieser Idee war jedoch schwierig, denn wegen der großen Entfernungen sind selbst die hellsten Sterne weitaus schwächer als die Sonne und die Beugungsspektren mit einzelnen Spektrallinien sind noch schwächer. Doch 1864 konnten die britischen Astronomen William und Margaret Huggins das Lichtspektrum der Sonne vermessen und ihr Kollege William Allen Miller konnte mit diesen Messungen Elemente in Sternen identifizieren.

Zu diesem Zeitpunkt hatten die deutschen Wissenschaftler Gustav Kirchhoff und Robert Bunsen bereits gezeigt, dass die Fraunhofer'schen Linien der Sonne durch bestimmte Elemente verursacht werden, die Licht absorbieren. So konnten Astronomen die Wellenlängen berechnen, bei denen diese Absorptionslinien im Spektrum eines statischen Sterns erscheinen würden. 1868 gelang William Huggins die erfolgreiche Messung der Doppler-Verschiebung der Spektrallinien von Sirius, dem hellsten Stern am Himmel.

Die Tiefe des Raums

Im späten 19. Jahrhundert ermöglichte es eine neue Technik den Wissenschaftlern, auch die Spektren und Doppler-Verschiebungen viel schwächerer Sterne zu messen: Die Langzeitbelichtungsfotografie sammelte wesentlich mehr Licht als das menschliche Auge und lieferte Bilder, die lange nach der ursprünglichen Beobachtung gespeichert, verglichen und gemessen werden konnten.

Der deutsche Astronom Hermann Carl Vogel leistete in den 1870er- und 1880er-Jahren Pionierarbeit für diese Verbindung von Fotografie und »Spektroskopie«. Insbesondere identifizierte er viele scheinbar einzelne Sterne mit Spektrallinien, die sich periodisch »verdoppelten«, sich trennten und dann regelmäßig wieder vereinigten. Er zeigte, dass diese Linienaufspaltung auftrat, weil die Sterne Doppelsterne sind – visuell nicht unterscheidbare Sterne, die eng umeinander kreisen. Daher bewegt sich immer einer der beiden Sterne von der Erde weg, sodass sein Licht roter erscheint, während sich der andere der Erde nähert und sein Licht blauer erscheint.

» [Die] Farbe und Intensität von … Licht sowie die Tonhöhe und Stärke eines Schalls werden durch die Bewegung der Quelle … verändert. «

William Huggins

Die kosmologische Rotverschiebung entsteht nicht, weil die Galaxien sich im konventionellen Sinn entfernen, sondern weil durch die andauernde Expansion des Universums der Raum selbst sich dehnt. Dadurch entfernen sich Galaxien voneinander und die Wellenlängen des Lichts werden gedehnt.

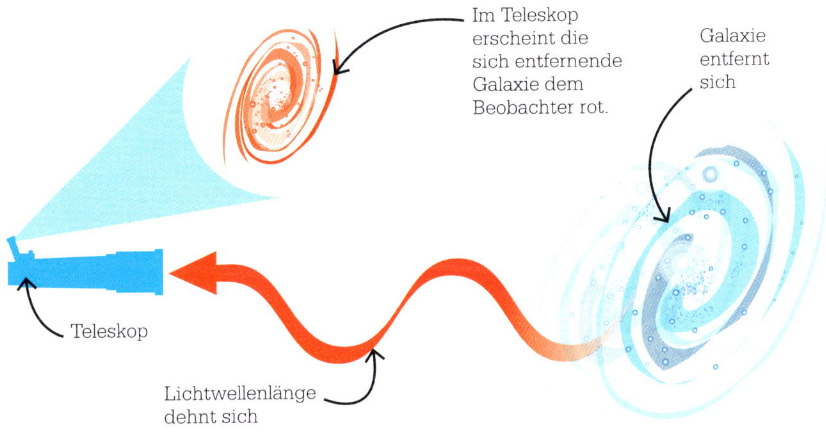

Das expandierende Universum

Mit verbesserter Technik wurden spektrografische Verfahren auf viele andere astronomische Objekte angewandt, darunter die Nebel. Einige erwiesen sich als riesige Wolken aus interstellarem Gas, die ihr gesamtes Licht bei ganz bestimmten Wellenlängen ausstrahlten, ähnlich wie bestimmte Dämpfe im Labor. Andere hingegen strahlten Licht in einem Kontinuum (einem breiten Lichtband aller Farben) mit einigen wenigen dunklen Linien aus, was darauf hindeutet, dass sie aus einer riesigen Anzahl von Sternen bestehen. Diese wurden aufgrund ihrer Form als Spiralnebel bekannt.

Ab 1912 begann der amerikanische Astronom Vesto Slipher mit der Analyse der Spektren entfernter Spiralnebel und stellte fest, dass die meisten von ihnen signifikante Doppler-Verschiebungen zum roten Ende des Spektrums hin aufwiesen. Offenbar entfernten sie sich mit hoher Geschwindigkeit von der Erde, unabhängig davon, in welchem Teil des Himmels sie gesehen wurden. Einige Astronomen werteten dies als Beweis dafür, dass Spiralnebel riesige, unabhängige Galaxien sind, die sich weit außerhalb des Gravitationsbereichs der Milchstraße befinden. Doch erst 1925 konnte der amerikanische Astronom Edwin Hubble die Entfernung zu Spiralnebeln berechnen, indem er die Helligkeit der Sterne in diesen Nebeln maß.

Hubble begann, die Doppler-Verschiebungen der Galaxien zu messen, 1929 entdeckte er ein Muster: Je weiter eine Galaxie von der Erde entfernt ist, desto schneller bewegt sie sich von ihr weg. Dieser Zusammenhang, der heute als Hubble-Gesetz bekannt ist, aber erstmals 1922 vom russischen Physiker Alexander Friedmann vorhergesagt wurde, lässt sich am besten als Effekt der Ausdehnung des Universums als Ganzes interpretieren.

Diese sogenannte kosmologische Rotverschiebung ist nicht das Ergebnis des Doppler-Effekts, wie Doppler ihn verstanden hätte. Stattdessen treibt die Expansion des Weltraums Galaxien auseinander wie Rosinen im aufgehenden Kuchenteig beim Backen. Die Ausdehnungsrate ist für jedes Lichtjahr Entfernung nur gering, aber sie akkumuliert sich über die Weite des Universums: Galaxien werden mit annähernd Lichtgeschwindigkeit auseinander gezogen und die Wellenlängen des Lichts sind bis ins infrarote Ende des Spektrums verschoben.

Praktische Anwendungen

Dopplers Entdeckung hat viele technische Anwendungen. Das Doppler-Radar (das in Radarpistolen bei Verkehrskontrollen und in der Flugsicherung verwendet wird) zeigt die Entfernung zu einem Objekt sowie dessen Relativgeschwindigkeit an. Es kann auch starke Regenfälle verfolgen, indem es die Niederschlagsgeschwindigkeit berechnet. Satellitennavigationssysteme müssen die Doppler-Verschiebung der Satellitensignale berücksichtigen, um die Position genau zu berechnen, und können damit auch die Geschwindigkeit des Empfängers bestimmen. ■

Das Hubble-Weltraumteleskop, benannt nach Edwin Hubble, hat entfernte Sterne entdeckt und ihre Rotverschiebung gemessen. Demnach ist das Universum 13,8 Mrd. Jahre alt.

MYSTERIÖSE WELLEN, DIE WIR ... NICHT SEHEN KÖNNEN

ELEKTROMAGNETISCHE WELLEN

IM KONTEXT

SCHLÜSSELFIGUREN
Heinrich Hertz (1857–1894), **Wilhelm Conrad Röntgen** (1845–1923)

FRÜHER
1673 Isaac Newton zerlegt weißes Licht mit einem Prisma in ein Spektrum und vereint es wieder.

1803 Nach Thomas Young werden die Farben des sichtbaren Lichts durch Strahlen verschiedener Wellenlänge verursacht.

SPÄTER
um 1894 Dem italienischen Ingenieur Guglielmo Marconi gelingt die erste Fernübertragung von Radiowellen.

1906 Der amerikanische Erfinder Reginald Fessenden nutzt das Amplitudenmodulationsverfahren für die erste Rundfunksendung.

Im Jahr 1865 interpretierte James Clerk Maxwell Licht als eine sich bewegende elektromagnetische Welle mit transversalen elektrischen und magnetischen Feldern: Wellen, die senkrecht zueinander stehen (Bild). Maxwells Theorie warf Fragen auf: Wie weit reichte das elektromagnetische Spektrum über den sichtbaren Bereich hinaus? Und welche Eigenschaften könnten Wellen mit viel längeren oder kürzeren Wellenlängen als das sichtbare Licht unterscheiden?

Frühe Entdeckungen

Der Astronom William Herschel fand 1800 den ersten Beweis für die Existenz von Strahlung außerhalb des sichtbaren Lichts. Bei der Mes-

Siehe auch: Kraftfelder und Maxwell'sche Gleichungen 142–147 ▪ Welle oder Teilchen? 176–179 ▪ Beugung und Interferenz 180–183 ▪ Polarisation 184–187 ▪ Über das Licht hinaus 202–203 ▪ Kernstrahlen 238–239

Heinrich Hertz

Heinrich Hertz wurde 1857 in Hamburg geboren und studierte Natur- und Ingenieurwissenschaften in Dresden, München und Berlin bei Physikern wie Gustav Kirchhoff und Hermann von Helmholtz. Seinen Doktortitel erhielt er 1880 von der Universität Berlin. 1885 wurde er ordentlicher Professor für Physik an der Universität Karlsruhe.

Hier führte er seine bahnbrechenden Experimente zur Erzeugung von Radiowellen durch. Er trug auch zur Entdeckung des fotoelektrischen Effekts bei (der Emission von Elektronen beim Auftreffen von Licht auf ein Material) und berechnete elastizitätstheoretisch die mechanischen Spannungen beim Druckkontakt gekrümmter Flächen. 1889 wurde er zum Direktor des Physikalischen Instituts in Bonn berufen. Drei Jahre später wurde eine seltene Erkrankung der Blutgefäße diagnostiziert; Hertz starb 1894.

Hauptwerke

1888 »Über Strahlen elektrischer Kraft«
1894 *Die Prinzipien der Mechanik in neuem Zusammenhange dargestellt*

sung von Temperaturen, die zu verschiedenen (sichtbaren) Farben im Sonnenlicht gehören, ließ Herschel das auf sein Thermometer projizierte Lichtspektrum über das sichtbare rote Licht hinausdriften. Überraschenderweise schoss die Temperatur in die Höhe – offenbar wird ein Teil der Wärme in Sonnenstrahlung von unsichtbaren Strahlen getragen.

Im Jahr 1801 berichtete der deutsche Physiker Johann Wilhelm Ritter über »chemische Strahlen«. Er untersuchte das Verhalten von Silberchlorid, einer lichtempfindlichen Chemikalie: Bei rotem Licht war sie inaktiv, aber bei blauem Licht verdunkelte sie sich. Ritter zeigte, dass eine Bestrahlung der Chemikalie mit Strahlung jenseits von sichtbarem Violett (heute als ultraviolette Strahlung bekannt) eine noch schnellere Verdunkelungsreaktion erzeugte.

Als Maxwell sein Modell von Licht als elektromagnetische Welle veröffentlichte, waren zwar Wellenlänge und Farbe verknüpft, doch sein Modell ließ sich auch auf infrarote und ultraviolette Strahlen (mit Wellenlängen, die kürzer oder länger als die des sichtbaren Spektrums sind) anwenden. Somit konnten diese Strahlen als natürliche Erweiterungen des sichtbaren Spektrums behandelt werden.

Praktischer Beweis

Maxwells Ideen blieben theoretisch, da es damals die Technik nicht gab, um sie zu beweisen. Doch er konnte mit seinem Lichtmodell Phänomene vorhersagen, etwa die Existenz von Wellen mit ganz anderen Wellenlängen. Die meisten Wissenschaftler meinten, der beste Weg zum Beweis von Maxwells Modell bestünde darin, Belege für diese Vorhersagen zu suchen.

Heinrich Hertz experimentierte 1886 mit einem elektrischen Schaltkreis aus zwei getrennten spiralförmig gewickelten und nah beieinander liegenden leitenden Drähten. Die Enden jedes Drahtes mündeten in einer Metallkugel, und wenn ein Strom an einen der Drähte angelegt wurde, sprang ein Funke zwischen den Metallkugelanschlüssen des anderen. Der Effekt war ein Beispiel für elektromagnetische Induktion, wobei die spiralförmig gewickelten Drähte als Induktionsspulen wirkten: Ein Strom in einem der spiralförmig gewickelten Drähte erzeugte ein Magnetfeld, das einen Stromfluss im anderen Draht verursachte. Doch als Hertz dieses Experiment ››

Elektromagnetische Wellen bestehen aus zwei senkrecht zueinander schwingenden Wellen – ein oszillierendes elektrisches und ein oszillierendes magnetisches Feld.

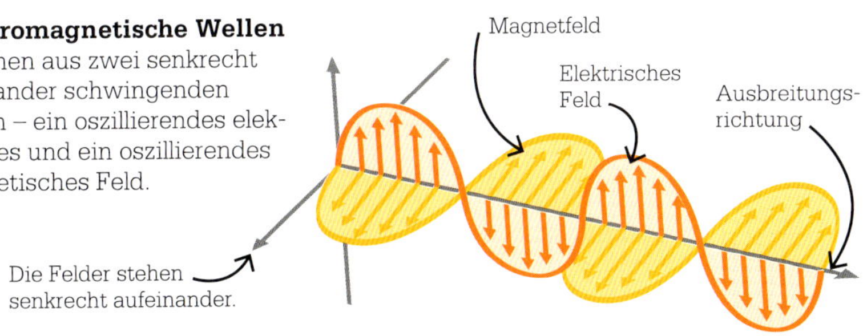

Elektromagnetische Strahlung ist Energie, die sich in **Wellenform** ausbreitet.

→ Die verschiedenen Arten der elektromagnetischen Strahlung haben **unterschiedliche Wellenlängen.**

→ **Sichtbares Licht** ist die **einzige elektromagnetische Strahlung,** die wir **sehen** können.

→ **Die unsichtbaren elektromagnetischen Wellen** sind länger oder kürzer als **Lichtwellen.**

genauer untersuchte, kam er auf die Idee für eine Schaltung zum Test von Maxwells Theorien.

Hertz' 1888 fertiggestellter Schaltkreis hatte zwei aufeinander zulaufende lange Drähte mit einer winzigen Funkenstrecke zwischen ihren Enden. Die anderen Enden der Drähte waren jeweils an einer 30 cm großen Zinkkugel befestigt. Der Strom lief durch eine Induktionsspule, die in der Nähe der Funkenstrecke induzierte Funken erzeugte. So gab es eine hohe Spannungsdifferenz zwischen den beiden Enden jedes Drahtes und einen schnell hin- und herschwingenden elektrischen Strom. Durch sorgfältige Einstellung der Ströme und Spannungen konnte Hertz seinen Schaltkreis auf eine Schwingungsfrequenz von etwa 50 Mio. Zyklen pro Sekunde »abstimmen«.

Nach Maxwells Theorie müsste dieser oszillierende Strom elektromagnetische Wellen mit Wellenlängen von einigen Metern erzeugen, die aus der Entfernung detektiert werden könnten. Das letzte Element in Hertz' Experiment war ein entfernt aufgebauter Empfänger, ein separates Rechteck aus Kupferdraht mit einer eigenen Funkenstrecke. Hertz fand heraus, dass der Stromfluss in der Induktionsspule des Schaltkreises Funken in der Funkenstrecke dieses Hauptstromkreises und auch in der Funkenstrecke des Empfängers auslöste. Der Empfänger lag weit außerhalb des Bereichs möglicher Induktionseffekte, sodass etwas anderes den Strom in ihm zum Schwingen bringen musste: die elektromagnetischen Wellen. Mit einer Vielzahl weiterer Tests wies Hertz nach, dass er tatsächlich elektromagnetische Wellen ähnlich wie Licht erzeugt hatte, etwa indem er zeigte, dass sich die Wellen mit Lichtgeschwindigkeit ausbreiten.

Radio und mehr

Auch andere Physiker und Erfinder erforschten bald diese »Hertz'schen Wellen« (später Radiowellen genannt) und fanden unzählige Anwendungen. Mit der Verbesserung der Technik verbesserten sich auch Reichweite und Qualität der Signale und die Fähigkeit, verschiedene Radiowellen von einem einzigen Mast aus zu senden. Auf die drahtlose Telegrafie (einfache, als Morsezeichen übertragene Signale) folgten Sprachkommunikation und schließlich das Fernsehen. Die Radiowellen von Hertz sind auch heute eine Grundlage der modernen Technik.

Kurz nach den Radiowellen war eine weitere Art elektromagnetischer Strahlung entdeckt worden.

Das elektromagnetische Spektrum

Radiowellen (1 km–10 cm)

Mikrowellen (1 cm–1 mm)

Infrarot (100 µm–ca. 740 nm)

Riesige Antennenschüsseln empfangen Radiowellen entfernter Sterne.

Ein Mikrowellenherd erhitzt Speisen, indem er mit Mikrowellen die Wassermoleküle darin zum Schwingen bringt.

Eine Fernbedienung überträgt die Steuersignale mit Infrarotwellen.

1895 experimentierte der deutsche Physiker Wilhelm Conrad Röntgen mit Kathodenstrahlen. Dabei handelt es sich um in Vakuumröhren beobachtete Elektronenströme, die von einer Glühkathode (die an den negativen Pol einer Spannungsversorgung angeschlossene Elektrode) emittiert und dann in einer Entladungsröhre (ein Glasgefäß mit einer sehr hohen Spannung zwischen den Enden) freigesetzt werden. Um mögliche Lichteinflüsse zu vermeiden, wickelte Röntgen die Röhre in Karton ein. Trotzdem leuchtete ein in der Nähe befindlicher fluoreszierender Detektorschirm während seiner Experimente. Grund waren unbekannte Strahlen aus dem Inneren der Röhre, die die Papphülle durchdrangen.

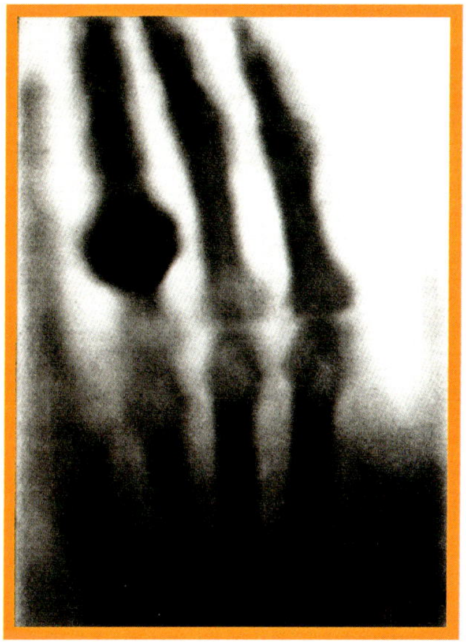

Das erste Röntgenbild überhaupt wurde 1895 aufgenommen. Es zeigt auf einer fotografischen Platte die Hand von Röntgens Frau Anna Bertha. Am Ringfinger sitzt ihr Ehering.

»Ich habe meinen Tod gesehen!«

Anna Röntgen,
als sie das erste Röntgenbild mit ihren Handknochen sah.

Röntgenbildgebung

Tests ergaben, dass Röntgens neue Strahlen (die er X-Strahlen nannte, wegen ihrer unbekannten Natur) auch fotografische Filme beeinflussen könnten, sodass er ihr Verhalten dauerhaft aufzeichnen konnte. Anhand von Versuchen prüfte er, welche Materialien die Strahlen durchdringen, und stellte fest, dass Metall sie abschirmt. Röntgen ließ seine Frau Anna ihre Hand auf eine fotografische Platte legen, während er die Röntgenstrahlen darauf richtete. Es zeigte sich, dass Knochen die Strahlen abschirmen, Weichgewebe jedoch nicht.

In schnellem Tempo wurden neue Anwendungen für die Röntgenbildgebung entwickelt. Rasch bemerkte man die schädlichen Auswirkungen längerer Röntgenbestrahlung auf lebendes Gewebe, und nach und nach wurde die Exposition begrenzt. Dazu gehörte auch die Rückkehr zu sehr kurzzeitigen Röntgenaufnahmen. Die wahre Natur der Röntgenstrahlen wurde bis 1912 diskutiert. Dann gelang es Max von Laue mit Kristallen, Röntgenstrahlen zu beugen (Beugung tritt auf, wenn eine Welle auf ein Hindernis trifft). Dies bewies, dass Röntgenstrahlen Wellen und eine hochenergetische Form elektromagnetischer Strahlung sind. ■

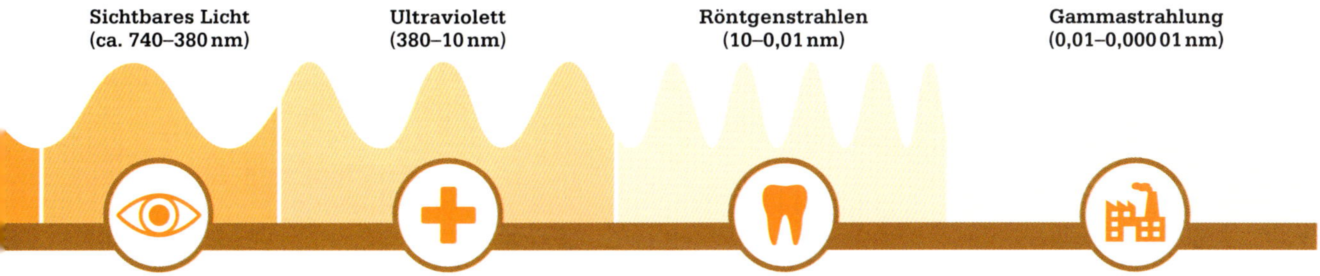

Das menschliche Auge sieht nur diesen kleinen Ausschnitt des elektromagnetischen Spektrums.

UV-Licht kann bei der Desinfektion Bakterien und Keime abtöten.

Röntgenstrahlen durchdringen Weichteilgewebe und werden durch Knochen und Zähne blockiert.

In Kernkraftwerken dient die Energie der Gammastrahlen zur Stromerzeugung.

DIE SPRACHE DER SPEKTREN IST EINE WIRKLICHE SPHÄRENMUSIK

LICHT AUS DEM ATOM

IM KONTEXT

SCHLÜSSELFIGUR
Niels Bohr (1885–1962)

FRÜHER
1565 Der spanische Arzt Nicolás Monardes beschreibt die Fluoreszenz von Extrakten des mexikanischen Nierenholzbaums.

1669 Der deutsche Chemiker Hennig Brand entdeckt das Element Phosphor, das im Dunkeln nachleuchtet.

SPÄTER
1926 Für Erwin Schrödinger bewegen sich die Elektronen im Atom nicht auf festen Bahnen, sondern in einer Wolke.

1953 Der Amerikaner Charles Townes nutzt die stimulierte Emission von Elektronenbewegungen und baut einen Mikrowellenverstärker, einen Vorläufer des Lasers.

Die Fähigkeit einiger Stoffe, Licht zu erzeugen, anstatt nur vorhandenes Licht wie das der Sonne zu reflektieren, galt anfangs lediglich als Kuriosität. Letztlich erwies sie sich jedoch als wesentlich für das Verständnis der atomaren Struktur der Materie und führte im 20. Jahrhundert zu wichtigen neuen Technologien.

Die Entdeckung der Fluoreszenz

Substanzen mit einer natürlichen Fähigkeit, unter bestimmten Bedingungen zu leuchten, sind mindestens seit dem 16. Jahrhundert bekannt, doch erst seit 200 Jahren wird dieses Phänomen untersucht. 1819 beschrieb der englische

Siehe auch: Elektrisches Potenzial 128–129 ▪ Elektromagnetische Wellen 192–195 ▪ Energiequanten 208–211 ▪ Teilchen und Wellen 212–215 ▪ Matrizen und Wellen 218–219 ▪ Der Atomkern 240–241 ▪ Subatomare Teilchen 242–243

Minerale wie Flussspat (Fluorit) sind fluoreszent, d. h., sie absorbieren Licht oder UV-Strahlung und geben sie mit anderer Wellenlänge ab. Dadurch erscheinen sie in einer anderen Farbe.

Geistliche und Mineraloge Edward Clarke die Eigenschaften des Minerals Flussspat (Fluorit), das unter bestimmten Bedingungen leuchtet.

1852 zeigte der irische Physiker George Gabriel Stokes, dass das Leuchten des Minerals durch ultraviolettes Licht verursacht wird. Das emittierte Licht ist auf eine einzige blaue Farbe und Wellenlänge beschränkt und erscheint in einem Spektrum als Linie. Stokes argumentierte, Flussspat würde kurzwelliges ultraviolettes Licht direkt in sichtbares Licht umwandeln, indem seine Wellenlänge irgendwie gedehnt wurde. Er prägte den Begriff Fluoreszenz für dieses besondere Verhalten.

In der Zwischenzeit hatten frühe elektrische Experimentatoren eine andere Möglichkeit entdeckt, leuchtende Stoffe zu erzeugen. Als sie versuchten, elektrischen Strom zwischen zwei Metallelektroden an den Enden einer fast luftleer gepumpten Glasröhre zu leiten, begann das verdünnte Gas zwischen den Elektroden zu leuchten, wenn die Spannung zwischen den Elektroden ausreichend hoch war. Zusammen mit Michael Faraday erklärte Stokes das Phänomen so, dass die Gasatome energetisiert werden, sodass Strom durch sie fließen kann; sie setzen Licht frei, wenn sie ihre Energie abgeben.

Einige Jahre später erfand der deutsche Glasbläser Heinrich Geissler ein Verfahren zur Erzeugung eines viel besseren Vakuums in Glasröhren. Er fand heraus, dass er die Röhren durch Zugabe bestimmter Gase in verschiedenen Farben leuchten lassen konnte. Das steckt hinter der Leuchtstofflampe, die im 20. Jahrhundert weit verbreitet war.

Elementare Emissionen

Weshalb einige Atome Licht erzeugen, blieb bis in die späten 1850er-Jahre ein Rätsel. Dann untersuchten der deutsche Chemiker Robert Bunsen und der Physiker Gustav Kirchhoff zusammen das Phänomen. Sie konzentrierten sich auf die Farben, die entstanden, wenn verschiedene Elemente in der heißen Flamme von Bunsens kurz zuvor erfundenem Gasbrenner zum Glühen gebracht wurden. Das so emittierte Licht war kein Kontinuum verschiedener Wellenlängen und Farben, wie Sonnenlicht oder das Licht von Sternen, sondern eine Mischung aus einigen wenigen hellen Linien (Emissionslinien) mit ganz bestimmten Wellenlängen und Farben.

Das genaue Muster der Emissionslinien unterschied sich für jedes Element, war also ein einzigartiger chemischer Fingerabdruck. In den Jahren 1860 und 1861 identifizierten Bunsen und Kirchhoff zwei neue Elemente, Caesium und Rubidium, allein anhand ihrer Emissionslinien.

Der Durchbruch von Balmer

Allerdings hatten Kirchhoff und Bunsen nicht erklärt, warum die Emissionslinien bei bestimmten Wellenlängen erzeugt wurden. Sie erkannten jedoch, dass es etwas mit den Eigenschaften der Atome in den einzelnen Elementen zu tun hatte. Dies war ein neues Konzept. Damals betrachtete man Atome allgemein als feste, unteilbare Teilchen. Daher war nur schwer ein interner Prozess vorstellbar, der Licht erzeugte oder die Wellenlängen der Emissionslinien veränderte.

1885 gelang es dem Schweizer Mathematiker Johann Jakob Balmer, ein Muster in der Reihe der durch Wasserstoff erzeugten Emissionslinien zu identifizieren. Die Spektren, die bis dahin wie zufällig aussahen, konnten durch eine mathematische Formel mit zwei Zahlenfolgen vorhergesagt werden. Emissionslinien, die mit höheren Werten einer oder beider dieser »

» Ein Chemiker, der kein Physiker ist, ist gar nichts. «

Robert Bunsen

> »Wir haben genaue Kenntnis der Bausteine … von einzelnen Atomen.«
>
> **Niels Bohr**

Zahlen verbunden waren, entstanden nur bei höherer Temperatur.

Die Balmer'sche Formel, die sogenannte Balmer-Serie, bewährte sich sofort, als die hochenergetischen Absorptionslinien von Wasserstoff bei den vorhergesagten Wellenlängen im Spektrum der Sonne und anderer Sterne identifiziert wurden. 1888 entwickelte der schwedische Physiker Johannes Rydberg eine verallgemeinerte Version der Formel. Diese sogenannte Rydberg-Serie konnte (mit einigen Feineinstellungen) zur Vorhersage von Emissionslinien vieler verschiedener Elemente verwendet werden.

Hinweise aus dem Atom

Die Wende zum 20. Jahrhundert brachte neue Erkenntnisse zum Atom. Es zeigte sich, dass Atome nicht die festen, gleichförmigen Bausteine sind, für die man sie zuvor gehalten hatte. Zunächst entdeckte J. J. Thomson 1897 das Elektron (das erste subatomare Teilchen). Dann entdeckte Ernest Rutherford 1909, aufbauend auf den Arbeiten von Hans Geiger und Ernest Marsden, den Kern, in dem der größte Teil der Masse eines Atoms konzentriert ist. Rutherford stellte sich das Atom mit einem winzigen zentralen Kern vor, der von regellos im restlichen Volumen verstreuten Elektronen umgeben ist.

Gespräche mit Rutherford inspirierten den jungen dänischen Wissenschaftler Niels Bohr zur Arbeit an seinem eigenen Atommodell. Er kombinierte Rutherfords Kernmodell mit Max Plancks radikalem Vorschlag aus dem Jahr 1900, dass Strahlung unter bestimmten Umständen in festen Portionen, den Quanten, emittiert wird. Planck hatte diese Theorie als ein mathematisches Mittel zur Erklärung der charakteristischen Lichtabgabe von Sternen und anderen glühenden Körpern vorgeschlagen (der sogenannten Schwarzkörperstrahlung). 1905 war Albert Einstein noch einen Schritt weiter gegangen und hatte vorgeschlagen, dass diese Portionen elektromagnetischer Strahlung nicht nur eine Folge bestimmter Arten von Strahlungsemission seien, sondern grundlegend für die Natur des Lichts.

Bohr war damals nicht von Einsteins Theorie überzeugt, dass sich Licht immer in Portionen, den Photonen, ausbreitet. Aber er fragte sich, ob der Atomaufbau und insbesondere die Anordnung der Elektronen vielleicht manchmal Licht bestimmter Wellenlänge und Energie erzeugen könnte.

Das Bohr'sche Modell

1913 fand Bohr eine Möglichkeit, den Atomaufbau mit der Rydberg-Formel zu verknüpfen. In drei einflussreichen Aufsätzen legte er dar, die Bewegung der Elektronen sei in einem Atom so beschränkt, dass sie nur bestimmte Werte des Drehimpulses (den Impuls aufgrund ihrer Umlaufbahn um den Kern) haben konnten. In der Praxis bedeutete dies, dass die Elektronen nur in bestimmten festen Abständen vom Kern kreisen konnten. Da die elektromagnetische Anziehung zwischen dem positiv geladenen Kern und den negativ geladenen Elektronen je nach der Umlaufbahn des Elektrons variierte, konnte er jedem Elektron eine bestimmte Energie zuschreiben – die Bahnen mit niedrigerer Energie lagen in der Nähe des Kerns und die Bahnen mit höherer Energie weiter außen.

Jede Umlaufbahn könnte nur eine maximale Anzahl von Elek-

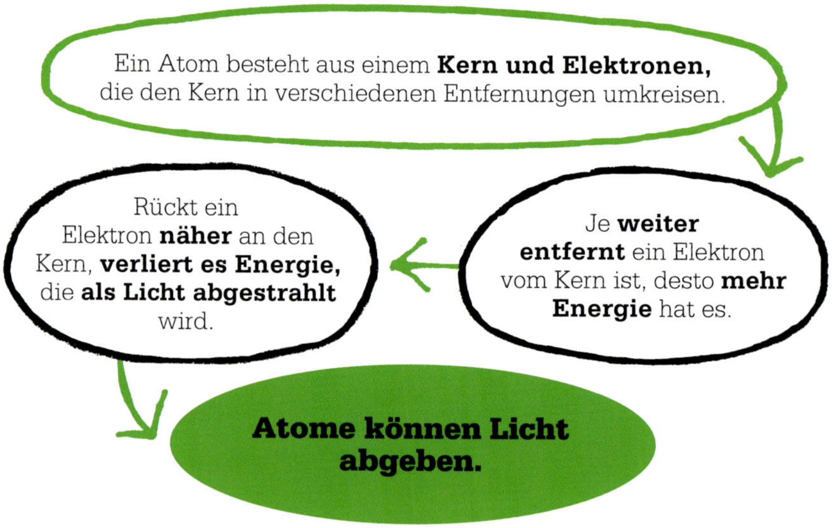

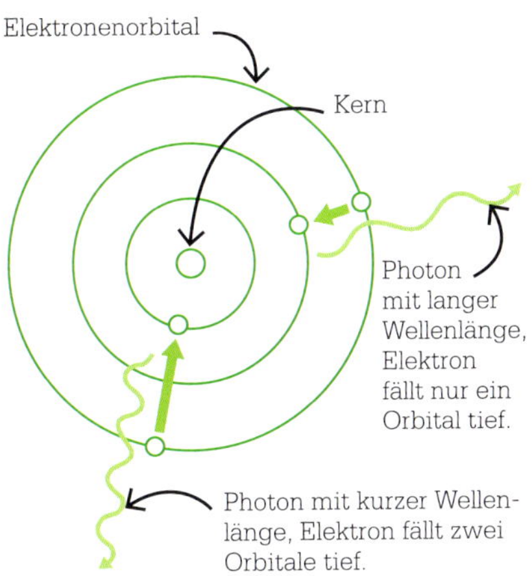

Die Wellenlänge des von einem Atom emittierten Lichts hängt davon ab, wie viel Energie ein Elektron beim Übergang von einem Orbital zum anderen verliert. Je tiefer es fällt, umso kürzer die Wellenlänge und umso höher die Energie des Lichts.

tronen aufnehmen, die Bahnen nahe am Kern würden zuerst aufgefüllt. Leere Räume (und ganze leere Umlaufbahnen) weiter außen standen für Elektronen zur Verfügung, die kurz davor waren, »zu springen«, wenn sie zusätzliche Energie erhielten, etwa durch einen einfallenden Lichtstrahl. Blieb eine Lücke in der inneren Umlaufbahn, war der Übergang in der Regel kurz, und das angeregte Elektron fiel fast sofort wieder in den niedrigeren Energiezustand zurück. In diesem Fall sendete es einen kleinen Lichtblitz aus, dessen Frequenz, Wellenlänge und Farbe durch die Gleichung $\Delta E = h\nu$ bestimmt sind. In dieser Planck-Gleichung ist ΔE die Energiedifferenz des Übergangs, ν (der griechische Buchstabe Ny) die Frequenz des ausgesandten Lichts und h die Planck-Konstante.

Bohr wandte sein Modell auf das einfachste Atom, den Wasserstoff, an und zeigte, dass es die bekannten Linien der Balmer-Serie erzeugen konnte. Der überzeugendste Beweis war aber die Erklärung für eine Spektralreihe im Spektrum der superheißen Sterne, die Pickering-Serie. Nach Bohr hingen diese Linien mit Elektronen zusammen, die in ionisiertem Helium (He^+) die Bahn wechseln (in einem ionisierten Heliumatom ist eines beiden Elektronen abgestreift).

Die Wurzeln des Lasers

Die folgenden Jahrzehnte zeigten, dass das Bohr'sche Modell die merkwürdigen Quantenprozesse im Inneren realer Atome zwar zu sehr vereinfachte, aber es markierte dennoch einen großen Fortschritt. Das Modell erklärte zum ersten Mal nicht nur den Zusammenhang zwischen Atomstruktur und den Spektrallinien, sondern ebnete auch den Weg für neue Technologien, die sich diese Emission zunutze machen würden, etwa den Laser, ein intensiver Photonenstrahl, der durch das Auslösen einer Kaskade von Emissionsereignissen innerhalb eines angeregten Materials erzeugt wird. Das Laserprinzip wurde bereits 1917 von Einstein vorhergesagt und 1928 von Rudolph W. Ladenburg nachgewiesen, ein funktionierender Laser konnte allerdings erst 1960 gebaut werden. ■

» Wir müssen uns im Klaren sein, dass Sprache, wenn es um Atome geht, nur poetisch benutzt werden kann. «

Niels Bohr

Niels Bohr

Der 1885 in Kopenhagen geborene Bohr studierte an der dortigen Universität Physik. Seine 1911 fertiggestellte Doktorarbeit war eine bahnbrechende Untersuchung über die Verteilung von Elektronen in Metallen. Ein Besuch britischer Laboratorien im selben Jahr inspirierte Bohr zu seinem Atommodell, für das er 1922 den Nobelpreis für Physik erhielt. Zu dieser Zeit war er Direktor des neuen Dänischen Instituts für theoretische Physik.

1940 wurde Dänemark von den Nazis besetzt. Drei Jahre später floh Bohr, dessen Mutter Jüdin war, in die USA, wo er sich am Manhattan-Projekt zum Bau einer Atombombe beteiligte. Als er 1945 nach Dänemark zurückkehrte, half er bei der Gründung der Internationalen Atomenergiebehörde. Bohr starb 1962 zu Hause in Kopenhagen.

Hauptwerke

1913 »Über den Aufbau der Atome und Moleküle«
1924 »Die Quantentheorie der Strahlung«
1939 »Der Mechanismus der Kernspaltung«

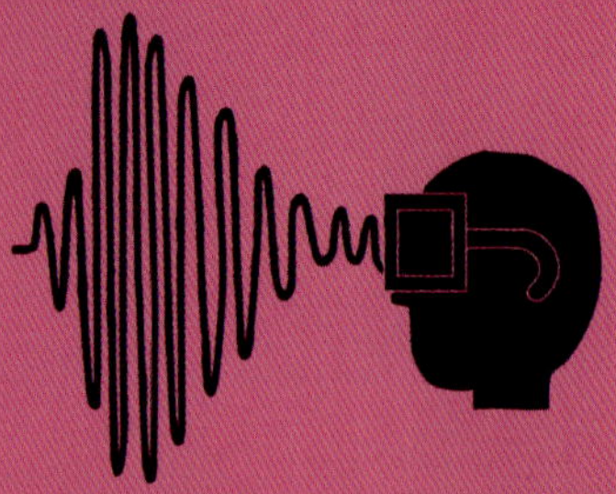

SEHEN MIT SCHALL

PIEZOELEKTRIZITÄT UND ULTRASCHALL

IM KONTEXT

SCHLÜSSELFIGUREN
Pierre Curie (1859–1906), **Jacques Curie** (1855–1941), **Paul Langevin** (1872–1946)

FRÜHER
1794 Der italienische Biologe Lazzaro Spallanzani entdeckt, dass sich Fledermäuse mit Ultraschallechos orientieren.

SPÄTER
1941 Der österreichische Neurologe Karl Dussik macht das erste Ultraschallbild eines Menschen.

1949 Der amerikanische Arzt John Wild setzt Ultraschall für Diagnosen ein.

1966 An der Universität Washington entwickelt eine Gruppe um Donald Baker das erste gepulste Ultraschallgerät, das den Doppler-Effekt berücksichtigt und die Strömung von Körperflüssigkeiten messen kann.

Kristalle heißen **piezoelektrisch,** wenn sie beim Erhitzen oder Verformen einen **elektrischen Strom erzeugen.**

Ein **hochfrequenter Strom** kann einen piezoelektrischen Kristall **Ultraschall** erzeugen lassen.

Ultraschallechos von einem Körper hängen von dessen Form, Zusammensetzung und Entfernung ab.

Durch die Echos **komprimieren** sich die piezoelektrischen Kristalle.

Beim Komprimieren der Kristalle erzeugen sie **elektrische Signale,** die sich **in Bilder umsetzen** lassen.

Die Echoortung – die Erkennung verborgener Objekte durch Auswertung der von ihnen als Echos reflektierten Schallwellen – wurde 1912 von dem britischen Physiker Lewis Fry Richardson vorgeschlagen. Kurz nach dem Untergang der Titanic in jenem Jahr meldete Richardson ein Patent auf ein Verfahren zur Warnung der Schiffe vor Eisbergen und anderen großen Objekten an. Richardson bemerkte, dass man mit Schallwellen höherer Frequenz und kürzerer Wellenlänge, später Ultraschall genannt, Objekte unter Wasser genauer erkennen würde als mit normalen Schallwellen. Er entwarf ein mechanisches Gerät zur Erzeugung solcher Wellen und

Siehe auch: Elektrisches Potenzial 128–129 ▪ Musik 164–167 ▪ Doppler-Effekt und Rotverschiebung 188–191 ▪ Quantenanwendungen 226–231

» Die Absorption von Schall ist in Wasser geringer als in Luft. «

Lewis Fry Richardson

zeigte, dass sie im Wasser weiter tragen als in Luft.

Curie-Kristalle

Richardsons Erfindung wurde nie verwirklicht. Der Untergang der Titanic verschwand aus dem Rampenlicht und die Notwendigkeit für Echoortung sank. Darüber hinaus hatten die Brüder Jacques und Pierre Curie bereits einen praktischen Weg zur Erzeugung und Erkennung von Ultraschall entdeckt.

Sie untersuchten um 1880, wie bestimmte Kristalle bei Erwärmung einen elektrischen Strom erzeugen können. Dabei stellten sie fest, dass auch Druck zur Verformung der Kristallstruktur eine elektrische Potenzialdifferenz erzeugt, das ist die sogenannte Piezoelektrizität. Ein Jahr später bestätigten sie eine Vorhersage des französischen Physikers Gabriel Lippmann, ein elektrischer Strom in einem Kristall würde einen umgekehrten Effekt verursachen, nämlich die physikalische Verformung des Kristalls.

Die praktischen Anwendungen der Piezoelektrizität wurden nicht sofort erkannt, aber Paul Langevin, ein ehemaliger Schüler Pierre Curies, setzte seine Forschungen fort. Als im Ersten Weltkrieg erstmals U-Boote eingesetzt wurden, wurde Langevin klar, dass Piezoelektrizität zur Erzeugung und zum Nachweis von Ultraschall nützlich sein konnte.

Eine neue Technologie

Hochfrequente Schallwellen können mit einem sogenannten Wandler, das ist ein zwischen Metallblechen geklemmter Stapel von Piezokristallen, der von starkem Wechselstrom durchflossen wird, ins Wasser abgegeben werden. Beim Empfang lässt sich die durch die aufgefangenen Echos verursachte Kompression in ein elektrisches Signal umwandeln. Langevins Anwendung der Curie'schen Entdeckung bildete die Grundlage für Sonar- und andere Echoortungssysteme, die noch heute verwendet werden.

Anfangs wurden bei der Echoortung die zurückkehrenden Impulse über einen Lautsprecher wieder in Schall umgewandelt, doch Anfang des 20. Jahrhunderts wurden elektronische Displays entwickelt. Daraus entwickelten sich schließlich die Sonarsysteme in der Navigation, der Verteidigung und im medizinischen Ultraschall. ▪

In einem piezoelektrischen Kristall wie Amethyst sind die Gitterzellen nicht symmetrisch. Unter Druck verformen sich, die Atome bewegen sich und erzeugen eine geringe Spannung.

Pierre Curie

Pierre Curie wurde 1859 als Sohn eines Arztes in Paris geboren und von seinem Vater erzogen. Nach dem Mathematikstudium an der Universität Paris arbeitete er als Laborlehrer an der wissenschaftlichen Fakultät. Zusammen mit seinem Bruder Jacques entdeckte er die Piezoelektrizität und erfand das Elektrometer zur Messung der schwachen elektrischen Ströme.

Für seine Doktorarbeit erforschte Curie den Zusammenhang von Temperatur und Magnetismus. Dabei arbeitete er mit der polnischen Physikerin Maria Skłodowska zusammen, die er 1895 heiratete. Sie verbrachten den Rest ihres Lebens mit der Erforschung der Radioaktivität, was ihnen 1903 den Nobelpreis einbrachte. 1906 starb er bei einem Verkehrsunfall.

Hauptwerk

1880 »Développement, par pression, de l'électricité polaire dans les cristaux hémièdres à faces incline« (»Entstehung von Elektrizität durch Druck auf die Flächen hemihedraler Kristalle«)

EIN GROSSES FLUKTUIERENDES ECHO

ÜBER DAS LICHT HINAUS

IM KONTEXT

SCHLÜSSELFIGUR
Jocelyn Bell Burnell (*1943)

FRÜHER
1800 Der englische Astronom William Herschel entdeckt zufällig die Infrarotstrahlung.

1886 Heinrich Hertz erzeugt erstmals Radiowellen.

SPÄTER
1967 Amerikanische Vela-Militärsatelliten, die Kernexplosionen nachweisen sollen, zeichnen Ausbrüche von Gammastrahlen aus dem All auf.

1983 Die NASA, Großbritannien und die Niederlande starten das erste Infrarot-Weltraumteleskop IRAS (Infrared Astronomical Satellite).

2019 Mittels Apertursynthese gelingt ein Zusammenwirken von Teleskopen aus aller Welt. Dabei beobachten Astronomen die Strahlung um ein supermassives Schwarzes Loch in einer fernen Galaxie.

Die Entdeckung elektromagnetischer Strahlung jenseits des sichtbaren Lichts im 19. und frühen 20. Jahrhundert ermöglichte neue Beobachtungen des Universums. Allerdings waren technische Schwierigkeiten zu bewältigen, zumal die Erdatmosphäre viele dieser Strahlungen blockiert. Bei Radiowellen von Planeten, Sternen und anderen Himmelserscheinungen (die die Atmosphäre durchdringen können) bestand das Hauptproblem in den riesigen Wellenlängen, wodurch die Quellen nur schwer zu lokalisieren sind.

Unsichtbare Radiowellen aus dem All durchdringen die Erdatmosphäre.

↓

Mit einem **Radioteleskop** lassen sich Radiowellen sammeln und den **Ort** ihrer Quelle **bestimmen.**

↓

Damit können Astronomen **ferne Sterne und Galaxien** lokalisieren.

Die ersten Schritte in der Radioastronomie unternahm 1931 der amerikanische Physiker Karl Jansky. Er baute eine große schüsselförmige Antenne auf eine Drehscheibe, um zu messen, wie sich die Signale im Lauf des Tages durch die Erddrehung veränderten, und um verschiedene Teile des Himmels über dem Horizont zu beobachten. So konnte er nachweisen, dass das Zentrum der Milchstraße eine starke Quelle von Radiowellen ist.

Kartierung von Radiowellen

In den 1950er-Jahren baute Bernard Lovell im Vereinigten Königreich das erste gigantische Radioteleskop. Mit 76,2 m Durchmesser konnte das Teleskop (allerdings unscharfe) Bilder des Radiohimmels erzeugen und erstmals Lage und Form einzelner Radioquellen bestimmen.

Martin Ryle, Antony Hewish und die Doktorandin Jocelyn Bell Burnell

Siehe auch: Elektromagnetische Wellen 192–195 ▪ Schwarze Löcher und Wurmlöcher 286–289 ▪ Dunkle Materie 302–305 ▪ Dunkle Energie 306–307 ▪ Gravitationswellen 312–315

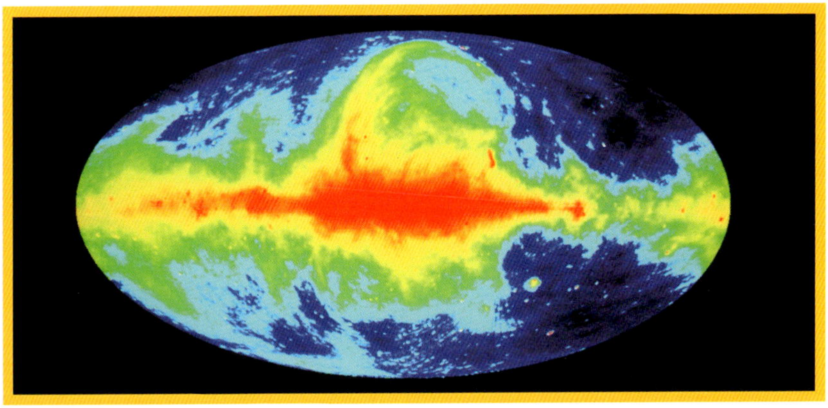

Radiokarten des Himmels zeigen die Quellen der Strahlung aus dem tiefen All. Die intensivste Radioemission (rot) stammt aus den zentralen Bereichen unserer Milchstraße.

an der Universität Cambridge konnten in den 1960er-Jahren das Auflösungsvermögen von Radioteleskopen signifikant verbessern. Ryle erfand das Verfahren der Blendensynthese, bei dem eine Anordnung (sogenannter Array) mehrerer Radioantennen wie ein einziges riesiges Teleskop funktioniert. Das Prinzip dahinter besteht darin, die unterschiedliche Amplitude (Stärke) der Radiowellen zu messen, die von den verschiedenen Antennen gleichzeitig empfangen werden. Mit einigen grundlegenden Annahmen zur Form der Radiowellen war die Richtung ihrer Quelle wesentlich genauer zu berechnen.

Auf der Grundlage von Ryles Entwicklung bauten Hewish und Bell Burnell ein Radioteleskop mit mehreren Tausend Antennen, das eine Fläche von 1,6 Hektar (4 Acres) bedecken sollte. Hewish hoffte, mit diesem Teleskop die interplanetare Szintillation (IPS) zu entdecken – Schwankungen von Radiosignalen aus weit entfernten Quellen, die mit dem Magnetfeld der Sonne und dem Sonnenwind wechselwirken.

Bell Burnell überwachte die Messungen des IPS-Teleskops und suchte nach den vorhergesagten gelegentlichen Schwankungen. Sie fand jedoch ein viel kürzeres und genau vorhersagbares Radiosignal, das 0,4 Sekunden dauerte, sich alle 1,3 Sekunden wiederholte und mit der Bewegung der Sterne zusammenhing. Es erwies sich schließlich als Pulsar – das erste bekannte Beispiel eines schnell rotierenden Neutronensterns, dessen Existenz erstmals in den 1930er-Jahren postuliert worden war.

Bell Burnells Entdeckung der Pulsare war der erste von vielen Durchbrüchen für die Radioastronomie. Mit der Verbesserung der Blendensynthese konnten immer detailliertere Bilder des Radiohimmels erzeugt werden, sodass sich die Struktur der Milchstraße, von weit entfernten kollidierenden Galaxien und der Umgebung supermassiver schwarzer Löcher erkennen ließ. ▪

Jocelyn Bell Burnell

Jocelyn Bell wurde 1943 im nordirischen Belfast geboren und interessierte sich für Astronomie, seit sie als junges Mädchen das Armagh-Planetarium besucht hatte. Sie schloss 1965 ihr Physikstudium an der Universität Glasgow ab und ging nach Cambridge, um bei Antony Hewish zu promovieren. Hier entdeckte sie den ersten Pulsar.

Obwohl Bell Burnell die zweite Autorin des Aufsatzes über diese Entdeckung war, wurde sie bei der Verleihung des Nobelpreises 1974 an ihre Kollegen nicht berücksichtigt. Sie hat danach eine sehr erfolgreiche Karriere in der Astronomie gemacht und wurde für ihre wissenschaftliche Forschung und ihre Arbeit zur Förderung der Rolle von Frauen und Minderheiten in Wissenschaft und Technologie mit zahlreichen anderen Preisen ausgezeichnet und in den persönlichen Adelsstand erhoben.

Hauptwerk

1968 »Beobachtung einer rasch pulsierenden Radioquelle« (erschienen in *Nature*, zusammen mit Antony Hewish u. a.)

DIE QUANTEN
UNSER UNSCHARFES UNIVERSUM

WELT

1900 – Max Planck beschreibt die **Schwarzkörperstrahlung** mit diskreten Energiepaketen, den **Quanten.**

1905 – Albert Einstein erklärt den **Fotoeffekt** mit der Annahme, Licht würde in einzelnen »Klumpen«, den Photonen, auf die Elektronen wirken.

1913 – Niels Bohr entwickelt das erste **Quantenmodell des Atoms.**

1922 – Die Deutschen Otto Stern und Walter Gerlach entdecken den **Spin,** die quantisierte Version des Drehimpulses.

1923 – Arthur Compton entdeckt, dass **Röntgenstrahlung** quantisiert ist, und beweist so die Existenz der **Photonen.**

1924 – Louis de Broglie behauptet, die Materie habe wellenartige Eigenschaften. Damit zeigen auch Teilchen wie das Elektron einen **Welle-Teilchen-Dualismus.**

1925 – Wolfgang Pauli entdeckt das **Ausschlussprinzip,** wonach zwei Mikroteilchen **nicht gleichzeitig denselben Quantenzustand** haben können.

Unsere Welt ist deterministisch, d. h., sie folgt bestimmten Gesetzen, die festlegen, wie sich ein System entwickeln wird. Im Alltag lernen wir diese Gesetze durch Ausprobieren (z. B. beim Sport, wenn wir die Flugbahn eines Balls vorhersagen) und durch Fehler (z. B. wenn wir schmerzhaft von einem Ball getroffen werden).

Physiker entwerfen Experimente, um diese Gesetze aufzudecken, damit wir vorhersagen können, wie sich ein System mit der Zeit verändert. Solche Experimente führten zu der deterministischen Physik, über die wir bislang in diesem Buch gesprochen haben. Anfang des 20. Jahrhunderts jedoch entdeckte man verstörende Zeichen dafür, dass sich die Natur im Kern ganz anders verhält. Die deterministische Welt unseres Alltags ist nur ein verschwommenes Abbild, ein Mittelwert einer unsicheren Mikrowelt. Die Tür zu diesem neuen Reich öffnete sich, als sich herausstellte, dass Licht sich auf ganz ungewohnte Weise verhält.

Wellen oder Teilchen?

Seit dem 16. Jahrhundert tobte eine Debatte über das Wesen des Lichts. Für ein Lager bestand Licht aus winzigen Teilchen, eine Idee, die von Isaac Newton verfochten wurde; andere betrachteten Licht als Wellenphänomen. 1803 schien das Doppelspaltexperiment von Thomas Young den endgültigen Beweis zu liefern, dass Licht wellenförmig ist: Die auftretenden Interferenzen konnten nicht mit Teilchen erklärt werden. Doch in den frühen Jahren des 20. Jahrhunderts griffen die deutschen Physiker Max Planck und Albert Einstein Newtons Idee wieder auf und behaupteten, Licht müsse aus einzelnen »Klumpen« bestehen. Nur mit dieser scheinbar seltsamen Aussage konnte Einstein den fotoelektrischen Effekt beschreiben.

Damit gab es Beweise für beide Seiten der Teilchen-Welle-Debatte – willkommen in der Welt der Quanten, wo sich Objekte je nach Situation mal als Teilchen, mal als Wellen verhalten! Die meisten Quanten sind elementare subatomare Teilchen, die nicht aus anderen Teilchen zusammengesetzt sind. Wenn man sie betrachtet, erscheinen sie teilchenartig, aber zwischen den Beobachtungen verhalten sie sich wie Wellen. Das wellenartige Verhalten ist aber anders als bei Wasserwellen. Wenn sich hier zwei

1926

Max Born stellt die **Wahrscheinlichkeitsinterpretation** der Quantenmechanik vor.

1927

Werner Heisenberg entwickelt die **Matrizenmechanik** zur Interpretation der Quantenmechanik und leitet daraus die **Unschärferelation** ab.

1927

Niels Bohr propagiert die **Kopenhagener Deutung** für den Quantenzustand eines Teilchens.

1935

Erwin Schrödinger schlägt sein berühmtes Gedankenexperiment (**»Schrödingers Katze«**) vor.

1964

John Bell entwickelt sein Theorem zur quantitativen Prüfung der **Quantenverschränkung.**

1981

Richard Feynman stellt sein Konzept von **Quantencomputern** vor.

1985

Der Brite David Deutsch veröffentlicht seine Ideen zu einem **universellen Quantencomputer.**

2019

Der **erste kommerzielle Quantencomputer** wird vorgestellt, der IBM Q System One.

Wellen zu einer größeren Welle überlagern, erhöht dies nicht die Energie eines Quants, stattdessen steigt die Wahrscheinlichkeit, eine Welle an diesem bestimmten Ort zu beobachten. Wenn wir ein Quant betrachten, kann es nicht überall gleichzeitig sein. Stattdessen ergibt sich ein einziger Ort in Abhängigkeit der durch die Welle angegebenen Wahrscheinlichkeiten.

Bei diesem neuen, probabilistischen Verhalten wissen wir alles über ein Quant zu einem bestimmten Zeitpunkt, können aber nie das das weitere Verhalten sicher vorhersagen. Diese Quanten verhalten sich nicht wie Bälle im Sport, deren Flug vorhersehbar ist. Egal, wo wir stehen, es besteht immer eine Wahrscheinlichkeit, getroffen zu werden.

Der Mechanismus zum Übergang der Quantenobjekte von wellenartigem zu teilchenähnlichem Verhalten wurde heftig diskutiert. 1927 stellte der dänische Physiker Niels Bohr die Kopenhagener Deutung der Quantenphysik vor. Darin wird behauptet, die Wellenfunktion gebe die Wahrscheinlichkeiten für alle möglichen Endergebnisse an; sobald sie aber von einem Beobachter gemessen wird, kollabiert sie zu nur einem einzigen Ergebnis. Seither gab es eine Reihe weiterer noch komplizierterer Interpretationen. Und noch immer dauert die Debatte an.

Nichts ist gewiss

Die Seltsamkeiten gehen weiter. So kann man nie wirklich alles über ein Quant wissen. Nach der Unschärferelation des deutschen Physikers Werner Heisenberg ist es unmöglich, bestimmte Paare von Eigenschaften, z. B. Impuls und Ort, beliebig genau anzugeben. Je genauer man die eine Eigenschaft misst, desto weniger genau kennt man die andere. Noch bizarrer ist die Quantenverschränkung, durch die ein Teilchen ein anderes an einem ganz anderen Ort beeinflussen kann: Zwei verschränkte Teilchen sind, selbst durch einen großen Abstand voneinander getrennt, effektiv ein einziges System. 1964 legte der nordirische Physiker John Stewart Bell Beweise dafür vor, dass es die Quantenverschränkung wirklich gibt, und 1981 demonstrierte der französische Physiker Alain Aspect diese Fernwirkung. Heute lernen wir, diese seltsamen Quantenverhaltensweisen zu nutzen. Neue Technologien, die Quantenprinzipien nutzen, werden die Welt der nahen Zukunft verändern. ■

DIE LICHTENERGIE IST DISKONTINUIERLICH IM RAUM VERTEILT

ENERGIEQUANTEN

IM KONTEXT

SCHLÜSSELFIGUR
Max Planck (1858–1947)

FRÜHER
1839 Der französische Physiker Edmond Becquerel beobachtet erstmals den fotoelektrischen Effekt.

1899 Der britische Physiker J. J. Thomson zeigt, dass UV-Licht Elektronen aus einer Metallplatte lösen kann.

SPÄTER
1923 Der amerikanische Physiker Arthur Compton kann Röntgenstrahlen an Elektronen streuen und zeigt, dass sie sich wie Teilchen verhalten.

1929 Der amerikanische Chemiker Gilbert Lewis nennt die Lichtquanten Photonen.

1954 In den amerikanischen Bell-Laboratories werden die ersten praktikablen Solarzellen erfunden.

Am 19. Oktober 1900 hielt Max Planck einen Vortrag vor der Physikalischen Gesellschaft zu Berlin. Obwohl die volle Tragweite seiner Ausführungen damals nicht erkannt wurde, markierten sie den Beginn einer neuen Ära für die Physik: das Quantenzeitalter.

Planck präsentierte eine Lösung für ein altes Problem: die Schwarzkörperstrahlung. Ein schwarzer Körper wird so genannt, weil er die gesamte auf seine Oberfläche auftreffende elektromagnetische Strahlung absorbiert; es wird keine Strahlung reflektiert, und die von ihm abgegebene Energie hängt allein von seiner Temperatur ab.

Siehe auch: Wärmestrahlung 112–117 ▪ Welle oder Teilchen? 176–179 ▪ Beugung und Interferenz 180–183 ▪ Elektromagnetische Wellen 192–195 ▪ Licht aus dem Atom 196–199 ▪ Teilchen und Wellen 212–215

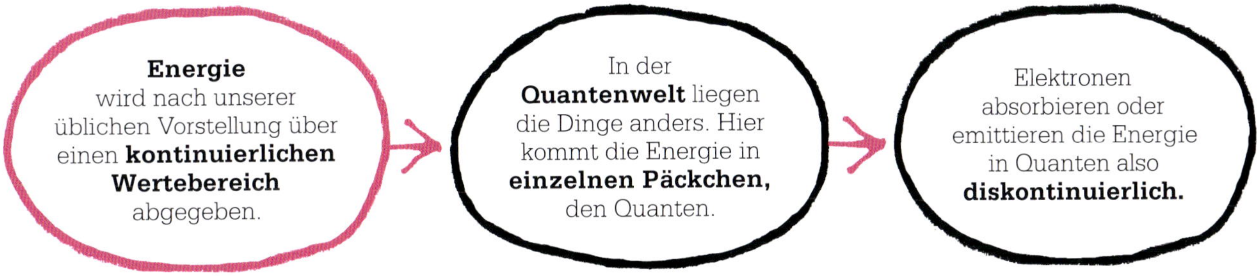

Eine Theorie der britischen Physiker James Jeans und John Strutt (Lord Rayleigh) erklärte das Verhalten von schwarzen Körpern bei niedrigen Frequenzen genau. Sie sagte aber voraus, dass die von einem schwarzen Körper abgestrahlte Energiemenge beliebig zunehmen sollte, da es für die höheren Frequenzen, d.h. die kurzwellige Strahlung jenseits des Ultravioletten, praktisch keine Obergrenze gab. Man sprach daher von der Ultraviolett-Katastrophe. Der Alltag zeigt, dass die Vorhersage falsch ist. Wenn sie zuträfe, wäre ein Bäcker beim Öffnen der Ofentür einer tödlichen Strahlendosis ausgesetzt. Aber im späten 19. Jahrhundert konnte niemand erklären, warum sie falsch war.

Planck wählte einen radikalen Ansatz: Die schwingenden Atome in einem schwarzen Körper sollten ihre Energie in diskreten Paketen abgeben, die er Quanten nannte. Ihre Energie ist proportional zur Frequenz der Schwingung. Obwohl es theoretisch beliebig viele höhere Frequenzen gibt, braucht es aber immer größere Energiemengen, um Quanten auf diesen Ebenen freizusetzen. So hat ein Quant von violettem Licht die doppelte Frequenz und damit die doppelte Energie eines roten Quants. Daher gibt ein schwarzer Körper nicht im gesamten elektromagnetischen Spektrum gleich viel Energie ab.

Planck'sches Wirkungsquantum

Planck bezeichnete die Proportionalitätskonstante als h, jetzt als Planck'sches Wirkungsquantum bekannt. Die Energie eines Quants berechnet sich aus seiner Frequenz durch die Formel $E = h\nu$ (mit der Energie E und der Frequenz ν), der Wert von h beträgt 6,626 070 15 × 10^{-34} Js (Joulesekunden). Plancks Lösung funktionierte: Die Versuchsergebnisse stimmten mit den Vorhersagen seiner Theorie überein. Dennoch war Planck nicht glücklich damit und widersprach jahrelang der Vorstellung, seine Quanten hätten irgendeine reale Grundlage. Er betrachtete sie stattdessen eher als eine rein mathematische Lösung für ein schwieriges Problem. Er konnte keinen guten Grund angeben, warum Quanten real sein sollten, und habe sie, wie er selbst zugab, in einem »Akt der Verzweiflung« eingeführt. Trotzdem hat dieser »Revolutionär wider Willen« die Physik grundlegend verändert.

Der fotoelektrische Effekt

Als Albert Einstein von Plancks Theorie hörte, fühlte er sich, »als wäre uns der Boden unter den Füßen weggezogen worden«. 1904 schrieb er an einen Freund, er habe »auf einfachste Weise die »

Der fotoelektrische Effekt ist die Emission von Elektronen durch einige Metalle, wenn sie mit Licht bestrahlt werden. Je höher die Frequenz (d.h. je geringer die Wellenlänge) des Lichts, umso mehr Energie enthalten die Photonen, und umso höher ist die Energie der emittierten Elektronen.

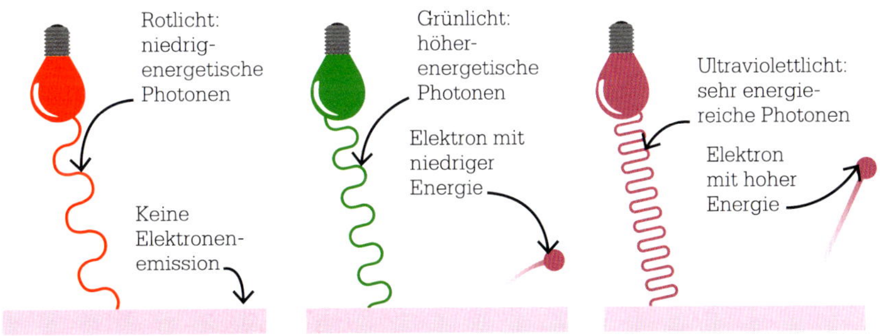

Ohne Gegenmaßnahmen bauen sich auf der Außenhülle eines Raumfahrzeugs – hier das SpaceX Dragon – elektrische Ladungen auf.

Der fotoelektrische Effekt im Weltraum

Wenn ein Raumfahrzeug auf einer Seite über längere Zeit dem Sonnenlicht ausgesetzt ist, gibt die metallische Oberfläche wegen der hochenergetischen ultravioletten Photonen stetig Elektronen ab. Dadurch baut das Raumfahrzeug auf der Sonnenseite eine positive Ladung auf, während die Schattenseite negativ geladen ist.

Diesen Ladungsaufbau muss man mithilfe von elektrischen Leitern verhindern, sonst fließt ein elektrischer Strom von einer Seite des Raumfahrzeugs zur anderen. Anfang der 1970er-Jahre, vor solchen Maßnahmen zur Unterdrückung dieses Phänomens, wurden die empfindlichen Schaltkreise mehrerer Satelliten gestört, 1973 ging ein Militärsatellit sogar vollständig verloren. Die Geschwindigkeit des Elektronenverlusts hängt vom Oberflächenmaterial des Raumfahrzeugs, vom Winkel, in dem die Sonnenstrahlen auf das Raumfahrzeug treffen, und von der Sonnenaktivität einschließlich der Sonnenflecken ab.

Beziehung zwischen der Größe der Elementarquanten … und den Wellenlängen der Strahlung« entdeckt. Diese Beziehung galt einem merkwürdigen Phänomen, das sich bis dahin jeder Erklärung entzogen hatte: 1887 hatte der deutsche Physiker Heinrich Hertz entdeckt, dass bestimmte Metalle Elektronen emittieren, wenn Licht auf sie fällt – der lichtelektrische oder fotoelektrische Effekt oder kurz Fotoeffekt.

Ein Problem mit Elektronen

Die Physiker gingen zunächst davon aus, dass das elektrische Feld (ein Bereich des Raums, in dem elektrische Ladung vorhanden ist) der elektromagnetischen Welle die Energie zur Freisetzung der Elektronen liefert. Dann müssten die emittierten Elektronen umso energiereicher sein, je heller das Licht ist. Genau dies ist aber nicht der Fall. Die Energie der freigesetzten Elektronen hängt nicht von der Intensität des Lichts ab, sondern von seiner Frequenz. Erhöht man die Frequenz (d. h. das Licht wird kurzwelliger) von Blau nach Violett und darüber hinaus, entstehen energiereichere Elektronen. Ein niederfrequenter roter Lichtstrahl, auch wenn er blendend hell ist, erzeugt keine Elektronen. Es ist, als ob schnelle Wasserwellen den Sand am Strand leicht bewegen können, aber eine langsame Welle, egal, wie groß sie ist, lässt ihn unberührt. Zudem werden die Elektronen, wenn sie überhaupt reagieren, sofort emittiert: Es handelt sich also nicht um einen »Energiestau«.

Dies war bis zu den Erkenntnissen von Planck und Einstein nicht zu erklären. Im März 1905 veröffentlichte Einstein einen Aufsatz, in dem er Plancks Quanten und den fotoelektrischen Effekt zusammenführte. Diese Arbeit – nicht die Relativitätstheorie – sollte ihm 1921 den Nobelpreis einbringen. Einstein interessierte sich besonders für die Unterschiede zwischen Teilchen- und Wellentheorien. Er verglich die Formeln, die beschreiben, wie sich die Teilchen in einem Gas verhalten, wenn es komprimiert wird oder sich ausdehnen kann, mit den Formeln, die ähnliche Veränderungen bei der Ausbreitung von Strahlung im Raum beschreiben. Er fand heraus, dass beide den gleichen Regeln gehorchen und dass die zugrunde liegende Mathematik die gleiche ist. Dies gab Einstein eine Möglichkeit, die Energie eines Lichtquants einer bestimmten Frequenz zu berechnen. Seine Ergebnisse stimmten mit denen von Planck überein.

> »Es gibt keine Materie an sich. Alle Materie entsteht und besteht nur durch eine Kraft, welche die Atomteilchen in Schwingung bringt und sie zum winzigsten Sonnensystem des Alls zusammenhält.«
>
> **Max Planck**
> Vortrag in Florenz, 1944

Von hier aus zeigte Einstein weiter, wie der fotoelektrische Effekt mit Lichtquanten erklärt werden kann. Wie Planck festgestellt hatte, wurde die Energie eines Quants durch seine Frequenz bestimmt. Wenn ein einzelnes Quant seine Energie auf ein Elektron überträgt, dann ist die Energie des emittierten Elektrons umso höher, je höher die Energie des Quants ist. Hochener-

» Atomtheorie und Quantenmechanik haben gezeigt, dass alles, sogar Raum und Zeit, in einzelnen Päckchen existiert – als Quanten. «

Victor J. Stenger
Amerikanischer Teilchenphysiker

getische blaue Photonen, wie Lichtquanten später genannt wurden, konnten Elektronen herausschlagen, rote Photonen nicht. Eine höhere Lichtintensität erzeugt eine größere Anzahl von Elektronen, aber keine energiereicheren.

Weitere Experimente

Während Planck die Quanten als wenig mehr als eine mathematische Krücke betrachtet hatte, behauptete Einstein nun, dass sie tatsächlich physikalisch real seien. Das kam bei vielen Physikern nicht gut an, die die Vorstellung nicht aufgeben wollten, Licht sei eine Welle und kein Teilchenstrom. Sogar Planck meinte 1913 über Einstein, dass er »in seinen Spekulationen gelegentlich auch einmal über das Ziel hinausgeschossen sein mag, wie z.B. in seiner Hypothese der Lichtquanten, wird man ihm nicht allzu schwer anrechnen dürfen.«

Zu den Zweiflern gehörte auch der amerikanische Physiker Robert Millikan. Seine Versuche zum fotoelektrischen Effekt sollten Einsteins Behauptung widerlegen, aber sie erbrachten Ergebnisse, die völlig im Einklang mit den Vorhersagen Einsteins standen. Dennoch sprach Millikan immer noch von Einsteins »kühner, um nicht zu sagen verwegener Hypothese«. Erst mit den Experimenten des amerikanischen Physikers Arthur Compton im Jahr 1923 setzte sich die Quantentheorie endgültig durch. Compton beobachtete die Streuung von Röntgenstrahlen an Elektronen und lieferte plausible Beweise dafür, dass sich Licht bei Streuexperimenten wie ein Teilchenstrom verhält und nicht als reines Wellenphänomen erklärt werden kann. In einem Beitrag erklärte er, dass »diese bemerkenswerte Übereinstimmung zwischen unseren Formeln und den Experimenten nur wenig Zweifel daran lassen kann, dass die Streuung von Röntgenstrahlen ein Quantenphänomen ist«.

Einsteins Erklärung des fotoelektrischen Effekts konnte experimentell verifiziert werden: Licht, so schien es, verhielt sich wie ein Teilchenstrom. Licht erschien jedoch bei bekannten und gut verstandenen Phänomenen wie Reflexion, Brechung, Beugung und Interferenz auch wie eine Welle. Für die Physiker stellte sich also immer noch die Frage: Was ist Licht? Eine Welle oder ein Teilchen? Könnte es möglicherweise beides sein? ■

» Jeder Lausbub meint zu wissen [was Lichtquanten sind], aber er macht sich etwas vor. «

Albert Einstein

Max Planck

Max Planck wurde 1858 in Kiel geboren. Er studierte Physik an der Universität München, schloss mit 17 Jahren sein Studium ab und promovierte vier Jahre später. Er entwickelte ein starkes Interesse an der Thermodynamik und stellte 1900 die heute als Planck'sche Strahlungsformel bekannte Gleichung auf, mit der er die Idee der Quanten einführte. Dies war der Beginn der Quantentheorie, einem der Eckpfeiler der Physik des 20. Jahrhunderts, auch wenn ihre weitreichenden Folgen erst Jahre später erkannt wurden.

1918 erhielt Planck den Nobelpreis für Physik. Nach 1933 versuchte er als Präsident der Kaiser-Wilhelm-Gesellschaft vergeblich, die Nazis zu einer Änderung ihrer Rassenpolitik zu bewegen. Er starb 1947 in Göttingen.

Hauptwerke

1900 »Über eine Verbesserung der Wienschen Spektralgleichung«
1903 *Vorlesungen über Thermodynamik*
1920 *Die Entstehung und bisherige Entwicklung der Quantentheorie*

SIE VERHALTEN SICH ANDERS ALS ALLES, WAS MAN JE GESEHEN HAT

TEILCHEN UND WELLEN

IM KONTEXT

SCHLÜSSELFIGUR
Louis de Broglie (1892–1987)

FRÜHER
1670 Isaac Newton entwickelt seine Theorie der Lichtkorpuskeln (Teilchen).

1803 Thomas Young zeigt mit seinem Doppelspaltversuch, dass Licht sich wie eine Welle verhält.

1897 Der britische Physiker J. J. Thomson weist nach, dass ein Strom aus einem Fluss geladener Teilchen besteht, den Elektronen.

SPÄTER
1926 Der österreichische Physiker Erwin Schrödinger veröffentlicht seine Wellengleichung.

1927 Der Däne Niels Bohr entwickelt die Kopenhagener Deutung, nach der ein Teilchen bis zur Messung in allen möglichen Zuständen existiert.

Das Wesen des Lichts ist zentral für die Quantenphysik. Menschen haben jahrhundertelang versucht zu erklären, was Licht ist. Der antike griechische Denker Aristoteles stellte sich das Licht als eine Welle vor, die durch einen unsichtbaren, den Raum füllenden Äther wandert. Für andere war es ein Strom von Teilchen, zu klein und schnell beweglich, um sie einzeln wahrzunehmen. Der römische Philosoph Lukrez schrieb 55 v. Chr.: »… das Licht und die Wärme der Sonne. Da sie ja beide bestehn aus den winzigsten Urelementen, Die wie mit Hämmern geschlagen vom folgenden Stoße getrieben,

Siehe auch: Wärmestrahlung 112–117 ▪ Kraftfelder und Maxwell'sche Gleichungen 142–147 ▪ Welle oder Teilchen? 176–179 ▪ Beugung und Interferenz 180–183 ▪ Elektromagnetische Wellen 192–195 ▪ Energiequanten 208–211 ▪ Quantenzahlen 216–217

»Physik ist nicht einfach Gleichungen an die Tafel schreiben und vor dem Computer hocken. Wissenschaft ist die Erkundung neuer Welten.«

Suchitra Sebastian
Indischer Physiker

Ohne Verweilen die Luft, die dazwischen ist, eilends durchsausen.« Die Teilchentheorie fand jedoch nicht viel Anklang, und so nahm man für die nächsten 2000 Jahre an, dass sich das Licht in Wellen ausbreitet.

Isaac Newton war fasziniert vom Licht und führte viele Experimente durch, so z.B. die Zerlegung von weißem Licht mithilfe eines Prismas in ein Farbspektrum. Er beobachtete, dass sich Licht geradlinig ausbreitet und dass Schatten scharfe Kanten haben. Damit schien ihm offensichtlich, dass Licht ein Teilchenstrom und keine Welle ist.

Das Doppelspaltexperiment

Der britische Forscher Thomas Young stellte die Theorie auf, dass sich Licht bei genügend kurzer Wellenlänge geradlinig bewegt, als wäre es ein Teilchenstrom. 1803 prüfte er seine Theorie. Ein kleines Loch in einem Rollvorhang diente ihm als Punktlichtquelle. Dann nahm er ein Stück Pappe und stach mit einer Nadel dicht nebeneinander zwei Löcher. Er positionierte die Pappe so, dass das Licht durch die Nadellöcher auf eine Mattscheibe fiel. Wenn Newton recht hatte und das Licht ein Strom von Teilchen war, dann müssten auf der Mattscheibe zwei Lichtpunkte erscheinen.

Doch Young sah etwas ganz anderes: Statt zweier einzelner Lichtpunkte gab es eine Reihe von gekrümmten, farbigen Bändern, getrennt durch dunkle Linien, genau wie man es erwarten würde, wenn Licht eine Welle wäre. Young selbst hatte zwei Jahre zuvor solche Interferenzmuster in Wellen untersucht: Wenn zwei Wellenberge sich überlagern, addieren sie sich zu einem höheren Wellenberg, zwei sich überlagernde Wellentäler ergeben ein tieferes Tal. Wo ein Wellenberg und ein Wellental zusammenfallen, löschen sie sich gegenseitig aus. Leider kamen Youngs Erkenntnisse nicht gut an, da sie Newtons Theorie von Licht als Teilchenstrom widersprachen.

Lichtteilchen

In den 1860er-Jahren erklärte der schottische Wissenschaftler James Clerk Maxwell, Licht sei eine elektromagnetische Welle. Eine solche Welle besteht aus zwei ineinander verschränkten Wellen, die sich im Gleichschritt in eine Richtung, aber im rechten Winkel zueinander bewegen. Eine dieser Wellen beschreibt ein oszillierendes Magnetfeld, die andere ein oszillierendes elektrisches Feld. Als Max Planck 1900 das Problem der Schwarzkörperstrahlung mit der Annahme löste, dass elektromagnetische Energie in »

> »Wir haben zwei widersprüchliche Bilder der Realität; getrennt erklärt keines von beiden die Phänomene des Lichts vollständig, aber zusammen tun sie es.«
>
> **Albert Einstein**

Quanten abgestrahlt wird, glaubte er nicht, dass diese real sind. Er glaubte an die Wellentheorie und konnte nicht akzeptieren, dass Licht tatsächlich aus einzelnen Teilchen zusammengesetzt ist.

1905 zeigte Albert Einstein, dass der fotoelektrische Effekt – der nicht mit der Wellentheorie des Lichts erklärt werden konnte – sich durch die Annahme erklären ließ, Licht bestehe tatsächlich aus Photonen (diskreten Energiepäckchen, den Quanten). Für Einstein waren Lichtquanten eine physikalische Realität, aber er kämpfte den Rest seines Lebens erfolglos mit dem scheinbaren Paradoxon, dass Licht nachweislich auch wellenförmig war. Erst 1922 gelang es dem amerikanischen Physiker Arthur Compton in einem berühmten Experiment, Röntgenstrahlen an Elektronen zu streuen. Die daraus resultierende kleine Änderung in der Frequenz der Röntgenstrahlen wurde als Compton-Effekt bekannt und zeigte, dass sowohl die Röntgenstrahlen als auch die Elektronen beim Zusammenprall wie Teilchen wirkten.

Symmetrie der Natur

1924 stellte Louis de Broglie in seiner Doktorarbeit die Theorie auf, dass jegliche Materie und Energie, nicht nur Licht, die Eigenschaften sowohl von Teilchen als auch von Wellen zeigen. Er glaubte intuitiv an die Symmetrie der Natur und an Einsteins Quantentheorie des Lichts. Er fragte, wenn sich eine Welle wie ein Teilchen verhalten kann, warum kann sich dann ein Teilchen, etwa ein Elektron, nicht auch wie eine Welle verhalten? De Broglie betrachtete Einsteins berühmte Formel $\boldsymbol{E} = \boldsymbol{mc}^2$, die Masse mit Energie in Beziehung setzt, und die Beziehung $\boldsymbol{E} = \boldsymbol{h\nu}$, die Einstein und Planck für die Energie und die Frequenz aufgestellt hatten. In einer Kombination der beiden schlug er vor, auch Masse solle eine wellenartige Form haben. So kam er auf das Konzept der Materiewelle: Jedes sich bewegende Objekt hat eine zugehörige Welle. Die kinetische Energie des Teilchens ist proportional zu seiner Frequenz und die Geschwindigkeit des Teilchens ist umgekehrt proportional zu seiner Wellenlänge, d.h., schnellere Teilchen haben kürzere Wellenlängen. Einstein unterstützte die Idee, die eine natürliche Fortsetzung seiner eigenen Theorien zu sein schien. De Broglies Behauptung, Elektronen könnten sich wie Wellen verhalten, wurde 1927 experimentell verifiziert. Der britische Physiker George Thomson und der amerikanische Physiker Clinton Davisson zeigten, dass ein schmaler Elektronenstrahl, der durch einen dünnen Nickelkristall geleitet wird, beim Durchgang

$$\lambda = h/mv$$

Wellenlänge des Teilchens (λ) – Planck'sches Wirkungsquantum (h) – Masse des Teilchens (m) – Bewegungsgeschwindigkeit des Teilchens (v)

Nach de Broglies Gleichung berechnet man die Wellenlänge eines Teilchens, indem man das Planck'sche Wirkungsquantum durch seinen Impuls (Masse mal Geschwindigkeit) teilt.

Röntgenbeugungsmuster für Platin. Röntgenstrahlung ist eine wellenähnliche Form elektromagnetischer Energie, übermittelt durch lichttragende Teilchen, die Photonen. Die Beugung hier zeigt, dass Röntgenstrahlung sich wie eine Welle verhält, ein anderes Experiment könnte ein teilchenartiges Verhalten ergeben.

durch das Kristallgitter ein Beugungsmuster bildet.

Wie kann das so sein?

Thomas Young hatte gezeigt, dass Licht eine Welle ist, da es Interferenzmuster bildet. Anfang der 1960er-Jahre beschrieb der amerikanische Physiker Richard Feynman ein Gedankenexperiment: Was würde passieren, wenn jeweils nur ein Photon oder Elektron in Richtung Doppelspalt geschickt würde, den man öffnen oder schließen könnte. Zu erwarten wäre, dass die Photonen als Teilchen fliegen, als Teilchen ankommen und auf dem Bildschirm als einzelne Punkte detektiert werden. Anstelle von Interferenzmustern sollte es zwei helle Bereiche geben, wenn beide Spalte offen waren, oder nur einen, wenn einer der Spalte geschlossen war. Feynman sagte jedoch ein anderes Ergebnis voraus: Das Muster auf dem Bildschirm sollte sich, Partikel für Partikel, zu einem Interferenzmuster aufbauen, wenn beide Spalte offen sind – aber nicht, wenn einer der Spalte geschlossen ist.

Selbst wenn also Photonen einzeln nacheinander abgeschossen werden, »wissen« die späteren

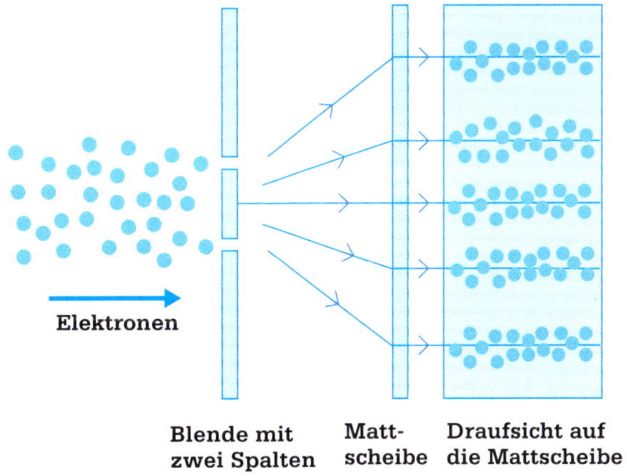

Wenn Teilchen wie Elektronen oder Atome durch einen Doppelspalt gehen, erscheint ein Interferenzmuster von hellen und dunklen Streifen, so wie bei Wellen. Dies zeigt, dass Teilchen wellenähnliche Eigenschaften haben und sich wellenähnlich verhalten.

immer noch irgendwie, wohin sie gehen müssen, um das Interferenzmuster aufzubauen. Es ist, als ob sich jedes einzelne Teilchen als Welle ausbreitet, beide Spalte gleichzeitig durchläuft und mit sich selbst Interferenz erzeugt. Aber woher weiß ein einzelnes Teilchen, das den linken Spalt durchquert, ob der rechte Spalt offen oder geschlossen ist?

Feynman riet davon ab, diese Fragen zu beantworten. 1964 schrieb er: »Sagen Sie sich nicht dauernd: ›Aber wie kann das so sein?‹, denn dann geraten Sie in eine Sackgasse, aus der noch niemand entkommen ist. Niemand weiß, wie es so sein kann.« Die von Feynman vorhergesagten Erkenntnisse wurden inzwischen von anderen Wissenschaftlern bestätigt.

Offenbar ist sowohl die Wellentheorie als auch die Teilchentheorie des Lichts richtig. Licht verhält sich wie eine Welle, wenn es sich ausbreitet, aber wie ein Teilchen, wenn es gemessen wird. Es gibt kein einziges Modell, das Licht in all seinen Aspekten beschreiben kann. Man spricht leichthin vom Welle-Teilchen-Dualimus des Lichts – aber was diese Aussage tatsächlich bedeutet, kann niemand zufriedenstellend beantworten. ■

Louis de Broglie

Louis de Broglie wurde 1892 in eine französische Aristokratenfamilie geboren. Er erwarb Abschlüsse in Geschichte (1910) und in Naturwissenschaften (1913). Während des Ersten Weltkriegs zwangsverpflichtet, nahm er nach Kriegsende sein Physikstudium wieder auf. 1924 legte de Broglie an der Universität Paris seine Doktorarbeit mit dem Titel »Recherches sur la théorie des quanta« (»Forschungen zur Quantentheorie«) vor. Diese Arbeit, die zunächst mit Erstaunen aufgenommen, später aber durch die Entdeckung der Elektronenbeugung 1927 bestätigt wurde, war eine Grundlage für die Theorie der Wellenmechanik.

De Broglie lehrte bis zu seinem Ruhestand 1962 theoretische Physik in Paris. Für seine Entdeckung der Wellennatur der Elektronen erhielt er 1929 den Nobelpreis für Physik. 1949 schlug er ein europäisches Kernforschungszentrum vor, das spätere CERN. Er starb 1987.

Hauptwerke

1924 »Forschungen zur Quantentheorie«
1926 *Wellen und Bewegungen*

EINE NEUE IDEE DER REALITÄT

QUANTENZAHLEN

IM KONTEXT

SCHLÜSSELFIGUR
Wolfgang Pauli (1900–1958)

FRÜHER
1672 Isaac Newton zerlegt Weißlicht in ein Spektrum.

1802 William Hyde Wollaston findet dunkle Linien im Sonnenspektrum.

1913 Niels Bohr präsentiert sein Schalenmodell des Atoms.

SPÄTER
1927 Niels Bohr entwickelt die Kopenhagener Deutung, nach der ein Teilchen bis zur Messung in allen möglichen Zuständen existiert.

1928 Nach Berechnungen des indischen Astrophysikers Subrahmanyan Chandrasekhar könnte ein genügend großer Stern am Ende seines Lebens zu einem Schwarzen Loch kollabieren.

1932 Der britische Physiker James Chadwick entdeckt das Neutron.

Im Jahr 1802 bemerkte der britische Chemiker und Physiker William Hyde Wollaston im Spektrum des Sonnenlichts eine Reihe feiner dunkler Linien. Der Glasmacher Joseph von Fraunhofer untersuchte diese Linien 1814 erstmals genauer und fand mehr als 500. In den 1850er-Jahren stellten der Physiker Gustav Kirchhoff und der Chemiker Robert Bunsen fest, dass jedes Element ein eigenes, einzigartiges Linienmuster erzeugt, fanden aber nicht die Ursache dafür.

Quantensprünge

1905 hatte Albert Einstein den fotoelektrischen Effekt erklärt, bei dem Metalle durch Bestrahlung mit Licht Elektronen aussenden. Demnach sollte sich Licht wie ein Strom von Energiepaketen, den Quanten, verhalten. 1913 schlug der dänische Physiker Niels Bohr ein Modell des Atoms vor, das sowohl Quanten als auch die Spektren der Elemente berücksichtigte. Im Bohr'schen Atom bewegten sich die Elektronen auf festen, quantisierten Bahnen um den Kern. Lichtquanten (Photonen), die auf das Atom auftreffen, können von Elektronen absorbiert werden, die sich dann auf höhere, weiter vom Kern entfernte Bahnen bewegen. Ein genügend energiereiches Photon kann ein Elektron ganz aus seiner Bahn herausschleudern. Umgekehrt fällt ein Elektron, wenn es seine zusätzliche Energie als Photon abgibt, wieder auf

Fraunhofer-Linien sind feine schwarze Linien im Spektrum des sichtbaren Lichts. Jedes Element erzeugt einen eindeutigen Satz von Fraunhofer-Linien (die aus historischen Gründen mit einem oder mehreren Buchstaben bezeichnet werden), der von den Quantenzahlen seiner Atome abhängt. Das Bild zeigt die bekanntesten Linien.

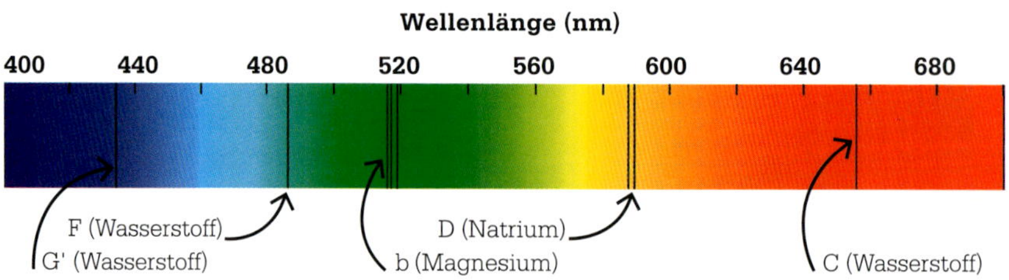

Siehe auch: Magnetische Monopole 159 ▪ Elektromagnetische Wellen 192–195 ▪ Licht aus dem Atom 196–199 ▪ Energiequanten 208–211 ▪ Subatomare Teilchen 242–243

Nach den Gesetzen der Quantenphysik dürfen **zwei identische Teilchen nicht gleichzeitig im selben Zustand** sein.

→ Jedes Elektron eines Atoms hat einen eindeutigen Satz aus **vier Quantenzahlen.**

→ Die Quantenzahlen legen die **Eigenschaften des Elektrons** fest: Energie, Spin, Drehimpuls und Magnetismus.

→ Zwei Elektronen mit denselben Quantenzahlen müssen **verschiedene Energieniveaus** im Atom belegen.

sein ursprüngliches Energieniveau zurück. Diese Quantensprünge sind für jedes Atom einzigartig.

Atome geben Licht bei bestimmten Wellenlängen ab, so erzeugt jedes Element ein charakteristisches Muster von Spektrallinien. Nach Bohr sollten diese Linien mit den Energieniveaus der Elektronenbahnen zusammenhängen und erzeugt werden, wenn ein Elektron ein Photon mit der passenden Frequenz absorbiert oder emittiert. Das Energieniveau eines Elektrons im Atom wird durch die Hauptquantenzahl n bezeichnet; $n = 1$ entspricht der niedrigsten möglichen Umlaufbahn, $n = 2$ der nächsthöheren usw. Mit diesem Schema konnte Bohr die Energieniveaus im einfachsten Atom, dem Wasserstoff, angeben. Spätere Modelle, die die wellenförmigen Eigenschaften der Elektronen berücksichtigten, konnten auch größere Atome beschreiben.

Pauli-Prinzip

1925 versuchte Wolfgang Pauli den Atomaufbau zu erklären. Was entschied über die Energieniveaus eines Elektrons und die Anzahl der Elektronen in einem Energieniveau? Pauli behauptete, dass diese Werte für jedes Elektron durch eine einzigartige Kombination von vier Quantenzahlen – Energie, Spin, Drehimpuls und Magnetismus – festgelegt werden. Sein Ausschlussprinzip besagt, dass keine zwei Elektronen in einem Atom dieselben vier Quantenzahlen teilen können. Damit können keine zwei identischen Teilchen gleichzeitig denselben Zustand einnehmen. Zwei Elektronen können die gleiche Schale besetzen, aber nur, wenn beispielsweise ihre Spins entgegengesetzt sind. ■

»Physik ist Rätsellösen, aber Rätsel der Natur, nicht menschengemachte.«

Maria Goeppert Mayer
Deutsch-amerikanische Physikerin

Wolfgang Pauli

Wolfgang Pauli wurde 1900 als Sohn eines Chemikers in Wien geboren. Er galt als mathematisches Wunderkind, als Schüler soll er Einsteins Arbeiten über die spezielle Relativitätstheorie heimlich unter der Schulbank gelesen haben. Nach dem Abitur 1918 veröffentlichte er eine Arbeit zur Relativitätstheorie, die von Einstein selbst gelobt wurde.

Ab 1919 studierte Pauli Physik an der Universität München und wurde nach der Promotion 1921 Assistent von Max Born in Göttingen. Später lehrte er als Professor in Hamburg und dann in Zürich. Als der Anschluss Österreichs an Nazideutschland ihn zum Deutschen machte, ging er 1940 in die USA nach Princeton. Für seine Entdeckung des Ausschlussprinzips wurde ihm 1945 der Nobelpreis verliehen. 1946 ging Pauli zurück nach Zürich und arbeitete dort bis zu seinem Tod 1958.

Hauptwerke

1926 *Quantentheorie*
1933 »Die allgemeinen Prinzipien der Wellenmechanik«

ALLES IST WELLE

MATRIZEN UND WELLEN

IM KONTEXT

SCHLÜSSELFIGUR
Erwin Schrödinger
(1887–1961)

FRÜHER
1897 J. J. Thomson entdeckt das Elektron und schlägt es als Träger der Elektrizität vor.

1924 Nach Louis de Broglie haben Teilchen wellenartige Eigenschaften.

SPÄTER
1927 Werner Heisenberg veröffentlicht seine Unschärferelation.

1927 Niels Bohr propagiert die Kopenhagener Deutung, nach der erst die Beobachtung den Zustand eines Teilchens festlegt.

1935 Zur Illustration der Paradoxien in der Kopenhagener Deutung entwirft Erwin Schrödinger sein Gedankenexperiment einer Katze, die gleichzeitig tot und lebendig ist.

In den 1920er-Jahren kamen Zweifel an Niels Bohrs Atommodell von 1913 auf. Experimente hatten nicht nur gezeigt, dass Licht sich wie ein Teilchenstrom, sondern auch, dass Elektronen sich wie Wellen verhalten konnten.

Der deutsche Physiker Werner Heisenberg versuchte, ein System der Quantenmechanik zu entwickeln, das sich nur auf beobachtbare Größen stützt. Es war unmöglich, sich ein Elektron direkt anzusehen, das einen Atomkern umkreist, man konnte aber das Licht beobachten, das ein Atom absorbiert oder aussendet, wenn ein Elektron von einer Bahn in eine andere springt. Er nutzte diese Beobachtungen, um Zahlentabellen zur Darstellung von Ort und Impuls der Elektronen zu erstellen, und erarbeitete Regeln, um die Werte dieser Eigenschaften zu berechnen.

» Wenn es doch bei dieser verdammten Quantenspringerei bleiben soll, dann bedauere ich, daß ich mich überhaupt mit diesem Gegenstand beschäftigt habe. «

Erwin Schrödinger
zitiert nach Werner Heisenberg

Matrizen-Mechanik

1925 teilte Heisenberg seine Berechnungen dem Physiker Max Born mit, der erkannte, dass diese Art von Tabellen eigentlich Matrizen waren. Gemeinsam mit Borns Schüler Pascual Jordan erarbeiteten Born und Heisenberg eine neue Theorie der Matrizenmechanik, mit der die Elektronenenergien mit den im sichtbaren Lichtspektrum beobachteten Linien verknüpft werden konnten.

Das Interessante an der Matrizenmechanik ist, dass die Reihenfolge von Berechnungen eine Rolle spielt. Wenn man den Impuls und dann den Ort eines Teilchens berechnet, erhält man ein anderes Ergebnis, als würde man zuerst den Ort und dann den Impuls berechnen. Dies führte Heisenberg zu seiner Unschärferelation, nach der in der Quantenmechanik der Impuls eines Objekts und sein Ort nicht gleichzeitig exakt gemessen werden können.

Siehe auch: Elektromagnetische Wellen 192–195 ▪ Licht aus dem Atom 196–199 ▪ Energiequanten 208–211 ▪ Die Heisenberg'sche Unschärferelation 220–221 ▪ Antimaterie 246

Ein Teilchen, das sich wie eine Welle verhält, hat **keinen bestimmten Ort im Raum.**

→ Die Welle gibt als **eine Art** Karte an, mit welcher **Wahrscheinlichkeit** man das Teilchen **an einem bestimmten Ort findet.**

→ Mit einer **Wellengleichung** bestimmt man die **Form der Wahrscheinlichkeitswelle** (der Wellenfunktion) des Teilchens.

→ Die **Schrödinger-Gleichung** ist eine Wellengleichung. Sie gibt die **möglichen Orte eines Teilchens** (z. B. Elektron oder Photon) zu einer bestimmten Zeit an.

Unabhängig davon entwickelte der österreichische Physiker Erwin Schrödinger 1926 eine Differenzialgleichung für die Wellenfunktionen (mathematische Beschreibungen eines Quantensystems in Form von Wahrscheinlichkeitswellen) und ihre zeitliche Entwicklung. Diese Schrödinger-Gleichung ist für die Quantenwelt ebenso wichtig wie die Newton'schen Bewegungsgesetze für die Makrowelt. Schrödinger prüfte seine Gleichung am Wasserstoffatom – sie sagt dessen Eigenschaften sehr genau vorher.

1928 vereinte der britische Physiker Paul Dirac die Schrödinger-Gleichung mit Einsteins spezieller Relativitätstheorie, die in der berühmten Gleichung $E = mc^2$ den Zusammenhang von Masse und Energie gezeigt hatte. Diracs Gleichung vertrug sich in ihrer Beschreibung von Elektronen und anderen Teilchen sowohl mit der speziellen Relativitätstheorie als auch mit der Quantenmechanik. Dirac schlug vor, Elektronen als aus einem Elektronenfeld entstehend zu betrachten, so wie Photonen aus dem elektromagnetischen Feld entstanden sind.

Eine Kombination der Heisenberg-Matrizen mit der Schrödinger- und der Dirac-Gleichung legte die Basis für zwei Grundlagen der Quantenmechanik – die Unschärferelation und die Kopenhagener Deutung. ▪

» Kann die Natur wirklich so absurd sein, wie sie uns in diesen Atomexperimenten erschien? «

Werner Heisenberg

Erwin Schrödinger

Erwin Schrödinger wurde 1887 in Wien geboren und studierte theoretische Physik. Nach seinem Kriegsdienst im Ersten Weltkrieg lehrte er in Zürich und Berlin. Als Gegner der Nationalsozialisten verließ er 1933 Berlin und ging nach Oxford. Im selben Jahr erhielt er (gemeinsam mit Paul Dirac) den Nobelpreis für »die Entdeckung neuer fruchtbarer Formen der Atomtheorie«. 1936 nahm er einen Ruf nach Graz an, wurde aber 1938 von den Nazis entlassen und arbeitete dann im irischen Dublin. 1956 zog er zurück nach Wien, wo er 1961 starb.

Schrödinger war von den philosophischen Folgen der Quantenphysik fasziniert. Bekannt ist sein Gedankenexperiment »Schrödingers Katze« von 1935, das die Idee untersuchte, dass ein Quantensystem in zwei verschiedenen Zuständen gleichzeitig existieren kann.

Hauptwerke

1926 »Eine Wellentheorie der Mechanik von Atomen und Molekülen«
1935 »Zur gegenwärtigen Lage der Quantenmechanik«

DIE KATZE IST ZUGLEICH LEBENDIG UND TOT

DIE HEISENBERG'SCHE UNSCHÄRFERELATION

IM KONTEXT

SCHLÜSSELFIGUR
Werner Heisenberg
(1901–1976)

FRÜHER
1905 Laut Albert Einstein besteht Licht aus einzelnen Energiepaketen, den Photonen.

1913 Niels Bohr entwirft ein Atommodell mit Elektronen, die um den Kern kreisen.

1924 Louis de Broglie schreibt, dass auch Materieteilchen als Wellen betrachtet werden können.

SPÄTER
1935 Albert Einstein, Boris Podolsky und Nathan Rosen veröffentlichen das EPR-Paradoxon, das die Kopenhagener Deutung der Quantenmechanik widerlegen soll.

1957 Der amerikanische Physiker Hugh Everett vertritt die Viele-Welten-Theorie, um die Kopenhagener Deutung zu erklären.

Nach der **Quantentheorie existiert** ein Teilchen, bevor es gemessen wird, **gleichzeitig** an allen ihm möglichen Orten und Zuständen. Das nennt man Überlagerung (Superposition).

Die möglichen Zustände des Teilchens werden durch seine **Wellenfunktion** beschrieben.

Die Teilcheneigenschaften haben keinen bestimmten Wert, bis wir sie **messen** – damit **kollabiert die Wellenfunktion.**

Der Kollaps der Wellenfunktion **legt die Teilcheneigenschaften fest.**

Erwin Schrödinger verglich das mit einer Katze, die **gleichzeitig lebendig und tot** ist.

In der klassischen Physik ist die Genauigkeit jeder Messung nur durch die Präzision der verwendeten Instrumente begrenzt. In der Quantenwelt gilt dies nicht, wie Werner Heisenberg 1927 zeigte. Dazu fragte er, was es eigentlich bedeutet, den Ort eines Teilchens zu definieren. Wo sich etwas befindet, können wir nur wissen, wenn wir mit ihm interagieren. Um den Ort eines Elektrons zu bestimmen, lassen wir ein Photon an ihm abprallen. Die Genauigkeit der Messung wird durch die Wellenlänge des Photons bestimmt: Je höher die Frequenz des Photons, desto genauer ist der Ort des Elektrons bekannt.

Nach Max Planck hängen die Energie E eines Photons und seine Frequenz ν über die Formel $E = h\nu$

Siehe auch: Energie und Bewegung 56–57 ▪ Welle oder Teilchen? 176–179 ▪ Licht aus dem Atom 196–199 ▪ Energiequanten 208–211 ▪ Teilchen und Wellen 212–215 ▪ Matrizen und Wellen 218–219

Werner Heisenberg

Werner Heisenberg wurde 1901 in Würzburg geboren. Nach dem Physikstudium in München wurde er Assistent von Max Born in Göttingen und arbeitete ab 1924 mit Niels Bohr in Kopenhagen zusammen. 1927 veröffentlichte er seine Unschärferelation, 1932 erhielt er den Nobelpreis für die Schaffung der Quantenmechanik.

Während des Zweiten Weltkriegs wurde Heisenberg 1941 zum Direktor des Kaiser-Wilhelm-Instituts für Physik (später Max-Planck-Institut) in Berlin ernannt und mit dem Bau der deutschen Atombombe (Uranprojekt) betraut. Ob dies aus Mangel an Ressourcen scheiterte oder weil Heisenberg es scheitern lassen wollte, ist unklar. Er wurde schließlich von amerikanischen Truppen gefangen genommen und in Großbritannien interniert. Im Nachkriegsdeutschland leitete er die Max-Planck-Institute in Göttingen und München. Er starb 1976.

Hauptwerke

1925 »Quantentheoretische Umdeutung kinematischer und mechanischer Beziehungen«
1925 »Zur Quantenmechanik«

zusammen (h ist die Planck'sche Konstante). Je höher die Frequenz des Photons ist, desto mehr Energie trägt es und desto mehr lenkt es das Elektron ab, wenn es von ihm abprallt. Wir wissen also, wo sich das Elektron im Moment der Messung befindet, aber nicht, wohin es sich bewegt. Könnte man den Impuls des Elektrons mit absoluter Präzision messen, wäre sein Ort völlig unsicher, und umgekehrt. Heisenberg zeigte, dass die Unbestimmheit des Impulses multipliziert mit der Unbestimmtheit des Ortes niemals kleiner sein kann als ein Bruchteil der Planck'schen Konstante. Seine Unschärferelation ist eine grundlegende Eigenschaft der Welt und setzt dem, was wir gleichzeitig wissen können, eine Grenze.

Die Kopenhagener Deutung

Die sogenannte Kopenhagener Deutung der Quantenphysik stammt von Niels Bohr. Sie geht von Heisenbergs Erkenntnis aus, dass es einiges gibt, das wir über das Universum einfach nicht wissen können. Die Eigenschaften eines Quantenteilchens haben bis zu einer Messung keinen eindeutigen Wert. Es ist unmöglich, ein Experiment zu entwerfen, mit dem man etwa ein Elektron gleichzeitig als Welle und als Teilchen sehen könnte. Die Wellen- und Teilchennatur der Materie seien, so Bohr, zwei Seiten derselben Medaille. Die Kopenhagener Deutung öffnete eine scharfe Trennlinie zwischen der klassischen und der Quantenphysik in der Frage, ob physikalische Systeme vor der Messung bestimmte Eigenschaften haben oder nicht.

Schrödingers Katze

Nach der Kopenhagener Deutung lässt sich jeder Quantenzustand als die Summe (Superposition) von zwei oder mehr verschiedenen Zuständen betrachten. Mit der Beobachtung wird dann entweder der eine oder der andere Zustand real.

Erwin Schrödinger fragte: Wann findet der Übergang von der Überlagerung zu einer bestimmten Realität statt? Er beschrieb das Szenario einer Katze in einer Kiste zusammen mit einem Gift, das freigesetzt wird, wenn ein Quantenereignis eintritt. Nach der Kopenhagener Deutung befindet sich die Katze in einem Überlagerungszustand zwischen lebendig und tot, bis jemand in die Kiste schaut. Schrödinger hielt das für lächerlich. Bohr erwiderte, es gebe keinen Grund, warum die Regeln der klassischen Physik auch für den Quantenbereich gelten sollten – so sei das nun einmal. ■

» Der Stoff ist also nicht selbst eine Realität, sondern nur eine Möglichkeit, eine ›Potentia‹, er existiert nur durch die Form. «

Werner Heisenberg

SPUKHAFTE FERNWIRKUNG

QUANTENVERSCHRÄNKUNG

IM KONTEXT

SCHLÜSSELFIGUR
John Stewart Bell
(1928–1990)

FRÜHER
1905 Einstein veröffentlicht seine spezielle Relativitätstheorie, die darauf beruht, dass sich nichts schneller als mit Lichtgeschwindigkeit bewegen kann.

1926 Schrödinger veröffentlicht seine Wellengleichung.

1927 Niels Bohr erklärt die Art, wie Quantensysteme und die Makrowelt wechselwirken, mit der Kopenhagener Deutung.

SPÄTER
1981 Richard Feynman schlägt vor, die Superposition und Verschränkung von Teilchenzuständen für Quantencomputer zu nutzen.

1995 Dem Physiker Anton Zeilinger gelingt die Quanten-Teleportation mit verschränkten Photonen.

Einer der Grundsätze der Quantenmechanik ist die Idee der Unschärfe: Man kann nicht alle Merkmale eines Systems gleichzeitig messen, ganz gleich wie perfekt das Experiment entworfen wird. Die von Niels Bohr verfochtene Kopenhagener Deutung der Quantenphysik besagt eigentlich, dass der Akt des Messens selbst die Eigenschaften auswählt, die beobachtet werden.

Eine weitere eigentümliche Eigenschaft der Quantenmechanik wird als Verschränkung bezeichnet. Werden etwa zwei Elektronen aus einem Quantensystem herausgeschleudert, dann ist nach dem Impulserhaltungsgesetz der Impuls des einen Teilchens gleich und entgegengesetzt zu dem des anderen. Nach der Kopenhagener Deutung hat keines der beiden Teilchen einen bestimmten Zustand, bis es gemessen wird, aber die Messung des Impulses für das eine Teilchen bestimmt den Zustand und den Impuls des anderen, unabhängig von der Entfernung zwischen ihnen. Dies wird als nichtlokales Verhalten bezeichnet, Albert Einstein nannte es spukhafte Fernwirkung. 1935 griff

Wenn **zwei subatomare Teilchen** wie Elektronen **miteinander wechselwirken,** hängen ihre Zustände voneinander ab – sie sind **verschränkt.**

Die Teilchen **bleiben miteinander** verbunden, auch wenn sie über enorme **Entfernungen** getrennt sind (etwa in einer anderen Galaxie).

Bei Änderung eines Teilchens ändert sich somit **unmittelbar** auch das andere Teilchen.

Die **Messung der Eigenschaften** eines Teilchens **enthüllt die Eigenschaften** des anderen.

Siehe auch: Energiequanten 208–211 ▪ Die Heisenberg'sche Unschärferelation 220–221 ▪ Quantenanwendungen 226–231 ▪ Spezielle Relativitätstheorie 276–279

Teilchen A und Teilchen B standen miteinander in Wechselwirkung und sind somit verschränkt. Sie bleiben verschränkt, auch wenn sie in verschiedene Richtungen gehen.

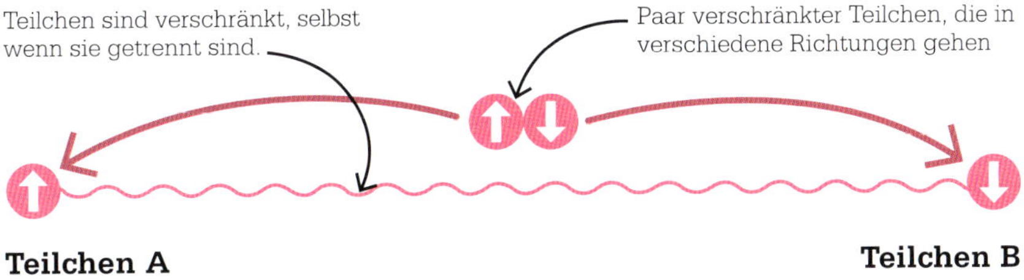

Einstein die Verschränkung mit der Behauptung an, es gäbe versteckte Variablen, die die Verschränkung unnötig machen. Er störte sich daran, dass ein Teilchen das andere nur dann beeinflussen könne, wenn es ein Signal zwischen ihnen gäbe, und zwar schneller als das Licht (was nach seiner speziellen Relativitätstheorie nicht erlaubt war).

Bell'sches Theorem

1964 schlug der nordirische Physiker John Stewart Bell ein Experiment vor, mit dem getestet werden konnte, ob verschränkte Teilchen tatsächlich schneller als Licht miteinander kommunizieren. Er stellte sich ein Paar verschränkter Elektronen vor, eines mit aufwärts gerichtetem, das andere mit abwärts gerichtetem Spin (Spin up bzw. Spin down). Laut Quantentheorie befinden sich die beiden Elektronen in einer Überlagerung von Zuständen, bis sie gemessen werden – jedes könnte Spin up oder Spin down sein. Sobald jedoch eines der beiden gemessen wird, wissen wir mit Sicherheit, dass der andere Spin entgegengesetzt sein muss. Die sogenannten Bell'schen Ungleichungen bestimmen, wie oft der Spin des Teilchens A und der des Teilchens B einander entsprechen, wenn normale Wahrscheinlichkeit (im Gegensatz zur Quantenverschränkung) am Werk ist. Die statistische Verteilung seiner Ergebnisse bewies mathematisch, dass Einsteins Idee der verborgenen Variablen nicht wahr ist und dass es eine augenblickliche Verbindung zwischen verschränkten Teilchen gibt.

Versuche wie die des französischen Physikers Alain Aspect vom Anfang der 1980er-Jahre zeigen, dass die Fernwirkung real ist – die Quantenwelt ist nicht an Ortsregeln gebunden. Wenn zwei Teilchen verschränkt sind, sind sie eigentlich ein einziges System mit einer einzigen Quantenfunktion. ■

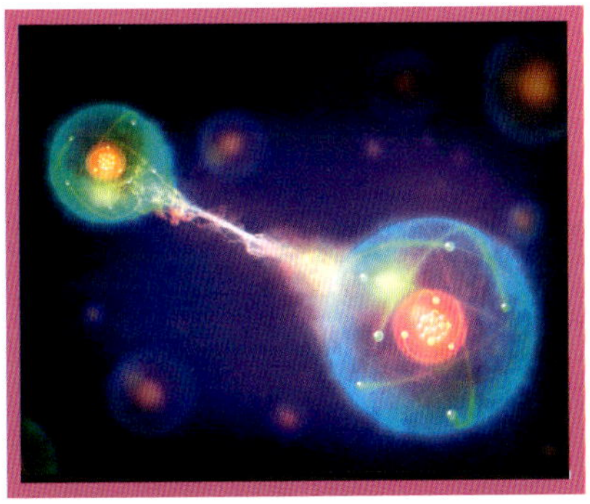

Diese Computervisualisierung zeigt ein Paar von verschränkten Teilchen: Änderungen an einem Teilchen beeinflussen sofort auch das andere, unabhängig von ihrer Entfernung. Die Verschränkung hat Anwendungen etwa bei Quantencomputern und der Quantenkryptographie.

John Stewart Bell

John Stewart Bell wurde 1928 im nordirischen Belfast geboren. Nach seinem Abschluss an der Universität Belfast promovierte er in Kernphysik und Quantenfeldtheorie in Birmingham. Danach war er an der britischen Atomforschungseinrichtung in Harwell und am Europäischen Kernforschungszentrum (CERN) in Genf tätig. Dort arbeitete er an der theoretischen Teilchenforschung und der Konstruktion von Beschleunigern. Nach einem einjährigen Forschungsaufenthalt in den USA veröffentlichte Bell 1964 sein bahnbrechendes Papier, das eine Möglichkeit vorschlug, zwischen der Quantentheorie und Einsteins Begriff der lokalen Realität zu unterscheiden. Im Jahr 1987 wurde er zum Mitglied der American Academy of Arts and Sciences gewählt. Durch seinen frühen Tod 1990 mit 62 Jahren hat er die experimentelle Bestätigung seiner Ideen nicht mehr erlebt.

Hauptwerk

1964 »Über das Einstein-Podolsky-Rosen-Paradoxon«

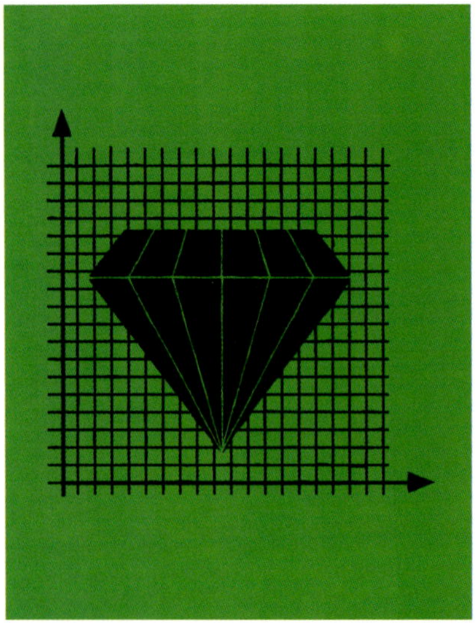

DAS JUWEL DER PHYSIK

QUANTENFELDTHEORIE

IM KONTEXT

SCHLÜSSELFIGUR
Richard Feynman
(1918–1988)

FRÜHER
1873 James Clerk Maxwell veröffentlicht seine Gleichungen über die Eigenschaften des elektromagnetischen Felds.

1905 Nach Einstein verhält sich Licht wie eine Welle, lässt sich aber auch als Strom von Teilchen, den Quanten, ansehen.

SPÄTER
1968 Die Theoretiker Sheldon Glashow, Abdus Salam und Steven Weinberg vereinen in ihrer Theorie die elektromagnetische und die schwache Kraft zur elektroschwachen Kraft.

1968 Versuche am Linearbeschleuniger in Stanford, USA, belegen die Existenz von Quarks, den Bausteinen der subatomaren Teilchen.

Ein **Feld** gibt die **Kraftstärke über Raum und Zeit** an.

↓

Nach der **Quantenfeldtheorie** werden **Kräfte durch Trägerteilchen** übermittelt.

↓

Träger der **elektromagnetischen Kraft** sind die **Photonen.**

↓

Wie **Photonen miteinander wechselwirken,** lässt sich mit einem **Feynman-Diagramm** veranschaulichen.

Eines der größten Defizite der Quantenmechanik besteht darin, dass sie die Relativitätstheorien Einsteins nicht berücksichtigt. Als einer der Ersten versuchte der britische Physiker Paul Dirac, diese Eckpfeiler der modernen Physik miteinander in Einklang zu bringen. Die 1928 veröffentlichte Dirac-Gleichung betrachtete Elektronen als Anregungen eines Elektronenfeldes, so wie man Photonen als Anregungen des elektromagnetischen Feldes sehen kann. Diese Gleichung wurde zu einer Grundlage der Quantenfeldtheorie.

Die Idee von Feldern, die Kräfte über eine Entfernung tragen, ist in der Physik bekannt. Man kann sich ein Feld als alles vorstellen, was Werte hat, die über Raum und Zeit variieren. Ein bekanntes Beispiel ist das Magnetfeld um einen Magneten, dessen Kraftlinien durch Eisenspäne sichtbar werden.

In den 1920er-Jahren schlug die Quantenfeldtheorie einen anderen Ansatz vor. Kräfte sollten durch Quantenteilchen übertragen werden. So sind z. B. Photonen (Lichtteilchen) die Trägerteilchen des Elektromagnetismus. Andere, später entdeckte Teilchen wie das Quark, das Gluon und das

Siehe auch: Kraftfelder und Maxwell'sche Gleichungen 142–147 ▪ Quantenanwendungen 226–231 ▪ Der Teilchenzoo und die Quarks 256–257 ▪ Trägerteilchen 258–259 ▪ Quantenelektrodynamik 260 ▪ Das Higgs-Boson 262–263

» Was wir beobachten, ist nicht die Natur selbst, sondern die Natur, die unserer Art der Fragestellung ausgesetzt ist. «

Werner Heisenberg

Higgs-Boson (ein Elementarteilchen, das den Teilchen ihre Masse verleiht) sollen ihre eigenen zugehörigen Felder haben.

QED

Die Quantenelektrodynamik (QED) ist die Quantenfeldtheorie, die sich mit der elektromagnetischen Kraft befasst. Sie wurde unabhängig voneinander von Richard Feynman und Julian Schwinger in den USA und Shin'ichirō Tomonaga in Japan entwickelt. Sie geht davon aus, dass geladene Teilchen, z. B. Elektronen, miteinander wechselwirken, indem sie Photonen emittieren und absorbieren. Dies kann mithilfe von Feynman-Diagrammen visualisiert werden (Bild rechts). Die QED ist eine der genauesten Theorien, die je formuliert wurden. Ihre Vorhersage für die Stärke des Magnetfelds, das mit einem Elektron verbunden ist, weicht erst in der zwölften Stelle nach dem Komma vom Messwert ab.

Das Standardmodell

Die QED war Ausgangspunkt zum Aufbau von Quantenfeldtheorien auch für die anderen fundamentalen Naturkräfte. Das Standardmodell kombiniert zwei Theorien der Teilchenphysik in einer einzigen und vereinheitlicht so drei der vier bekannten fundamentalen Kräfte (die elektromagnetische, die schwache und die starke Wechselwirkung), allerdings nicht die Gravitation. Die stärkste davon ist die starke Wechselwirkung oder starke Kernkraft, die die Protonen und Neutronen im Kern eines Atoms zusammenhält. Die elektroschwache Theorie sagt, dass die elektromagnetische und die schwache Wechselwirkung als zwei Facetten einer einzigen, elektroschwachen Wechselwirkung betrachtet werden können. Das Standardmodell klassifiziert auch alle bekannten Elementarteilchen. Es bleibt eine der größten Herausforderungen der Physik, die Gravitationskraft mit dem Standardmodell in Einklang zu bringen. ■

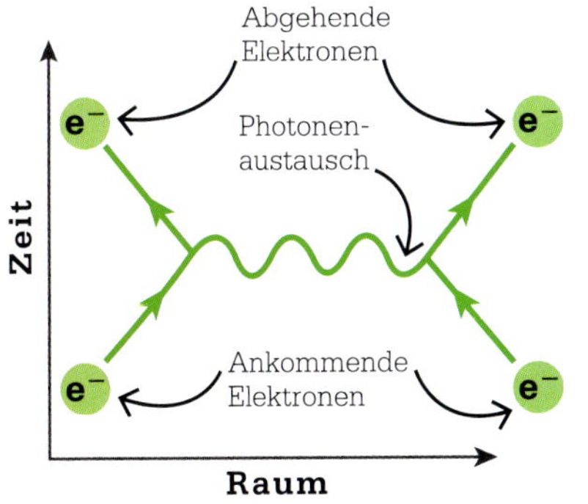

Feynman-Diagramm der elektromagnetischen Abstoßung. Zwei Elektronen (e^-) nähern sich, tauschen ein Photon aus und entfernen sich.

Richard Feynman

Richard Feynman wurde 1918 geboren und wuchs in New York auf. Schon früh fasziniert von Mathematik, erhielt er ein Stipendium für ein Studium am Massachusetts Institute of Technology und promovierte 1942 in Princeton. Im selben Jahr schloss er sich dem Manhattan-Projekt zur Entwicklung der ersten Atombombe an.

Nach dem Krieg entwickelte Feynman die QED-Theorie, für die ihm 1965 der Nobelpreis verliehen wurde. 1960 wechselte er an das California Institute of Technology. Seine Autobiografie *Sie belieben wohl zu scherzen, Mr. Feynman* ist eines der meistverkauften Bücher eines Wissenschaftlers. Eine seiner letzten großen Leistungen war die Aufdeckung der Ursache für die Katastrophe der NASA-Raumfähre Challenger 1986. Er starb 1988 an Krebs.

Hauptwerke

1964 *Vom Wesen physikalischer Gesetze*
1985 *QED: Die seltsame Theorie des Lichts und der Materie*
1985 *Sie belieben wohl zu scherzen, Mr. Feynman*

PARALLELE ZUSAMMENARBEIT

QUANTENANWENDUNGEN

IM KONTEXT

SCHLÜSSELFIGUR
David Deutsch (*1953)

FRÜHER
1911 Heike Kamerlingh Onnes entdeckt die Supraleitung an extrem gekühltem Quecksilber.

1981 Richard Feynman propagiert die Idee des Quantencomputers.

1982 Der französische Physiker Alain Aspect zeigt, dass die Quantenverschränkung real ist.

1988 Der amerikanische Physiker Mark Reed prägt den Begriff *quantum dot* (Quantenpunkt).

SPÄTER
2009 Forscher an der US-Universität Yale bauen mit einem supraleitenden 2-Qubit-Chip den ersten Halbleiter-Quantenprozessor.

2019 Der Quantencomputer IBM Q System One mit 20 Qubits (Quantenbits) wird vorgestellt.

Die Quantenphysik scheint weit von der Alltagswelt entfernt, aber sie hat zu einer überraschenden Vielfalt an technischen Fortschritten geführt, die sehr wohl in unser Leben hineinwirken. Computer und Halbleiter, Kommunikationsnetze und das Internet, GPS und MRT-Geräte – alle hängen von der Quantenwelt ab.

Supraleiter

1911 machte der niederländische Physiker Heike Kamerlingh Onnes eine bemerkenswerte Entdeckung: Als er Quecksilber auf –268,95 °C abkühlte, verschwand dessen elektrischer Widerstand völlig. Theoretisch kann somit ein elektrischer Strom auf ewig durch eine Schleife aus supraleitendem Quecksilber fließen.

Die amerikanischen Physiker John Bardeen, Leon Cooper und John Schrieffer fanden 1957 eine Erklärung für dieses seltsame Phänomen: Bei sehr niedrigen Temperaturen bilden Elektronen sogenannte Cooper-Paare. Während ein einzelnes Elektron dem Pauli-Ausschlussprinzip unterliegt, nach dem zwei Elektronen nie denselben Quantenzustand haben, bilden die Cooper-Paare ein Kondensat. Diese Paare verhalten sich, als wären sie ein einziger Körper ohne Widerstand und nicht eine Ansammlung von Elektronen, die durch den Leiter fließen. Für diese Entdeckung erhielten Bardeen, Cooper und Schrieffer 1972 den Nobelpreis für Physik.

1962 sagte der walisische Physiker Brian Josephson voraus, Cooper-Paare sollten durch eine isolierende Barriere zwischen zwei Supraleitern tunneln können. Legt man eine Spannung über einen dieser sogenannten Josephson-Übergänge, schwingt der Strom mit einer sehr hohen Frequenz. Da Frequenzen viel genauer gemessen werden können als Spannungen, wurden Josephson-Kontakte in Geräten wie SQUIDs (supraleitende Quanten-Interferenzgeräte) verwendet, um die winzigen Magnetfelder zu untersuchen, die vom menschlichen Gehirn erzeugt werden. SQUIDs haben auch Potenzial für den Einsatz in ultraschnellen Computern.

Der Meißner-Ochsenfeld-Effekt (die Verdrängung eines Magnetfelds aus einem Supraleiter) lässt den Magneten darüber schweben.

Ohne Supraleitung wären die starken Magnetkräfte, die in Magnetresonanztomografen (MRT) genutzt werden, nicht möglich. Supraleiter können auch Magnetfelder aus ihrem Inneren verdrängen. Dies ist der Meißner-Ochsenfeld-Effekt, der z. B. für den Bau supraleitender Magnetlager genutzt wird.

Supraflüssigkeiten

Kamerlingh Onnes gelang auch als Erstem die Heliumverflüssigung. 1938 entdeckten der sowjetische Physiker Pjotr Kapiza und die britischen Physiker John Allen und Don Misener, dass flüssiges Helium

» Technologie an vorderster Front menschlichen Bemühens ist schwer – doch das ist es wert. «

Michelle Yvonne Simmons
Quantenphysikerin

Siehe auch: Fluide 76–79 ▪ Elektrischer Strom und Widerstand 130–133 ▪ Elektronik 152–155 ▪ Teilchen und Wellen 212–215 ▪ Die Heisenberg'sche Unschärferelation 220–221 ▪ Quantenverschränkung 222–223 ▪ Gravitationswellen 312–315

Ein blauer Laserstrahl regt die Strontiumatome im 3-D-Quantengas der Atomuhr an, die am JILA-Forschungsinstitut in Boulder, Colorado, entwickelt wurde.

Quantenuhren

Eine zuverlässige Zeitmessung ist entscheidend für die Synchronisierung aller Aktivitäten in unserer technischen Welt. Die genauesten Uhren heute sind Atomuhren, sie verwenden als »Pendel« Atome, die zwischen Energiezuständen hin und her springen.

Die erste genaue Atomuhr wurde 1955 von dem Physiker Louis Essen am britischen National Physical Laboratory gebaut. In den späten 1990er-Jahren gab es große Verbesserungen, darunter die Abkühlung der Atome bis fast auf den absoluten Nullpunkt, indem man sie mit Lasern abbremst. Heute messen die genauesten Atomuhren die Zeit anhand der Übergänge zwischen den Spinzuständen im Atomkern. Bis vor Kurzem wurden Atome des Isotops Caesium-133 verwendet. Damit lässt sich eine Genauigkeit entsprechend einer Sekunde auf 300 Mio. Jahre erreichen. Dies ist für die GPS-Navigation und die Telekommunikation von entscheidender Bedeutung. Die jüngste Atomuhr verwendet Strontiumatome und gilt als noch genauer.

unterhalb von –270,98 °C seine Viskosität vollständig verliert, scheinbar ohne jede Reibung fließt und eine Wärmeleitfähigkeit aufweist, die die der besten Metallleiter bei Weitem übertrifft. Helium in seinem suprafüssigen Zustand verhält sich anders als Helium bei höheren Temperaturen. Es steigt über den Rand eines Behälters und tritt durch kleinste Löcher aus. Wenn es in Rotation versetzt wird, hört es nicht auf, sich zu drehen. Der 1983 gestartete astronomische Infrarotsatellit IRAS (Infrared Astronomical Satellite) wurde mit suprafluidem Helium gekühlt.

Ein Fluid wird zu einem Suprafluid, wenn seine Atome die gleichen Quantenzustände einnehmen. Im Wesentlichen verlieren die Atome dann ihre individuelle Identität und werden zu einer einzigen Einheit. Suprafluidität ist das einzige Quantenphänomen, das sich mit bloßem Auge beobachten lässt.

Tunneln und Transistoren

Einige der Geräte, die wir täglich benutzen, z. B. Touchscreens, würden ohne das seltsame Phänomen des Quantentunnelns nicht funktionieren. Erstmals in den 1920er-Jahren von dem Physiker Friedrich Hund und anderen erforscht, erlaubt dieses Phänomen den Teilchen, Barrieren zu passieren, die eigentlich unpassierbar sind. Der Effekt entsteht, weil man Elektronen als (ausgedehnte) Wahrscheinlichkeitswellen betrachtet und nicht als Teilchen, die nur an einem bestimmten Punkt existieren. In Transistoren etwa können Elektronen durch das Tunneln einen Übergang zwischen Halbleitern passieren. Das Tunneln könnte aber bei weiterer Miniaturisierung zu Problemen führen: Wenn die Isolierschichten zwischen den Komponenten zu dünn werden, können die Elektronen tunneln und sind nicht zu stoppen – was es praktisch unmöglich macht, das Gerät auszuschalten. »

In der klassischen Physik kann ein Körper, z. B. ein rollender Ball, eine Barriere nur überwinden, wenn er dafür genügend Energie hat. Ein Quantenteilchen hingegen hat wellenartige Eigenschaften, und man weiß nie, wie viel Energie genau es hat – es könnte reichen, um eine Barriere zu durchtunneln.

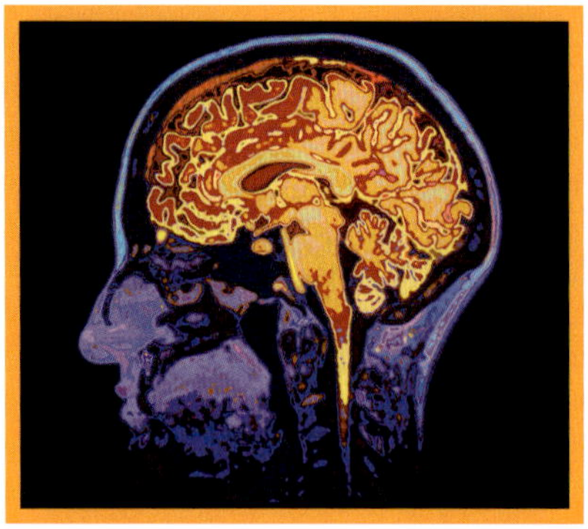

Die Magnetresonanztomografie (MRT) erzeugt detaillierte Bilder (hier ein menschliches Gehirn) mithilfe eines Magnetfelds und Radiowellen.

Quanten-Imaging

Ein Elektronenmikroskop nutzt den Welle-Teilchen-Dualismus der Elektronen. Es funktioniert ähnlich wie ein Lichtmikroskop, aber statt Linsen zur Lichtfokussierung verwendet es Magnete zur Fokussierung der Elektronenstrahlen. Wenn die Elektronen durch die magnetische »Linse« laufen und der Magnet sie auf die zu untersuchende Probe fokussiert, verhalten sie sich wie Partikel. Aber in der Nähe der Probe verhalten sie sich wie Wellen, die sich um das Objekt herum beugen und auf einem Fluoreszenzschirm ein Bild entstehen lassen. Da die Wellenlänge eines Elektrons viel kleiner ist als die von Licht, ist die Bildauflösung millionenfach höher als mit einem Lichtmikroskop.

Die Magnetresonanztomografie (MRT) wurde in den 1970er-Jahren entwickelt. Im Inneren eines MRT-Scanners ist der Patient von einem Magnetfeld umgeben, das von einem supraleitenden Elektromagneten erzeugt wird und viele Tausend Mal stärker ist als das der Erde. Dieses Magnetfeld beeinflusst den Spin der Protonen (der Wasserstoffatome) in den Wassermolekülen des Körpers und richtet sie auf eine bestimmte Art und Weise aus (magnetisiert sie). Mit Radiowellen kann man dann den Spin der Protonen verändern, wodurch sich ihre Magnetisierung ändert. Wenn die Radiowellen abgeschaltet werden, kehren die Protonen in den vorherigen Spin-Zustand zurück und senden ein Signal aus, das elektronisch aufgezeichnet und in Bilder des zugehörigen Körpergewebes umgewandelt wird.

Quantenpunkte

Quantenpunkte sind Nanopartikel aus halbleitenden Materialien, die typischerweise aus nur wenigen Dutzend Atomen bestehen. Sie wurden von dem russischen Physiker Alexei Jekimow und dem amerikanischen Physiker Louis Brus entdeckt, die in den frühen 1980er-Jahren unabhängig voneinander daran arbeiteten. Die Elektronen in Halbleitern sind in dem Kristallgitter des Materials eingeschlossen, können aber freigesetzt werden, wenn man sie durch Photonen anregt. Sind die Elektronen frei, fällt der elektrische Widerstand des Halbleiters rasch ab, wodurch ein Strom fließen kann.

Quantenpunkte lassen sich präzise steuern und somit z. B. als Einzelphotonenquelle nutzen. Die Elektronen in einem Quantenpunkt nehmen jeweils einen anderen Quantenzustand ein, sodass der Punkt wie ein einzelnes Atom diskrete Energieniveaus hat. Der Quantenpunkt kann Energie absorbieren und abgeben, wenn sich die Elektronen zwischen den Niveaus bewegen. Die Frequenz des ausgestrahlten Lichts hängt vom Abstand zwischen den Ebenen ab, der durch die Größe des Punktes bestimmt wird – größere Punkte leuchten eher rot, kleinere Punkte eher blau. Die Leuchtkraft der Punkte lässt sich durch Variation ihrer Größe genau abstimmen. So lassen sich mit Quantenpunkten in Fernseh- und Computerbildschirmen sehr detaillierte Bilder erzeugen.

Quantencomputer

Quantenpunkte werden auch beim Bau von Quantencomputern eingesetzt. Computer nutzen binäre Informationsbits, entsprechend Ein (1) und Aus (0) ihrer elektronischen Schalter. Das wird bei Quantenpunkten mithilfe des Elektronenspins realisiert. Mit Lasern kann man Elektronen in einen Überlagerungszustand bringen, in dem sie gleichzeitig einen Aufwärts- und Abwärts-Spin haben. Diese Überlagerungselektronen können theoretisch als Qubits (Quantenbits) verwendet werden, die effektiv »an«, »aus« und etwas dazwischen sein können, alles zur gleichen Zeit.

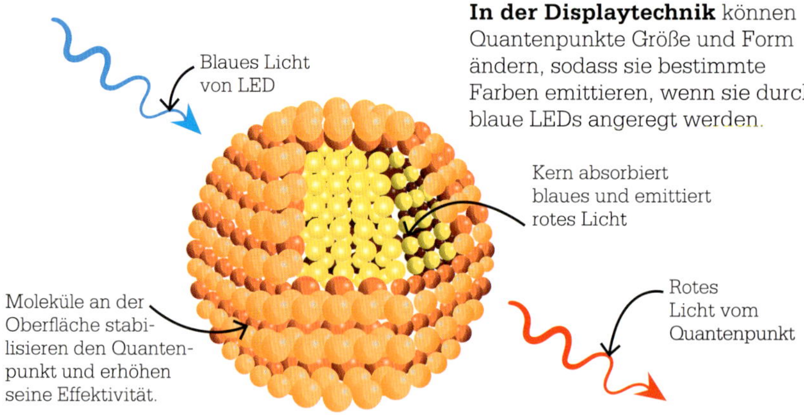

In der Displaytechnik können Quantenpunkte Größe und Form ändern, sodass sie bestimmte Farben emittieren, wenn sie durch blaue LEDs angeregt werden.

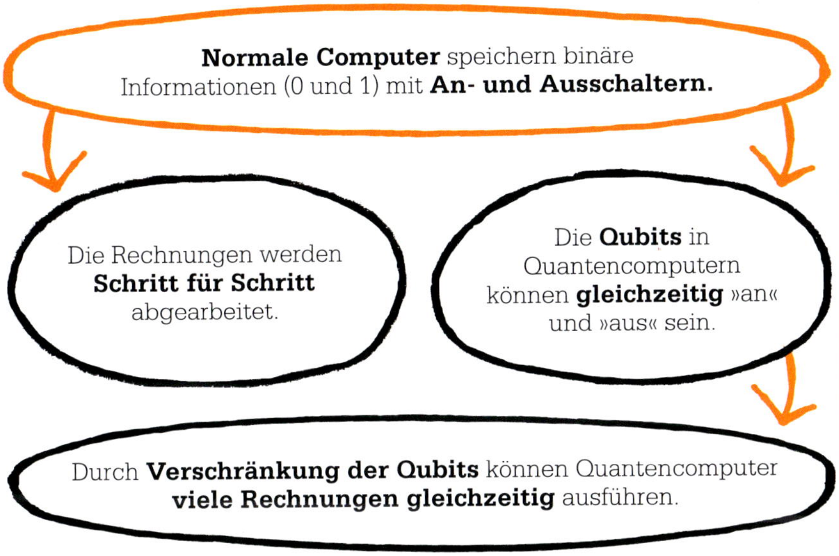

Richard Feynman schlug 1981 vor, den Überlagerungszustand zu nutzen und so enorme Rechenleistung freizusetzen. Potenziell können Qubits verwendet werden, um wesentlich mehr Informationen zu codieren und zu verarbeiten als mit einfachen binären Computerbits.

Im Jahr 1985 entwarf der britische Physiker David Deutsch Ideen für einen solchen Quantencomputer. Die Informatik beruht zu einem großen Teil auf der Idee des Universalrechners, vorgeschlagen in den 1930er-Jahren von dem britischen Mathematiker Alan Turing. Deutsch wies darauf hin, dass Turings Konzept durch den Rückgriff auf die klassische Physik begrenzt sei und daher nur eine Teilmenge der möglichen Computer darstellen würde. Deutsch schlug einen auf der Quantenphysik basierenden Universalrechner vor und begann, Turings Werk in Quantenbegriffen umzuschreiben.

Die Leistung von Qubits ist so hoch, dass zehn Stück davon ausreichen, 1023 Ziffern gleichzeitig zu verarbeiten; mit 40 Qubits sind schon mehr als 1 Bio. paralleler Berechnungen möglich. Doch bevor Quantencomputer Realität werden, muss das Problem der Dekohärenz gelöst werden. Bei der kleinsten Störung bricht der Überlagerungszustand zusammen (er wird dekohärent). Dies ließe sich vermeiden, wenn man sich die Quantenverschränkung zunutze machte. Dadurch kann ein Teilchen ein anderes an einem anderen Ort beeinflussen, und der Wert der Qubits könnte indirekt bestimmt werden. ■

»Das ist, als ob Sie ein kompliziertes Puzzle machen – im Dunkeln und mit den Händen auf den Rücken gebunden.«

Brian Clegg
Britischer Wissenschaftsautor, über Quantencomputer

David Deutsch

David Deutsch, 1953 im israelischen Haifa geboren, ist einer der Pioniere des Quantencomputers. Er studierte Physik in Cambridge und Oxford. Danach arbeitete er mehrere Jahre an der Universität von Texas in Austin, dann kehrte er an die Universität Oxford zurück. Deutsch ist Gründungsmitglied des Centre for Quantum Computation an der Universität Oxford.

1985 schrieb Deutsch eine bahnbrechende Arbeit, in der er seine Ideen für einen universellen Quantencomputer darlegte. Seine Entdeckung der ersten Quantenalgorithmen, seine Theorie der Quantenlogikgatter und seine Ideen zu Quantencomputernetzwerken gehören zu den wichtigsten Erkenntnissen auf diesem Gebiet.

Hauptwerke

1985 »Quantum Theory, the Church–Turing Principle and the Universal Quantum Computer«
1997 »Die Physik der Welterkenntnis«
2011 »The Beginning of Infinity« (»Der Beginn der Unendlichkeit«)

KERN- UN TEILCHEN

IM INNERN DES ATOMS

D
PHYSIK

1896

Henri Becquerel entdeckt, dass einige Atome **spontan Strahlung emittieren.**

1897

J. J. Thomson entdeckt das **erste subatomare Teilchen, das Elektron.**

1911

Die Versuche des Deutschen Hans Geiger und des Briten Ernest Marsden führen zur Entdeckung des **Atomkerns.**

1912

Der österreichische Physiker Viktor Hess misst mit Ballons eine **Ionisation** in der oberen Atmosphäre und weist so die **kosmische Strahlung** nach.

1919

Ernest Rutherford untersucht den Wasserstoffkern, ein **positiv geladenes Teilchen,** das in jedem Kern vorkommt. Später nennt er es **Proton.**

1928

Der britische Physiker Paul Dirac schlägt eine Spiegelwelt aus **Antimaterie** und ein positiv geladenes Elektron vor, das **Positron.**

1932

James Chadwick entdeckt das elektrisch neutrale Teilchen, das **Neutron,** das in jedem Kern vorkommt.

Die Vorstellung von Atomen als winzige Teilchen der Materie geht auf die Antike zurück, und dass sie nicht weiter zu zerlegen sind, sagt schon ihr Name (*atomos,* »unteilbar«). Der britische Physiker John Dalton, der 1803 seine Atomtheorie vorschlug, blieb, wie die meisten Forscher des 19. Jahrhunderts, von ihrer Unteilbarkeit überzeugt. Doch in den späten 1890er-Jahren wurde das infrage gestellt.

1896 entdeckte der französische Physiker Henri Becquerel beim Experimentieren mit Röntgenstrahlen durch Zufall, dass das Uransalz, mit dem seine Fotoplatte beschichtet war, spontan Strahlung abgab. Ein Jahr später schloss der britische Physiker J. J. Thomson, dass die von ihm in einem Kathodenstrahl-Experiment erzeugten Strahlen aus negativ geladenen Teilchen bestehen, die über tausend Mal leichter sind als ein Wasserstoffatom. Diese subatomaren Teilchen wurden später Elektronen genannt.

Die Erforschung des Kerns

Becquerels Doktorandin Marie Curie meinte, solche Teilchenstrahlen stammen aus dem Inneren des Atoms und seien nicht das Ergebnis chemischer Reaktionen – ein Hinweis darauf, dass Atome kleinere Teilchen enthielten. 1899 bestätigte der Physiker Ernest Rutherford, dass es verschiedene Arten von Strahlung gibt. Er benannte zwei: Alphastrahlen, später als positiv geladene Heliumatome erkannt, und Betastrahlen, negativ geladene Elektronen. 1900 entdeckte der französische Wissenschaftler Paul Villard ein hochenergetisches Licht, passend zu den anderen Strahlenarten Gammastrahlen benannt.

Rutherford und andere beschossen Atome mit Alphateilchen, um nach kleineren Strukturen zu suchen. Die meisten gingen durch die Atome hindurch, aber ein kleiner Teil prallte fast vollständig zurück. Die einzig mögliche Erklärung: Ein dicht gepackter Bereich mit positiver Ladung innerhalb des Atoms stieß sie ab. Der dänische Physiker Niels Bohr stellte 1913 ein neues Modell eines Atoms vor mit einem elektrisch positiv geladenen Kern, der wie ein Planet von leichten Elektronen umkreist wird.

Weitere Forschungen führten zu der Annahme, es müssten noch andere Teilchen existieren, um dem Kern seine Masse zu geben. Rutherfords Entdeckung des Pro-

1935

Hideki Yukawa sagt die Existenz der **Mesonen** voraus – Teilchen, die zwischen Protonen und Neutronen im Kern ausgetauscht werden und die **starke Kraft** vermitteln.

1936

Der Amerikaner Carl D. Anderson entdeckt das **Myon,** den schweren Vetter des Elektrons und das erste der zweiten Generation von **Elementarteilchen.**

1956

Die amerikanischen Physiker Frederick Reines und Clyde Cowan weisen das **Neutrino** nach – 26 Jahre nach der Vorhersage durch Wolfgang Pauli.

1959

Sheldon Glashow und Abdus Salam behaupten, dass die **elektromagnetische** und die **schwache Kraft** sich bei hohen Temperaturen **vereinen.**

1964

Murray Gell-Mann prägt den Begriff **Quark** für die kleinsten Elementarteilchen.

1983

Versuche am **CERN** in Genf weisen die Träger der schwachen Kraft nach, **das W- und das Z-Boson.**

2012

Am **CERN** wird das **Higgs-Boson** nachgewiesen, das noch fehlende Teilchen im **Standardmodell** der Teilchenphysik.

tons 1919 lieferte die positive elektrische Ladung, 1932 wies der britische Physiker James Chadwick das elektrisch neutrale Neutron nach.

Weitere Teilchen

Ungeklärt blieb, warum die dicht gepackten positiv geladenen Protonen im Kern ihn nicht sprengten. Der japanische Physiker Hideki Yukawa lieferte 1935 eine Antwort: Eine Kraft mit ultrakurzer Reichweite (die Starke Kernkraft), getragen von einem Teilchen namens Meson, sollte sie zusammenhalten.

Als 1945 zwei Atombomben auf Japan fielen, wurde die tödliche Kraft der Kernenergie deutlich. Doch die Physiker begannen, diese Kraft zu zähmen. Schon in den 1950er-Jahren gingen in den USA und Großbritannien die ersten kommerziellen Atomreaktoren in Betrieb.

Derweil fand die Teilchenforschung mit immer leistungsfähigeren Teilchenbeschleunigern etliche neue Teilchen wie Kaonen und Baryonen, die langsamer zerfielen als erwartet. Einige Forscher, darunter der amerikanische Physiker Murray Gell-Mann, bezeichneten diese Eigenschaft als Strangeness (»Seltsamkeit«) und teilten die subatomaren Teilchen mit Strangeness nach ihren Eigenschaften in Gruppen ein. Gell-Mann prägte später den Namen Quark für die Bausteine, die solche Eigenschaften bestimmten, und unterschied verschiedene Flavours der Quarks – zunächst Up-, Down- und Strange-Quarks, später kamen Charm-, Top- und Bottom-Quarks hinzu.

Das Neutrino, 1930 erstmals theoretisch gefordert, um die fehlende Energie der Betastrahlung zu erklären, wurde 1956 nachgewiesen. Schwerere Versionen des Elektrons und der Quarks wurden entdeckt; aus ihren Wechselwirkungen machten sich die Physiker ein Bild, wie diese Teilchen Kräfte austauschten und wie sie sich von einem Typ zum anderen veränderten. Auch die Vermittler dieser Kräfte, die Bosonen, wurden entdeckt – das letzte, das Higgs-Boson, erst 2012.

Das Standardmodell – die Theorie, die die vier Grundkräfte, die Trägerteilchen dieser Kräfte und die fundamentalen Teilchen der Materie erklärt – hat jedoch bekannte Grenzen. Mit der Suche nach Dunkler Materie, Dunkler Energie und dem Ursprung der Materie selbst versucht die moderne Teilchenphysik, sie zu verschieben. ■

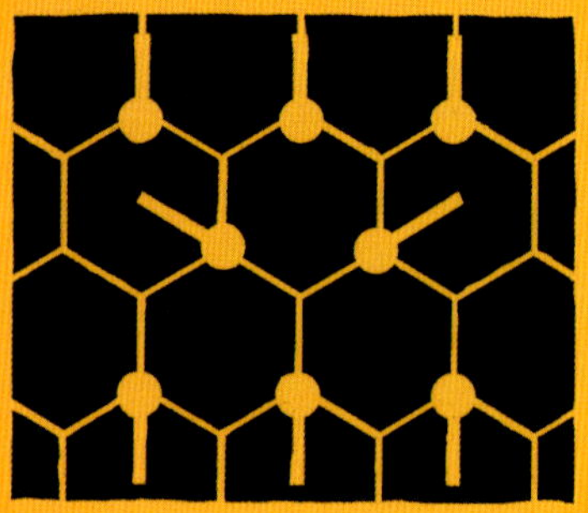

MATERIE IST NICHT UNENDLICH TEILBAR

ATOMTHEORIE

IM KONTEXT

SCHLÜSSELFIGUR
John Dalton (1766–1844)

FRÜHER
Um 400 v. Chr. Die griechischen Philosophen Leukipp und Demokrit spekulieren, alles bestehe aus »unteilbaren« Atomen.

1794 Der französische Chemiker Joseph Proust bemerkt, dass sich Atome immer im selben Verhältnis verbinden.

SPÄTER
1811 Der italienische Chemiker Amadeo Avogadro unterscheidet Atome und Moleküle und sagt, Gase bestünden aus zwei oder mehr Molekülen.

1897 Der britische Chemiker J. J. Thomson entdeckt das Elektron.

1905 Albert Einstein erklärt die Brown'sche Molekularbewegung mit der Atomtheorie.

Das Konzept der Atome geht bis in die Antike zurück. Die griechischen Philosophen Demokrit und Leukipp meinten, alle Materie bestehe aus ewigen Atomen (von *atomos*, unteilbar). Diese Ideen wurden in Europa im 17. und 18. Jahrhundert wiederbelebt. Die Forscher entfernten sich von der historischen Vorstellung der vier oder fünf Elemente (in der Regel Erde, Luft, Feuer und Wasser) und kategorisierten die Elemente wie Sauerstoff, Wasserstoff, Kohlenstoff und andere. Es war nur zu klären, was jedes Element einzigartig macht.

Daltons Theorie

Das gelang mit der Atomtheorie, die 1803 von dem britischen Forscher John Dalton entwickelt wurde. Dalton fiel auf, dass – wenn zwei Elemente sich zu verschiedenen Stoffen verbinden – sich das Massenverhältnis dieser Elemente

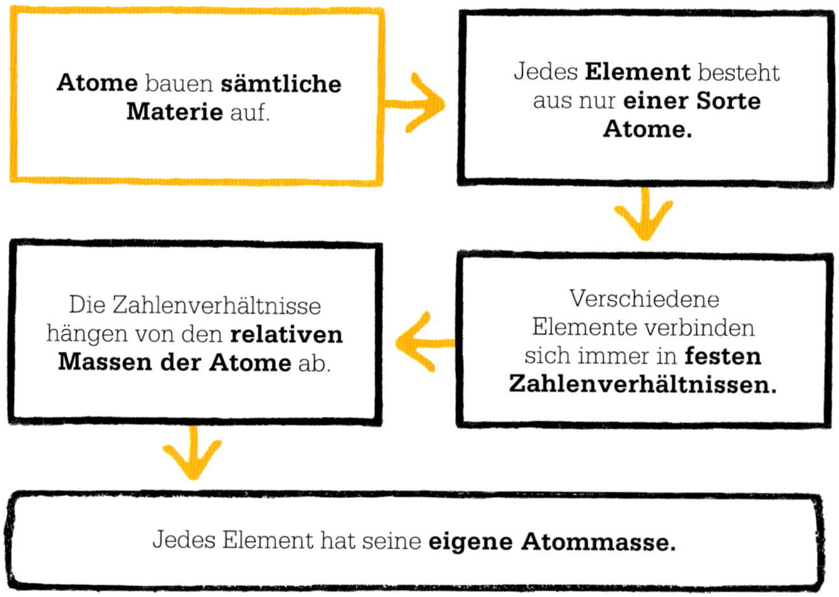

Siehe auch: Modelle der Materie 68–71 ▪ Licht aus dem Atom 196–199 ▪ Teilchen und Wellen 212–215 ▪ Der Atomkern 240–241 ▪ Subatomare Teilchen 242–243 ▪ Antimaterie 246 ▪ Atombomben und Kernenergie 248–251

durch ganze Zahlen darstellen lässt. So fand er, dass die Masse von Sauerstoff in reinem Wasser fast achtmal so groß war wie die Masse des Wasserstoffs. Also musste das, aus dem der Sauerstoff besteht, mehr wiegen als das, aus dem der Wasserstoff besteht. (Später wurde gezeigt, dass ein Sauerstoffatom 16-mal so schwer ist wie ein Wasserstoffatom – aber da ein Wassermolekül ein Sauerstoff- und zwei Wasserstoffatome enthält, passt dies zu Daltons Entdeckung.)

Dalton kam zu dem Schluss, dass jedes Element aus jeweils eigenen einzigartigen Teilchen besteht: den Atomen. Diese könnten sich zwar miteinander verbinden oder von anderen Atomen trennen, aber sie könnten nicht geteilt, erzeugt oder zerstört werden. »Keine Neuschaffung oder Zerstörung von Materie liegt in der Reichweite des Chemikers«, schrieb er. Die Materie könnte jedoch verändert werden, indem man Teilchen, die sich verbunden haben, trennt und mit anderen Teilchen zu neuen Verbindungen kombiniert.

John Dalton stellte sich Atome als harte, einheitliche Kugeln vor und verwendete solche Holzkugeln bei Vorlesungen über seine Atomtheorie.

Daltons Modell machte genaue, überprüfbare Vorhersagen. Damit wurden zum ersten Mal wissenschaftliche Experimente zur Demonstration der Atomtheorie eingesetzt.

Mathematische Beweise

Beweise zur Untermauerung von Daltons Theorie folgten 1905: Albert Einstein veröffentlichte einen Aufsatz, in dem er das unregelmäßige Zittern von leichten Pflanzenpollen im Wasser erklärte, die Brown'sche Bewegung, 1827 erstmals von dem schottischen Botaniker Robert Brown beschrieben.

Einstein nahm die (damals noch umstrittene) Molekültheorie ernst und beschrieb mathematisch, wie Pollen von einzelnen Wassermolekülen bombardiert wurden. Obwohl die insgesamt zufällige Bewegung dieser vielen Wassermoleküle nicht zu sehen war, sagte Einstein, dass sich gelegentlich einige davon in die gleiche Richtung bewegen; das sollte ausreichen, ein Pollenkorn sichtbar anzustoßen. Einsteins Deutung der Brown'schen Bewegung ermöglichte es, die Größe eines Atoms oder Moleküls anhand der Geschwindigkeit zu berechnen, mit der sich das Pollenkorn bewegte.

Zwar zeigte sich später, dass sich im Innern des Atoms mehr befand, als Dalton sich jemals hätte vorstellen können. Doch seine Atomtheorie bereitete die Grundlage für die Chemie und viele Bereiche der Physik. ▪

John Dalton

John Dalton wurde 1766 im englischen Lake District als Sohn einer armen Quäkerfamilie geboren. Schon mit 10 Jahren musste er arbeiten, um sich zu ernähren, und brachte sich selbst Naturwissenschaften und Mathematik bei. Im Jahr 1793 nahm er seine Lehrtätigkeit in Manchester auf und entwickelte eine (später widerlegte) Theorie über die Ursache der Farbenblindheit, an der er selbst litt. Im Jahr 1800 wurde er Sekretär der Manchester Literary and Philosophical Society und schrieb einflussreiche Aufsätze über seine Experimente mit Gasen.

Er war auch ein begeisterter Meteorologe. Als Wissenschaftler war er hochgeschätzt und hielt Vorlesungen an der Royal Institution in London. Nach seinem Tod 1844 erhielt er ein Ehrenbegräbnis.

Hauptwerke

1806 *Experimentelle Untersuchung über die Proportionen verschiedener Gase oder elastischer Fluide der Atmosphäre*
1808/1810 *Ein neues System der chemischen Philosophie*, 2 Bde.

EINE ECHTE TRANSFORMATION DER MATERIE

KERNSTRAHLEN

IM KONTEXT

SCHLÜSSELFIGUR
Marie Curie (1867–1934)

FRÜHER
1857 Der Franzose Abel Niepce de Saint-Victor beobachtet, dass bestimmte Salze eine Fotoplatte im Dunkeln belichten.

1896 Henri Becquerel findet, dass Uransalze Strahlung abgeben, ohne dass sie zuvor der Sonne ausgesetzt waren.

1897 Der britische Physiker J. J. Thomson entdeckt das Elektron.

SPÄTER
1898 Marie und Pierre Curie entdecken die radioaktiven Elemente Polonium und Radium.

1900 Paul Villard entdeckt die Gammastrahlung.

1907 Ernest Rutherford erkennt die Alphastrahlung als ionisierte Heliumatome.

Bis zum Ende des 19. Jahrhunderts glaubte man, dass Materie nur dann Strahlung (z. B. sichtbares und ultraviolettes Licht) abgibt, wenn sie stimuliert wird, etwa durch Erwärmung. Dies änderte sich 1896. Der französische Physiker Henri Becquerel führte ein Experiment mit der neu entdeckten Röntgenstrahlung durch. Er erwartete herauszufinden, dass Uransalze infolge der Absorption von Sonnenlicht Strahlung abgeben. Doch der bedeckte Himmel zwang ihn, das Experiment zu verschieben. Er wickelte die mit einem Uransalz beschichtete Fotoplatte ein und ließ sie in einer Schublade liegen. Obwohl im Dunkeln, zeigten sich auf der Platte kräftige Umrisse der Probe. Becquerel kam zu dem Schluss, dass das Uransalz von sich aus Strahlung abgab.

Radioaktive Erkenntnisse

Becquerels Doktorandin Marie Curie stürzte sich zusammen mit ihrem Mann Pierre auf die Erforschung dieses Phänomens (das sie später Radioaktivität nannte). Im Jahr 1898 gewannen sie aus Uranerz zwei neue radio-

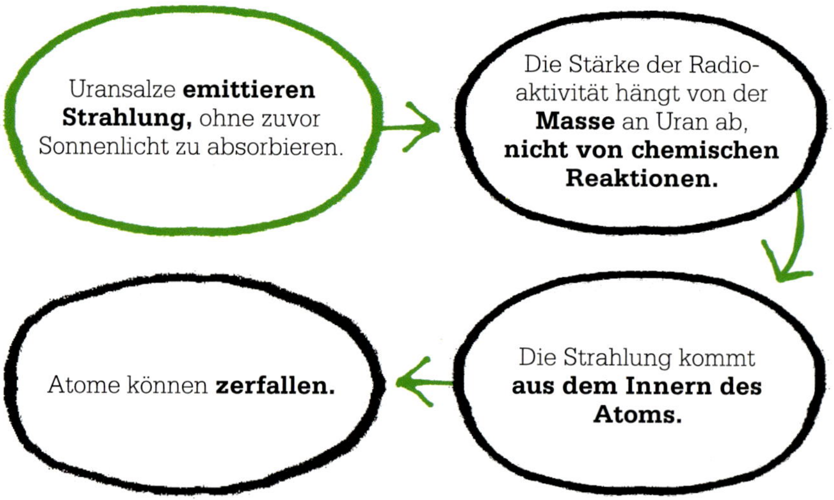

Siehe auch: Teilchen und Wellen 212–215 ▪ Der Atomkern 240–241 ▪ Subatomare Teilchen 242–243 ▪ Atombomben und Kernenergie 248–251

Es gibt viele verschiedene Arten von Strahlung mit jeweils besonderen Eigenschaften. Ernest Rutherford erkannte die Alpha- und Betastrahlung, Paul Villard die Gammastrahlung.

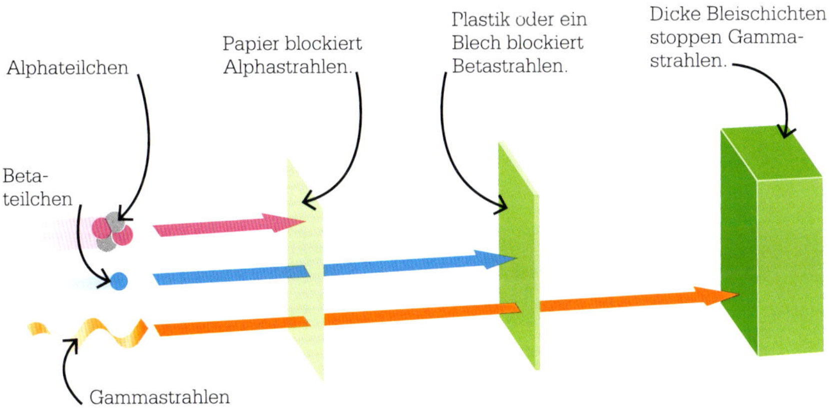

aktive Elemente: Polonium und Radium. Marie bemerkte, dass die elektrische Aktivität in der Luft, die das Uranerz umgab, nur mit der Masse der vorhandenen radioaktiven Substanz zusammenhing. Sie postulierte, die Strahlung würde nicht durch chemische Reaktionen verursacht, sondern käme aus dem Innern der Atome – eine kühne Theorie, als die Wissenschaft noch an die unteilbaren Atome glaubte.

Es stellte sich heraus, dass die vom Uran erzeugte Strahlung das Ergebnis des Zerfalls einzelner Atome ist. Da man nicht vorhersagen kann, wann ein einzelnes Atom zerfällt, misst man nach einer Idee von Ernest Rutherford die Zeit, in der die Hälfte der Atome in einer Probe zerfallen ist. Dies ist die Halbwertszeit dieses Elements, sie kann von einem Augenblick bis zu Milliarden Jahren reichen.

1899 bestätigte Rutherford den von Becquerel und Curie geäußerten Verdacht, dass es verschiedene Arten von Strahlung gibt. Er nannte und beschrieb zwei: Alpha und Beta. Alphastrahlen sind positiv geladene Heliumatome, sie können nicht mehr als einige Zentimeter Luft durchdringen. Betastrahlen sind Ströme negativ geladener Elektronen, die aber schon durch ein Blech blockiert werden. Gammastrahlung (1900 von dem französischen Chemiker Paul Villard entdeckt) ist elektrisch neutral. Sie lässt sich mit einigen Zentimetern Blei abschirmen.

Elemente verändern

Rutherford und sein Mitarbeiter Frederick Soddy fanden heraus, dass Alpha- und Betastrahlung mit subatomaren Veränderungen verbunden sind: Die Elemente wandeln sich durch Alphazerfall in andere Elemente um (Transmutation). Thorium etwa wurde zu Radium. Sie veröffentlichten 1903 ihr Gesetz der radioaktiven Veränderung.

Diese rasche Folge von Entdeckungen überwand das uralte Konzept des unteilbaren Atoms und veranlasste die Wissenschaftler, in seinem Innern zu forschen. Ein neuer Bereich der Physik entstand. ■

Marie Curie

Marie Curie wurde 1867 als Maria Skłodowska im damals russischen Warschau geboren. Sie arbeitete zunächst als Hauslehrerin, um in Frankreich studieren zu können. 1891 immatrikulierte sie sich an der Universität Paris, wo sie ihren späteren Ehemann Pierre Curie kennenlernte. Die Curies teilten sich 1903 den Nobelpreis für Physik mit Henri Becquerel, 1911 erhielt Marie den Nobelpreis für Chemie.

Später leitete Curie das Radium-Institut in Paris und entwickelte mobile Röntgengeräte, mit denen im Ersten Weltkrieg über 1 Mio. Soldaten behandelt wurden. Zusammen mit Albert Einstein saß sie im Ausschuss des Völkerbundes für akademische Zusammenarbeit. Sie starb 1934 an einer Knochenmarksschädigung, wohl durch die lebenslange Belastung mit Radioaktivität.

Hauptwerke

1898 *Über eine neue, in der Pechblende enthaltene radioaktive Substanz*
1898 *Strahlung von Verbindungen mit Uran und mit Thorium*
1903 *Forschungen über radioaktive Substanzen*

DER AUFBAU DER MATERIE

DER ATOMKERN

IM KONTEXT

SCHLÜSSELFIGUR
Ernest Rutherford
(1871–1937)

FRÜHER
1803 John Dalton entwirft eine Theorie, nach der alle Stoffe aus Atomen bestehen.

1903 Der britische Chemiker und Physiker William Crookes entwickelt ein Gerät zur Sichtbarmachung von ionisierender Strahlung durch Szintillation.

1904 J.J. Thomson schlägt das Rosinenkuchenmodell des Atoms vor.

SPÄTER
1913 Niels Bohr entwickelt ein Atommodell, in dem die Elektronen auf festen Bahnen um den Kern kreisen und zwischen verschiedenen Bahnen springen können.

1919 Ernest Rutherford berichtet, dass der Wasserstoffkern (das Proton) in anderen Kernen enthalten ist.

Die Entdeckung des Elektrons und der aus dem Innern von Atomen austretenden Strahlung am Ende des 19. Jahrhunderts machten ein ausgefeilteres Atommodell erforderlich, als es zuvor beschrieben worden war.

1904 schlug der britische Physiker J.J. Thomson, der 1897 das Elektron entdeckt hatte, das Rosinenkuchenmodell des Atoms vor. Darin sind negativ geladene Elektronen über ein viel größeres, positiv geladenes Atom verstreut, so wie Rosinen in einem Kuchenteig. Vier Jahre später begann der in Neuseeland geborene Physiker Ernest Rutherford mit Ernest Marsden und Hans Geiger in seinem Labor in Manchester mit einer Versuchsreihe, die dieses Modell widerlegte. Sie wurde als das Goldfolienexperiment bekannt.

» Wenn wir den Aufbau des Atomkerns herausgefunden haben, haben wir das größte aller Rätsel gelöst – außer dem Leben. «

Ernest Rutherford

Blitzende Teilchen

Rutherford und seine Kollegen beobachteten das Verhalten von Alphastrahlung, die auf eine Goldfolie mit einer Dicke von nur etwa 1000 Atomen traf. Dazu schossen sie einen Strahl von Alphateilchen aus einer radioaktiven Quelle, durch eine Bleischicht abgeschirmt, auf die Folie. Die Goldfolie war von einem mit Zinksulfid beschichteten Schirm umgeben, der szintillierte (d.h. einen kleinen Lichtblitz aussandte), wenn er von den Alphateilchen getroffen wurde. Mit einem Mikroskop konnten die Physiker die Szintillationen beobachten, wenn die Alphateilchen auf den Schirm trafen.

Geiger und Marsden bemerkten, dass die meisten Alphateilchen direkt durch die Goldfolie schossen. Offenbar war – anders als in Thomsons Modell behauptet – der größte Teil eines Atoms leerer Raum. Doch ein kleiner Teil der Alphateilchen

Siehe auch: Modelle der Materie 68–71 ▪ Atomtheorie 236–237 ▪ Kernstrahlen 238–239 ▪ Subatomare Teilchen 242–243 ▪ Atombomben und Kernenergie 248–251

wurde unter großen Winkeln abgelenkt, einige prallten sogar in Richtung der Quelle zurück. Etwa eines von 8000 Alphateilchen wurde um einen mittleren Winkel von 90 Grad abgelenkt. Rutherford war verblüfft von dem, was er und seine Kollegen beobachteten: Es schien, als würden diese Teilchen durch eine kleine, sehr schwere, positive Ladung im Innern der Atome elektrisch zurückgetrieben.

Ein neues Modell des Atoms

Die Ergebnisse des Goldfolienexperiments bildeten die Grundlage für Rutherfords neues Atommodell, das er 1911 veröffentlichte. Der allergrößte Teil der Atommasse ist hier in einem positiv geladenen Kern konzentriert. Dieser Kern wird von Elektronen umkreist, die elektrisch an ihn gebunden sind. Rutherfords Modell hatte einige Ähnlichkeiten mit dem 1904 von dem japanischen Physiker Hantarō Nagaoka vorgeschlagenen Saturnmodell des Atoms. Nagaoka hatte Elektronen beschrieben, die um ein positiv geladenes Zentrum kreisen wie die Ringe des Saturns.

Schon 1913 aber wurde Rutherfords revolutionäres Modell durch ein neues ersetzt, das die Quantenmechanik in die Beschreibung des Verhaltens der Elektronen einbezog, und Rutherford half dabei mit. Es handelte sich um das Bohr'sche Atommodell, bei dem die Elektronen in verschiedenen Schalen kreisen. Entwickelt wurde es von dem Dänen Niels Bohr, damals ein Mitarbeiter in Rutherfords Labor. Ungeachtet dessen gilt Rutherfords Entdeckung des Atomkerns weithin als eine der bedeutendsten Entdeckungen der Physik, die die Grundlage für die Kern- und Teilchenphysik legte. ■

Das Goldfolien-Experiment

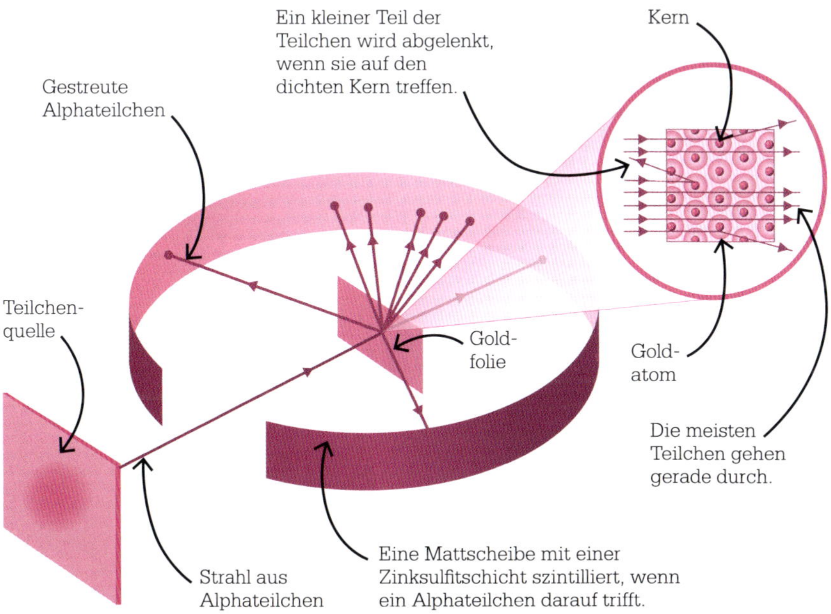

Ernest Rutherford

Ernest Rutherford wurde in Brightwater, Neuseeland, geboren. 1895 erhielt er ein Stipendium, das ihm erlaubte, nach Großbritannien zu reisen und mit J.J. Thomson am Cavendish-Laboratorium in Cambridge zu arbeiten. Dort fand er unabhängig von dem italienischen Erfinder Guglielmo Marconi einen Weg, Radiowellen über große Entfernungen zu senden und zu empfangen.

Rutherford trat 1898 eine Professur in Kanada an, kehrte aber 1907 nach Großbritannien zurück, diesmal nach Manchester, wo er seine berühmtesten Forschungen durchführte. 1908 wurde ihm der Nobelpreis für Physik verliehen. Später wurde er Leiter des Cavendish-Labors in Cambridge und Präsident der Royal Society. 1937 wurde er in der Westminster Abbey beigesetzt.

Hauptwerke

1903 »Radioaktive Veränderungen«
1911 »Die Streuung von Alpha- und Betateilchen an Materie und der Aufbau des Atoms«
1920 »Über die Kernstruktur der Atome«

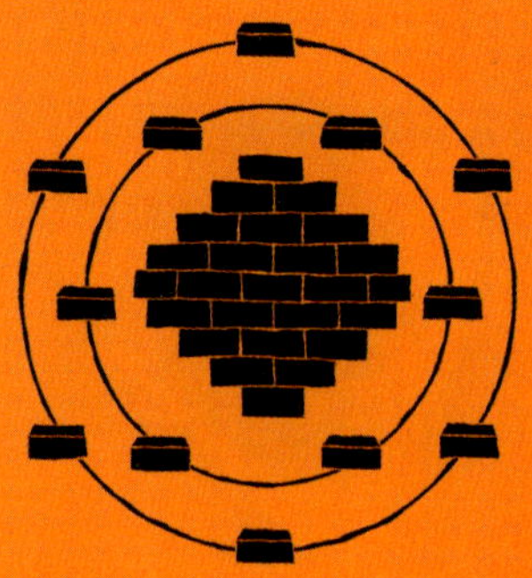

DIE BAUSTEINE DER ATOME

SUBATOMARE TEILCHEN

IM KONTEXT

SCHLÜSSELFIGUREN
Ernest Rutherford (1871–1937), **James Chadwick** (1891–1974)

FRÜHER
1838 Der britische Chemiker Richard Laming behauptet, es gäbe subatomare Teilchen.

1891 Der irische Physiker George J. Stoney bezeichnet die Einheitsladung als Elektron.

1897 J. J. Thomson findet Belege für das Elektron.

SPÄTER
1934 Enrico Fermi beschießt Uran mit Neutronen und erzeugt so ein neues, leichteres Element.

1935 James Chadwick erhält den Nobelpreis für den Nachweis des Neutrons.

1938 Die Physikerin Lise Meitner greift Fermis Arbeiten auf und beschreibt die Kernspaltung.

Jahrtausendelang galten Atome als unteilbar. Eine Reihe von Entdeckungen durch drei Physikergenerationen aus Cambridge widerlegte diese Idee – es gab kleinere Teilchen im Atom!

Das erste subatomare Teilchen wurde 1897 von J. J. Thomson bei Versuchen mit Kathodenstrahlen entdeckt. Diese Strahlen werden von der negativen Elektrode (Kathode) einer elektrisch geladenen Vakuumröhre erzeugt und von einer positiven Elektrode (Anode) angezogen. Sie brachten das Glas am hinteren Ende der Röhre zum Glühen. Thomson schloss daraus, dass die Strahlen aus negativ geladenen Teilchen bestehen, die über tausend Mal leichter sind als ein Wasserstoffatom, und aus dem Atom stammen. Er nannte sie Korpuskel (später Elektronen genannt).

> »... die Strahlung besteht aus Neutronen: Teilchen der Masse 1 und der Ladung 0.«
>
> **James Chadwick**

Erforschung des Atoms

Thomson baute die Elektronen in sein Rosinenkuchenmodell von 1904 ein. 1911 wurde jedoch von Thomsons Schüler Ernest Rutherford ein neues Atommodell vorgeschlagen: Es gibt einen dichten, positiv geladenen Kern, der von Elektronen umkreist wird. Die Quantisierung, vorgenommen von Niels Bohr zusammen mit Rutherford, führte 1913 zum Bohr-Modell.

1919 entdeckte Rutherford, dass beim Beschuss von Stickstoff und anderen Elementen mit Alphastrahlung Wasserstoffkerne emittiert wurden. Offenbar war der Wasserstoffkern ein Bestandteil aller anderen Kerne. Er nannte ihn Proton.

Doch die Physiker hatten Mühe, die Eigenschaften der Atome nur mit Protonen und Elektronen zu erklären, da sie nur die Hälfte der gemessenen Masse der Atome ausmachten. 1920 sagte Rutherford, es müsse ein neutrales Teilchen im Kern geben, bestehend aus je einem aneinander gebundenen Proton und Elektron: ein Neutron. Diese Idee

Siehe auch: Modelle der Materie 68–71 ▪ Die elektrische Ladung 124–127 ▪ Licht aus dem Atom 196–199 ▪ Teilchen und Wellen 212–215 ▪ Der Atomkern 240–241 ▪ Atombomen und Kernenergie 248–251 ▪ Der Teilchenzoo und die Quarks 256–257

Frühe Atommodelle

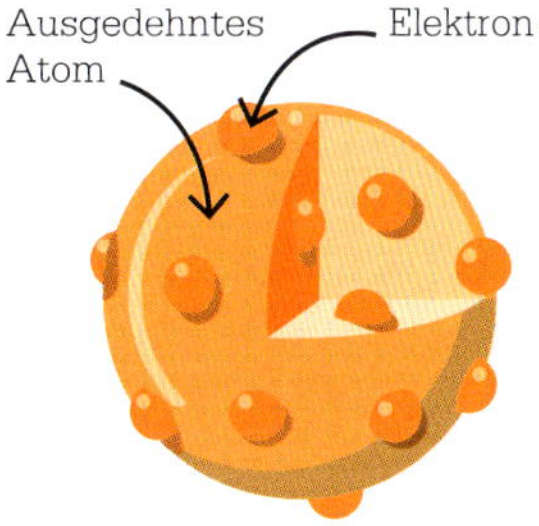

Thomsons Rosinenkuchenmodell (1904) verteilt die Elektronen wahllos in einem positiv geladenen Atom.

In Rutherfords Modell (1911) schwirren die Elektronen um einen dichten, positiv geladenen Kern.

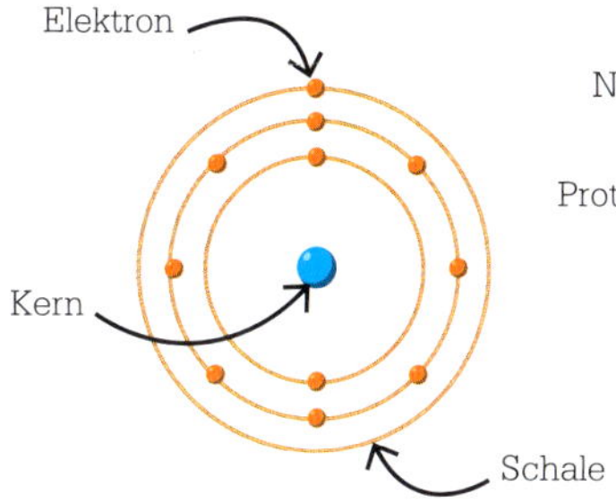

Im Bohr'schen Modell (1913) bewegen sich die Elektronen auf inneren und äußeren Schalen um den Kern.

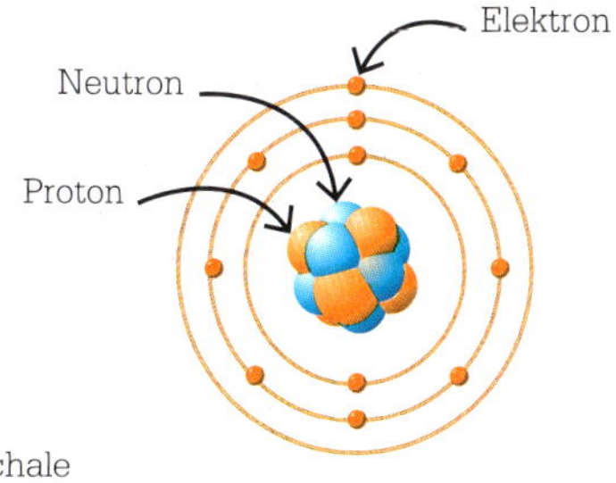

1932 entdeckte James Chadwick, dass der Atomkern aus Protonen und Neutronen besteht.

erklärte zwar, wie Elektronen aus dem Kern emittiert werden, verstieß aber gegen Prinzipien der Quantenmechanik: Es gab nicht genug Energie, um Elektronen im Innern von Kernen einzufangen.

1932 experimentierten Irène Joliot-Curie und ihr Mann Frédéric in Paris mit einer neu entdeckten Art neutraler Strahlung, die sie für eine Form der Gammastrahlung hielten. Sie entstand, wenn Alphastrahlung auf leichte Elemente wie Beryllium traf. Die Joliot-Curies fanden heraus, dass diese Strahlung genug Energie enthielt, um hochenergetische Protonen aus wasserstoffreichen Verbindungen herauszustoßen. Doch weder Rutherford noch James Chadwick, ein ehemaliger Schüler Rutherfords, glaubten, dass es sich dabei um Gammastrahlen handelte. Chadwick wiederholte die Experimente mit genaueren Messungen: Die Strahlung hatte etwa die gleiche Masse wie Protonen. Er schloss daraus, dass diese neue Strahlung aus Neutronen bestand – neutrale Teilchen, die im Kern enthalten sind. Diese Entdeckung vervollständigte das Atommodell in sinnvoller Weise und setzte auch die Entwicklung neuer medizinischer Technologien und den Anbruch des Atomzeitalters in Gang. ■

James Chadwick

Als James Chadwick ein Stipendium für die Universität Manchester erhielt, wurde er versehentlich für Physik statt für Mathematik immatrikuliert. Er war zu schüchtern, das zu ändern, und studierte bei Ernest Rutherford. Seine erste Arbeit behandelte die Messung von Gammastrahlung. 1913 ging er nach Berlin, um bei Hans Geiger zu studieren, und wurde während des Ersten Weltkriegs interniert.

Nach Chadwicks Entlassung schloss er sich 1919 Rutherford an der Universität Cambridge an. Im Jahr 1935 erhielt er für die Entdeckung des Neutrons den Nobelpreis für Physik. Während des Zweiten Weltkriegs leitete Chadwick das britische Team am Manhattan-Projekt zur Entwicklung von Atomwaffen. Später war er britischer wissenschaftlicher Berater der UN-Atomenergiekommission.

Hauptwerke

1932 »Mögliche Existenz eines Neutrons«
1932 »Die Existenz eines Neutrons«

KLEINE WOLKENFETZEN

TEILCHEN IN DER NEBELKAMMER

IM KONTEXT

SCHLÜSSELFIGUR
Charles T. R. Wilson
(1869–1959)

FRÜHER
1894 Als Charles Wilson in Schottland meteorologische Phänomene untersucht, erzeugt er künstliche Wolken in einem Behälter.

1910 Wilson erkennt, dass sich seine Nebelkammer für die Untersuchung subatomarer Teilchen eignet.

SPÄTER
1912 Victor Hess nennt die energiereiche Strahlung, die aus dem All in die Atmosphäre gelangt, kosmische Strahlung.

1936 Der amerikanische Physiker Alexander Langsdorf ergänzt die Nebelkammer mit Trockeneis.

1952 Die Blasenkammer löst die Nebelkammer als Basiswerkzeug der Teilchenphysik ab.

Subatomare Teilchen sind nur durch ihre Wechselwirkungen sichtbar. Doch die Erfindung der Nebelkammer ermöglichte es den Physikern zum ersten Mal, Bewegungen dieser Teilchen zu beobachten und ihre Eigenschaften zu bestimmen.

Der schottische Physiker und Meteorologe Charles T. R. Wilson wollte ein Instrument zur Untersuchung der Wolkenbildung entwickeln und experimentierte mit der Ausdehnung feuchter Luft in einem Behälter, um sie zu übersättigen. Wenn Ionen (geladene Atome) auf Wassermoleküle treffen, geben sie Elektronen ab. So entsteht eine Ionenbahn, um die herum sich Nebel bildet, was eine sichtbare Spur in der Kammer hinterlässt. 1911 führte Wilson seine Nebelkammer vor. Magneten und elektrische Felder ermöglichten es, die Bahnen zu verändern und daraus Masse und elektrische Ladung zu berechnen. Später fügte Wilson stereoskopische Fotografie hinzu, um die Bahnen aufzuzeichnen. Nebelkammern

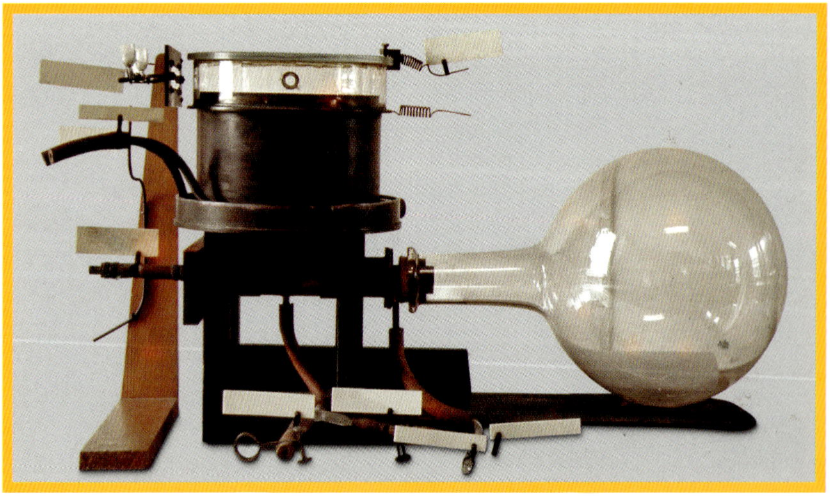

In Wilsons Nebelkammer, ausgestellt im Museum des Cavendish Labors, zeigten haardünne Tröpfchenketten die Bahnen der Teilchen.

Siehe auch: Die elektrische Ladung 124–127 ▪ Kernstrahlen 238–239 ▪ Antimaterie 246 ▪ Der Teilchenzoo und die Quarks 256–257 ▪ Trägerteilchen 258–259

Ionisierende Strahlung **schlägt negativ geladene Elektronen** aus den Wassermolekülen.

↓

Die Wassermoleküle sind **ionisiert,** d. h., sie sind positiv geladen.

→

In übersättigtem Dampf sind Ionen **Kondensationskeime zur Tröpfchenbildung.**

↓

Ionisierende Strahlung **erzeugt Tröpfchenbahnen** im übersättigten Dampf.

←

Dadurch ist die **Bahn subatomarer Teilchen** sichtbar.

können nicht nur für die Strahlung radioaktiver Quellen, sondern auch zur Erfassung der kosmischen Strahlung (von jenseits der Milchstraße) verwendet werden.

Die kosmische Strahlung wurde 1912 nachgewiesen, als der Physiker Victor Hess Ionisierungsraten von einem atmosphärischen Ballon aus maß. Bei riskanten Aufstiegen auf 5300 m Höhe stellte er erhöhte Ionisationswerte fest und schloss daraus, dass Strahlung mit sehr hoher Durchdringungskraft von oben in unsere Atmosphäre eindringt. Diese kosmische Strahlung (hauptsächlich Protonen und Alphateilchen) prallt auf die Atomkerne und erzeugt beim Auftreffen auf die Erdatmosphäre Kaskaden von Sekundärteilchen.

Das Anti-Elektron

Bei der Untersuchung der kosmischen Strahlung fand der amerikanische Physiker Carl D. Anderson 1932 etwas, das ein exaktes Abbild eines Elektrons zu sein schien: gleiche Masse, aber entgegengesetzte Ladung. Er deutete das als die Spuren eines Anti-Elektrons (Positron). Vier Jahre später entdeckte er ein weiteres Teilchen, das Myon. Dessen Spuren zeigten, dass es über 200-mal schwerer war als ein Elektron, aber die gleiche Ladung hatte. Dies deutete auf die Möglichkeit mehrerer Generationen von Teilchen mit ähnlichen Eigenschaften hin.

Entdeckung der schwachen Kraft

1950 fanden australische Physiker in der kosmischen Strahlung ein neutrales Teilchen, das in ein Proton und andere Produkte zerfiel. Sie nannten es Lambda-Baryon (Λ°). Es gibt mehrere Baryonen, zusammengesetzte Teilchen, die jeweils von der starken Kraft beeinflusst werden, die im Kern wirkt. Theoretisch sollte das Lambda-Baryon in 10–23 Sekunden zerfallen, aber es überlebte viel länger. Dies veranlasste sie zu der Schlussfolgerung, dass eine andere fundamentale Kraft beteiligt ist, die auf eine kurze Entfernung wirkt. Sie wurde schwache Wechselwirkung oder schwache Kraft genannt. ■

Charles T. R. Wilson

Charles T. R. Wilson war Sohn einer schottischen Bauernfamilie und zog nach dem Tod seines Vaters nach Manchester. Er hatte geplant, Medizin zu studieren, erhielt aber ein Stipendium an der Universität Cambridge und wechselte zu den Naturwissenschaften. Er untersuchte die Wolken und arbeitete einige Zeit am meteorologischen Ben-Nevis-Observatorium, was ihn zur Entwicklung der Nebelkammer inspirierte. Für deren Erfindung erhielt er 1927 gemeinsam mit Arthur Compton den Nobelpreis für Physik.

Trotz Wilsons großem Beitrag zur Teilchenphysik blieb er bei der Meteorologie. Während des Zweiten Weltkriegs erfand er einen Schutz britischer Sperrballons vor Blitzeinschlägen und schlug eine Theorie der Gewitterelektrizität vor.

Hauptwerke

1901 *Zur Ionisierung der atmosphärischen Luft*
1911 *Über eine Methode zur Sichtbarmachung der Bahnen ionisierender Strahlung in einem Gas*
1956 *Eine Theorie der Gewitterelektrizität*

GEGENSÄTZE KÖNNEN EXPLODIEREN

ANTIMATERIE

IM KONTEXT

SCHLÜSSELFIGUR
Paul Dirac (1902–1984)

FRÜHER
1898 Der aus Deutschland stammende britische Physiker Arthur Schuster spekuliert über die Existenz von Antimaterie.

1928 Paul Dirac sagt, ein Elektron könne sowohl negative wie positive Ladung tragen.

1931 Dirac sagt in einem Aufsatz das positiv geladene Anti-Elektron vorher.

SPÄTER
1933 Paul Dirac schlägt das Antiproton vor – das Antiteilchen des Protons.

1955 Forscher an der University of California in Berkeley weisen das Antiproton nach.

1965 Am CERN wird gebundene Antimaterie in Form von Antideuterium erzeugt.

In den 1920er-Jahren schlug der britische Physiker Paul Dirac eine Spiegelwelt aus Antimaterie vor. In einer Arbeit von 1928 zeigte er, dass Elektronen gleichermaßen positive wie negative Energiezustände haben können. Ein Elektron mit negativer Energie würde sich entgegengesetzt zu einem gewöhnlichen Elektron verhalten. So würde es von einem Proton abgestoßen, müsste also positiv geladen sein. Dirac schloss die Möglichkeit aus, dass es sich bei diesem Teilchen um ein Proton handelt, da dessen Masse weit größer ist als die eines Elektrons. Stattdessen forderte er ein neues Teilchen mit der gleichen Masse wie ein Elektron, aber positiver Ladung. Er nannte es Anti-Elektron. Treffen Elektron und Anti-Elektron zusammen, löschen sie sich gegenseitig aus und setzen Energie frei.

Carl D. Anderson bestätigte 1932 die Existenz dieses Anti-Elektrons (das er in Positron umbenannte). Er schickte die kosmische Strahlung durch ein Magnetfeld in eine Nebelkammer, wo sich die Bahnen aufgrund ihrer Ladung in verschiedene Richtungen krümmten. Er fand ein Teilchen mit einer gekrümmten Spur, die der eines Elektrons gleicht, aber in die entgegengesetzte Richtung zeigt.

Auf Andersons Entdeckung folgten weitere Antimaterie-Teilchen und Atome. Heute weiß man, dass jedes Teilchen ein äquivalentes Antimaterie-Teilchen hat. Warum die gewöhnliche Materie im Universum dominiert, bleibt ungeklärt. ■

» Ich halte die Entdeckung der Antimaterie für den vielleicht größten aller großen Sprünge in der Physik unseres Jahrhunderts. «

Werner Heisenberg

Siehe auch: Subatomare Teilchen 242–243 ▪ Teilchen in der Nebelkammer 244–245 ▪ Der Teilchenzoo und die Quarks 256–257 ▪ Materie-Antimaterie-Asymmetrie 264

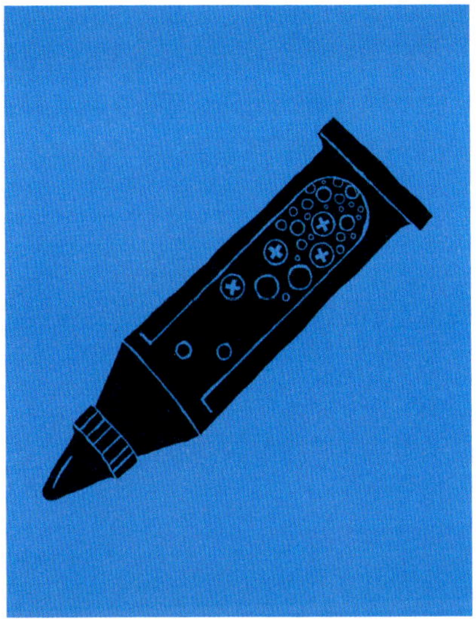

AUF DER SUCHE NACH DEM ATOMAREN KLEBER

DIE STARKE KRAFT

IM KONTEXT

SCHLÜSSELFIGUR
Hideki Yukawa (1907–1981)

FRÜHER
1935 Yukawa sagt die Existenz einer neuen Kraft im Innern des Atomkerns vorher.

1936 Carl D. Anderson weist das Myon nach, das man zeitweise für den Träger dieser neuen Kraft hielt.

SPÄTER
1948 Durch den Beschuss von Kohlenstoffatomen mit Alphateilchen werden an der University of California in Berkeley künstliche Pionen erzeugt.

1964 Murray Gell-Mann sagt die Existenz von Quarks voraus, die über die starke Kraft wechselwirken.

1979 Am Positron-Elektron-Tandemringbeschleuniger PETRA des DESY in Hamburg wird das Gluon nachgewiesen.

Die Entdeckung der subatomaren Teilchen zu Beginn des 20. Jahrhunderts warf so viele Fragen auf, wie sie beantwortete. Eine davon: Was hält positiv geladene Protonen trotz ihrer elektrischen Abstoßung in einem Kern zusammen?

1935 lieferte der japanische Physiker Hideki Yukawa eine Antwort. Er sagte eine Kraft mit ultrakurzer Reichweite im Atomkern vorher, die dessen Bestandteile (Protonen und Neutronen) bindet. Diese Kraft werde von einem Teilchen getragen, das er Meson nannte. Es gibt viele Mesonen. Als Erstes wurde das Pion (oder Pi-Meson) entdeckt. Physiker aus Großbritannien und Brasilien fanden es 1947 beim Studium der kosmischen Strahlung in den Anden. Ihre Experimente bestätigten, dass das Pion an den starken Wechselwirkungen beteiligt war, die Yukawa beschrieben hatte.

Diese neu entdeckte starke Kraft ist die bei Weitem stärkste der vier fundamentalen Kräfte (die anderen sind Elektromagnetismus, Gravitation und schwache Kraft). Sie ist für die gewaltige Energie verantwortlich, die bei der Kernspaltung freigesetzt wird. Mesonen sind die Träger dieser Kraft zwischen den Nukleonen. Die starke Kraft zwischen den Quarks (die sich zu dritt zu einem Proton vereinigen) wird von Gluonen (diese Elementarteilchen sind Bosonen) getragen. Der Name leitet sich nach ihrer Fähigkeit ab, Quarks mit verschiedenen Farben (dieser Begriff hat mit normalen Farben nichts zu tun) zu farblosen Teilchen wie Protonen und Pionen »zusammenzukleben«. ■

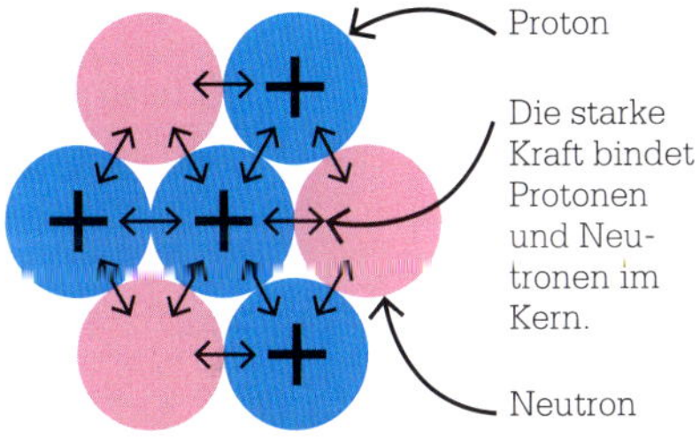

Neutronen und Protonen (Nukleonen) werden im Kern durch die starke Kraft mit Mesonen als Träger zusammengehalten. Die Quarks in Neutron und Proton sind durch Gluonen gebunden.

Siehe auch: Der Atomkern 240–241 ▪ Subatomarer Teilchen 242–243 ▪ Der Teilchenzoo und die Quarks 256–257 ▪ Trägerteilchen 258–259

SCHRECKLICHE MENGEN AN ENERGIE

ATOMBOMBEN UND KERNENERGIE

IM KONTEXT

SCHLÜSSELFIGUREN
Enrico Fermi (1901–1954), **Lise Meitner** (1878–1968)

FRÜHER
1898 Marie Curie entdeckt, wie von Materialien wie Uran Radioaktivität ausgeht.

1911 Rutherford schlägt ein Atommodell mit einem dichten Kern im Zentrum vor.

1919 Rutherford zeigt, dass der Beschuss mit Alphateilchen ein Element in ein anderes wandeln kann.

SPÄTER
1945 Nach dem ersten Test in New Mexico werden zwei Atombomben über Hiroshima und Nagasaki abgeworfen.

1951 Der erste Versuchsreaktor zur Stromerzeugung geht in Betrieb.

1986 Das Reaktorunglück von Tschernobyl zeigt die Risiken der Kernkraft.

Um die Wende zum 20. Jahrhundert legten Physiker unwissentlich den Grundstein dafür, die immense Kraft, die im Innern des Atoms eingeschlossen ist, zu verstehen und schließlich nutzen zu können. 1911 hatte Ernest Rutherford ein Atommodell mit einem massiven Kern im Mittelpunkt vorgeschlagen. In Paris entdeckten Marie Curie und ihre Mitarbeiter, darunter ihr Ehemann Pierre, wie Radioaktivität aus dem Innern des Atoms von natürlichen Materialien wie Uran ausging.

1934 beschoss der italienische Physiker Enrico Fermi das Uran mit

Siehe auch: Stromerzeugung 148–151 ▪ Atomtheorie 236–237 ▪ Kernstrahlen 238–239 ▪ Der Atomkern 240–241 ▪ Subatomare Teilchen 242–243 ▪ Kernfusion in Sternen 265

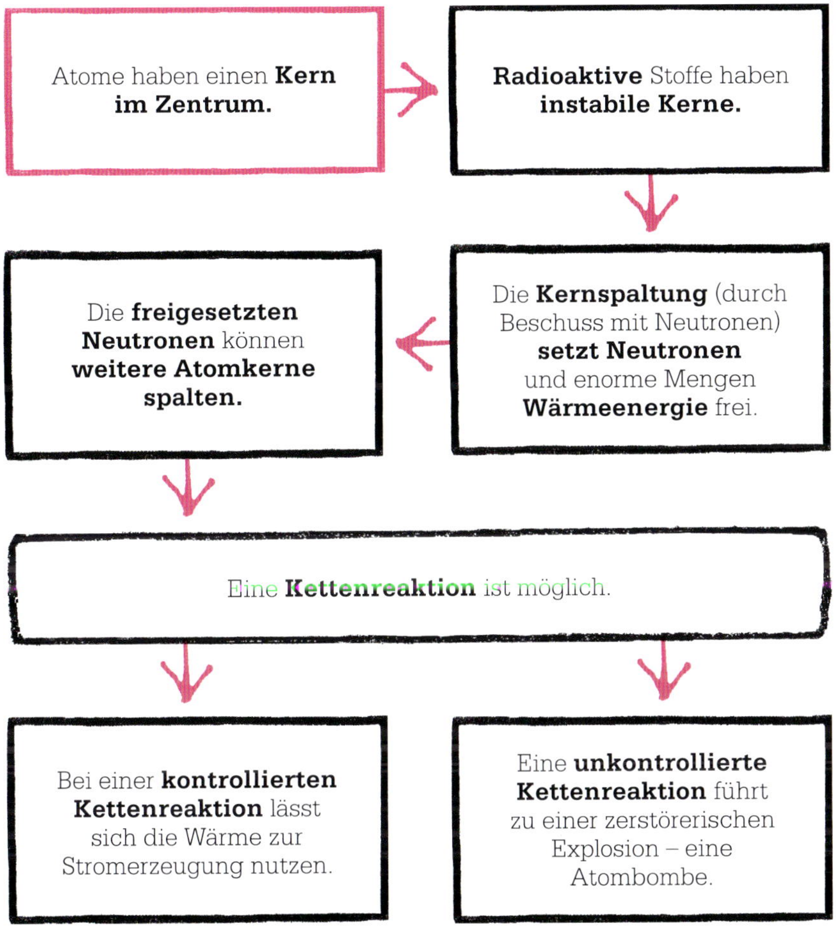

Lise Meitner (Foto von 1913 mit Otto Hahn in ihrem Berliner Labor) griff später Enrico Fermis und Hahns Arbeiten auf und erklärte die Kernspaltung.

Neutronen (subatomare Teilchen, die erst zwei Jahre zuvor entdeckt wurden). Fermis Experiment schien Uran in andere Elemente umzuwandeln – nicht wie erwartet in neue, schwerere, sondern in Isotope (Varianten mit einer anderen Neutronenzahl) leichterer Elemente. Fermi hatte das scheinbar unteilbare Atom geteilt. Es dauerte aber Jahre, bis man das Ausmaß dieser Leistung begriff.

1938 griffen die deutschen Chemiker Otto Hahn und Fritz Strassmann Fermis Arbeit auf. Offenbar entstand beim Beschuss von Uran mit Neutronen Barium, und pro Uranatom gingen 100 Protonen und Neutronen verloren. Hahn übermittelte die verblüffenden Erkenntnisse an seine ehemalige Kollegin Lise Meitner, die aus Nazi-Deutschland nach Schweden geflohen war. Sie schlug vor, die Urankerne würden in kleinere Teile zerbrechen – Hahn nannte das Kernspaltung. Meitner nutzte auch Albert Einsteins Energie-Massen-Äquivalenz (zusammengefasst als $E = mc^2$) und zeigte, dass die Masse, die auf mysteriöse Weise in diesem Prozess verloren ging, in Energie umgewandelt wurde. Endlich passte alles zusammen.

Starke Kräfte

Die Kräfte innerhalb eines Kerns sind gewaltig und in einem empfindlichen Gleichgewicht. Die Kernkraft bindet den Kern zusammen, die positiv geladenen Protonen im Kern stoßen einander mit einer Kraft von etwa 230 N (Newton) ab. Das Zusammenhalten des Kerns erfordert eine enorme Bindungsenergie, die beim Auseinanderbrechen des Kerns freigesetzt wird. Der Verlust an äquivalenter Masse ist messbar: Bei der untersuchten Uranspaltungsreaktion schien etwa ein Fünftel der Masse eines Protons in einem Hitzestoß zu verschwinden.

Meitner und andere Physiker erkannten, dass das »Verdampfen« von Neutronen durch Kernspaltung die Möglichkeit von Kettenreaktionen eröffnete. Dabei löst jeder freie Kern weitere Spaltungsreaktionen aus, und mit jeder Reaktion werden mehr Energie und weitere Neutronen frei. Eine Kettenreaktion »

> »Die Zerstörungskraft dieser Waffe hat keine Grenzen … Schon ihre Existenz ist eine Gefahr für die Menschheit.«
>
> **Enrico Fermi**

konnte einen stetigen Energiefluss freisetzen oder eine gewaltige Explosion auslösen. Im Vorfeld des Zweiten Weltkriegs begann die Angst, diese Kraft könnte in falsche Hände geraten.

Das Manhattan-Projekt

US-Präsident Franklin D. Roosevelt wollte, dass die USA und ihre Verbündeten sich als Erste die Atomkraft zunutze machten. 1939 wurde das geheime Manhattan-Projekt zur Entwicklung einer Atombombe ins Leben gerufen. Unter der wissenschaftlichen Leitung von J. Robert Oppenheimer arbeiteten viele der größten Wissenschaftler und Mathematiker des 20. Jahrhunderts mit.

Auch Enrico Fermi, 1938 aus dem faschistischen Italien in die USA geflohen, beteiligte sich. Er und seine Kollegen stellten fest, dass thermische (sich langsam bewegende) Neutronen mit höherer Wahrscheinlichkeit von Kernen absorbiert werden und zur Kernspaltung führen. U-235 (ein natürliches Uranisotop) wurde als idealer Brennstoff identifiziert, da es beim Zerfall drei thermische Neutronen freisetzt. Allerdings ist U-235 selten (zu weniger als 1 Prozent) in Natururan enthalten, sodass natürliches Uran mühsam angereichert werden muss, um eine Kettenreaktion aufrechtzuerhalten.

Der kritische Faktor

Das Manhattan-Projekt verfolgte mehrere Wege zur Anreicherung von Uran und zwei mögliche Entwürfe für Kernreaktoren: An der Columbia University in New York wurde schweres Wasser (Wasser, das ein bestimmtes Wasserstoffisotop enthält) zur Verlangsamung von Neutronen verwendet, an der University of Chicago unter Leitung von Fermi war es Grafit. Die Wissenschaftler zielten auf Kritikalität ab: Es müssen zu jedem Zeitpunkt genauso viele Neutronen durch Kernspaltung erzeugt werden, wie durch Absorption und Leckage verloren gehen. Bei zu vielen Neutronen geraten die Reaktionen außer Kontrolle, bei zu wenigen stoppt die Kettenreaktion. Die Kritikalität erfordert ein sorgfältiges Gleichgewicht von Brennstoffmasse, Brennstoffdichte, Temperatur und anderen Variablen.

Fermis Reaktor Chicago Pile-1 ging 1942 in Betrieb. Es waren fast 5 Tonnen nicht angereichertes Uran, 40 Tonnen Uranoxid und 330 Tonnen Grafitziegel verwendet worden. Der primitive Reaktor war nicht abgeschirmt und von geringer Leistung, doch zum ersten Mal konnte eine Spaltungskettenreaktion aufrechterhalten werden.

Während zivile Kernreaktoren (wie in Kernkraftwerken) die Kritikalität aufrechterhalten müssen, müssen Kernwaffen die Kritikalität übertreffen, um blitzschnell tödliche Mengen Energie freizusetzen. Ein Team in Los Alamos, New Mexico, unter Oppenheimer arbeitete an zwei Konstruktionen: Bei der Implosionsbombe werden Sprengstoffe um einen spaltbaren Kern herum gezündet und so Schockwellen erzeugt. Dadurch wird der Kern auf ein kleineres, dichteres Volumen komprimiert, sodass er die Kritikalitätsgrenze überschreitet. Bei der alternativen Gun-type-Konstruktion schießt man zwei kleinere Stücke spaltbaren Materials mit hoher Geschwindigkeit zusammen, um die kritische Masse zu erzeugen.

Im Juli 1945 wurde in der Wüste von New Mexico die erste Kernwaffe gezündet. Auf einen massiven Feuerball folgte eine radioaktive Wolke aus Asche und Wasserdampf. Die meisten Beobachter schwiegen.

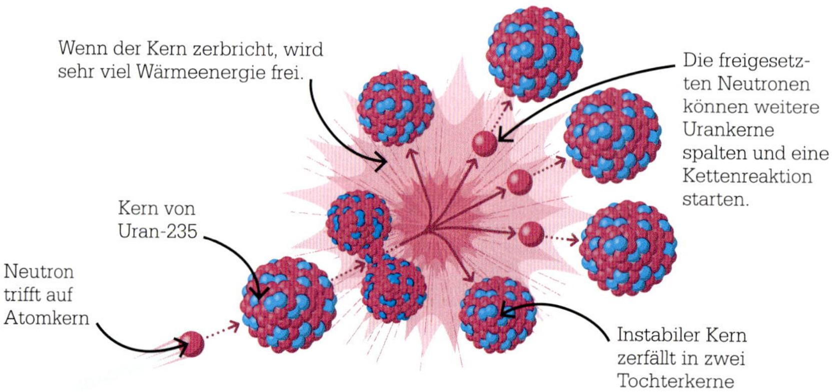

Das seltene Uranisotop Uran-235 (U-235) ist natürlicherweise instabil und emittiert Neutronen und Wärme. Die Kernspaltung von U-235 beginnt, wenn ein Neutron auf den Kern von U-235 trifft. Der Kern zerfällt, es bilden sich kleinere, leichtere Tochterkerne sowie Neutronen, die jeweils weitere Kernspaltungen anregen können.

Die erste Atombombe der Welt (Codename Trinity) wurde am 16. Juli 1945 über dem Testgelände in New Mexico gezündet. Über dem Feuerball entstand ein Atompilz aus Asche und Staub.

Oppenheimer kamen die Worte des Gottes Vishnu aus den hinduistischen Schriften in den Sinn: »Jetzt bin ich der Tod geworden, der Zerstörer der Welten«. Kurz darauf wurden die beiden einzigen Kernwaffen, die je in einem bewaffneten Konflikt verwendet wurden, über Japan abgeworfen: die Gun-type-Uranbombe »Little Boy« auf Hiroshima am 6. August und die Implosionsbombe »Fat Man« (mit dem Plutoniumisotop Pu-239 als spaltbares Material) auf Nagasaki am 9. August 1945.

Strom aus Kernenergie

Nach Ende des Krieges kam es zu einer teilweisen Verlagerung hin zur Kernspaltung für friedliche Zwecke. 1946 wurde in den USA die Atomenergiekommission gegründet, um die Entwicklung ziviler Nuklearanwendungen zu überwachen. Der erste Versuchsreaktor zur Stromerzeugung ging 1951 in Idaho in Betrieb. Das erste zivile Kernkraftwerk arbeitete ab 1954 in der Sowjetunion, 1956 ging im englischen Calder Hall das erste kommerzielle Kernkraftwerk ans Netz. Die Zahl der Kernkraftwerke stieg bis in die 1980er-Jahre weltweit stetig an.

Kernreaktoren nutzen durch Steuerstäbe, die freie Neutronen einfangen, kontrollierte Kettenreaktionen zur allmählichen Freisetzung von Energie. Dadurch wird siedendes Wasser in Dampf umgewandelt, der elektrische Generatoren antreibt. Dabei entsteht pro Kilogramm Kernbrennstoff millionenfach mehr Energie als aus der gleichen Menge Kohle, und es wird kein Kohlendioxid frei.

Im Jahr 1986 jedoch wurde bei Explosionen in einem Reaktorkern in Tschernobyl in der Ukraine, damals Teil der Sowjetunion, radioaktives Material in die Atmosphäre freigesetzt. Durch die Strahlung mit ihren Spätfolgen kamen Millionen Menschen zu Schaden. Diese und andere nukleare Katastrophen haben, zusammen mit der ungeklärten Lagerung langlebiger radioaktiver Abfälle, die Akzeptanz der Kernkraft untergraben.

Von der Spaltung zur Fusion?

Nach Ansicht einiger Physiker könnte die Kernfusion die nachhaltige Energiequelle der Zukunft sein. Bei der Fusion werden zwei leichte Kerne zu einem größeren Kern verbunden, wodurch Energie in Form von Photonen freigesetzt wird. Die Aufgabe ist technisch anspruchsvoll: Um die Abstoßung der Protonen zu überwinden, muss man ein sehr heißes, sehr dichtes Plasma erzeugen, ein Gemisch aus neutralen und geladenen Teilchen. Es kann nur durch extrem starke Magnetfelder, etwa in dem torusförmigen Tokamak, gehalten und komprimiert werden. Doch auch nach bald sieben Jahrzehnten intensiver Forschung gibt es noch keinen funktionsfähigen Fusionsreaktor. ■

Enrico Fermi

Der 1901 in Rom geborene Enrico Fermi war ein Pionier nuklearer Anwendungen, wurde aber auch als theoretischer Physiker bewundert. Nach seinem Studium in Pisa ging er 1923 für einen Forschungsaufenthalt zu Max Born. Zurückgekehrt nach Italien entwickelte er die Fermi-Dirac-Statistik. 1926 wurde er Professor in Rom. Hier entwarf er die Theorie der schwachen Wechselwirkung und demonstrierte die Kernspaltung.

Als ihm 1938 der Nobelpreis für Physik zuerkannt wurde, kehrten er und seine Familie nach der Preisverleihung in Stockholm nicht in das faschistische Italien zurück, wo seine Frau und Kollegen von den antijüdischen Gesetzen bedroht waren, und wanderten in die USA aus. Trotz seiner engen Einbindung in das Manhattan-Projekt wurde er später zu einem lautstarken Kritiker der Kernwaffenentwicklung.
Er starb 1954 in Chicago.

Hauptwerke

1934 »Künstliche Radioaktivität durch Neutronenbeschuss«
1938 »Einfacher Neutroneneinfang durch Uran«

EIN FENSTER ZUR SCHÖPFUNG

TEILCHENBESCHLEUNIGER

IM KONTEXT

SCHLÜSSELFIGUR
John Cockcroft (1897–1967)

FRÜHER
1919 Ernest Rutherford induziert die erste Kernspaltung.

1929 Der aus der Ukraine stammende amerikanische Physiker George Gamow erklärt die Emission von Alphateilchen beim Alphazerfall mit Quantentunneln.

SPÄTER
1952 Das Cosmotron, das erste Protonensynchroton, geht im Brookhaven Nationallabor bei New York in Betrieb.

2009 Der Large Hadron Collider (LHC) am Europäischen Kernforschungszentrum CERN bei Genf ist der Beschleuniger mit der höchsten Energie.

Ernest Rutherford bewies 1919 mit seiner Untersuchung über den Zerfall von Stickstoffatomen, dass man Teilchen zerlegen kann, die durch die Kernkraft, eine der stärksten Kräfte im Universum, gebunden sind. Bald fragten sich die Physiker, ob sie das Innere des Atoms durch Zertrümmerung und Untersuchung der Überreste noch besser erforschen könnten.

In den späten 1920er-Jahren war der Ingenieur John Cockcroft Assistent von Rutherford in Cambridge. Er war fasziniert von den Arbeiten George Gamows, der 1928 das Quantentunneln beschrieb – die Idee, dass subatomare Teilchen wie Alphateilchen trotz der starken Kernkraft aus dem Kern entkommen können, weil sie wellenartige Eigenschaften haben.

Siehe auch: Modelle der Materie 68–71 ▪ Quantenanwendungen 226–231 ▪ Subatomare Teilchen 242–243 ▪ Der Teilchenzoo und die Quarks 256–257 ▪ Das Higgs-Boson 262–263 ▪ Masse und Energie 284–285 ▪ Der Urknall 296–301

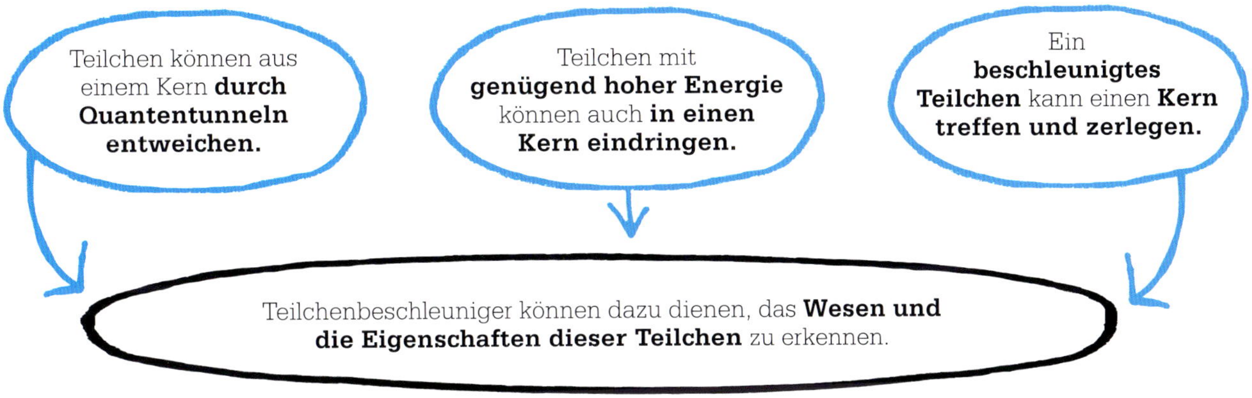

Umkehrung des Prinzips

Gamow besuchte auf Einladung Cockcrofts das Labor in Cambridge, und die Männer diskutierten, ob man Gamows Theorie auch umkehren könnte: Wäre es möglich, ein Proton auf soviel Energie zu beschleunigen, dass es in den Kern eines Elements eindringt und ihn zum Platzen bringt? Cockcroft glaubte, man könne in einen Borkern mit Protonen eindringen, die mit 300 Kilovolt beschleunigt werden, ein Lithiumkern würde potenziell weniger Energie benötigen. Bor und Lithium haben leichte Kerne, sodass die Energiebarrieren niedriger sind als bei schwereren Elementen.

Rutherford gab sein Okay und 1930 experimentierte Cockcroft zusammen mit dem irischen Physiker Ernest Walton mit der Beschleunigung von Protonenstrahlen. Als es ihnen nicht gelang, die erwarteten Gammastrahlen nachzuweisen, erkannten sie, dass ihre Protonenenergie zu gering war.

Immer mehr Energie

Die Suche nach stärkeren Teilchenbeschleunigern begann. 1932 bauten Cockcroft und Walton eine neue Apparatur, die mit niedrigeren Spannungen arbeitete und einen Protonenstrahl trotzdem auf höhere Energien beschleunigen konnte. Dieser Cockcroft-Walton-Beschleuniger beschleunigt zunächst geladene Teilchen durch eine Diode und lädt so einen Kondensator auf Spitzenspannung auf. Die Spannung wird dann gedreht, wodurch die Teilchen durch die nächste Diode beschleunigt werden und ihre Energie effektiv verdoppelt wird. Durch eine Reihe von Kondensatoren und Dioden (eine sogenannte Hochspannungskaskade) werden die Teilchen auf ein Vielfaches dessen beschleunigt, was in einem Schritt möglich wäre.

Mit diesem Gerät beschossen Cockcroft und Walton Lithium- und Berylliumkerne mit sehr schnellen Protonen und überwachten die Wechselwirkungen auf einem Detektor, einem Zinkfluorid-Fluoreszenzschirm. Sie erwarteten die Gammastrahlen zu sehen, über die Irène Joliot-Curie und ihr Mann Frédéric berichtet hatten. Stattdessen erzeugten sie unwissentlich Neutronen (wie der britische Physiker James Chadwick später nachweisen sollte). Diese Zerlegung eines Lithiumkerns zu Alphateilchen war der erste künstliche Zerfall eines Atomkerns.

Damit zeigten Cockcroft und Walton den Wert von Teilchenbeschleunigern bei der Untersuchung des Atoms und der Entdeckung neuer Teilchen – eine regelbare Alternative zur Beobachtung der kosmischen Strahlung.

Hochleistungsbeschleuniger

Cockcroft-Walton-Maschinen und alle frühen Teilchenbeschleuniger waren elektrostatisch, d.h., sie nutzten ein statisches elektrisches »

» Teilchen traten aus dem Lithium aus, trafen auf den Schirm und szintillierten. Sie sahen aus wie Sterne, die plötzlich auftauchen und verschwinden. «

Ernest Walton
zur Atomspaltung

Teilchenbeschleuniger erzeugen mit elektrischen und magnetischen Feldern einen Strom von subatomaren Teilchen mit hoher Energie, etwa Protonen. Man lässt sie frontal zusammenstoßen oder schießt sie auf ein Metalltarget.

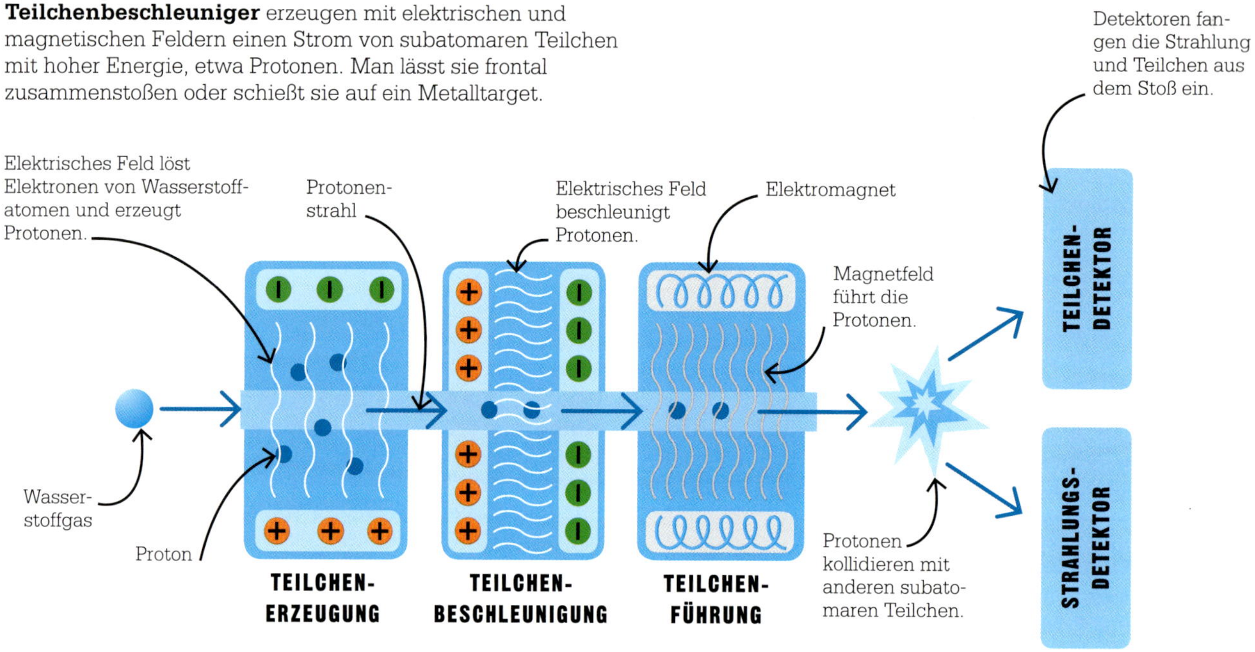

Feld zur Beschleunigung. Solche Geräte werden auch heute noch häufig in Studien über niederenergetische Teilchen und in alltäglichen elektronischen Anwendungen wie Mikrowellenherden verwendet. Für die moderne Teilchenphysik eignen sie sich aber nicht: Ab einem bestimmten Punkt lässt sich damit die Energie der Teilchen nicht weiter steigern, es kommt bei den Isolatoren zu einem elektrischen Durchschlag.

Die meisten Beschleuniger in der Teilchenphysikforschung verwenden elektromagnetische Wechselfelder, um geladene Teilchen zu beschleunigen. In diesen sogenannten elektrodynamischen Beschleunigern wird ein Teilchen auf eine Platte zu beschleunigt, wenn es durch sie hindurchtritt, wechselt die Ladung auf der Platte und stößt das Teilchen zur nächsten Platte ab. Dieser Prozess wird mit immer höheren Frequenzen wiederholt. Schließlich erreichen die Teilchen nahezu Lichtgeschwindigkeit. Die benötigten Wechselfelder werden typischerweise durch magnetische Induktion oder durch Hochfrequenzwellen (HF) aus einem Resonator erzeugt. Bei der magnetischen Induktion regt ein Magnetfeld die Bewegung geladener Teilchen an und bewirkt ein zirkulierendes elektrisches Feld. Ein HF-Resonator ist eine hohle Metallkammer, in der resonante Wellen ein elektromagnetisches Feld erzeugen, das geladene Teilchen beim Durchgang beschleunigt.

Moderne Teilchenbeschleuniger gibt es in drei Bauformen: Linearbeschleuniger (Linacs), Zyklotrone und Synchrotrone. Linacs, wie der Stanford Linear Accelerator in Kalifornien, beschleunigen Teilchen geradlinig auf ein Ziel an einem Ende zu. Zyklotrone bestehen aus zwei hohlen D-förmigen Platten und einem Magneten, der die Teilchen auf eine Art Kreisbahn bringt, während sie sich spiralförmig nach außen auf ein Ziel zubewegen. Synchrotrone beschleunigen geladene Teilchen kontinuierlich auf einer Kreisbahn, bis sie die erforderlichen Energien erreichen. Für die Führung der Teilchen werden sehr starke, supraleitende Magneten verwendet.

Schwindelerregend schnell

1930 hatten Cockcroft und Walton erkannt, dass sie umso tiefer in die Materie sehen konnten, je mehr sie Teilchen beschleunigen konnten. Heute werden Synchrotronbeschleuniger verwendet, die Teilchen auf nahezu Lichtgeschwindigkeit bringen. Dabei gibt es relativistische Effekte: Wenn die kinetische Energie eines Teilchens zunimmt, nimmt seine Masse zu, was immer größere Kräfte erfordert, um weiter zu beschleunigen. Die größten und leistungsfähigsten Maschinen stehen im Mittelpunkt von Experimenten, an denen Tausende von Wissenschaftlern aus der ganzen Welt beteiligt sein können. Das Tevatron am FermiLab in Illinois, USA, das von 1983 bis 2011 in Betrieb war, hatte einen 6,3 km langen Ring, um Protonen und Antiprotonen auf Energien bis zu 1 TeV (Tera-Elektronenvolt, $10^{12} \times 1$ eV) zu beschleunigen (1 eV ist die Energie, die ein über ein Volt beschleunigtes Elektron gewinnt – 1 TeV ist ungefähr die Bewegungsenergie einer fliegenden Mücke, hier auf einem einzigen Proton!).

Ende der 1980er-Jahre konkurrierten das Super-Proton-Synchrotron (SPS) am Europäischen Kernforschungszentrum CERN in der Schweiz und das Tevatron am FermiLab auf der Jagd nach dem schwersten Quark, dem Top-Quark. Die FermiLab-Wissenschaftler konnten 1995 das Top-Quark mit einer Masse von etwa 176 GeV/c^2 (fast so schwer wie ein Goldatom) produzieren und nachweisen.

Mit dem ersten voll funktionsfähigen Lauf 2009 wurde dann der Large Hadron Collider (LHC) des CERN der leistungsstärkste Teilchenbeschleuniger der Welt, noch vor dem Tevatron. Der LHC ist ein Synchrotronring, 27 km lang, der in einem Tunnel 100 m unter der Erde die Grenze zwischen der Schweiz und Frankreich überschreitet, und kann zwei Protonenstrahlen auf 99,9999991 Prozent der Lichtgeschwindigkeit beschleunigen.

Das ATLAS-Kalometriesystem am CERN, hier beim Zusammenbau, misst die Energie der Teilchen nach der Kollision. Der Mensch im Vordergrund lässt die Abmessungen erahnen.

Der LHC ist ein Triumph der Technik. Zu seinen bahnbrechenden Technologien gehören 10 000 supraleitende Magnete, die auf –271,3 °C gekühlt werden – Temperaturen unterhalb denen im Weltraum. Während des Betriebs verbraucht die Anlage etwa ein Drittel der gesamten Energie der nahegelegenen Stadt Genf. Eine Kette von Booster-Beschleunigern (einschließlich des Super-Proton-Synchrotrons) beschleunigt Strahlen geladener Teilchen auf immer höhere Energien, bis sie schließlich in den LHC eintreten. Hier prallen die Teilchen an vier Kollisionspunkten frontal zusammen, mit kombinierten Energien von 13 TeV. Eine Gruppe von Detektoren zeichnet ihre Zerfälle auf.

Einen Urzustand wiederherstellen

Zu den Experimenten am LHC gehören Versuche, die Bedingungen nachzustellen, die bei der Entstehung des Universums herrschten. Von dem, was über seine Ausdehnung bekannt ist, können die Physiker zurückrechnen: Das frühe Universum war unvorstellbar klein, heiß und dicht.

Unter diesen Bedingungen könnten Elementarteilchen wie Quarks und Gluonen in einer Art Suppe (dem Quark-Gluon-Plasma) existiert haben. Als sich der Raum ausdehnte und abkühlte, verbanden sie sich eng miteinander und bildeten zusammengesetzte Teilchen wie Protonen und Neutronen. Wenn Teilchen mit annähernder Lichtgeschwindigkeit zerschlagen werden, kann das Universum, so wie es Billionstelsekunden nach dem Urknall war, für einen Augenblick wiedererschaffen werden. ■

John Cockcroft

Der 1897 im englischen Yorkshire geborene John Cockcroft diente im Ersten Weltkrieg und studierte dann Elektrotechnik. 1921 erhielt er ein Stipendium für die Universität Cambridge, wo er später bei Ernest Rutherford promovierte. Der Beschleuniger, den er zusammen mit Ernest Walton in Cambridge baute, brachte ihnen 1951 den Nobelpreis für Physik ein.

1947 beaufsichtigte er als Direktor der britischen Atomenergie-Forschungseinrichtung die Eröffnung des ersten Kernreaktors in Westeuropa in Harwell. Sein Beharren auf der Installation von Filtern in den Schornsteinen an der Anlage von Windscale Piles in Cumbria wurde als übertriebene Vorsicht belächelt, begrenzte aber den Fallout, als 1957 einer der Reaktoren in Brand geriet. Cockcroft hatte zahlreiche Ämter im Forschungsbetrieb inne. Er starb 1967 in Cambridge.

Hauptwerke

1932 *Zerlegung von Lithium durch schnelle Protonen*
1932–1936 »Experimente mit Hochgeschwindigkeits-Ionen I–VI«

DIE JAGD NACH DEM QUARK

DER TEILCHENZOO UND DIE QUARKS

IM KONTEXT

SCHLÜSSELFIGUR
Murray Gell-Mann
(1929–2019)

FRÜHER
1947 Das subatomare Kaon wird an der Universität Manchester entdeckt, es zeigt eine unerwartet lange Lebensdauer.

1953 Physiker erklären das unübliche Verhalten von Kaonen und anderen Teilchen mit der Eigenschaft »Strangeness«.

1961 Gell-Mann entwickelt eine Klassifikation der Teilchen, den Achtfachen Weg.

SPÄTER
1968 Streuexperimente zeigen punktähnliche Objekte im Proton – der Beweis, dass es kein Elementarteilchen ist.

1974 Der Nachweis des J/ψ-Mesons belegt die Existenz von Charm-Quarks.

1995 Mit dem Nachweis des Top-Quarks ist das Quarkmodell vollständig.

Bis zum Ende des Zweiten Weltkriegs hatten die Physiker Elektron, Proton, Neutron sowie einige weitere Teilchen entdeckt. In den Folgejahren jedoch führten Entdeckungen in der kosmischen Strahlung und in Teilchenbeschleunigern dazu, dass es bald einen ganzen Teilchenzoo gab.

Besonders verwirrend waren Kaonen und Lambda-Baryonen, die viel langsamer als erwartet zerfallen. 1953 versuchten der Amerikaner Murray Gell-Mann sowie die Japaner Kazuhiko Nishijima und Tadao Nakano unabhängig voneinander, diesen Effekt mit der Eigenschaft Strangeness (»Seltsamkeit«) zu erklären. Die Strangeness bleibt bei starken und elektromagnetischen Wechselwirkungen erhalten, aber nicht bei schwachen Wechselwirkungen, sodass Teilchen mit Strangeness nur über die schwache Wechselwirkung zerfallen können. Gell-Mann teilte subatomare Teilchen anhand von Strangeness und Ladung in Familien von Mesonen (eher leichter) und Baryonen (eher schwerer) ein.

Quark-Theorie

1964 schlug Gell-Mann das Konzept der Quarks vor – fundamentale Teilchen, die die Eigenschaften der Mesonen und Baryonen erklären könnte. Es gibt Quarks in sechs Flavours (»Geschmacksrichtungen«) mit unterschiedlichen inneren Eigenschaften. Gell-Mann beschrieb zunächst Up-, Down- und Strange-

Exotische neue Teilchen mit **verschiedenen Eigenschaften** werden entdeckt.

Diese **Teilchen** lassen sich **nach ihren Eigenschaften kategorisieren.**

Die **Eigenschaften** hängen von ihren Bestandteilen ab, den **Quarks.**

Quarks sind die **Grundbausteine** der Materie.

Siehe auch: Modelle der Materie 68–71 ▪ Subatomare Teilchen 242–243 ▪ Antimaterie 246 ▪ Die starke Kraft 247 ▪ Trägerteilchen 258–259 ▪ Das Higgs-Boson 262–263

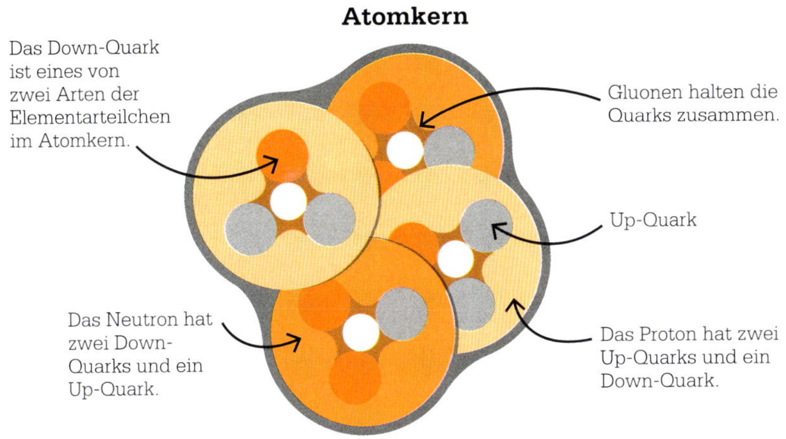

Protonen und Neutronen enthalten jeweils Up- und Down-Quarks. Ein Proton hat zwei Up-Quarks und ein Down-Quark, ein Neutron ein Up-Quark und zwei Down-Quarks. Die Quarks werden zusammengehalten durch Gluonen, die Trägerteilchen der starken Kraft.

Quarks, später kamen Charm-, Top- und Bottom-Quarks hinzu. Verschiedene Quarks (und die Antiquarks) werden durch die starke Kraft gebunden und kommen in zusammengesetzten Teilchen wie Protonen und Neutronen vor. Beweise für dieses Kernmodell wurden 1968 am Stanford Linear Accelerator Laboratory (SLAC) in Kalifornien gefunden – punktförmige Objekte im Innern von Protonen. Weitere SLAC-Experimente erbrachten Beweise für die anderen Quarks.

Das Standardmodell

Quarks spielen eine wichtige Rolle im Standardmodell der Teilchenphysik, das in den 1970er-Jahren entwickelt wurde, um die elektromagnetische, starke und schwache Kraft zu erklären – ebenso wie ihre Trägerteilchen (immer Bosonen) und die fundamentalen Teilchen der Materie (Fermionen). Die Quarks sind eine der beiden Gruppen von Fermionen, die andere sind die Leptonen. Wie die Quarks gibt es auch die Leptonen in sechs Flavours, die paarweise verwandt sind, sogenannte Generationen. Dies sind das Elektron und das Elektron-Neutrino, die leichtesten und stabilsten Leptonen, das Myon und das Myon-Neutrino sowie das Tau und das Tau-Neutrino, die schwersten und instabilsten Leptonen. Im Gegensatz zu den Quarks werden Leptonen von der starken Kraft nicht beeinflusst.

Quarks und Leptonen wechselwirken durch drei der vier fundamentalen Kräfte: stark, elektromagnetisch und schwach. (Die vierte fundamentale Kraft, die Schwerkraft, verhält sich anders.) Im Standardmodell werden diese Kräfte durch ihre Trägerteilchen – Gluonen, Photonen sowie W- und Z-Bosonen – repräsentiert.

Das letzte Element des Standardmodells ist das Higgs-Boson, ein Elementarteilchen, das allen Teilchen ihre Masse verleiht. Das Standardmodell hat Ordnung in den Teilchenzoo gebracht, es ist aber immer noch nicht abgeschlossen. ■

Murray Gell-Mann

Murray Gell-Mann wurde 1929 als Sohn einer jüdischen Einwandererfamilie in New York geboren und begann mit erst 15 Jahren sein Physikstudium. 1955 wechselte er an das California Institute of Technology (Caltech), wo er fast 40 Jahre lang lehrte. Seine Interessen reichten weit über die Physik hinaus bis zu Literatur, Geschichte und Naturgeschichte. 1969 erhielt er für seine Arbeiten zur Theorie der Elementarteilchen den Nobelpreis für Physik.

Später in seiner Karriere interessierte sich Gell-Mann für die Theorie der Komplexität. 1984 war er Mitbegründer des Santa-Fe-Instituts zur Erforschung der Theorie komplexer adaptiver Systeme in Physik, Biologie, Technik und Sozialwissenschaften. Auch sein populäres Buch *Das Quark und der Jaguar* behandelt dieses Thema. 2019 starb er mit 89 Jahren.

Hauptwerke

1951 »Coupling strength and nuclear reactions«
1961 *Der Achtfache Weg*
1994 *Das Quark und der Jaguar. Vom Einfachen zum Komplexen*

IDENTISCHE KERNTEILCHEN VERHALTEN SICH NICHT IMMER GLEICH

TRÄGERTEILCHEN

IM KONTEXT

SCHLÜSSELFIGUR
Chien-Shiung Wu
(1912–1997)

FRÜHER
1930 Wolfgang Pauli fordert die Existenz eines Neutrinos, um zu erklären, wie Energie und andere Größen beim Betazerfall erhalten bleiben können.

1933 Enrico Fermi entwickelt seine Theorie der schwachen Wechselwirkung zur Erklärung des Betazerfalls.

SPÄTER
1956 Die Physiker Clyde Cowan und Frederick Reines bestätigen, dass beim Betazerfall Elektronen und Neutrinos emittiert werden.

1968 Die elektromagnetische und die schwache Kraft werden in der elektroschwachen Theorie vereinigt.

1983 Im Super Proton Synchroton (SPS) des CERN werden W- und Z-Boson nachgewiesen.

Ab etwa 1930 begannen Wissenschaftler, den Kernzerfall näher zu untersuchen. Der Betazerfall hatte verwirrt, denn entgegen dem Energieerhaltungssatz schien dabei Energie zu verschwinden. Im Laufe der nächsten fünf Jahrzehnte entdeckten die Physiker die Träger der fehlenden Energie, konnten die Elementveränderungen im Detail beschreiben und erkannten die Träger der Kraft, die die schwache Wechselwirkung beim Kernzerfall vermitteln.

1933 schlug Enrico Fermi vor, dass Betastrahlung aus dem Kern austritt, wenn sich ein Neutron in ein Proton verwandelt und ein Elektron und ein weiteres neutrales Teilchen aussendet, das etwas Energie mit sich trägt. (Fermi nannte es Neutrino, aber es wurde später als

Die **Energieerhaltung** scheint **verletzt beim Betazerfall** (typischerweise die Emission eines Elektrons aus dem Atomkern).

Ein leichtes Neutralteilchen – ein **Neutrino oder Antineutrino** – könnte etwas **Energie abführen.**

Beim **Beta-minus-Zerfall** wird ein Neutron zu einem **Proton,** einem **Elektron** und einem **Antineutrino.**

Verantwortlich für diesen Prozess ist die sogenannte **schwache Wechselwirkung** oder **schwache Kraft.**

Die **schwache Kraft** umfasst den **Austausch von Teilchen,** den **Trägerteilchen.**

Siehe auch: Quantenfeldtheorie 224–225 ▪ Kernstrahlen 238–239 ▪ Antimaterie 246 ▪ Der Teilchenzoo und die Quarks 256–257 ▪ Neutrinos mit Masse 261 ▪ Das Higgs-Boson 262–263

dessen Antiteilchen identifiziert, das Antineutrino). Bei der anderen Hauptart des Betazerfalls – dem Beta-plus-Zerfall – wird ein Proton zu einem Neutron, wobei es ein Positron und ein Neutrino aussendet. Verantwortlich für die Zerfälle ist die schwache Wechselwirkung, eine der vier fundamentalen Naturkräfte.

Die regelbrechende Kraft

Die starke und die elektromagnetische Wechselwirkung erhalten die Parität: Ihre Wirkung auf ein System ist symmetrisch und erzeugt eine Art Spiegelbild. Die theoretischen Physiker Chen Ning Yang und Tsung-Dao Lee vermuteten, dies träfe auf die schwache Wechselwirkung nicht zu. Die Experimentalphysikerin Chien-Shiung Wu sollte das untersuchen. 1956 ging Wu an die Arbeit. Sie richtete die Spins (innerer Drehimpuls) der Kerne in einer Probe von Kobalt-60 aus und beobachtete den Zerfall. Die Elektronen, die beim Betazerfall emittiert wurden, gingen aber nicht gleichmäßig in alle Richtungen, sondern zeigten eine Vorliebe für eine bestimmte Richtung: Die schwache Wechselwirkung verletzt die Paritätserhaltung.

Die Blasenkammer Gargamelle, hier ein Bild von 1970, wies Neutrinos und Antineutrinos nach. Durch die Sichtfenster konnten Kameras die Bahnen geladener Teilchen verfolgen.

Zur schwachen Wechselwirkung gehört der Austausch von Kraftträgerteilchen: W^+-, W^-- und Z^0-Bosonen. Alle krafttragenden Teilchen sind Bosonen (ganzzahliger Spin), die Bausteine der Materie wie Quarks und Leptonen sind hingegen Fermionen (halbzahliger Spin) und gehorchen anderen Prinzipien. Einzigartig ist, dass die schwache Wechselwirkung auch den Flavour der Quarks verändern kann. Während des Beta-minus-Zerfalls verwandelt sich ein Down-Quark in ein Up-Quark, ein Neutron wandelt sich in ein Proton, und ein virtuelles W^--Boson wird frei, das in ein Elektron und ein Antineutrino zerfällt. Da die W- und Z-Bosonen sehr schwer sind, sind die Prozesse, die durch sie ablaufen, in der Regel sehr langsam.

Im Jahr 1973 wurden die Wechselwirkungen der Bosonen in der Gargamelle-Blasenkammer des CERN beobachtet. Die sichtbaren Spuren lieferten die erste Bestätigung der schwachen Neutralstrom-Wechselwirkung. Dies wurde als ein Neutrino interpretiert, das durch den Austausch eines Z-Bosons erzeugt wurde und Impuls aufnimmt, sodass der Impulserhaltungssatz erfüllt ist. Die W- und Z-Bosonen selbst wurden erstmals 1983 mit dem Super-Protonen-Synchrotron (SPS) am CERN beobachtet. ■

Chien-Shiung Wu

1912 bei Shanghai in China geboren, entwickelte Chien-Shiung Wu eine Leidenschaft für die Physik, nachdem sie eine Biografie von Marie Curie gelesen hatte. Sie studierte Physik in Nanjing, zog dann 1936 in die USA und promovierte an der Universität Berkeley.

Bis 1944 arbeitete Wu am Manhattan-Projekt mit und befasste sich mit Verfahren zur Urananreicherung. Danach wurde sie Professorin an der Columbia University in New York und konzentrierte sich auf den Betazerfall. Die theoretischen Physiker Tsung-Dao Lee und Chen Ning Yang erhielten 1957 den Nobelpreis für Physik für die Entdeckung der Paritätsverletzung beim Betazerfall, Wus experimenteller Beitrag wurde nicht gewürdigt. Sie erhielt aber zahlreiche andere wissenschaftliche Ehrungen. Wu starb 1997.

Hauptwerke

1950 »Neue Untersuchung zur Form der Spektren von Betastrahlen«
1957 »Experimentelle Untersuchung der Paritätserhaltung beim Betazerfall«
1960 *Betazerfall*

DIE NATUR IST ABSURD

QUANTENELEKTRODYNAMIK

IM KONTEXT

SCHLÜSSELFIGUREN
Shin'ichirō Tomonaga (1906–1979), **Julian Schwinger** (1918–1994)

FRÜHER
1865 James Clerk Maxwell legt die elektromagnetische Theorie des Lichts vor.

1905 Albert Einstein veröffentlicht seine spezielle Relativitätstheorie.

SPÄTER
1927 Paul Dirac formuliert eine quantenmechanische Theorie für Ladungen und das elektromagnetische Feld.

1965 Tomanaga, Schwinger und Richard Feynman erhalten den Physik-Nobelpreis für ihre Arbeiten zur Quantenelektrodynamik.

1973 Die Theorie der Quantenchromodynamik wird entwickelt. Darin ist eine sogenannte Farbladung die Quelle der starken Kernkraft.

Das Aufkommen der Quantenmechanik für Objekte auf atomarer und subatomarer Ebene erzwang eine Transformation vieler Zweige der Physik.

Paul Dirac schlug 1927 eine Quantentheorie des Elektromagnetismus vor, doch die Modelle für das Zusammenwirken von elektromagnetischen Feldern und Hochgeschwindigkeitsteilchen, die der speziellen Relativitätstheorie gehorchen, brachen zusammen. Dies führte zu der Annahme, die Quantenmechanik und die spezielle Relativitätstheorie seien nicht kompatibel. Doch in den 1940er-Jahren bewiesen Shin'ichirō Tomonaga, Richard Feynman und Julian Schwinger, dass die Quantenelektrodynamik (QED) sich sehr wohl mit der speziellen Relativitätstheorie in Einklang bringen lässt.

In der klassischen Elektrodynamik üben elektrisch geladene Teilchen Kräfte durch die von ihnen erzeugten Felder aus. In der QED jedoch entstehen die Kräfte zwischen geladenen Teilchen durch den Austausch virtueller Photonen – Teilchen, die nur für einen Augenblick entstehen und die Bewegung »realer« Teilchen beeinflussen, wenn sie freigesetzt oder absorbiert werden.

Die QED konnte einige bis dahin unerklärliche Phänomene modellieren. Ein Beispiel ist die Lamb-Verschiebung: die Energiedifferenz zwischen zwei Energieniveaus eines Wasserstoffatoms. ■

Für seine Beiträge zur QED erhielt Shin'ichirō Tomonaga nicht nur den Nobelpreis, sondern auch den Preis der Japanischen Akademie und andere.

Siehe auch: Kraftfelder und Maxwell'sche Gleichungen 142–147 ■ Teilchen und Wellen 212–215 ■ Quantenfeldtheorie 224–225 ■ Der Teilchenzoo und die Quarks 256–257

DAS RÄTSEL DER VERSCHWUNDENEN NEUTRINOS

NEUTRINOS MIT MASSE

IM KONTEXT

SCHLÜSSELFIGUR
Masatoshi Koshiba (*1926)

FRÜHER
1956 Die amerikanischen Physiker Clyde Cowan und Frederick Reines veröffentlichen Ergebnisse, die die Existenz der Neutrinos bestätigen.

1970 Der Detektor in der Homestake-Goldmine in South Dakota, USA, weist nur ein Drittel der vorhergesagten Sonnenneutrinos nach.

1987 Forscher in Japan, den USA und der UdSSR weisen 25 Neutrinos auf einmal nach. Sie stammen von einer Supernova in der Großen Magellan'schen Wolke.

SPÄTER
2001 Forscher am Sudbury Neutrino Observatory in Kanada finden Belege für die Neutrinooszillation.

2013 Das T2K-Experiment bestätigt die Neutrinooszillation.

Seit den 1920er-Jahren wissen die Physiker, dass die Kernfusion die Sonne und andere Sterne zum Leuchten bringt. Bei diesem Prozess sollten sogenannte Neutrinos freigesetzt werden, die aus dem Weltraum auf die Erde gelangen. Doch sie sind nur schwer zu entdecken: Sie haben keine Ladung, fast keine Masse und wechselwirken nicht durch die starke nukleare oder elektromagnetische Kraft, sodass sie die Erde unbemerkt durchqueren können. Neutrinos gibt es in drei Arten (oder Flavours): Elektron-, Myon- und Tau-Neutrinos.

1985 baute der japanische Physiker Masatoshi Koshiba einen Neutrinodetektor in einer Zinkmine. Die Detektoren umgaben einen riesigen Wassertank und empfingen Lichtblitze, wenn Neutrinos mit den Kernen der Wassermoleküle wechselwirkten. Koshiba bestätigte, dass weit weniger Neutrinos von der Sonne die Erde zu erreichen schienen als vorhergesagt. Im Jahr 1996 leitete er den Bau eines noch größeren Detektors (Super-Kamiokande). Beobachtungen atmosphärischer

»Jetzt, wo die Neutrino-Astrophysik geboren ist – was machen wir denn als Nächstes?«

Masatoshi Koshiba

Neutrinos mit dem neuen Detektor bewiesen, dass Neutrinos im Flug zwischen den Flavours wechseln können, man spricht dann von Neutrinooszillation. Demnach kann ein in der Sonne erzeugtes Elektronenneutrino sich in ein Myon- oder Tau-Neutrino verwandeln und wird in einem Detektor nicht gesehen, der nur für Elektron-Neutrinos empfindlich ist. Die Entdeckung impliziert, dass Neutrinos Masse haben, was das Standardmodell der fundamentalen Kräfte und Teilchen infrage stellt. ■

Siehe auch: Die Heisenberg'sche Unschärferelation 220–221 ▪ Teilchenbeschleuniger 252–255 ▪ Der Teilchenzoo und die Quarks 256–257 ▪ Trägerteilchen 258–259

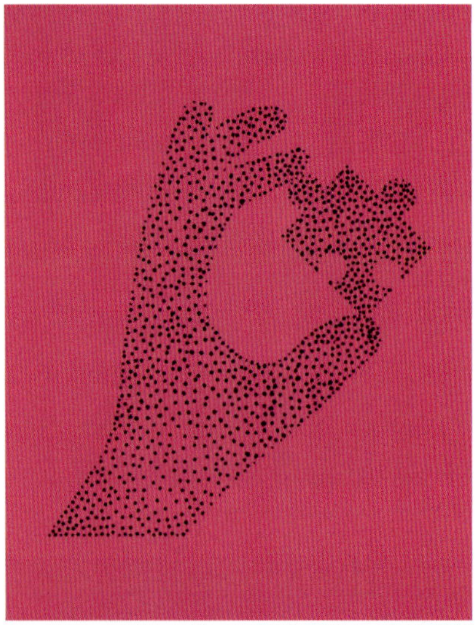

ICH GLAUBE, WIR HABEN ES

DAS HIGGS-BOSON

IM KONTEXT

SCHLÜSSELFIGUR
Peter Higgs (*1929)

FRÜHER
1959 Sheldon Glashow in den USA und Abdus Salam in Pakistan sagen, dass die elektromagnetische und die schwache Kraft bei hoher Temperatur verschmelzen.

1960 Der japanisch-amerikanische Physiker Yōichirō Nambu entwickelt seine Theorie der Symmetriebrechung, die sich auf die Masse der W- und Z-Bosonen anwenden lässt.

SPÄTER
1983 Am Super Proton Synchroton (SPS) des CERN werden das W- und das Z-Boson nachgewiesen.

1995 Das Fermilab weist das Top-Quark nach. Seine Masse stimmt mit Higgs theoretischer Vorhersage überein.

2012 Das CERN verkündet den Nachweis des Higgs-Bosons.

Das Standardmodell, in den frühen 1970er-Jahren nach jahrzehntelanger Forschung fertiggestellt, erklärte vieles in der Teilchenphysik mit ganz wenigen fundamentalen Kräften und Teilchen. Dennoch blieben Fragen offen. Zwar konnten zwei der Kräfte, die elektromagnetische Kraft und die schwache Wechselwirkung, so modelliert werden, dass sie bei hohen Temperaturen zu einer einzigen elektroschwachen Kraft verschmelzen, aber es blieb ein Haken: Dann müssen alle elektroschwachen Kraftträger masselos sein. Für das Photon trifft das zwar zu, doch die W- und Z-Bosonen sind auffallend massereich.

1964 schlugen drei Gruppen von Physikern – Peter Higgs in Großbritannien, Robert Brout und François Englert in Belgien sowie Gerald Guralnik, C. Richard Hagen und Tom Kibble in den USA – vor, die Bosonen der schwachen Kraft könn-

Nach der **elektroschwachen Theorie** haben alle **Trägerteilchen** (sie übertragen Kräfte zwischen Teilchen) **keine Masse.**

↓

Experimenten zufolge sind Photonen masselos, aber **W- und Z-Bosonen** (spezielle Trägerteilchen) **haben eine Masse.**

→

W- und Z-Bosonen wechselwirken stark mit dem **Higgs-Feld.**

↓

Das Higgs-Boson ist das **Trägerteilchen** des Higgs-Felds.

←

Das Higgs-Feld **gibt Teilchen ihre Masse.**

Siehe auch: Quantenfeldtheorie 224–225 ▪ Teilchenbeschleuniger 252–255 ▪ Der Teilchenzoo und die Quarks 256–257 ▪ Trägerteilchen 258–259

Das Higgs-Feld (hier eine Visualisierung) ist ein Energiefeld, das im gesamten Universum existieren soll. Getragen wird es vom Higgs-Boson, das ständig auf andere Teilchen wirkt.

ten mit einem Feld wechselwirken, das ihnen Masse verleiht; es wurde als Higgs-Feld bekannt. Nach dieser Theorie durchdrang das Higgs-Feld schon bald nach dem Urknall das gesamte Universum; je mehr ein Teilchen mit ihm wechselwirkt, desto mehr Masse nimmt es auf. Photonen wechselwirken nicht mit dem Feld, sodass sie sich mit Lichtgeschwindigkeit bewegen können. W- und Z-Bosonen hingegen wechselwirken stark mit dem Feld. Bei gewöhnlichen Temperaturen macht sie dies schwer und träge, ihre Reichweite ist kurz. Wenn Teilchen, die mit dem Higgs-Feld wechselwirken, schneller werden, gewinnen sie an Masse und brauchen daher mehr Energie, um weiter zu beschleunigen. Daher können sie die Lichtgeschwindigkeit nicht erreichen.

Fast mythische Züge

Der einzige Weg zum Nachweis der Higgs-Feldtheorie bestand darin, eine Anregung des Feldes in Form eines schweren Teilchens zu finden, das sogenannte Higgs-Boson. Die Suche nahm fast schon religiöse Züge an, das gesuchte Boson wurde gar als »Gottesteilchen« bezeichnet. Kein Teilchendetektor konnte es damals nachweisen, doch die Suche ging weiter und beeinflusste die Konstruktion des weltweit leistungsstärksten Teilchenbeschleunigers, des Large Hadron Collider (LHC) am CERN, der 2008 in Betrieb ging.

Da nur eine von 10 Mrd. Proton-Proton-Kollisionen im LHC ein Higgs-Boson erzeugen würde, durchsuchten die Forscher die vorhandenen Daten von Hunderten von Billionen von Kollisionen am CERN nach Hinweisen auf das Teilchen. 2012 gab das CERN die Entdeckung eines Bosons mit einer Masse um 126 GeV/c^2 (Giga-Elektronenvolt geteilt durch das Quadrat der Lichtgeschwindigkeit) bekannt – ziemlicher sicher das Higgs-Boson. Das Standardmodell ist jetzt vollständig, doch die Physiker suchen weiter nach möglichen anderen Arten von Higgs-Bosonen. ■

» Ich hätte nie gedacht, das noch zu erleben, und habe meine Familie gebeten, Champagner kalt zu stellen. «

Peter Higgs

Peter Higgs

Higgs wurde 1929 in Newcastle upon Tyne als Sohn eines BBC-Toningenieurs geboren. In seiner Jugend hatte er wegen mehrfacher Umzüge schulische Probleme, doch am Cotham-Gymnasium in Bristol wurde er durch die Arbeit eines ehemaligen Schülers, des theoretischen Physikers Paul Dirac, inspiriert. Er ging an das King's College in London und promovierte 1954. Nach verschiedenen akademischen Positionen blieb Higgs an der Universität Edinburgh. Auf einem seiner Spaziergänge formulierte er seine Theorie zum Ursprung der Masse, was ihm zu Ruhm verhalf, auch wenn er die vielen anderen Mitwirkenden bereitwillig anerkannte. 2013 erhielt Higgs den Nobelpreis für Physik zusammen mit François Englert.

Hauptwerke

1964 »Broken symmetries, and the masses of gauge bosons« (Symmetriebrüche und die Masse der Eichbosonen)
1966 »Spontaneous symmetry breakdown without massless bosons« (Spontaner Symmetriebruch ohne masselose Bosonen)

WO IST ALL DIE ANTIMATERIE HIN?

MATERIE-ANTIMATERIE-ASYMMETRIE

IM KONTEXT

SCHLÜSSELFIGUR
Andrej Sacharow (1921–1989)

FRÜHER
1928 Paul Dirac fordert Materie mit entgegengesetzter Ladung, die Antimaterie.

1932 Carl Anderson weist »Anti-Elektronen« nach und nennt sie Positronen.

1951 Julian Schwinger deutet eine frühe Form der CPT-Symmetrie an.

SPÄTER
1964 James Cronin und Val Fitch zeigen, dass der schwache Zerfall von neutralen K-Mesonen (Kaonen) die CP-Symmetrie bricht.

2010 Am Fermilab findet man bei B-Mesonen eine Präferenz für den Zerfall in Myonen, ein CP-Symmetriebruch.

2019 Am CERN zeigt sich eine Asymmetrie in D-Mesonen, den leichtesten Teilchen mit Charm-Quarks.

Warum besteht das Universum fast vollständig aus Materie? Nach der P-(Paritäts-)Symmetrie, der Vorstellung, dass die Natur nicht zwischen links und rechts unterscheidet, müsste der Urknall gleich viel Materie und Antimaterie erzeugt haben. Doch 1956 zeigte sich, dass die beim Betazerfall durch die schwache Wechselwirkung emittierten Elektronen eine bevorzugte Richtung haben. Um die Symmetrie aufrechtzuerhalten, schlug der sowjetische Physiker Lew Landau 1957 die CP-Symmetrie vor: die Kombination der P-Symmetrie mit der C-Symmetrie (Ladungserhaltungssymmetrie). Demnach sollten sich Teilchen und ihre entgegengesetzt geladene Antiteilchen wie Spiegelbilder verhalten.

Spiegeluniversum?

Doch 1964 zeigten Experimente, dass neutrale K-Mesonen beim Zerfall die CP-Erhaltung verletzen. In einem letzten Versuch, die Symmetrie zu retten, führten die Physiker die Zeitumkehrsymmetrie ein (CPT-Symmetrie): Sie bleibt erhalten, wenn sich die Raumzeit über den Urknall hinaus rückwärts in ein Spiegeluniversum aus Antimaterie ausdehnt. 1967 schlug der sowjetische Physiker Andrej Sacharow stattdessen vor, eine CP-Verletzung im ganz frühen Universum würde ausreichen, das Ungleichgewicht von Materie und Antimaterie zu erklären – andernfalls wäre Physik jenseits des Standardmodells erforderlich. Eine signifikante CP-Verletzung ist nachgewiesen worden, was Sacharows Idee stützt. ■

» Die Physiker begannen schon zu glauben, sie hätten die ganze Zeit auf die falsche Symmetrie geschaut. «

Ulrich Nierste
Deutscher theoretischer Physiker

Siehe auch: Antimaterie 246 ▪ Trägerteilchen 258–259 ▪ Neutrinos mit Masse 261 ▪ Masse und Energie 284–285 ▪ Der Urknall 296–301

STERNE WERDEN GEBOREN UND STERBEN

KERNFUSION IN STERNEN

IM KONTEXT

SCHLÜSSELFIGUR
Hans Bethe (1906–2005)

FRÜHER
1920 Der britische Physiker Arthur Eddington sagt, dass die Sterne ihre Energie durch die Fusion von Wasserstoff zu Helium gewinnen.

1931 Der amerikanische Chemiker Harold C. Urey weist Deuterium nach, ein stabiles Wasserstoffisotop.

1934 Der australische Physiker Mark Oliphant demonstriert die Deuteriumfusion; dabei entsteht das radioaktive Isotop Tritium.

SPÄTER
1958 In der Sowjetunion läuft der erste Tokamak (T-1), aber er verliert Energie durch Strahlung.

2006 In Paris vereinbaren sieben Unterzeichnerstaaten, den Internationalen Fusionsreaktor ITER zu bauen.

Die Idee, dass Sterne ihre Energie durch die Verschmelzung von Wasserstoff zu Helium gewinnen, faszinierte die Physiker im frühen 20. Jahrhundert. Mitte der 1930er-Jahre war die Kernfusion im Labor nachgewiesen. Zu den führenden Theoretikern gehörte der aus Nazi-Deutschland emigrierte Hans Bethe, der erkannte, dass die Sterne Energie durch Proton-Proton-Kettenreaktionen freisetzen.

Fusion findet nur in extremen Umgebungen statt. Die positiv geladenen Kerne stoßen sich stark ab, doch mit ausreichender Energie können sie so nah zusammengebracht werden, dass sie die Abstoßung überwinden und zu schwereren Kernen verschmelzen. Dabei wird Bindungsenergie freigesetzt.

Auf dem Weg zur kontrollierten Fusion

1951 führte Bethes Arbeit in den USA zur ersten Wasserstoffbombe, bei der durch Kernspaltung eine Kernfusion eingeleitet und schlagartig Energie frei wurde. Doch die Nutzung in kontrollierten Fusionsreaktionen zur Erzeugung von Elektrizität erwies sich als schwierig: Die nötigen Temperaturen sind immens (etwa 40 Mio. Grad), und es ist nicht leicht, solch heißes Material einzuschließen. Der beste Fusionsreaktor, der Tokamak, schließt das heiße, geladene Gas mithilfe von Magnetfeldern ein. Die Fusion gilt als sicherer als die Kernspaltung, mit weniger Radioaktivität und Atommüll. ■

Der Tokamak-Reaktor JET in Großbritannien ist die weltgrößte Fusionsanlage. Er ist ein wesentlicher Vorläufer für das internationale ITER-Projekt zur Förderung der Kernfusionsforschung.

Siehe auch: Stromerzeugung 148–151 ▪ Die starke Kraft 247 ▪ Atombomben und Kernenergie 248–251 ▪ Teilchenbeschleuniger 252–255

RELATIVI THEORIE DAS UNIV

UNSER PLATZ IM KOSMOS

TÄTS-
UND
ERSUM

4. JH. V. CHR.

Aristoteles beschreibt ein **statisches, ewiges Universum,** in dem die **Erdkugel** von konzentrischen Ringen mit den Planeten und Sternen umgeben ist.

UM 150 N. CHR.

Ptolemäus' mathematisches Modell des Universums setzt die **ruhende Erdkugel in den Mittelpunkt,** die von allen anderen Himmelskörpern umkreist wird.

964

Der persische Astronom Abd al-Rahman al-Sufi sichtet erstmals die **Andromedagalaxie** und beschreibt sie als eine »kleine Wolke«.

1543

Nikolaus Kopernikus legt das Modell für ein **heliozentrisches Universum** vor, in dem sich die Erde um die Sonne dreht.

1632

Galileo Galilei erklärt sein Relativitätsprinzip: Die **Naturgesetze sind immer gleich,** egal, ob man ruht oder sich gleichförmig bewegt.

1887

In den USA zeigen Albert Michelson und Edward Morley, dass die **Lichtgeschwindigkeit konstant** ist, ungeachtet der Bewegung des Beobachters.

1905

Albert Einsteins **spezielle Relativitätstheorie** zeigt, wie **Raum und Zeit** sich abhängig von der Relativgeschwindigkeit zweier Körper ändern.

Die alten Kulturen fragten, was die Bewegung der Sterne am Nachthimmel für den Menschen und seinen Ort im Universum sagt. Die scheinbare Unermesslichkeit des Planeten führte zu der Annahme, die Erde müsse das größte und wichtigste Objekt im Kosmos sein, um das sich alles andere drehe. Dieser geozentrische Blick, insbesondere das Modell des Ptolemäus von Alexandria aus dem 2. Jahrhundert, beherrschte die Astronomie über Jahrhunderte.

Die Erfindung des Teleskops 1608 zeigte, dass der Astronom Nikolaus Kopernikus die Ansicht des Ptolemäus zu Recht infrage gestellt hatte. In Italien beobachtete Galileo Galilei 1610 vier Monde, die den Jupiter umkreisten – der Beweis, dass sich nicht alles um die Erde dreht.

Mit der wissenschaftlichen Revolution untersuchten Physiker und Astronomen die Bewegung von Körpern und Licht durch den Raum. Man stellte sich den Raum als ein das Universum umspannendes Gitter vor: Eine auf der Erde gemessene Länge ist an jedem Ort des Universums gleich. Auch die Zeit galt als absolut: Eine Sekunde auf der Erde sollte überall im Universum gleich lang sein. Es wurde jedoch bald klar, dass dies nicht der Fall war.

Ein Ball, der aus einem fahrenden Fahrzeug geworfen wird, erscheint jemandem am Straßenrand, als hätte er durch die Bewegung des Fahrzeugs einen Geschwindigkeitsschub erhalten. Wird jedoch Licht von einem sich bewegenden Fahrzeug abgestrahlt, breitet es sich immer noch mit Lichtgeschwindigkeit aus. In der Nähe der Lichtgeschwindigkeit verhält sich die Natur seltsam, es gibt eine universelle »Geschwindigkeitsbegrenzung«. Um das nachzuvollziehen, musste man Raum und Zeit völlig anders denken.

Spezielle Relativitätstheorie

Anfang des 20. Jahrhunderts entdeckte man, dass Raum und Zeit flexibel sind: Ein Meter oder eine Sekunde sind an verschiedenen Orten im Universum unterschiedlich lang. Albert Einstein führte diese Ideen 1905 in seiner speziellen Relativitätstheorie ein. Er erklärte, wie sich für einen Beobachter auf der Erde Objekte, die sich mit nahezu Lichtgeschwindigkeit durch den Raum bewegen, zusammenzuziehen scheinen und die Zeit für diese Objekte langsamer zu vergehen scheint. 1907 schlug der deutsche Mathematiker Hermann Minkowski

1907
Der Mathematiker Hermann Minkowski erklärt die Relativitätstheorie mithilfe der **vierdimensionalen Raumzeit.**

1915
Einsteins **allgemeine Relativitätstheorie** beschreibt, wie **Raum und Zeit** sich für einen in einem Gravitationsfeld beschleunigten Beobachter **krümmen.**

1916
Karl Schwarzschild sagt die Existenz **Schwarzer Löcher** vorher, deren Gravitation so stark ist, dass **nicht einmal das Licht daraus entkommt.**

1919
Arthur Eddington fotografiert bei einer Sonnenfinsternis, wie sich das **Sternenlicht um die Sonne biegt** und beweist so die Krümmung der Raumzeit.

1929
Edwin Hubble beweist, dass **das Universum expandiert** und dass entfernte Galaxien sich schneller bewegen als nähere.

1974
In den USA finden Russell Hulse und Joseph Taylor **indirekte Anzeichen** für Gravitationswellen, als sie die Energieverluste von Doppelsternen beobachten.

2017
Forschern vom LIGO gelingt der **erste direkte Nachweis von Gravitationswellen** aus der Kollision zweier Neutronensterne.

vor, Zeit und Raum zu einer Einheit zusammenzufassen, der Raumzeit.

Die spezielle Relativitätstheorie hatte weitreichende Konsequenzen. Die Vorstellung, dass Energie und Masse einfach zwei Ausdrücke derselben Sache sind, wie sie durch Einsteins Formel $E = mc^2$ beschrieben wird, führte zur Entdeckung der Kernfusion, der Kraftquelle der Sterne, und schließlich zur Entwicklung der Atombombe.

1915 erweiterte Einstein seine Ideen auf Objekte, die sich mit wechselnder Geschwindigkeit und durch Gravitationsfelder bewegen. Die allgemeine Relativitätstheorie beschreibt, wie sich die Raumzeit krümmt, so wie sich ein Kissen durch ein schweres Gewicht darauf verformt. Der Physiker Karl Schwarzschild ging noch einen Schritt weiter und sagte die Existenz extrem massiver Objekte voraus, die die Raumzeit an einem einzigen Punkt so stark krümmen, dass nichts, noch nicht einmal das Licht, daraus entkommen kann. Die Astronomie hat seitdem Belege für diese Schwarzen Löcher geliefert, man geht heute davon aus, dass die größten Sterne nach Ablauf ihrer Lebensdauer zu Schwarzen Löchern werden.

Jenseits der Milchstraße

Anfang der 1920er-Jahre konnten die Astronomen die Entfernung zu den Sternen und deren Relativgeschwindigkeit zur Erde messen. Dies revolutionierte die Art und Weise, wie die Menschen das Universum und unsere Stellung darin wahrnahmen. Noch zu Beginn des 20. Jahrhunderts glaubte man, das Universum umfasse nur unsere Milchstraße, also alles innerhalb von 100 000 Lichtjahren Entfernung. Doch die Entdeckung einer anderen Galaxie, der Andromeda-Galaxie, durch den amerikanischen Astronomen Edwin Hubble 1924 zeigte, dass unsere Milchstraße nur eine von Milliarden anderen Galaxien ist. Darüber hinaus entfernen sich diese Galaxien voneinander, was zu der Annahme des sogenannten Urknalls vor 13,8 Mrd. Jahren führte.

Noch immer haben die Astrophysiker das Universum bei Weitem nicht verstanden. Unsichtbare Dunkle Materie und Dunkle Energie machen 95 Prozent des bekannten Universums aus und scheinen alles zu beeinflussen, ohne dass sich ihre Anwesenheit zeigt. Ebenso bleibt es ein Rätsel, wie ein Schwarzes Loch aussieht und wie der Urknall ablief. Aber die Astrophysiker kommen dem immer näher. ■

DIE SCHLEIFEN DER HIMMELS-KÖRPER

HIMMELSMECHANIK

IM KONTEXT

SCHLÜSSELFIGUR
Ptolemäus
(um 100 bis um 170 n. Chr.)

FRÜHER
2137 v. Chr. Älteste bekannte Aufzeichnung chinesischer Astronomen von einer Sonnenfinsternis.

4. Jh. v. Chr. Aristoteles beschreibt die Erde als Kugel im Mittelpunkt des Universums.

um 130 v. Chr. Hipparch stellt seinen Sternenkatalog zusammen.

SPÄTER
1543 Nach Nikolaus Kopernikus ist die Sonne, nicht die Erde, Mittelpunkt des Universums.

1784 Der französische Astronom Charles Messier katalogisiert Sternenhaufen und Nebel in der Milchstraße.

1924 Edwin Hubble zeigt, dass die Milchstraße nur eine von vielen Galaxien ist.

Seit Menschengedenken blicken die Menschen in den Nachthimmel, gefesselt durch die Bewegung von Sonne, Mond und Sternen. Eines der frühesten Beispiele der primitiven Astronomie ist das britische Stonehenge, ein Steinkreis aus der Zeit um 3000 v. Chr. Zwar ist der Zweck der Riesensteine unklar, doch zumindest einige von ihnen sollten durch ihre Ausrichtung wohl die Bewegung der Sonne am Himmel und die Bewegung des Mondes zeigen. Weltweit gibt es etliche vergleichbare Anlagen.

Früher brachte man Objekte am Nachthimmel mit Göttern und Geistern auf der Erde in Verbindung. Sie glaubten, Himmelskörper würden sich auf ihr Leben auswirken, z. B. war der Mond mit dem Fruchtbarkeitszyklus verbunden. Einige Kulturen wiesen Sternen, die regelmäßig am Himmel erschienen, Muster zu: die Sternbilder.

Stonehenge, das prähistorische Monument im Südwesten Englands, dürfte gebaut worden sein, damit die Menschen die Bewegung der Sonne über den Himmel verfolgen konnten.

Siehe auch: Die wissenschaftliche Methode 20–23 ▪ Die Sprache der Physik 24–31 ▪ Modelle des Universums 272–273 ▪ Entdeckung anderer Galaxien 290–293

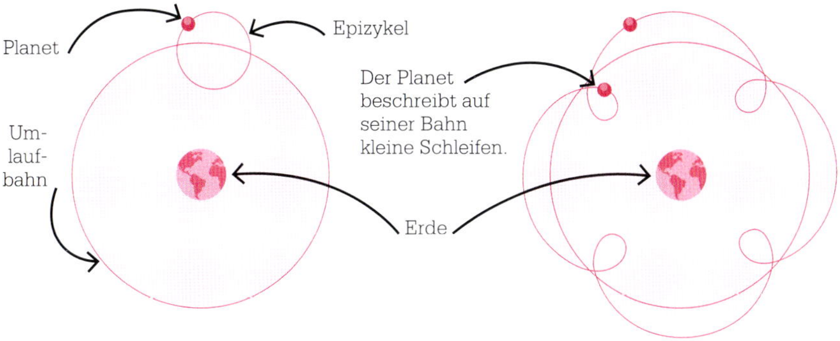

Ptolemäus glaubte, dass jeder Planet die Erde umkreist und sich gleichzeitig auf einer kreisförmigen Unterbahn, einem Epizykel, bewegt. Damit wollte er die unvorhersehbare retrograde (rückläufige) Bewegung der Sterne und Planeten erklären.

Den Himmel beobachten

Doch nicht nur die Bewegungen von Sternen und Planeten faszinierten die frühen Astronomen, sondern auch kurzlebige Ereignisse. Chinesische Astronomen beschrieben schon um 1000 v. Chr. den Halley'schen Kometen als Gaststern. Sie zeichneten auch Supernovae (explodierende Sterne) auf, vor allem die von 1054 n. Chr., die zur Entstehung des Krebsnebels führte. Nach den Berichten war sie so hell, dass man sie etwa einen Monat lang auch am Tage sehen konnte.

Im 4. Jahrhundert v. Chr. postulierte der griechische Philosoph Aristoteles, die Erde sei das Zentrum des Universums, um das alle anderen Körper wie der Mond und die Planeten sich drehen. Um 150 v. Chr. entwickelte der Astronom Claudius Ptolemäus (Ptolemäus von Alexandria) diese Theorie weiter und versuchte, die scheinbar unregelmäßigen Bewegungen der Sterne und Planeten am Nachthimmel mathematisch zu beschreiben. Aus der Beobachtung der Hin-und-Her-Bewegung einiger Planeten und der Tatsache, dass andere sich kaum zu bewegen schienen, schloss er, die Himmelskörper würden sich in komplexen kreisförmigen Bahnen und Epizyklen (Unterbahnen) um die stillstehende Erde bewegen.

Die Erde im Zentrum

Ptolemäus stützte viele seiner Berechnungen auf die Beobachtungen von Hipparch, einem griechischen Astronomen aus dem 2. Jahrhundert v. Chr. In Ptolemäus' bekanntestem Werk, dem *Almagest,* das seine geozentrische Theorie darlegt, verwendete er Hipparchs Aufzeichnungen über die Bewegungen von Mond und Sonne, berechnete die Positionen von Mond, Sonne, Planeten und Sternen zu verschiedenen Zeiten und sagte Finsternisse vorher.

Ptolemäus' komplexes Modell des Universums, das ptolemäische System, dominierte das astronomische Denken jahrhundertelang. Erst im 16. Jahrhundert schrieb Nikolaus Kopernikus, dass nicht die Erde, sondern die Sonne im Zentrum des Universums steht. Obwohl seine Lehre zunächst verhöhnt wurde – und die Kirche Galileo Galilei 1633 als Ketzer verurteilte, weil er sie unterstützte – stellte sie sich schließlich als richtig heraus. ■

Ptolemäus

Claudius Ptolemäus lebte von etwa 100 bis 170 n. Chr. Über sein Leben ist nur bekannt, dass er in Alexandria in der römischen Provinz Ägypten wirkte und über eine Vielzahl von Themen schrieb, darunter Astronomie, Astrologie, Musik, Geografie und Mathematik. In *Geografie* listete er die Breiten- und Längengrade vieler Orte der bekannten Welt auf und erstellte eine Karte zum Vervielfältigen. Sein erstes größeres Werk über Astronomie war der *Almagest,* in dem er 1022 Sterne und 48 Sternbilder katalogisierte und versuchte, die Bewegung von Sternen und Planeten am Himmel zu erklären. Sein geozentrisches Modell des Universums hielt sich über Jahrhunderte. Trotz aller Ungenauigkeiten war Ptolemäus' Werk enorm einflussreich für das Verständnis, wie sich die Dinge im Raum bewegen.

Hauptwerke

um 150 n. Chr. *Almagest*
um 150 n. Chr. *Geografie*
um 150–170 n. Chr. *Handliche Tabellen*
um 150–170 n. Chr. *Planetenhypothesen*

DIE ERDE IST NICHT DER MITTELPUNKT DER WELT

MODELLE DES UNIVERSUMS

IM KONTEXT

SCHLÜSSELFIGUR
Nikolaus Kopernikus
(1473–1543)

FRÜHER
6. Jh. v. Chr. Pythagoras folgert: Da der Mond rund ist, ist auch die Erde rund.

3. Jh. v. Chr. Eratosthenes bestimmt den Erdumfang mit hoher Genauigkeit.

2. Jh. v. Chr. Nach Ptolemäus von Alexandria ist die Erde der Mittelpunkt des Universums.

SPÄTER
1609 Johannes Kepler beschreibt die Bewegung der Planeten um die Sonne.

1610 Galileo Galilei beobachtet die Monde, die Jupiter umkreisen.

1616 Nikolaus Kopernikus' Buch *De revolutionibus orbium coelestium* (Über die Umlaufbahnen der Himmelssphären) wird von der katholischen Kirche verboten.

Die **unregelmäßigen Bewegungen der Sterne und Planeten** sind nicht mit der Erde im Mittelpunkt erklärbar.

↓

Die **Erde steht scheinbar still,** doch sie **dreht sich** – deshalb scheinen die Sterne über den Himmel zu ziehen.

↓

Von der Erde aus gesehen scheinen sich die **anderen Planeten** manchmal **rückwärts zu bewegen.** Doch das wirkt nur so, **weil die Erde sich bewegt.**

↓

Kopernikus glaubte, die **Sonne** stehe **still im Zentrum des Universums** und die Erde und die anderen Planeten würden sie umkreisen.

Heute erscheint die Vorstellung einer flachen Erde merkwürdig. Doch frühe Darstellungen der Welt, etwa im alten Ägypten, zeigen genau das: Die Erde war eine kreisförmige Scheibe, die auf einem Ozean schwimmt, darüber eine Kuppel – der Himmel – und die Unterwelt darunter.

Erst im 6. Jahrhundert v. Chr. erkannten die griechischen Philosophen, dass die Erde rund ist. Pythagoras stellte erstmals fest, dass der Mond kugelförmig ist, und beobachtete, dass die Linie zwischen Tag und Nacht auf dem Mond gekrümmt ist. Dies brachte ihn zu der Annahme, dass auch die Erde kugelförmig sei. Aristoteles ergänzte das später, indem er den gekrümmten Erdschatten während einer Mondfinsternis und die wechselnden Positionen der Sternbilder notierte. Eratosthenes ging sogar noch weiter. Er sah, dass die Sonne in den Städten Syene und Alexandria unterschiedliche Schatten warf, und berechnete auf diese Weise den Umfang des Planeten. Er sollte zwischen 38 000 und 47 000 km liegen – ziemlich dicht am wahren Wert von 40 075 km.

Viele Studien dienten auch dazu, die Stellung der Erde inner-

Siehe auch: Die wissenschaftliche Methode 20–23 ▪ Die Bewegungsgesetze 40–45 ▪ Die Gravitationsgesetze 46–51 ▪ Himmelsmechanik 270–271 ▪ Entdeckung anderer Galaxien 290–293 ▪ Der Urknall 296–301

» Die Zeit hat jedermann die Wahrheiten enthüllt, die ich vorher dargelegt habe. «

Galileo Galilei

halb des bekannten Universums herauszuarbeiten. Im 2. Jahrhundert beschrieb Ptolemäus von Alexandria die Erde als eine feststehende Kugel im Zentrum des Universums, die von allen anderen bekannten Körpern umkreist wird. Fünf Jahrhunderte zuvor hatte der griechische Astronom Aristarch von Samos vorgeschlagen, die Sonne sei das Zentrum des Universums, doch Ptolemäus' geozentrische (erdzentrierte) Sicht wurde weithin akzeptiert.

Jupiter hat 79 Monde, wie man heute weiß. Als Galileo Galilei 1610 der ersten vier Jupitermonde entdeckte, bewies das Kopernikus' Theorie, dass nicht alles um die Sonne kreist.

Die Sonne im Zentrum

Die Idee eines Universums mit der Sonne im Zentrum ruhte bis ins frühe 16. Jahrhundert, als Nikolaus Kopernikus ein kurzes Manuskript, den *Commentariolus,* verfasste und Freunden gab. Darin schlug er ein heliozentrisches (sonnenzentriertes) Modell vor, bei dem die Sonne im Mittelpunkt des Universums steht und die Erde und andere Planeten um sie kreisen. Dass die Sonne auf- und untergeht, sei auf die Rotation der Erde zurückzuführen.

Die katholische Kirche akzeptierte die Werke zunächst, bei den Protestanten galten sie als Ketzerei. Erst zu Galileis Zeiten gerieten sie auf den Index. Nichtsdestotrotz setzte sich der heliozentrische Ansatz durch. Der Astronom Johannes Kepler veröffentlichte 1609 und 1619 seine Bewegungsgesetze, nach denen sich die Planeten in nicht ganz perfekten Kreisen um die Sonne bewegten: nahe der Sonne schneller, in größerer Entfernung langsamer. Als Galileo Galilei vier Monde entdeckte, die den Jupiter umkreisten, war dies ein Beweis dafür, dass andere Körper andere Welten umkreisten und die Erde nicht das Zentrum war, um das sich alles drehte. ■

Nikolaus Kopernikus

Nikolaus Kopernikus wurde am 19. Februar 1473 in Thorn (heute Toruń, Polen) als Sohn eines wohlhabenden Kaufmanns geboren. Sein Vater starb, als Nikolaus 10 Jahre alt war, doch sein Onkel, der Bischof von Ermland in Nordpolen, ermöglichte dem Jungen eine gute Ausbildung. Er studierte in Polen und Italien, wo er Interesse an Geografie und Astronomie entwickelte.

Kopernikus arbeitete für seinen Onkel, doch nach dessen Tod 1512 widmete er sich mehr der Astronomie. 1514 verteilte er ein handgeschriebenes Pamphlet (den *Commentariolus*), in dem er davon schrieb, die Sonne und nicht die Erde sei das Zentrum des bekannten Universums. Obwohl er sein längeres Werk *De revolutionibus orbium coelestium* (»Über Kreisbewegungen der Weltkörper«) schon 1532 fertigstellte, veröffentlichte er es erst 1543, zwei Monate vor seinem Tod.

Hauptwerke

1514 *Commentariolus*
1543 *Über die Kreisbewegungen der Weltkörper*

KEINE WAHRE ZEIT, KEINE WAHRE LÄNGE

VON GALILEIS RELATIVITÄTSPRINZIP ZUR SPEZIELLEN RELATIVITÄTSTHEORIE

IM KONTEXT

SCHLÜSSELFIGUR
Hendrik Lorentz (1853–1928)

FRÜHER
1632 Galileo Galilei behauptet, in einem fensterlosen Raum könne man nicht sagen, ob man sich gleichförmig bewegt oder ruht.

1687 Isaac Newton formuliert seine Bewegungsgesetze mithilfe Galileis Theorie.

SPÄTER
1905 Albert Einstein stellt seine spezielle Relativitätstheorie vor, der zufolge die Lichtgeschwindigkeit immer konstant ist.

1916 Einstein zeigt in seiner allgemeinen Relativitätstheorie, wie die Gravitation die Raumzeit verzerrt.

2015 Forscher in Europa und den USA weisen Gravitationswellen nach – Kräuselungen der Raumzeit, die Einstein 100 Jahre früher vorhersagte.

Die Ideen der Relativitätstheorie – Absonderlichkeiten in Raum und Zeit – werden meist Albert Einstein zugeschrieben. Doch sie sind viel älter.

Galileis Relativitätsprinzip

1632 hatte Galileo Galilei gesagt, man könne nicht wissen, ob ein Raum ruht oder sich mit konstanter Geschwindigkeit bewegt, wenn sich Gegenstände darin bewegen. Diese Idee ist als Galileis Relativitätsprinzip bekannt. Es wurde erweitert durch die Aussage, die physikalischen Gesetze in allen Inertialsystemen (d. h. Bezugssystemen, die sich mit konstanter Geschwindigkeit bewegen) seien gleich.

Der niederländische Physiker Hendrik Lorentz bewies das 1892. Sein Satz von Gleichungen, die Lorentz-Transformationen, zeigte, wie sich Masse, Länge und Zeit ändern, wenn sich ein räumliches Objekt der Lichtgeschwindigkeit nähert, und dass die Lichtgeschwindigkeit in einem Vakuum konstant ist. Lorentz' Arbeit ebnete den Weg für Einsteins spezielle Relativitätstheorie, in der er zeigte, dass nicht nur die Gesetze der Physik gleich sind, unabhängig davon, ob sich eine Person mit konstanter Geschwindigkeit bewegt oder nicht, sondern dass die Lichtgeschwindigkeit gleich ist, wenn sie in beiden Szenarien gemessen wird. Diese Idee brachte ein völlig neues Verständnis des Universums. ■

Galilei zeigte sein Relativitätsprinzip anhand eines Schiffs auf ruhiger See. Ein Passagier, der unter Deck einen Ball fallen lässt, kann nicht sagen, ob das Schiff fährt oder steht.

Siehe auch: Die Bewegungsgesetze 40–45 ▪ Die Gravitationsgesetze 46–51 ▪ Die Lichtgeschwindigkeit 275 ▪ Spezielle Relativitätstheorie 276–279 ▪ Das Äquivalenzprinzip 281

DIE SONNE, WIE SIE VOR ACHT MINUTEN WAR

DIE LICHTGESCHWINDIGKEIT

IM KONTEXT

SCHLÜSSELFIGUREN
Albert Michelson (1852–1931),
Edward Morley (1838–1923)

FRÜHER
4. Jh. v. Chr. Nach Aristoteles breitet das Licht sich ohne Zeitverzug aus.

1629 Der Niederländer Isaac Beeckman versucht (vergebens), mit Spiegeln und einer Explosion die Lichtgeschwindigkeit zu bestimmen.

1850 Hyppolite Fizeau und Léon Foucault messen die Lichtgeschwindigkeit.

SPÄTER
1905 Nach Albert Einstein ist die Lichtgeschwindigkeit im Vakuum immer konstant.

1920 Erstmals wird die Größe eines Sterns mit einem Interferometer vermessen.

1983 Die Lichtgeschwindigkeit wird auf den Wert 299 792 458 m/s festgelegt.

Wie schnell ist das Licht? Der griechische Philosoph Empedokles glaubte, es müsse eine Zeit dauern, bis das Licht von der Sonne die Erde erreicht, während Aristoteles sich fragte, ob Licht überhaupt eine Geschwindigkeit hat.

Das Licht messen

Nach nicht aussagekräftigen Versuchen im 17. Jahrhundert führten Hippolyte Fizeau und Léon Foucault unabhängig voneinander 1850 die ersten echten Messungen durch. Sie verwendeten ein rotierendes Zahnrad bzw. einen Drehspiegel, um einen Lichtstrahl zu unterbrechen. Foucault berechnete die Lichtgeschwindigkeit aus dem Winkel zwischen dem Licht, das zum und vom Drehspiegel geht, und dessen Rotationsgeschwindigkeit.

Um 1880 verbesserte der amerikanische Physiker Albert Michelson die Technik, indem er einen Lichtstrahl von zwei Spiegeln über eine größere Strecke reflektierte. Er baute ein Interferometer, das den Lichtstrahl aufspalten, die beiden Teilstrahlen auf unterschiedliche Bahnen lenken und sie dann wieder zusammenführen konnte. Unter Berücksichtigung des Musters der Reflexion errechnete er eine Lichtgeschwindigkeit von 299 853 km/s.

1887 versuchten Michelson und Edward Morley, die Bewegung der Erde durch den Äther zu messen, der das Licht »tragen« sollte, so wie Luft den Schall. Sie fanden keine Hinweise auf einen solchen Äther, zeichneten aber immer präzisere Werte für eine konstante Lichtgeschwindigkeit auf. ■

Das Licht benötigt von der Sonne zur Erde acht Minuten.

Siehe auch: Fernrohr und Mikroskop 170–175 ▪ Welle oder Teilchen? 176–179 ▪ Beugung und Interferenz 180–183 ▪ Doppler-Effekt und Rotverschiebung 188–191

HÄLT OXFORD AN DIESEM ZUG?

SPEZIELLE RELATIVITÄTSTHEORIE

IM KONTEXT

SCHLÜSSELFIGUR
Albert Einstein (1879–1955)

FRÜHER
1632 Galileo Galilei schreibt über sein Relativitätsprinzip.

1687 Isaac Newton entwirft die Bewegungsgesetze.

1861 James Clerk Maxwell formuliert seine Gleichungen zur Beschreibung elektromagnetischer Wellen.

SPÄTER
1907 Hermann Minkowski stellt seine Idee der Zeit als der vierten Dimension neben drei Raum-Dimensionen vor.

1915 Albert Einstein fasst in seiner allgemeinen Relativitätstheorie Schwerkraft und Beschleunigung zusammen.

1971 Um die Zeitdilatation nach der Relativitätstheorie zu demonstrieren, werden Atomuhren um die Welt geflogen.

Die Relativitätstheorie ist alt. Schon 1632 stellte sich Galileo Galilei einen Reisenden in einer fensterlosen Kabine auf einem Schiff vor, das mit konstanter Geschwindigkeit auf ruhiger See fährt. Konnte er feststellen, ob sich das Schiff bewegte, ohne an Deck zu gehen? Konnte es ein Experiment geben, das auf einem fahrenden Schiff zu einem anderen Ergebnis führt als dasselbe Experiment an Land? Galileo verneinte diese Fragen. Wenn das Schiff sich mit konstanter Geschwindigkeit immer in dieselbe Richtung bewegte, wären die Ergebnisse gleich. Keine Maßeinheit ist absolut – alle Einheiten sind relativ zu

Siehe auch: Von Galileis Relativitätsprinzip zur speziellen Relativitätstheorie 274 ▪ Die Lichtgeschwindigkeit 275 ▪ Gekrümmte Raumzeit 280 ▪ Das Äquivalenzprinzip 281 ▪ Paradoxien der speziellen Relativitätstheorie 282–283 ▪ Masse und Energie 284–285

Die **Geschwindigkeit** eines Körpers ist **relativ** zu anderen Körpern, aber die **Lichtgeschwindigkeit** ist absolut und **konstant.**

Auch für Beobachter, die sich mit **nahezu Lichtgeschwindigkeit bewegen,** kommt ein Lichtstrahl mit Lichtgeschwindigkeit an.

Je **schneller ein Bezugssystem** sich relativ zu einem Beobachter bewegt, **umso langsamer verläuft** für ihn **die Zeit.**

Relativ zueinander bewegte Beobachter erfahren **Raum und Zeit unterschiedlich.**

etwas anderem definiert. Um etwas zu messen, sei es Zeit, Entfernung oder Masse, muss es etwas geben, an dem man es messen kann.

Wie schnell Menschen ein sich bewegendes Objekt wahrnehmen, hängt von ihrer Geschwindigkeit relativ zu diesem Objekt ab. Wenn etwa jemand in einem schnellen Zug einem anderen Fahrgast einen Apfel zuwirft, bewegt sich der Apfel für ihn nur langsam, aber für einen draußen stehenden Beobachter flitzen der Apfel und die Fahrgäste rasend schnell vorbei.

Bezugssystem

Die Idee, dass Bewegung ohne ein Bezugssystem keine Bedeutung hat, ist grundlegend für Albert Einsteins spezielle Relativitätstheorie. »Speziell« deshalb, weil sie sich mit Objekten befasst, die sich mit konstanter Geschwindigkeit relativ zueinander bewegen, ohne dass Kräfte wirken. Physiker nennen das ein Inertialsystem. Wie von Isaac Newton dargelegt, bewegt sich ein Körper, auf den keine Kraft wirkt, geradlinig mit gleichförmiger Geschwindigkeit. Diese Idee Newtons der absoluten Bewegung, unabhängig von etwas anderem, war bis zu Einstein die herrschende Auffassung. Die spezielle Relativitätstheorie setzte dem ein Ende.

Relativitätsprinzip

Wie Michael Faraday in den 1820er-Jahren entdeckte, wird ein elektrischer Strom erzeugt, wenn sich ein Magnet in einer Drahtspule bewegt oder wenn die Spule bewegt wird und der Magnet stillsteht. So gingen die Forscher davon aus, dass es zwei verschiedene Erklärungen für dieses Phänomen gibt – eine für die sich bewegende Spule und eine für den sich bewegenden Magneten. Einstein lehnte das ab. In seiner 1905 erschienenen Arbeit »Über die Elektrodynamik bewegter Körper« sagte er, dass es keine Rolle spielt, welcher Körper sich bewegt – wichtig sei nur ihre Relativbewegung. Für sein »Prinzip der Relativität« erklärte er, dass für alle Koordinatensysteme, für welche die mechanischen Gleichungen gelten, auch die gleichen elektrodynamischen und optischen Gesetze gelten. Mit anderen Worten, die physikalischen Gesetze sind in allen Inertialsystemen gleich. Das war ein ganz ähnlicher Schluss wie von Galilei 1632.

Licht ist eine Konstante

In James Clerk Maxwells Gleichungen über elektromagnetische Wellen ist deren Geschwindigkeit (etwa 300 000 km/s) eine Konstante, definiert durch den Raum, durch den sie sich bewegen. Die Maxwell'schen Gleichungen gelten in jedem Inertialsystem. Einstein sagte nun, obwohl einige Dinge relativ sein mögen, sei die Lichtgeschwindigkeit absolut und immer gleich: Das Licht bewegt sich mit konstanter Geschwindigkeit, unabhängig von allem anderen, einschließlich der Bewegung der Lichtquelle, und sie wird nicht relativ zu etwas anderem gemessen. Das macht den grundlegenden Unterschied zwischen Licht und Materie aus: Alle Geschwindigkeiten unterhalb der Lichtgeschwindigkeit sind relativ zum Bezugssystem des Beobachters, und nichts kann sich schneller bewegen als das Licht. In der Konsequenz »

» Wenn du es nicht einfach erklären kannst, hast du es nicht gut genug verstanden. «

Albert Einstein

müssen zwei Beobachter, die sich relativ zueinander bewegen, die Geschwindigkeit eines Lichtstrahls immer als gleich messen – auch wenn sich einer in die gleiche Richtung wie der Lichtstrahl und der andere entgegengesetzt bewegt.

Eine Frage der Zeit

Die Idee, dass die Lichtgeschwindigkeit für alle Beobachter konstant ist, ist zentral für die spezielle Relativitätstheorie. Alles andere leitet sich aus dieser einen, scheinbar so einfachen Aussage ab. Einstein sah einen fundamentalen Zusammenhang zwischen Zeit und Lichtgeschwindigkeit: Selbst wenn sich ein Beobachter mit annähernd Lichtgeschwindigkeit fortbewegt, wird er immer noch einen Lichtstrahl bemerken, der mit Lichtgeschwindigkeit ankommt. Dazu aber muss, so Einstein, die Zeit für den Beobachter langsamer vergehen.

Newton glaubte an eine absolute Zeit, die ohne Bezug zu etwas anderem im stets gleichen Maß verstreicht, wo immer im Universum sie gemessen wird. Zehn Sekunden für einen Beobachter sind gleich zehn Sekunden für einen anderen, selbst wenn einer stillsteht und der andere mit einem Raumschiff vorbeifliegt. In der Newton'schen Physik ist die Geschwindigkeit gleich der zurückgelegten Entfernung, geteilt durch die dazu benötigte Zeit, als Gleichung: $v = d/t$. Wenn also die Lichtgeschwindigkeit v immer gleich bleibt, unabhängig von den beiden anderen Werten, dann mussten d und t, d. h. Raum und Zeit, sich ändern.

Die Zeit, so Einstein, vergeht in allen sich bewegenden Bezugssystemen unterschiedlich schnell, d. h., relativ zueinander bewegte Beobachter haben Uhren, die mit unterschiedlichen Geschwindigkeiten laufen. Zeit ist relativ. Werner Heisenberg sagte über Einsteins Entdeckung: »Dies war eine Veränderung in den Grundlagen der Physik selbst.« Nach der speziellen Relativitätstheorie gilt: Je schneller sich ein Mensch durch den Raum bewegt, desto langsamer bewegt er sich durch die Zeit. Dieses Phänomen wird als Zeitdilatation bezeichnet. Wissenschaftler am Large Hadron Collider des CERN, in dem Teilchen mit nahezu Lichtgeschwindigkeit aufeinander geschossen werden, müssen die Auswirkungen der Zeitdilatation bei der Interpretation ihrer experimentellen Ergebnisse berücksichtigen.

Der verkürzte Raum

Einstein fragte sich: Würde ich mein Spiegelbild sehen, wenn ich einen Spiegel halte, während ich mit Lichtgeschwindigkeit reise? Wie würde das Licht den Spiegel erreichen, wenn sich der Spiegel mit Lichtgeschwindigkeit bewegt? Wenn die Lichtgeschwindigkeit eine Konstante ist, dann würde, egal, wie schnell er sich bewegt, das Licht zum Spiegel und wieder zurück sich immer mit 300 000 km/s ausbreiten, weil sich die Lichtgeschwindigkeit nicht ändert.

Damit das Licht den Spiegel erreichen kann, muss nicht nur die Zeit verlangsamt werden, sondern auch die vom Lichtstrahl zurück-

Wenn ein Astronaut in einem Raumschiff, das sich mit nahezu Lichtgeschwindigkeit bewegt, die Lichtgeschwindigkeit mit einer Uhr misst, legt das Licht eine kurze Strecke in kurzer Zeit zurück. Für einen Beobachter auf der Erde scheint das Licht auf dem Raumschiff eine längere Strecke in längerer Zeit zurückzulegen. Doch beide Beobachter messen dieselbe Lichtgeschwindigkeit.

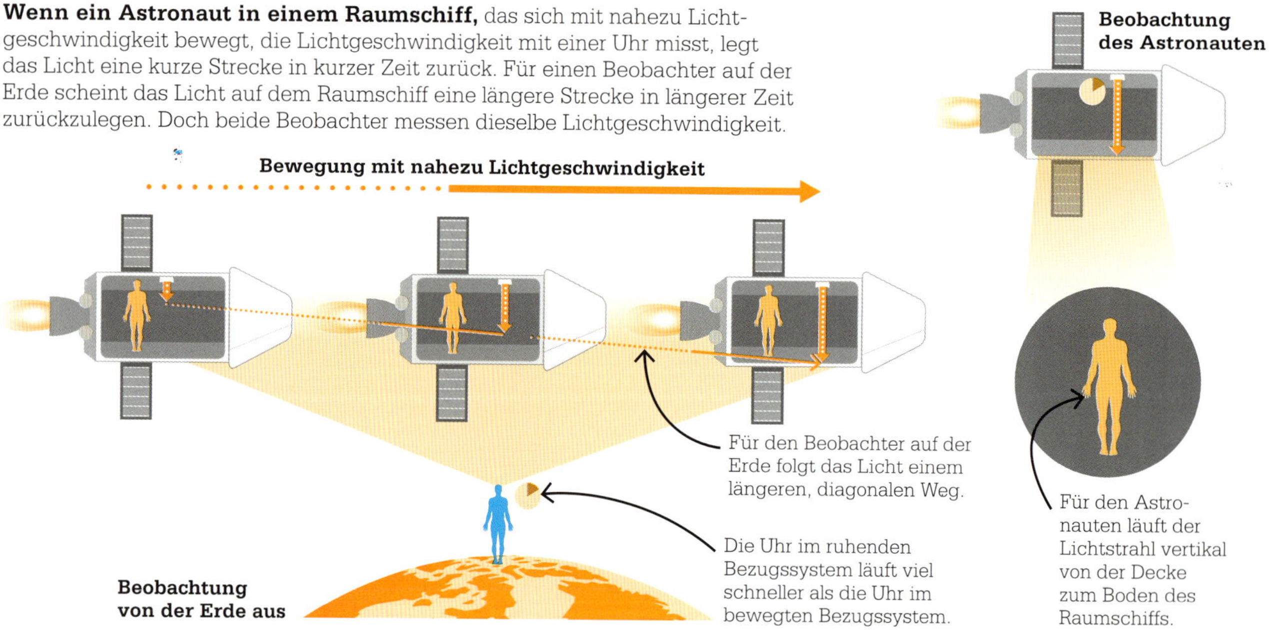

»Einstein bewies in der speziellen Relativitätstheorie, dass Beobachter in verschiedenen Bewegungszuständen unterschiedliche Realitäten erleben.«

Leonard Susskind
Amerikanischer Physiker

gelegte Strecke abnehmen. Bei etwa 99,5 Prozent der Lichtgeschwindigkeit verringern sich Strecken um den Faktor 10. Diese Schrumpfung findet nur in der Bewegungsrichtung statt und ist nur für einen Beobachter sichtbar, der sich in Bezug auf das bewegte Objekt in Ruhe befindet. Die Besatzung eines Raumschiffs, das sich mit nahezu Lichtgeschwindigkeit fortbewegt, nähme keine Veränderung der Länge des Raumschiffs wahr, vielmehr erschiene ihr der Beobachter beim Vorbeiflug verkürzt.

Eine Folge der Kontraktion des Raums ist die Verkürzung der Zeit, die ein Raumschiff für die Reise zu den Sternen benötigen würde. Stellen Sie sich vor, es gäbe ein kosmisches Eisenbahnnetz mit Gleisen von Stern zu Stern. Je schneller ein Raumschiff fliegt, desto kürzer scheint das Gleis zu werden, und damit auch die Entfernung bis zum Ziel. Bei 99,5 Prozent Lichtgeschwindigkeit würde die Reise zum nächstgelegenen Stern etwa fünf Monate in Raumschiffzeit dauern, für einen Beobachter auf der Erde jedoch mehr als vier Jahre.

Einsteins Gleichung

Eine der berühmtesten Gleichungen in der gesamten Physik ist von der speziellen Relativitätstheorie abgeleitet: $E = mc^2$. Einstein veröffentlichte sie als kurzes Postskriptum zu seinem Aufsatz. Dieses Gesetz der Masse-Energie-Äquivalenz besagt, dass Energie (E) und Masse (m) zwei Aspekte ein und derselben Sache sind. Wenn ein Objekt Energie gewinnt oder verliert, verliert oder gewinnt es entsprechend der Formel eine äquivalente Menge an Masse.

Je schneller sich etwa ein Objekt bewegt, desto größer ist seine kinetische Energie und desto größer ist auch seine Masse. Die Lichtgeschwindigkeit (c) hat einen großen Wert, zum Quadrat einen immens großen. Folglich ist die Ausbeute bei der Umwandlung selbst einer winzigen Materien- in die äquivalente Energiemenge kolossal, genauso ist jedoch ein riesiger Energieaufwand erforderlich, um eine merkliche Zunahme der Masse zu erreichen. ■

Die Lichtgeschwindigkeit ist konstant. Der Lichtstrahl aus den Scheinwerfern wird also nicht schneller, wenn das Auto beschleunigt, und nicht langsamer, wenn es bremst.

Albert Einstein

Albert Einstein wurde am 14. März 1879 in Ulm geboren. Er soll erst spät sprechen gelernt haben und sagte später: »Ich denke sehr selten in Worten«. Schon mit vier oder fünf Jahren war Albert fasziniert von den unsichtbaren Kräften auf eine Kompassnadel. Er sagte, dies habe seine Neugier auf die Welt geweckt. Mit sechs Jahren begann er mit dem Geigenunterricht und liebte sein ganzes Leben lang die Musik. Entgegen der Legende war Einstein nicht schlecht in Mathematik – er war ein fähiger Schüler.

1901 wurde Einstein in der Schweiz eingebürgert. Er arbeitete als technischer Assistent im Berner Patentamt und schuf in seiner Freizeit viele seiner besten Werke. 1933 emigrierte er in die USA, trat eine Professur für theoretische Physik in Princeton an und wurde 1940 US-Bürger. Er starb am 18. April 1955.

Hauptwerke

1905 »Über einen die Erzeugung und Verwandlung des Lichts betreffenden heuristischen Gesichtspunkt«
1905 »Zur Elektrodynamik bewegter Körper«

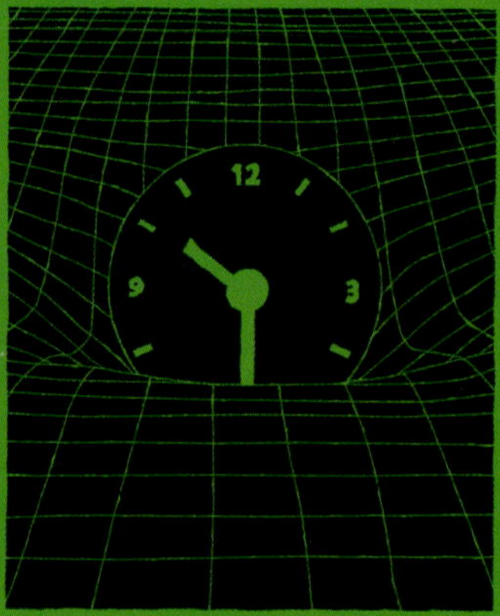

EINE UNION VON RAUM UND ZEIT

GEKRÜMMTE RAUMZEIT

IM KONTEXT

SCHLÜSSELFIGUR
Hermann Minkowski
(1864–1909)

FRÜHER
4. Jh. v. Chr. Euklids Werke zur Geometrie zeigen, wie die alten Griechen den Raum mathematisch behandelten.

1637 Der Philosoph René Descartes entwickelt die kartesischen Koordinaten und kann so Orte berechnen.

1813 Der deutsche Mathematiker Carl Friedrich Gauss hat die Idee nichteuklidischer Räume.

SPÄTER
1915 Albert Einstein nutzt Minkowskis Arbeiten und entwickelt seine allgemeine Relativitätstheorie.

1919 Arthur Eddington beobachtet die Verschiebung von Sternen bei einer Sonnenfinsternis, ein Beweis der Raumzeitkrümmung.

Die Welt scheint bestimmten geometrischen Regeln zu gehorchen. So kann man z. B. die Koordinaten eines Punktes mit Geraden und Winkeln berechnen oder eine bestimmte Form abbilden. Diese grundlegende Weltauffassung nennt sich – nach Euklid von Alexandria – euklidischer Raum.

Anfang des 20. Jahrhunderts wuchs der Bedarf nach einer neuen Auffassung des Universums. Der deutsche Mathematiker Hermann Minkowski erkannte, dass ein Großteil der Physik leichter zu verstehen ist, wenn man sie nicht in drei, sondern in vier Dimensionen betrachtet. In Minkowskis Raumzeit beschreiben drei Koordinaten den Ort eines Punktes im Raum, die vierte gibt den zugehörigen Zeitpunkt an.

Minkowski bemerkte 1908, dass die Erde und das Universum gekrümmt sind und es keine geraden Linien gibt. Ähnlich wie ein Flugzeug nicht einer geraden, sondern einer gekrümmten Bahn über der Erde folgt, krümmt sich das Licht im Universum. Daher können Koordinaten in der Raumzeit nicht genau mit geraden Linien und Winkeln gemessen werden. Detaillierte Berechnungen sind nur mit nichteuklidischen Formen der Geometrie möglich. Sie können z. B. bei der Berechnung von Entfernungen auf der Erdoberfläche nützlich sein. Im euklidischen Raum würde die Entfernung zwischen zwei Punkten so berechnet, als ob die Erdoberfläche flach wäre. In nichteuklidischen Räumen muss jedoch die Krümmung des Planeten berücksichtigt werden, um einen genaueren Wert zu erhalten. ■

» Von Stund an sollen Raum für sich und Zeit für sich völlig zu Schatten herabsinken … «

Hermann Minkowski

Siehe auch: Längen messen 18–19 ▪ Die Sprache der Physik 24–31 ▪ Zeit messen 38–39 ▪ Spezielle Relativitätstheorie 276–279

DIE SCHWERKRAFT ENTSPRICHT EINER BESCHLEUNIGUNG

DAS ÄQUIVALENZPRINZIP

IM KONTEXT

SCHLÜSSELFIGUR
Albert Einstein (1879–1955)

FRÜHER
Um 1590 Galileo Galilei zeigt, dass zwei fallende Körper gleich beschleunigt werden, unabhängig von ihrer Masse.

1609 Johannes Kepler beschreibt, was passiert, wenn der Mond auf seiner Bahn anhalten und zur Erde fallen würde.

1687 Isaac Newtons Gravitationstheorie umfasst auch das Äquivalenzprinzip.

SPÄTER
1964 In Fallversuchen mit Aluminium- und Goldkörpern wird das Äquivalenzprinzip auf der Erde überprüft.

1971 Der Astronaut David Scott lässt auf dem Mond einen Hammer und eine Feder fallen. Wie Galilei Jahrhunderte früher vorhersagte, fallen sie gleich schnell.

Einsteins spezielle Relativitätstheorie von 1905 beschreibt, wie Objekte Raum und Zeit je nach ihrer Bewegung unterschiedlich erfahren. Eine wichtige Folgerung ist, dass Raum und Zeit immer zu einer vierdimensionalen Raumzeit verbunden sind. Einsteins spätere allgemeine Relativitätstheorie beschreibt, wie diese Raumzeit durch massive Objekte verzerrt wird. Masse und Energie sind äquivalent, die Verzerrung, die sie in der Raumzeit verursachen, erzeugt die Effekte der Gravitation.

Einstein gründete seine Theorie auf dem Äquivalenzprinzip – der Idee, dass träge Masse und schwere Masse den gleichen Wert haben. Dies wurde erstmals von Galileo Galilei und Isaac Newton bemerkt und dann von Einstein ab 1907 weiterentwickelt. Wenn eine Kraft auf ein Objekt wirkt, kann man die träge Masse dieses Objekts durch Messung seiner Beschleunigung ermitteln. Die schwere Masse eines Objekts erhält man durch Messung der Schwerkraft. Beide Berechnungen ergeben denselben Wert. Lässt eine Person auf der Erde ein Objekt fallen, ist dessen gemessene Masse dieselbe, wie wenn sich die Person in einem beschleunigenden Raumschiff befindet. Damit ist es unmöglich zu sagen, ob sich eine Person in einem Gravitationsfeld befindet oder durch den Weltraum beschleunigt.

In einem beschleunigten Raumschiff verhält sich ein fallender Ball genauso wie ein Ball, der im Gravitationsfeld der Erde fällt.

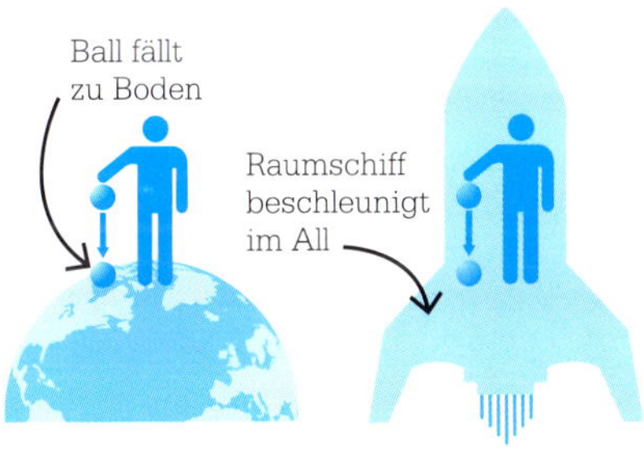

Einstein stellte sich weiter vor, wie ein Lichtstrahl für die Person im Innern des Raumschiffs aussehen würde. Er kam zu dem Schluss, dass starke Schwerkraft und extreme Beschleunigung den gleichen Effekt haben würden: Der Lichtstrahl würde sich nach unten krümmen. ■

Siehe auch: Der freie Fall 32–35 ▪ Die Gravitationsgesetze 46–51 ▪ Spezielle Relativitätstheorie 276–279 ▪ Gekrümmte Raumzeit 280 ▪ Masse und Energie 284–285

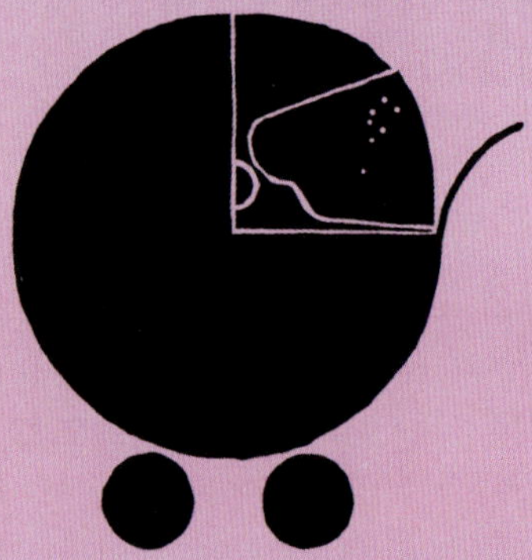

WARUM IST DER REISENDE ZWILLING JÜNGER?

PARADOXIEN DER SPEZIELLEN RELATIVITÄTSTHEORIE

IM KONTEXT

SCHLÜSSELFIGUR
Paul Langevin (1872–1940)

FRÜHER
1905 Albert Einstein behauptet, dass für eine bewegte Uhr die Zeit langsamer läuft als für eine ruhende Uhr.

1911 Einstein führt diese Idee fort: Eine bewegte Person bleibt jünger als eine ruhende Person.

SPÄTER
1971 Die amerikanischen Physiker Joseph Hafele und Richard Keating beweisen Einsteins Zeitdilatation, indem sie Atomuhren in Düsenflugzeugen um die Erde schicken und mit ortsfesten Atomuhren vergleichen.

1978 An den ersten GPS-Satelliten stellt man fest, dass auch sie die Zeitdilatation erfahren.

2019 Die NASA startet eine Atomuhr, die im Weltraum arbeiten soll.

Einsteins Relativitätstheorien haben Wissenschaftler zu einigen Gedankenexperimenten geführt, um zu untersuchen, wie Licht und andere Objekte sich verhalten, wenn sie extreme Werte von Zeit, Raum und Bewegung erreichen – etwa, wenn ein sich bewegender Körper sich der Lichtgeschwindigkeit nähert.

Eines der bekanntesten davon ist das Zwillingsparadoxon, aufgebracht erstmals 1911 von dem französischen Physiker Paul Langevin, als Folge der Zeitdilatation. Demnach sieht ein Beobachter für einen Körper, der sich schneller als der Beobachter bewegt, die Zeit langsamer ablaufen. Je schneller sich der Körper bewegt, desto langsamer sieht der Beobachter die Zeit vergehen.

Langevin fragte: Was würde passieren, wenn ein Zwilling eines eineiigen Zwillingspärchens auf eine sehr schnelle Reise ins All und zurück geschickt würde? Für den Zwilling auf der Erde hat sich der Reisende bewegt, sodass der Reisende bei seiner Rückkehr der Jüngere der beiden sein würde. Aber der Reisende würde argumentieren, dass sich der Zwilling auf der Erde bewegte und dass er selbst in Ruhe war. Demnach wäre der Zwilling auf der Erde jünger.

Es gibt zwei Lösungen für dieses scheinbare Paradoxon. Die erste ist, dass der Reisende seine Geschwindigkeit ändern muss, um nach Hause zurückzukehren, während der Zwilling auf der Erde bei konstanter Geschwindigkeit bleibt – der Reisende wird also jünger sein. Der andere Lösungsansatz sagt, dass der Reisende das Bezugssystem der Erde verlässt, während der Zwilling auf der Erde dort bleibt. Demnach bestimmt der Reisende die Ereignisse, die geschehen.

> »Wenn er zur Erde zurückkehrt, um zwei Jahre gealtert, steigt [der Reisende] aus dem Fahrzeug und stellt fest, dass unser Globus wenigstens zweihundert Jahre älter ist…«
>
> **Paul Langevin**

Siehe auch: Zeit messen 38–39 ▪ Von Galileis Relativitätsprinzip zur speziellen Relativitätstheorie 274 ▪ Lichtgeschwindigkeit 275 ▪ Spezielle Relativitätstheorie 276–279 ▪ Gekrümmte Raumzeit 280

Das Scheunenparadoxon

Beim Scheunenparadoxon (auch Leiter- oder Garagenparadoxon genannt) läuft ein Stabhochspringer fast mit Lichtgeschwindigkeit durch eine Scheune. Sein Stab ist doppelt so lang wie die Scheune. Während sich der Stabhochspringer in der Scheune befindet, werden beide Tore gleichzeitig geschlossen und dann wieder geöffnet. Ist es möglich, dass die Stange in die Scheune passt, während die Tore geschlossen sind?

Wenn sich etwas der Lichtgeschwindigkeit nähert, scheint es sich zu verkürzen. Das ist die Längenkontraktion. Im Bezugssystem des Stabhochspringers bewegt sich die Scheune jedoch mit Lichtgeschwindigkeit auf ihn zu und er bewegt sich nicht. Die Scheune würde also kontrahiert werden und die Stange würde nicht passen.

In der Auflösung ermöglichen es einige Ungereimtheiten, dass die Stange doch passt. Vom Beobachter aus gesehen ist die Stange so kurz, dass sie hineinpasst, bevor sich die Scheunentore wieder öffnen. Aus der Sicht des Stabhochspringers schließen und öffnen sich die Türen nicht gleichzeitig, sondern nacheinander, sodass die Stange an einem Ende eintreten und am anderen Ende austreten kann. ▪

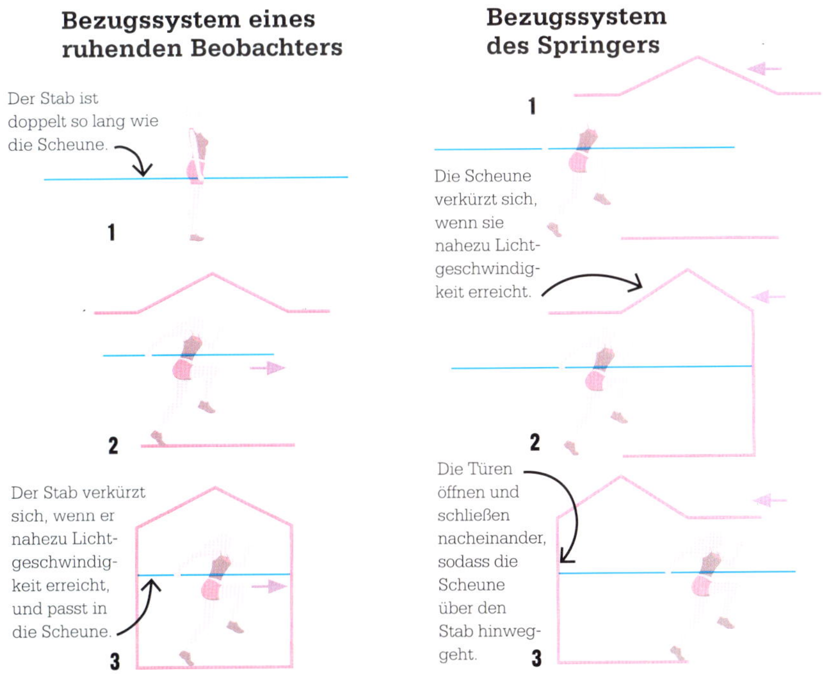

Der Raum um einen mit nahezu Lichtgeschwindigkeit bewegten Körper zieht sich zusammen. Für einen ruhenden Beobachter verkürzt sich der Stab, wenn er die Scheune erreicht, sodass er hineinpasst. Für den Springer hingegen verkürzt sich die Scheune, aber da sich die Türen nicht gleichzeitig öffnen und schließen, flutscht der Stab durch.

Paul Langevin

Paul Langevin wurde 1872 in Paris geboren. Nach dem Studium der Naturwissenschaften dort ging er nach England, um in Cambridge bei J. J. Thomson zu studieren. 1902 kehrte er an die Sorbonne in Paris zurück, promovierte in Physik und wurde 1904 Professor für Physik am Collège de France und 1926 Direktor der Fakultät für Physik und Chemie. 1934 wurde er in die Akademie der Wissenschaften gewählt.

Langevin war vor allem für seine Arbeiten über Magnetismus bekannt, baute im Ersten Weltkrieg das erste Sonar zur Ortung von U-Booten und führte Einsteins Theorien in Frankreich ein. Er arbeitete zum Moderieren von Neutronen und legte damit eine Grundlage für den Bau von Kernreaktoren. Unter der deutschen Besatzung Frankreichs wurde er als Pazifist und Antifaschist verhaftet und unter Hausarrest gestellt. Er starb 1946.

Hauptwerke

1908 »Zur Theorie der Brown'schen Bewegung«
1911 »Die Entwicklung von Raum und Zeit«

DIE ENTWICKLUNG DER STERNE

MASSE UND ENERGIE

IM KONTEXT

SCHLÜSSELFIGUR
Arthur Eddington
(1882–1944)

FRÜHER
1905 Albert Einstein drückt erstmals die Masse-Energie-Äquivalenz aus – ursprünglich in der Form L/V^2.

1916 Einstein betitelt einen Artikel mit $E = mc^2$.

SPÄTER
1939 Der Physiker Hans Bethe stellt eine detaillierte Analyse der Wasserstofffusionskette vor, die Sterne befeuert.

1942 Der erste Kernreaktor Chicaco Pile-1 (CP-1) wird in den USA gebaut.

1945 Die US-Army führt in New Mexico den ersten Atombombentest (Trinity-Test) durch.

2008 Am CERN bei Genf geht der Large Hadron Collider (LHC) in Betrieb, der weltgrößte Teilchenbeschleuniger.

Die berühmte Gleichung $E = mc^2$ für die Masse-Energie-Äquivalenz hat im Lauf der Jahre verschiedene Formen angenommen, ihr Einfluss auf die Physik ist kaum überzubewerten. Sie wurde 1905 von Albert Einstein aufgestellt: Energie (E) ist gleich der Masse (m), multipliziert mit dem Quadrat der Lichtgeschwindigkeit (c^2). Mit der Gleichung kann man die Energie einer gegebenen Masse und alle Änderungen bei einer Kernreaktion berechnen.

Kettenreaktion

Einsteins Gleichung zeigte, dass ein kleiner Masseverlust mit einer enormen Energiefreisetzung einhergehen kann. Eine der wichtigsten Folgen davon war das Verständnis, wie Sterne Energie erzeugen. Bis zu den bahnbrechenden Arbeiten des britischen Physikers Arthur

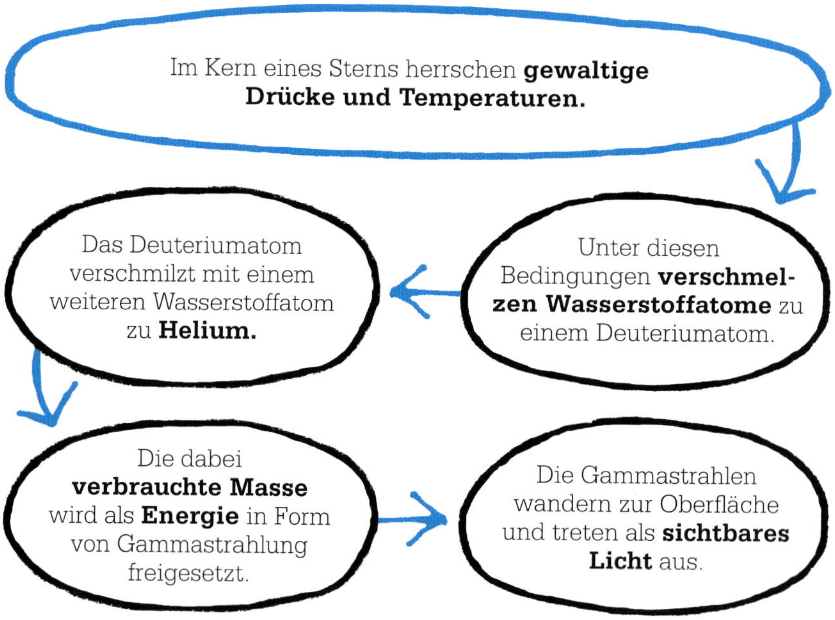

Siehe auch: Energie und Bewegung 56–57 ▪ Licht aus dem Atom 196–199 ▪ Atombomben und Kernenergie 248–251 ▪ Lichtgeschwindigkeit 275 ▪ Spezielle Relativitätstheorie 276–279

Eddington zu Beginn des 20. Jahrhunderts konnten die Wissenschaftler nicht erklären, wie Sterne, etwa die Sonne, so hell strahlen. Wenn ein instabiles (radioaktives) Atom von einem anderen Teilchen, z. B. einem Neutron, getroffen wird, kann es in neue Teilchen zerfallen. Diese können weitere Atome treffen und eine Kettenreaktion auslösen. Dabei wird ein Teil der bei jeder Kollision verloren gehenden Masse in neue Teilchen umgewandelt und der Rest als Energie frei. 1920 schlug Eddington vor, manche Elemente in Sternen könnten in einem ähnlichen Prozess Energie erzeugen.

Kernreaktionen

Laut Eddington wird Wasserstoff in Sternen in Helium und andere schwerere Elemente umgewandelt, heute als Kernfusion bezeichnet. Dies könne für ihre Energieausbeute (das sichtbare Licht, das sie erzeugen) verantwortlich sein. Mit der Einstein'schen Gleichung beschrieb er, wie intensive Hitze und Druck im Innern eines Sterns Kernreaktionen ermöglichen, bei denen Masse vernichtet und Energie freigesetzt wird. Heute hat das Wissen darüber, wie Masse in Energie umgewandelt werden kann, es den Physikern ermöglicht, die Kernspaltung in Reaktoren zu reproduzieren – die Spaltung eines schweren Atoms in zwei leichtere. Es führte auch zur Entwicklung der Atombombe, bei der eine unkontrollierte Kettenreaktion tödliche Energiemengen freisetzt. Teilchenbeschleuniger wie der Large Hadron Collider nutzen die Einstein'sche Gleichung, um Teilchen kollidieren und neue Teilchen entstehen zu lassen. Je höher die Energie, desto größer ist die Masse der entstehenden Teilchen.

Physiker versuchen, die Kernfusion nachzubilden, die mehr Energie als die Kernspaltung erzeugen würde, aber so extreme Bedingungen erfordert, dass sie nur schwer handhabbar ist. Sie hoffen, die Kernfusion könnte in den kommenden Jahrzehnten eine brauchbare Energiequelle auf der Erde sein. ▪

Die Sonne setzt große Mengen von Energie frei, indem durch Kernfusion Wasserstoff zu Helium verschmolzen wird. Der Vorrat an Wasserstoff soll für die nächsten 5 Mrd. Jahre reichen.

Arthur Eddington

Arthur Eddington wurde 1882 im Nordwesten Englands geboren. Er studierte in Manchester, dann in Cambridge, und wurde schon während des Studiums mehrfach ausgezeichnet. Von 1906 bis 1913 forschte er am Observatorium von Greenwich, danach in Cambridge. Als praktizierender Quäker und Pazifist verweigerte er den Dienst als Soldat im Ersten Weltkrieg.

Eddington erläuterte als Erster Einsteins Relativitätstheorie in englischer Sprache. 1919 reiste er nach Príncipe vor der Westküste Afrikas, um eine Sonnenfinsternis zu beobachten, und bewies mit seinen Beobachtungen die Idee der Gravitationslinsen (dass große Massen das Licht beugen, wie in Einsteins allgemeiner Relativitätstheorie vorhergesagt). Er schrieb Artikel über Gravitation, Raumzeit und Relativitätstheorie und 1926 sein Hauptwerk über die Kernfusion in Sternen. Er starb 1944.

Hauptwerke

1923 *Relativitätstheorie in mathematischer Behandlung*
1926 *Der innere Aufbau der Sterne*

WO DIE RAUM-ZEIT EINFACH ENDET

SCHWARZE LÖCHER UND WURMLÖCHER

IM KONTEXT

SCHLÜSSELFIGUR
Karl Schwarzschild
(1873–1916)

FRÜHER

1784 John Michell entwickelt die Idee Dunkler Sterne, die mit ihrer Gravitation Licht einfangen.

1796 Der Franzose Pierre-Simon Laplace sagt die Existenz großer unsichtbarer Objekte im Universum voraus.

SPÄTER

1931 Der aus Indien stammende Astrophysiker Subrahmanyan Chandrasekhar stellt eine Massengrenze für Schwarze Löcher auf.

1971 Das erste Schwarze Loch, Cygnus X-1, wird indirekt in der Milchstraße nachgewiesen.

2019 Ein internationales Astronomenteam erstellt das erste Bild eines Schwarzen Lochs.

Die Idee von Schwarzen Löchern und Wurmlöchern wird seit Jahrhunderten diskutiert, aber erst seit Kurzem beginnen Wissenschaftler sie zu verstehen, und mit ihnen das weitere Universum. 2019 ist es sogar gelungen, ein Bild von einem Schwarzen Loch zu machen.

Der britische Geistliche John Michell dachte als Erster über Schwarze Löcher nach. Er spekulierte in den 1780er-Jahren über Sterne mit so starker Gravitation, dass nichts, nicht einmal Licht, entweichen könnte. Er nannte sie Dunkle Sterne – unsichtbar, doch über ihre Gravitationswirkung auf andere Objekte nachzuweisen.

Siehe auch: Der freie Fall 32–35 ▪ Die Bewegungsgesetze 40–45 ▪ Teilchen und Wellen 212–215 ▪ Von Galileis Relativitätsprinzip zur speziellen Relativitätstheorie 274 ▪ Spezielle Relativitätstheorie 276–279 ▪ Gekrümmte Raumzeit 280 ▪ Das Äquivalenzprinzip 281 ▪ Gravitationswellen 312–315

Die **Gravitation** großer Massen **krümmt die Raumzeit.**

↓

Wird ein **Objekt über ein bestimmtes Maß komprimiert,** wird es zu einem Schwarzen Loch. Dieses Maß ist der **Schwarzschild-Radius,** der Radius des Ereignishorizonts.

↓

Die **Gravitation** eines Schwarzen Lochs (einer Singularität) krümmt die Raumzeit so stark, dass **nichts daraus entkommt** – nicht einmal Licht.

↓

Niemand weiß, was **jenseits des Ereignishorizonts** eines Schwarzen Lochs geschieht.

1803 wies der britische Forscher Thomas Young jedoch nach, dass das Licht eine Welle ist, was zu der Frage führte, ob Licht überhaupt von der Gravitation beeinflusst wird. Michells Idee wurde vergessen, bis Albert Einstein 1915 seine allgemeine Relativitätstheorie entwickelte, nach der selbst das Licht durch die Masse eines Objekts gekrümmt werden kann.

Kein Entkommen

1916 trieb der Physiker Karl Schwarzschild Einsteins Idee auf die Spitze: Eine genügend verdichtete Masse sollte ein Gravitationsfeld erzeugen, aus dem nicht einmal Licht austreten könnte. Sein Rand sollte der sogenannte Ereignishorizont sein. Später sprach man davon als einem Schwarzen Loch. Schwarzschild stellte eine Gleichung auf, mit der er den Radius des Ereignishorizonts (auch Schwarzschild-Radius genannt) für jede Masse berechnen konnte. Wenn ein Objekt so sehr komprimiert wird, dass es in diesen Radius passt, wird es die Raumzeit so stark verzerren, dass seiner Anziehungskraft nichts entkommen kann: Es kollabiert zu einer Singularität, dem Zentrum eines Schwarzen Lochs. Schwarzschild glaubte jedoch nicht, eine solche Singularität könne wirklich existieren. Er sah sie als einen eher theoretischen Punkt an, an dem eine Eigenschaft unendlich ist, hier eben die Dichte der Materie.

Dennoch zeigte Schwarzschilds Arbeit, dass Schwarze Löcher mathematisch nicht ausgeschlossen sind. Astronomen schätzen mit seinen Gleichungen heute die Massen Schwarzer Löcher ab, wenn auch nicht sehr genau, da ihre Rotation und elektrische Ladung nicht berücksichtigt werden können. Damit können Forscher darüber nachdenken, was in der Nähe oder sogar im Innern eines Schwarzen Lochs geschehen könnte.

Massengrenze

1931 arbeitete der indische Astrophysiker Subrahmanyan Chandrasekhar über die Entstehung Schwarzer Löcher. Er zeigte mit Einsteins spezieller Relativitätstheorie, dass es eine Massengrenze gibt, unterhalb der ein Stern am Ende seines Lebens zu einem stabilen kleinen dichten Stern kollabiert, zu einem Weißen Zwerg. Oberhalb davon, etwa dem 1,4-Fachen der Sonnenmasse, kollabiert der Stern weiter, entweder zu einem Neutronenstern oder zu einem Schwarzen Loch.

1939 stellten die amerikanischen Physiker J. Robert Oppenheimer und Hartland Snyder eine modernere Vorstellung von einem Schwarzen Loch vor. Sie schrieben, die Art Objekte, die Schwarzschild sich vorgestellt hatte, wäre nur durch den Gravitationseinfluss nachweisbar. Andere hatten sich bereits mit »

»Das Endschicksal eines schweren Sterns ist es, dass er hinter einem Ereignishorizont zu einem ›Schwarzen Loch‹ mit einer Singularität kollabiert.«

Stephen Hawking

Schwarze Löcher

Wenn ein schwerer Stern stirbt, bricht er unter seiner eigenen Schwerkraft zusammen. Das verursacht eine Supernovaexplosion, die die Außenhülle des Sterns ins All bläst.

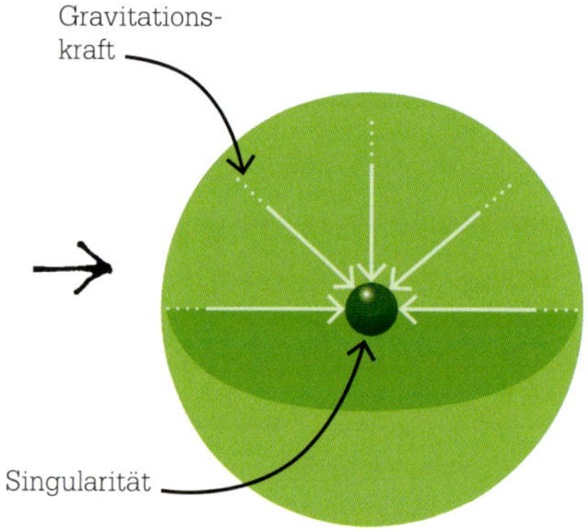

Wenn der verbleibende Kern des Sterns danach noch über 1,4 Sonnenmassen schwer ist, schrumpft er weiter und kollabiert unter seinem eigenen Gewicht zu einem Punkt unendlicher Dichte – einer Singularität.

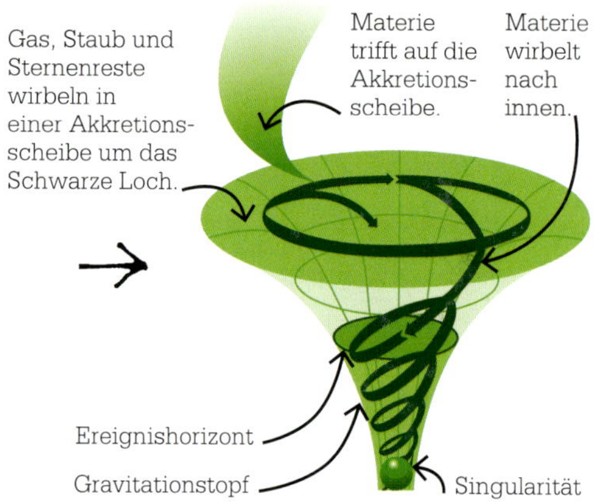

Die Singularität ist so dicht, dass sie die umgebende Raumzeit verzerrt und nicht einmal das Licht entkommt. In zwei Dimensionen stellt man das Schwarze Loch als einen unendlich tiefen Gravitationstopf dar.

der eigentümlichen Physik im Innern eines Schwarzen Lochs befasst, darunter 1933 der belgische Astronom Georges Lemaître mit seinem Gedankenexperiment »Alice und Bob«: Wäre Bob Zeuge, wie Alice in ein Schwarzes Loch fällt, dann würde sie an dessen Rand, dem Ereignishorizont, für Bob scheinbar einfrieren. Sie selbst aber würde etwas ganz anderes erleben.

Die nächste große Entwicklung kam 1964. Der britische Physiker Roger Penrose schrieb, ein Stern, der mit genügend Kraft implodiert, würde immer eine Singularität, wie von Schwarzschild vorgeschlagen, erzeugen. Drei Jahre später entstand während eines Vortrags des amerikanischen Physikers John Wheeler der Begriff Schwarzes Loch. Er hatte bereits einen Begriff erfunden, um theoretische Tunnel in der Raumzeit zu beschreiben: Wurmlöcher.

Seither haben viele Physiker die Idee von Wurmlöchern untersucht. Die Vorstellung eines Weißen Lochs, bei dem der Ereignishorizont das Licht nicht am Austritt, sondern am Eintritt hindert, entwickelte sich zu der Idee, Schwarze und Weiße Löcher könnten miteinander verbunden sein. Unter Verwendung exotischer Materie mit negativer Energiedichte und negativem Druck wurde gar vorgeschlagen, Informationen könnten durch ein Wurmloch auch über große Abstände in Raum und Zeit von einem Ende zum anderen gelangen, vielleicht zwischen einem Schwarzen und einem Weißen Loch oder sogar zwischen zwei Schwarzen Löchern.

Doch die Existenz von Wurmlöchern bleibt fraglich. Obwohl Wissenschaftler glauben, sie könnten auf mikroskopischer Ebene auftreten, waren Versuche, größere Versionen darzustellen, bisher erfolglos. Nichtsdestotrotz lebt die Idee davon bis heute – und mit ihr die sehr vage Möglichkeit, Menschen könnten große Entfernungen im Universum mit Leichtigkeit überwinden.

Die Suche nach Beweisen

Trotz vieler Theorien hatte niemand ein Schwarzes Loch entdeckt, geschweige denn ein Wurmloch. Aber 1971 beobachteten Astronomen im Sternbild Cygnus eine seltsame Quelle von Röntgenstrahlung. Sie vermuteten, diese Quelle namens Cygnus X-1 sei das Ergebnis eines hellen blauen Sterns, der von einem großen, dunklen Objekt auseinandergerissen wurde. Endlich hatten die Astronomen ein Schwarzes Loch gefunden – nicht indem sie es sahen, sondern indem sie seine Wirkung auf ein nahe gelegenes Objekt aufzeichneten.

Die Popularität der Theorie Schwarzer Löcher stieg sprunghaft. Physiker brachten neue Ideen darüber hervor, wie sich Schwarze Löcher verhalten könnten – unter ihnen Stephen Hawking, der 1974 äußerte, sie könnten Teilchen aussenden (heute als Hawking-Strahlung bekannt). Demnach sollte die starke Gravitation eines Schwarzen

Lochs Paare sowohl von Teilchen als auch von Antiteilchen erzeugen. Während eines der Teilchen-Antiteilchen-Paare in das Schwarze Loch hineingezogen würde, würde das andere entkommen und brächte Informationen über den Ereignishorizont mit sich, die Grenze, jenseits derer keine Masse oder Licht entweichen kann.

Supermassive Schwarze Löcher

Man stellte sich auch Schwarze Löcher unterschiedlicher Form und Größe vor. Stellare Schwarze Löcher wie Cygnus X-1 sollten zwischen 10- und 100-mal die Masse der Sonne enthalten, konzentriert auf ein Gebiet von ein paar Dutzend Kilometern Durchmesser. Es gab auch die Annahme, Schwarze Löcher könnten zu einem supermassiven Schwarzen Loch verschmelzen, das Millionen oder Milliarden Sonnenmassen in einem Gebiet von einigen Millionen Kilometern Durchmesser enthält.

Heute nimmt man an, dass fast jede Galaxie ein supermassives Schwarzes Loch in ihrem Kern hat, umgeben möglicherweise von einer wirbelnden Akkretionsscheibe aus überhitztem Staub und Gas, die selbst in großer Entfernung sichtbar ist. Um das supermassive Schwarze Loch im Zentrum unserer Milchstraße herum haben Astronomen etwas gesehen, was sie für es umkreisende Sterne halten. Der bisherige Höhepunkt dieses Forschungsbereichs war im April 2019 das erste Bild eines Schwarzen Lochs. Astronomen der internationalen Kollaboration Event Horizon Telescope (EHT) hatten mithilfe mehrerer Teleskope rund um den Globus, die ein virtuelles Superteleskop bildeten, das supermassive Schwarze Loch in der Galaxie Messier 87 in 53 Millionen Lichtjahren Entfernung fotografiert. Das Bild zeigte auch den vorhergesagten Ring aus Licht um ein dunkles Zentrum. Für ihre Forschung zu Schwarzen Löchern erhielten Reinhard Genzel, Andrea Ghez und Roger Penrose 2020 den Nobelpreis für Physik.

Wenn das Universum in Billionen von Jahren endet, werden Schwarze Löcher wohl das Einzige sein, was übrig bleibt, wenn die Entropie – die nicht verfügbare Energie im Universum – zunimmt. Schließlich werden auch sie verdampfen. ■

Das Schwarze Loch Cygnus X-1 saugt Material von seinem blauen Begleitstern. Daraus formt sich eine Akkretionsscheibe (hier rot-orange dargestellt), die um das Schwarze Loch rotiert.

Karl Schwarzschild

Karl Schwarzschild, 1873 in Frankfurt/Main geboren, zeigte schon früh wissenschaftliches Talent und veröffentlichte mit 16 Jahren eine Arbeit über die Umlaufbahnen von Himmelsobjekten. 1901 wurde er Professor an der Universität Göttingen und 1909 Direktor des Astrophysikalischen Observatoriums in Potsdam.

1916 löste Schwarzschild als Erster die Einstein'schen Gravitationsgleichungen aus der allgemeinen Relativitätstheorie. Er zeigte, dass für Objekte mit genügend großer Masse die Fluchtgeschwindigkeit (die Geschwindigkeit, die erforderlich ist, um ihrer Anziehungskraft zu entkommen) höher ist als die Lichtgeschwindigkeit. Dies war der erste Schritt zum Verständnis Schwarzer Löcher und führte schließlich zur Idee eines Ereignishorizonts. Schwarzschild starb 1916 nach einem Kriegseinsatz an der russischen Front an einer Autoimmunkrankheit.

Hauptwerk

1916 *Über das Gravitationsfeld eines Massenpunktes nach der Einstein'schen Theorie*

DIE GRENZE DES BEKANNTEN UNIVERSUMS

ENTDECKUNG ANDERER GALAXIEN

IM KONTEXT

SCHLÜSSELFIGUREN
Henrietta Swan Leavitt (1868–1921),
Edwin Hubble (1889–1953)

FRÜHER
964 Der persische Astronom Abd ar-Rahman as-Sufi beobachtet als Erster Andromeda, deutet dies jedoch nicht als eine andere Galaxie.

1610 Nachdem Galilei die Milchstraße mit dem Fernrohr untersuchte, sagt er, sie bestehe aus vielen Sternen.

SPÄTER
1953 Der französische Astronom Gérard de Vaucouleurs findet, dass erdnahe Galaxien (die lokale Gruppe) zum sogenannten Virgo-Superhaufen gehören.

2016 Der amerikanische Astrophysiker Christopher Conselice zeigt, dass das bekannte Universum 2 Bio. Galaxien enthält.

Nachdem Kopernikus 1543 sein heliozentrisches Modell des Universums, das die Sonne und nicht die Erde in den Mittelpunkt stellte, veröffentlicht hatte, gab es lange Zeit kaum weitere Fortschritte dabei, die Größe und Struktur des Universums zu verstehen. Erst fast 400 Jahre später erkannten die Astrophysiker, dass nicht nur die Sonne nicht das Zentrum des Universums war, wie Kopernikus gedacht hatte, sondern noch nicht einmal das Zentrum unserer Galaxis, der Milchstraße.

Ein Durchbruch war in den 1920er-Jahren die Entdeckung von

Siehe auch: Doppler-Effekt und Rotverschiebung 188–191 ▪ Modelle des Universums 272–273 ▪ Statisches oder expandierendes Universum? 294–295

Mit **Cepheiden-Veränderlichen** (eine Sternenart) lassen sich **Entfernungen messen.**

→ Ihre **Pulsationsperiode** hängt mit ihrer **wahren Helligkeit** zusammen.

→ Aus der Periodendauer kann man die **wahre Helligkeit berechnen.**

→ Aus dem **Anteil des Lichts,** der zur Erde gelangt, lässt sich die **Entfernung von der Erde** berechnen.

→ Manche Sterne sind **so weit weg,** dasss sie **außerhalb der Milchstraße** liegen müssen.

→ **Die Milchstraße ist nicht die einzige Galaxie.**

Edwin Hubble, dass die Milchstraße nur eine von vielen Galaxien im Universum ist. Der Schlüssel dazu lag in einer neuen Methode zur Messung von Entfernungen im All, ermöglicht durch die Arbeit der amerikanischen Astronomin Henrietta Swan Leavitt 1908.

Entfernungsbestimmung

Bis dahin war es nicht leicht, die Entfernung eines Sterns zur Erde zu bestimmen. Innerhalb der Milchstraße lassen sich Entfernungen mithilfe der Parallaxe messen, einem einfachen trigonometrischen Verfahren. Durch Messung der Winkel der Sichtlinien zu einem Objekt von beiden Seiten der Erdbahn um die Sonne können Astronomen den Winkel, unter dem die beiden Sichtlinien zusammenlaufen, und damit die Entfernung zu diesem Objekt berechnen. Für Entfernungen von mehr als 100 Lichtjahren und außerhalb der Milchstraße ist die Parallaxe jedoch zu ungenau. Die Astronomen benötigten eine andere Methode.

Zu dieser Zeit arbeitete Leavitt als »Computer«, wie die menschlichen Rechner des Harvard College Observatoriums genannt wurden. Dessen Leiter Edward Charles Pickering hatte Leavitt aufgetragen, auf fotografischen Platten die Helligkeit der Sterne in den Magellan'schen Wolken zu messen.

Dabei entdeckte Leavitt eine Klasse sehr heller Sterne, deren Leuchtkraft schwankt, die Cepheiden. Jeder dieser Veränderlichen pulsiert in einem regelmäßigen Zyklus, abhängig von physikalischen Veränderungen innerhalb des Sterns. Durch die Schwerkraft komprimiert wird der Stern kleiner, undurchsichtiger und allmählich heißer, während sich die im Innern des Sterns eingeschlossene Lichtenergie aufbaut. Schließlich dehnt sich das Gas in den äußeren Schichten durch die enorme Hitze aus, der Stern wird transparenter, sodass die Lichtenergie austreten kann. Wenn sich der Stern jedoch »

Die Cepheiden-Veränderlichen pulsieren (sie blähen sich regelmäßig auf und ziehen sich wieder zusammen), sodass Temperatur und Helligkeit wechseln. Astronomen können die sich ändernde Helligkeit in einer Lichtkurve aufzeichnen.

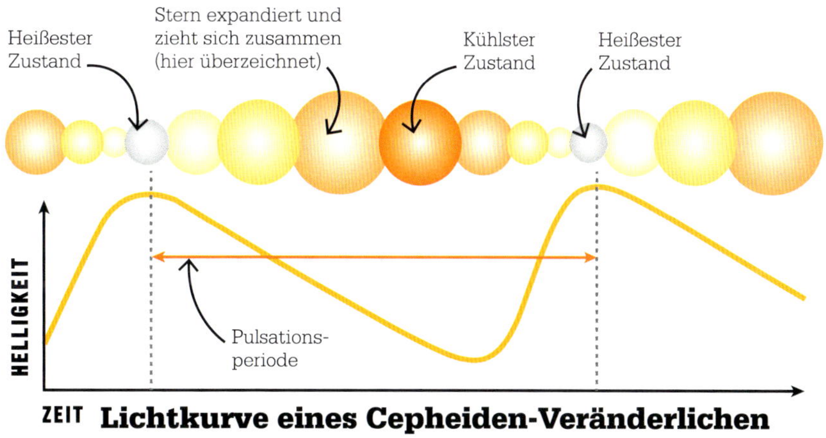

Lichtkurve eines Cepheiden-Veränderlichen

» Da die [Cepheiden] Veränderlichen etwa gleich weit von der Erde entfernt sind, hängen ihre Perioden anscheinend mit ihrer tatsächlichen Lichtabgabe zusammen. «

Henrietta Swan Leavitt

ausdehnt, wird er auch kühler, und die Gravitationskräfte überwiegen schließlich den Ausdehnungsdruck nach außen. Dann wird der Stern wieder kleiner, und der Prozess wiederholt sich.

Leavitt bemerkte, dass die Zyklen der Sterne zwischen zwei und 60 Tagen lagen – die hellsten Sterne blieben länger bei ihrer maximalen Leuchtkraft. Da sich alle Sterne in den Magellan'schen Wolken befanden, mussten sämtliche Unterschiede der Leuchtkraft auf ihre Eigenhelligkeit zurückzuführen sein und nicht auf die Entfernung von der Erde.

Edwin Hubble am 2,5-Meter-Hooker-Teleskop des Mount-Wilson-Observatoriums in Kalifornien. 1924 gab er bekannt, dass er es für den Blick jenseits der Milchstraße benutzt hatte.

Ein neues Werkzeug

Leavitt veröffentlichte ihre Ergebnisse 1912 und erstellte ein Diagramm mit den Zyklen von 25 Cepheiden. Es zeigte ihre wahre Leuchtkraft und ihre scheinbare Leuchtkraft, d. h. wie hell sie von der Erde aus erschienen. Die Bedeutung von Leavitts Entdeckung bestand darin, dass man die Entfernung der Cepheiden-Veränderlichen mithilfe der Parallaxe berechnen und dann die Entfernung anderer pulsierender Sterne jenseits der Parallaxe, deren Zyklus dem von bekannten Cepheiden entsprach, ebenfalls berechnen konnte: Man musste nur ihre wahre Leuchtkraft, die durch ihre Periode festgelegt wurde, mit ihrer scheinbaren Leuchtkraft vergleichen.

Innerhalb eines Jahres nach Leavitts Entdeckung schuf der dänische Astronom Ejnar Hertzsprung eine Leuchtkraft-Skala der Cepheiden. Solche Sterne wurden als Standardkerzen bezeichnet – Maßstäbe für die Berechnung der kosmischen Entfernungen von Objekten. Diese Arbeiten dienten dann zur Entfernungsberechnung der Sterne.

Die Große Debatte

Die Verwendung von Cepheiden war nicht perfekt zur Entfernungsbestimmung, denn der lichtabsorbierende kosmische Staub, der die scheinbare Leuchtkraft verändert, wurde nicht berücksichtigt. Dennoch wandelten sie unser Verständnis des Universums. 1920 führte die National Academy of Sciences in den USA eine Debatte über die Natur und die Ausdehnung des Universums. Die amerikanischen Astronomen Heber Curtis und Harlow Shapley argumentierten in der sogenannten Großen Debatte (Shapley-Curtis-Debatte) für und gegen die Existenz anderer Galaxien. Shapley behauptete, die Milchstraße sei eine einzige Galaxie und die Spiralnebel (spiralförmige Konzentrationen von Sternen) wie Andromeda seien Gaswolken innerhalb unserer eigenen Galaxis, die viel größer sei als gedacht. Wenn Andromeda eine separate Galaxie wäre, wäre ihre Entfernung von der Erde inakzeptabel groß. Er behauptete auch, dass sich die Sonne nicht im Zentrum der Milchstraße befinde, sondern an deren äußeren Rändern.

Dieses Bild des Hubble-Weltraumteleskops zeigt RS Puppis, einen Cepheiden-Veränderlichen mit einem Lichtecho: Das Sternenlicht wird an einer kosmischen Staubwolke reflektiert.

Curtis argumentierte, die Spiralnebel seien separate Galaxien. Die explodierenden Sterne (sogenannte Novae) in diesen Nebeln sähen ähnlich aus wie in unserer eigenen Galaxis, und an einigen Orten, z. B. in Andromeda, gebe es eine viel größere Anzahl von Sternen als an anderen. Dies deute darauf hin, dass es mehr Sterne gebe, und lege das Vorhandensein separater Galaxien nahe, die er Inseluniversen nannte. Zugleich stellte Curtis die Sonne ins Zentrum unserer eigenen Galaxis.

Die Große Debatte zeigt, wie unvollständig unser Verständnis des Universums noch vor nur 100 Jahren war. Curtis' Theorie über die Position der Sonne in der Milchstraße ist falsch, Shapleys Theorie, dass sich die Sonne an den äußeren Rändern der Milchstraße befindet, ist fast richtig.

Hubbles Durchbruch

1924 legte der amerikanische Astronom Edwin Hubble die Große Debatte bei, indem er einige Messungen mit Cepheiden durchführte. Während der Debatte hatte Shapley vermutet, die Milchstraße habe einen Durchmesser von etwa 300 000 Lichtjahren, zehnmal größer als die von Curtis geschätzten 30 000 Lichtjahre. Hubble errechnete unter Verwendung der Cepheiden, die er in Andromeda lokalisiert hatte, dass Andromeda 900 000 Lichtjahre entfernt ist (heute geht man von 2,5 Mio. Lichtjahren aus) – weit über den Schätzungen von Curtis und Shapley für die Größe der Milchstraße. Darin hatte Curtis also recht. Hubbles Berechnungen bewiesen, dass nicht nur die Milchstraße viel größer war als angenommen, sondern dass Andromeda überhaupt kein Nebel war, sondern eine andere Galaxie, die Andromeda-Galaxie. Es war die erste Entdeckung einer anderen Galaxie außerhalb unserer eigenen.

> »Mit dem Tod von Fräulein Leavitt am 12. Dezember 1921 hat das Observatorium einen Forscher höchsten Ranges verloren.«
>
> **Harlow Shapley**

Ausdehnung und Kollision

Hubbles Entdeckung führte schließlich zu der Erkenntnis, dass die Milchstraße nur eine von vielen Galaxien ist, die jeweils Millionen bis ein paar hundert Milliarden Sterne enthalten. Gegenwärtig wird geschätzt, dass es im Universum etwa 2 Bio. Galaxien gibt und dass die erste nur wenige hundert Millionen Jahre nach dem Urknall vor 13,8 Mrd. Jahren entstanden ist. Unsere eigene Milchstraße soll mit etwa 13,6 Mrd. Jahren fast genauso alt sein.

1929 entdeckte Hubble auch, dass sich das Universum scheinbar ausdehnt und dass sich fast alle Galaxien voneinander entfernen, und zwar umso schneller, je größer die Entfernungen werden. Eine bemerkenswerte Ausnahme ist Andromeda: Sie bewegt sich auf unsere Galaxie zu – mit etwa 110 km pro Sekunde. Das ist im Vergleich zu ihrer Entfernung relativ langsam, aber es bedeutet, dass die Milchstraße und Andromeda in etwa 4,5 Mrd. Jahren kollidieren und eine einzige Galaxie bilden werden, die die Astrophysiker Milkomeda genannt haben. Dieses Ereignis wird jedoch nicht allzu dramatisch sein: Auch wenn die beiden Galaxien verschmelzen, ist es unwahrscheinlich, dass zwei Sterne kollidieren werden. ■

Henrietta Swan Leavitt

Henrietta Swan Leavitt wurde 1868 in Lancaster, Massachusetts, geboren und studierte am Oberlin College in Ohio und an einem Frauencollege in Cambridge, Massachusetts. Nach einem Kurs in Astronomie entwickelte sie Interesse für dieses Fach. Etwa zur gleichen Zeit führte eine Krankheit zur fast völligen Ertaubung.

Nach ihrem Abschluss 1892 arbeitete Leavitt am Harvard Observatorium, das vom Astronomen Edward Charles Pickering geleitet wurde. Sie schloss sich einer Gruppe von Frauen an, die als die »Harvard-Rechner« bekannt waren und fotografische Platten mit Sternenaufnahmen studierten. Zunächst war sie unbezahlt, später verdiente sie 30 Cent pro Stunde. Im Rahmen ihrer Arbeit fand sie 2400 veränderliche Sterne und entdeckte dabei die Cepheiden-Veränderlichen. 1921 starb sie an Krebs.

Hauptwerke

1908 *1777 Veränderliche in den Magellan'schen Wolken*
1912 *Perioden von 25 Veränderlichen in der Kleinen Magellan'schen Wolke*

DIE ZUKUNFT DES UNIVERSUMS

STATISCHES ODER EXPANDIERENDES UNIVERSUM?

IM KONTEXT

SCHLÜSSELFIGUR
Alexander Friedmann
(1888–1925)

FRÜHER
1917 Albert Einstein führt die kosmologische Konstante ein, um das Universum statisch zu halten.

SPÄTER
1929 Der amerikanische Astronom Edwin Hubble beweist, dass das Universum expandiert: Je weiter weg eine Galaxie ist, umso schneller entfernt sie sich.

1931 Einstein akzeptiert die Theorie eines expandierenden Universums.

1998 Zwei Forschergruppen entdecken unabhängig, dass die Expansion des Universums sich beschleunigt.

2013 Nach Berechnungen besteht das Universum zu 68 Prozent aus Dunkler Energie. Sie hängt eng mit der kosmologischen Konstante zusammen.

Als Albert Einstein 1915 seine allgemeine Relativitätstheorie entwickelte, gab es ein Problem: Er beharrte darauf, das Universum sei statisch und unveränderlich, aber nach seinen Berechnungen müsste das Universum aufgrund der Schwerkraft in sich zusammenfallen. Um das Problem zu umgehen, schlug Einstein eine kosmologische Konstante Λ (der griechische Buchstabe Lambda) vor, ein Maß für die Vakuumenergie im Weltraum.

Die allgemeine Relativitätstheorie legte eine Reihe von Feldgleichungen fest, die zeigten, wie die Krümmung der Raumzeit mit der Masse und der Energie zusammenhängt, die sich durch sie hindurch bewegen. Aber als Einstein diese Gleichungen auf das Universum anwandte, stellte er fest, dass es sich entweder ausdehnen oder zusammenziehen sollte – und er wollte keines von beiden akzeptieren. Für ihn war das Universum unveränderlich, und er fügte seine kosmologische Konstante hinzu. Das ermöglichte ein Universum, das die Auswirkungen der Schwerkraft überwinden konnte und statisch blieb, statt in sich zusammenzufallen.

1922 kam der russische Mathematiker Alexander Friedmann zu einem anderen Schluss. Er zeigte, dass das Universum homogen war: Es war identisch, wo immer man

Wie entwickelt sich das Universum:

Das Universum ist **statisch** – die **Expansion stoppt,** es fällt **nie zusammen.**

Das Universum ist **abgeschlossen** und **fällt irgendwann zusammen.**

Das Universum ist **offen und dehnt sich weiter aus** – das ist die aktuelle Theorie.

Siehe auch: Von Galileis Relativitätsprinzip zur speziellen Relativitätstheorie 274 ▪ Gekrümmte Raumzeit 280 ▪ Masse und Energie 284–285 ▪ Der Urknall 296–301 ▪ Dunkle Energie 306–307

Die Form des Universums

Wenn die Dichte des Universums genau beim kritischen Wert liegt, ist es flach. In einem flachen Universum schneiden sich Parallelen nie. Die 2-D-Analogie dieses Modells ist eine Ebene.

Liegt die Dichte über dem kritischen Wert, ist das Universum positiv gekrümmt (geschlossen) mit endlicher Masse und Ausdehnung, Parallelen konvergieren. Die 2-D-Analogie ist eine Kugelfläche.

Bei einer Dichte unter dem kritischen Wert ist das Universum negativ gekrümmt (offen) und daher unbegrenzt, Parallelen divergieren. Die 2-D-Analogie ist eine Sattelfläche.

sich im Universum befand und in welche Richtung man auch schaute. Dann konnte das Universum aber nicht statisch sein, denn alle Galaxien bewegten sich voneinander weg, und je nachdem, in welcher Galaxie man sich befand, würden sich auch alle anderen Galaxien von einem entfernen. Daher meint man, man befände sich im Zentrum des Universums – aber das glaubt jeder andere Beobachter in einer anderen Galaxie auch.

Modelle für das Universum

Friedmann entwickelte drei Modelle für das Universum, die sich im Wert der kosmologischen Konstante unterscheiden. Ein Modell ging davon aus, dass die Schwerkraft die Expansion verlangsamen, schließlich umkehren und in einem »Big Crunch« enden würde. Das zweite sagte, das Universum werde schließlich statisch werden, sobald die Expansion aufhört. Ein drittes Modell ging davon aus, dass sich die Expansion immer schneller fortsetzen würde. Obwohl Einstein über Friedmanns Ideen zunächst spottete, griff er sie bereits im folgenden Jahr auf. Doch erst 1931, zwei Jahre nachdem der amerikanische Astronom Edwin Hubble den Beweis erbracht hatte, akzeptierte er wirklich, dass sich das Universum ausdehnt. Hubble hatte mithilfe der Rotverschiebung ferner Galaxien deren Entfernung bestimmt. Er fand heraus, dass Galaxien, die weiter entfernt waren, sich schneller bewegten als nähere Galaxien – ein Beweis dafür, dass sich das Universum selbst ausdehnte.

Nach Hubbles Entdeckung wurde die Idee einer kosmologischen Konstante als ein Fehler Einsteins angesehen. 1998 entdeckten die Wissenschaftler jedoch, dass sich das Universum immer schneller ausdehnt. Eine kosmologische Konstante könnte für das Verständnis der Dunklen Energie entscheidend werden und zur Wiedereinführung des Begriffs führen. ▪

Alexander Friedmann

Alexander Friedmann wurde 1888 in St. Petersburg in Russland geboren. Sein Vater war Balletttänzer, seine Mutter Pianistin. Ab 1906 durfte Friedmann an der Staatlichen Universität St. Petersburg Mathematik studieren, widmete sich aber auch der Quantentheorie und Relativitätstheorie. 1914 bekam er seinen Abschluss in reiner und angewandter Mathematik.

Im Ersten Weltkrieg diente Friedmann als Flieger und Ausbilder, ab 1920 forschte er auf der Grundlage von Einsteins allgemeiner Relativitätstheorie. Auf Grundlage von Einsteins Feldgleichungen entwickelte er seine Idee eines dynamischen Universums und widersprach damit Einsteins Idee eines statischen Universums. 1925 wurde er Direktor des Geophysikalischen Hauptobservatoriums in Leningrad, starb aber noch im selben Jahr, mit nur 37 Jahren, an Typhus.

Hauptwerke

1922 »Zur Krümmung des Raums«
1924 »Über die Möglichkeit einer Welt mit konstanter negativer Raumkrümmung«

DAS KOSMISCHE EI, DAS IM MOMENT DER ENTSTEHUNG EXPLODIERT

DER URKNALL

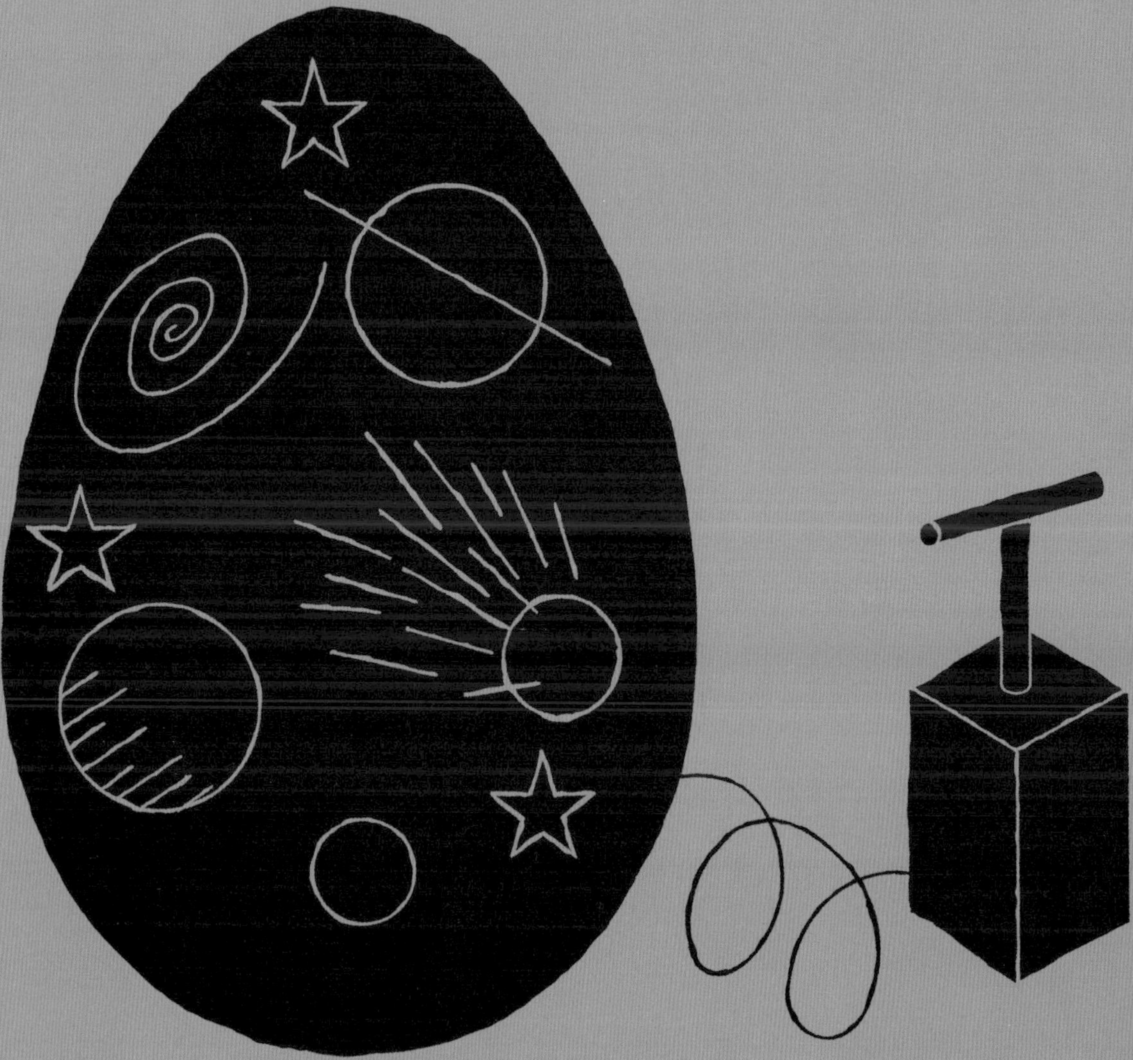

IM KONTEXT

SCHLÜSSELFIGUR
George Lemaître (1894–1966)

FRÜHER
1610 Johannes Kepler behauptet, das Universum sei endlich, weil der Nachthimmel dunkel ist und nicht unendlich viele Sterne leuchten.

1687 Isaac Newtons Bewegungsgesetze erklären, wie sich die Himmelskörper bewegen.

1929 Edwin Hubble entdeckt, dass sich alle Galaxien voneinander entfernen.

SPÄTER
1998 Führende Astronomen sagen, dass die Expansion des Universums sich beschleunigt.

2003 Die NASA-Sonde WMAP vermisst winzige Temperaturfluktuationen am Himmel und findet Anzeichen für eine Inflation, einen Dehnungsschub kurz nach dem Urknall.

Lemaître zeigt mathematisch, dass nach Einsteins allgemeiner Relativitätstheorie **das Universum expandieren muss.**

→ Hubble findet experimentelle Anzeichen, dass die **Galaxien sich voneinander entfernen,** je weiter weg, umso schneller.

→ Die **kosmische Hintergrundstrahlung,** die nach dem Urknall verbliebene **Restwärme,** legt nahe, dass es den Urknall wirklich gab.

→ Das Universum **begann an einem einzelnen Punkt** – Lemaîtres Uratom.

Seit Urzeiten denkt die Menschheit nach über die Ursprünge des Universums und unsere Stellung darin. Ein Gott musste das Universum geschaffen haben, mit der Erde im Zentrum und Sternen, die sie umkreisen. Dabei ist die Erde nicht einmal das Zentrum ihres eigenen Sonnensystems, das seinerseits einen von Hunderten Milliarden Sternen im Universum umkreist. Die heutige Theorie über den Ursprung des Kosmos stammt aus den frühen 1930er-Jahren, als der belgische Astronom Georges Lemaître zum ersten Mal von dem sprach, was heute als Urknall bekannt ist.

Lemaîtres kosmisches Ei

1927 schlug Lemaître vor, dass das Universum sich ausdehnt. Vier Jahre später führte er die Idee weiter: Die Ausdehnung müsse an einem

Georges Lemaître

Georges Lemaître wurde 1894 in Charleroi in Belgien geboren. Er diente im Ersten Weltkrieg als Artillerieoffizier, trat dann in ein Priesterseminar ein und wurde 1923 zum Priester geweiht. Er studierte ein Jahr lang in Großbritannien am Solarphysiklabor der Universität Cambridge und trat 1924 in das Massachusetts Institute of Technology in den USA ein. Ab 1928 war er Professor für Astrophysik an der Katholischen Universität Löwen in Belgien.

Lemaître kannte die Arbeiten von Edwin Hubble und anderen über ein sich ausdehnendes Universum und entwickelte diese Idee 1927 weiter. Seine Theorie von 1931 – die Idee, dass sich das Universum von einem einzigen Punkt aus ausgedehnt hatte – wurde zunächst verworfen, erwies sich jedoch kurz vor Lemaîtres Tod 1966 als richtig.

Hauptwerke

1927 »Diskussion der Entwicklung des Universums«
1931 »Eine Hypothese zum Uratom«

Siehe auch: Doppler-Effekt und Rotverschiebung 188–191 ▪ Über das Licht hinaus 202–203 ▪ Antimaterie 246 ▪ Teilchenbeschleuniger 252–255 ▪ Materie-Antimaterie-Asymmetrie 264 ▪ Statisches oder expandierendes Universum? 294–295 ▪ Dunkle Energie 306–307

einzigen Punkt begonnen haben, er sprach vom Uratom oder »kosmischen Ei«. Für Lemaître widersprach diese Idee nicht seinem Glauben und seiner Suche nach Wahrheit aus Sicht der Religion und der Naturwissenschaft. Er hatte seine Theorie eines expandierenden Universums zum Teil aus Einsteins allgemeiner Relativitätstheorie abgeleitet, aber Einstein verwarf die Idee der Expansion oder Kontraktion, da es keine Beweise für großräumige Bewegungen gab. Zuvor hatte er seinen Feldgleichungen für die allgemeine Relativitätstheorie eine kosmologische Konstante hinzugefügt, die ein statisches Universum zulassen sollte. Im Jahr 1929 machte der amerikanische Astronom Edwin Hubble jedoch eine Entdeckung, die die Idee eines expandierenden Universums stützte. Aus der Veränderung des Lichts von sich entfernenden Objekten, der Rotverschiebung, konnte Hubble berechnen, wie schnell sich eine Galaxie wegbewegt, und damit auch ihre Entfernung bestimmen. Alle Galaxien schienen sich von der Erde wegzubewegen, die am weitesten entfernten bewegten sich am schnellsten. Lemaître, so schien es, war auf dem richtigen Weg.

Das Steady-State-Modell

Trotz dieser Belege gab es eine starke Alternative zu Hubble und Lemaître – die Steady-State-Theorie. In diesem Modell hatte das Universum schon immer existiert. Während sie auseinanderdrifteten, bildete sich im Raum zwischen den Galaxien kontinuierlich Materie. Die stetige Erzeugung von Materie und Energie – mit einer Rate von einem Wasserstoffteilchen pro Kubikmeter alle 300 000 Jahre – hielt das Universum im Gleichgewicht. Der Wasserstoff sollte sich zu Sternen ballen und so schwerere Elemente, dann Planeten, weitere Sterne und Galaxien hervorbringen. Verfechter dieser Idee war der britische Astronom Fred Hoyle, der die Theorie von Hubble und Lemaître 1949 als Urknall (Big Bang) verspottete. Der einprägsame Name blieb haften.

> »Mir schien, es gebe zwei Wege zur Wahrheit, und ich habe mich entschieden, sie beide zu gehen.«
>
> **George Lemaître**

Restwärme

Ein Jahr zuvor hatten der ukrainische Physiker George Gamow und der amerikanische Kosmologe Ralph Alpher in dem Aufsatz »Der Ursprung der chemischen Elemente« die Bedingungen unmittelbar nach der Explosion eines Uratoms und die Verteilung der Teilchen im Universum erklärt. Er sagte die kosmische Mikrowellen-Hintergrundstrahlung, die vom Urknall verbliebene Restwärme, genau voraus.

Die Idee erhielt Auftrieb, als Arno Penzias und Robert Wilson 1964 zufällig die Hintergrundstrahlung fanden. Dies schloss die Steady-State-Theorie praktisch aus, nach der die Dichte der Materie im Universum konstant und über Entfernung und Zeit hinweg unveränderlich sei. Es musste eine heiße Periode in der Geschichte »

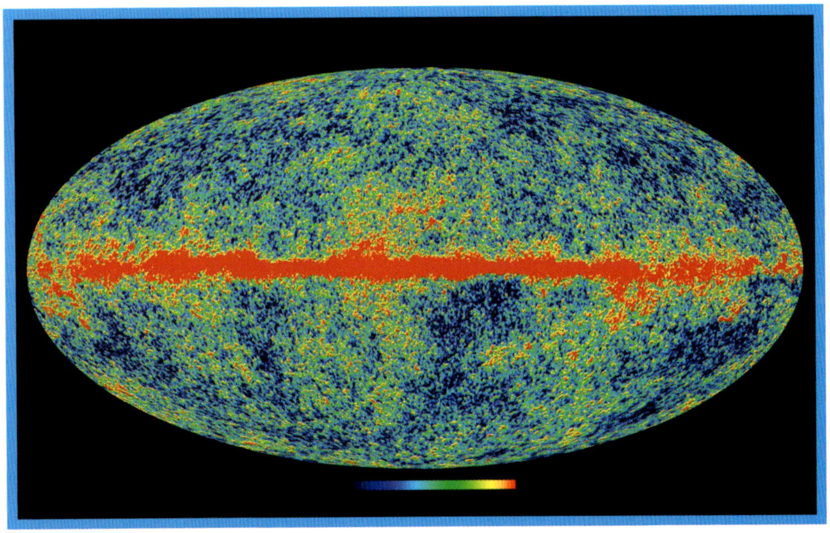

Der Beweis des Urknalls ist die kosmische Mikrowellen-Hintergrundstrahlung. Das Bild zeigt die winzigen Temperaturfluktuationen der Strahlung; die Daten wurden 2003 bis 2006 von dem NASA-Satelliten WMAP aufgezeichnet. Die Farben von Dunkelblau (kalt) bis Rot (heiß) entsprechen Dichteänderungen im frühen Universum.

des Universums gegeben haben, in der sich die Materie zu Galaxien ballte. Es gab zwar Versuche, die Hintergrundstrahlung und andere Entdeckungen in die Steady-State-Theorie einzubauen, aber mit wenig Erfolg. Die wichtigste Erklärung für die Entstehung unseres Universums ist heute die Urknalltheorie.

Das junge Universum

Die Suche nach der Hintergrundstrahlung trug entscheidend zu dem Bild bei, wie sich das Universum wahrscheinlich entwickelt hat, obwohl die Urknalltheorie weder den genauen Zeitpunkt seiner Entstehung vor 13,8 Mrd. Jahren angeben kann, noch ob es ein »davor« gab (und wenn ja, was).

Zu den Verfechtern der Urknalltheorie gehörte in der zweiten Hälfte des 20. Jahrhunderts der amerikanische Kosmologe Alan Guth. 1980 schrieb er, in einem winzigen Bruchteil einer Sekunde (10^{-35} Sekunden, etwa ein Billionstel einer Billionstel einer Billionstel Sekunde) nach Entstehung des Universums sei eine kosmische Inflation eingetreten. Aus dem unendlich heißen und dichten Anfangspunkt, der Singularität, dehnte sich das Universum schneller aus als mit Lichtgeschwindigkeit. Obwohl diese Theorie noch nicht bewiesen ist, kann sie erklären, warum das Universum abkühlte und warum Materie und Energie gleichmäßig verteilt scheinen.

> »Der Urknall war keine Explosion *im* Raum. Es war eher eine Explosion *des* Raums.«
>
> **Tamara Davis**
> Australische Astrophysikerin

Nach der Urknalltheorie entwickelte sich das Universum aus einer unendlich dichten, heißen Ursingularität (Lemaîtres Uratom), die sich rasch ausdehnte und dabei gewaltige Mengen Wärme und Strahlung abgab.

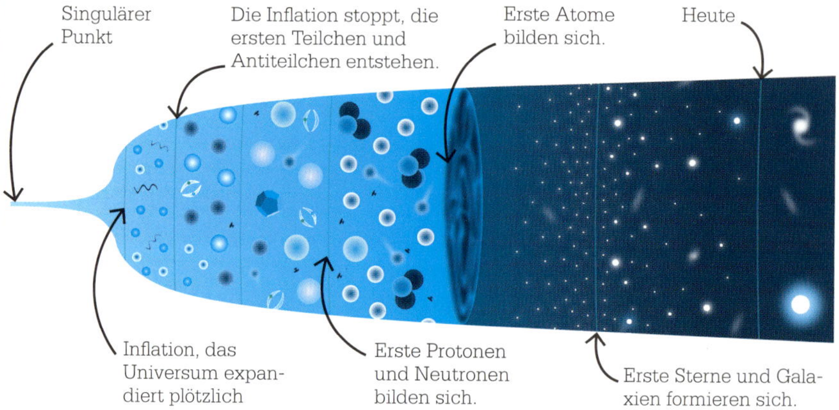

Unmittelbar nach dem Urknall, so glauben die Physiker, war das Universum reine Energie und die vier fundamentalen Kräfte (Gravitation, elektromagnetische, starke sowie schwache Wechselwirkung) vereint. Die Schwerkraft spaltete sich ab, und Materie und Energie befanden sich in einem austauschbaren Masse-Energie-Zustand. Zu Beginn der Inflation brach die starke Kernkraft weg, und es bildete sich eine riesige Menge an Masse-Energie. Photonen – Lichtteilchen, die mit elektromagnetischer Energie gezeugt wurden – beherrschten das Universum. Gegen Ende der Inflation, immer noch Billionstelsekunden nach dem Urknall, entstand ein heißes Quark-Gluon-Plasma: ein Meer von Teilchen und Antiteilchen, in dem in Kollisionen von Materie und Antimaterie ständig Masse und Energie wechselten. Aus noch unbekannten Gründen entstand dabei mehr Materie als Antimaterie und Materie wurde zum Hauptbestandteil des Universums. Noch Bruchteile von Sekunden nach dem Urknall trennten sich die elektromagnetische Kraft und die schwache Wechselwirkung und das Universum kühlte so weit ab, dass sich Quarks und Gluonen zu zusammengesetzten Teilchen – Protonen, Neutronen, Antiprotonen und Antineutronen – verbanden. Innerhalb von drei Minuten entstanden durch Proton-Neutronen-Stöße die ersten Atomkerne, von denen einige zu Helium und Lithium fusionierten. Dabei wurden Neutronen absorbiert, aber viele freie Protonen blieben übrig.

Es werde Licht!

Das frühe Universum war undurchsichtig und blieb es für ein paar hunderttausend Jahre. Wasserstoffkerne machten fast drei Viertel seiner Masse aus, der Rest waren Heliumkerne mit Spurenmengen von Lithium- und Deuteriumkernen. Rund 380 000 Jahre nach dem Urknall hatte sich das Universum so weit abgekühlt und ausgedehnt, dass die Kerne freie Elektronen einfangen und die ersten Wasserstoff-, Helium-, Deuterium- und Lithiumatome bilden konnten. Von ihrer Wechselwirkung mit freien Elektronen und Kernen befreit, konnten sich die Photonen als Strahlung frei im Raum bewegen, das Universum wurde transparent. Die Hintergrundstrahlung ist das Restlicht aus dieser Zeit.

Sterne und Galaxien

Astronomen glauben heute, dass die ersten Sterne schon ein paar hundert Millionen Jahre nach dem Urknall entstanden. Als das Universum durchsichtig wurde, bildeten sich dichte Klumpen aus neutralem Wasserstoffgas, die unter der Schwerkraft wuchsen. Als die Gasklumpen eine für die Kernfusion ausreichend hohe Temperatur erreichten, erschienen die frühesten Sterne.

Laut den Modellen waren sie so riesig, heiß und leuchtend – 30- bis 300-mal so groß wie die Sonne und Millionen Mal heller – dass sie grundlegende Veränderungen im Universum auslösten. Ihr ultraviolettes Licht zerlegte Wasserstoffatome wieder in Elektronen und Protonen, und als diese relativ kurzlebigen Sterne nach etwa einer Million Jahren als Supernovae explodierten, schufen sie neue, schwerere Elemente wie Uran und Gold. Etwa 1 Mrd. Jahre nach dem Urknall gruppierte sich die nächste Generation von Sternen, die schwerere Elemente enthielten und langlebiger waren, aufgrund der Schwerkraft zu den ersten Galaxien. Diese Galaxien begannen zu wachsen, einige von ihnen kollidierten miteinander, und in ihrem Innern entstanden immer mehr Sterne aller Formen und Größen. Als sich das Universum in den nächsten Milliarden Jahren ausdehnte, drifteten die Galaxien weiter auseinander. Es gab weniger Kollisionen und das Universum wurde relativ stabil. Doch noch heute expandiert es, und einige Wissenschaftler glauben, dass es sich für immer ausdehnen wird, bis zu einem riesigen Nichts.

Die am weitesten entfernte bekannte Galaxie, hier ein Bild des Hubble-Weltraumteleskops, entstand wohl 400 Mio. Jahre nach dem Urknall. Wir sehen heute den Zustand von vor 13,4 Mrd. Jahren.

> »Erst als wir jede mögliche Erklärung für das Rauschen ausgeschlossen hatten, wurde uns klar, dass wir über eine große Sache gestolpert waren.«
>
> **Arno Penzias**

Ein sichtbarer Zeitstrahl

Mit der Urknalltheorie konnten die Wissenschaftler die Ursprünge unseres Universums ergründen und einen Ablauf erstellen, der 13,8 Mrd. Jahre bis zu den allerersten Momenten zurückreicht. Dabei sind die meisten ihrer Vorhersagen überprüfbar. Physiker können die Bedingungen nach dem Urknall nachbilden, die Hintergrundstrahlung ermöglicht die direkte Beobachtung der Zeit, als das Universum gerade 380 000 Jahre alt war. ■

Kosmisches Mikrowellenhintergrundrauschen

1964 arbeiteten die amerikanischen Astronomen Arno Penzias (im Bild unten rechts) und Robert Wilson (links) an der Holmdel-Hornstrahlerantenne der Bell Telephone Laboratories in New Jersey. Das große hornähnliche Teleskop war unglaublich empfindlich für Radiowellen. Die beiden Astronomen waren auf der Suche nach neutralem Wasserstoff (H1), atomarem Wasserstoff mit einem Proton und einem Elektron, der im Universum reichlich vorkommt, aber auf der Erde selten ist. Doch wohin auch immer sie die Antenne richteten, aus dem All kam Rauschen. Da sie zunächst dachten, Vögel oder eine fehlerhafte Verdrahtung könnten die Ursache sein, zogen sie andere Astronomen zurate. Sie stellten fest, dass sie kosmische Mikrowellenhintergrundstrahlung aufnahmen, die Restwärme des 1948 vorhergesagten Urknalls. Diese Entdeckung brachte den beiden 1978 den Nobelpreis für Physik ein.

ES GIBT NICHT NUR SICHTBARE MATERIE

DUNKLE MATERIE

IM KONTEXT

SCHLÜSSELFIGUREN
Fritz Zwicky (1898–1974), **Vera Rubin** (1928–2016)

FRÜHER
17. Jh. Isaac Newtons Gravitationstheorie führt zu der Frage, ob es dunkle Objekte im Universum gibt.

1919 Arthur Eddington beweist, dass sehr große Massen die Raumzeit verzerren und Licht biegen können.

1919 Der eigensinnige Schweizer Astronom Fritz Zwicky spricht erstmals über die Existenz Dunkler Materie.

SPÄTER
1980er-Jahre Astronomen finden Galaxien, die voller Dunkler Materie sein sollen.

2019 Die Suche nach Dunkler Materie dauert an, bislang ohne definitive Ergebnisse.

Unsere Vorstellungen vom Universum, wie es zu sein scheint, stimmen nicht. Wenn man sich die gesamte sichtbare Materie ansieht, dürfte es keine Galaxien geben: Die Schwerkraft ist zu klein, um sie alle zusammenzuhalten. Doch es gibt Billionen Galaxien, wie also kann das sein? Diese Frage quält die Astronomen seit Jahrzehnten. Die spekulative Lösung ist Materie, die weder gesehen noch entdeckt werden kann, die Dunkle Materie.

Die Vorstellung von unsichtbarer Materie im Universum reicht bis ins 17. Jahrhundert und Newtons Theorie der Schwerkraft zurück. Damals fragten sich Astronomen, ob es im Universum dunkle Objekte geben

Siehe auch: Die wissenschaftliche Methode 20–23 ▪ Die Gravitationsgesetze 46–51 ▪ Modelle der Materie 68–71 ▪ Gekrümmte Raumzeit 280 ▪ Masse und Energie 284–285 ▪ Entdeckung anderer Galaxien 290–293 ▪ Dunkle Energie 306–307 ▪ Gravitationswellen 312–315

»Es muss eine Menge Masse geben, damit die Sterne sich so schnell bewegen, aber wir können sie nicht sehen. Diese unsichtbare Masse nennen wir Dunkle Materie.«

Vera Rubin

könnte, die kein Licht reflektieren, aber durch ihre Gravitationseffekte entdeckt werden können. Daraus entstand die Idee der Schwarzen Löcher; im 19. Jahrhundert kam die Idee eines dunklen Nebels auf, der Licht absorbiert und nicht reflektiert.

Erst im 20. Jahrhundert änderte sich das Verständnis. Als die Astronomen immer mehr Galaxien untersuchten, kam die Frage auf, wie die Galaxien überhaupt existieren konnten. Seitdem jagen die Astronomen nach Dunkler Materie und Dunkler Energie (unsichtbare Energie, die die Ausdehnung des Universums vorantreibt) – und jetzt sind sie dicht dran.

Das unsichtbare Universum

Die allgemeine Relativitätstheorie war der Schlüssel zum Verständnis der Schwerkraft und letztlich der Dunklen Materie. Demnach könnte selbst das Licht durch die Gravitation großer Objekte gebogen werden, wenn solche Objekte die Raumzeit verzerren.

1919 machte sich Arthur Eddington daran, Einsteins Theorie zu beweisen. Er hatte Anfang des Jahres die Positionen von Sternen gemessen, dann reiste er auf die Insel Príncipe vor der Westküste Afrikas, um dieselben Sterne während einer Sonnenfinsternis zu betrachten. Er fand, dass sich die Positionen der Sterne leicht verändert hatten, als sich ihr Licht um die große Masse der Sonne krümmte, ein Effekt, der heute als Gravitationslinse bekannt ist.

Ein Jahrzehnt später, 1933, machte Fritz Zwicky eine verblüffende Entdeckung. Bei der Untersuchung eines Galaxienhaufens, dem Coma-Haufen, berechnete er, die Masse der Galaxien dort müsse weit größer sein als die beobachtbare Materie in Form von Sternen, um den Haufen zusammenhalten zu können. Dies führte ihn zu der Annahme, es gebe unsichtbare Materie (Dunkle Materie), die den Haufen zusammenhielt. Andere Astronomen kamen zum gleichen Schluss. Es gab einfach nicht genug Materie, um alles zusammenzuhalten. Also waren entweder die Gesetze der Schwerkraft falsch, oder es gab etwas, das sie einfach nicht sehen konnten. Eine Art dunkler Nebel schied aus, da der durch das von ihm absorbierte Licht sichtbar wäre. Es musste etwas ganz anderes sein.

Pirouetten der Galaxis

Die amerikanische Astronomin Vera Rubin konnte Licht in das Problem bringen. In den späten 1970er-Jahren stellten sie und ihr Kollege Kent Ford verwirrt fest, dass die Andromeda-Galaxie nicht so rotierte, wie sie sollte: Die Ränder der Galaxie bewegten sich mit der gleichen Geschwindigkeit wie das Zentrum der Galaxie. Stellen Sie sich eine Schlittschuhläuferin vor, die sich mit ausgestreckten Armen dreht – ››

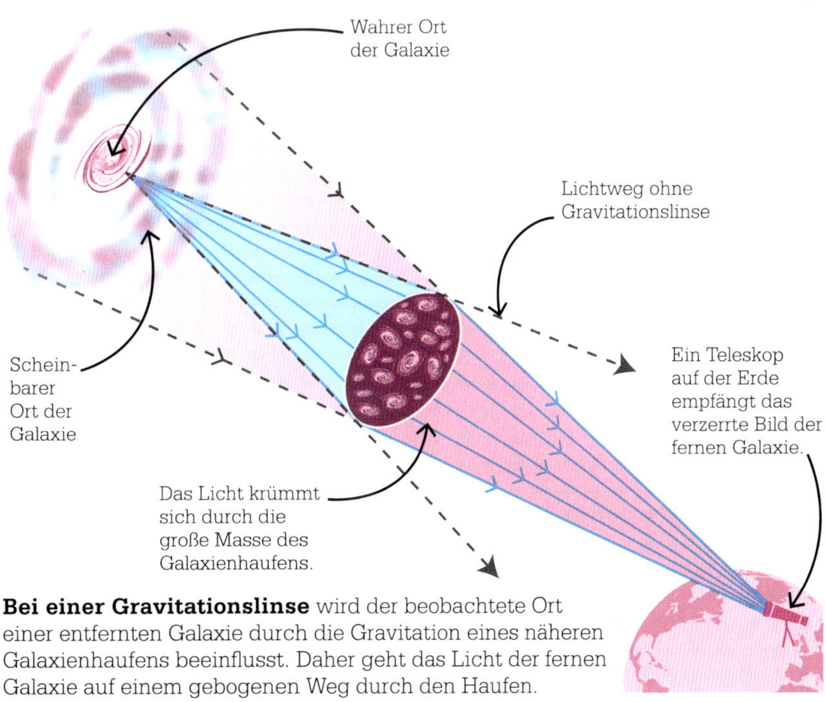

Bei einer Gravitationslinse wird der beobachtete Ort einer entfernten Galaxie durch die Gravitation eines näheren Galaxienhaufens beeinflusst. Daher geht das Licht der fernen Galaxie auf einem gebogenen Weg durch den Haufen.

> »In einer Spiralgalaxie gibt es etwa 10-mal so viel Dunkle wie sichtbare Materie. Das ist wohl auch ein guter Wert für das Verhältnis von Nichtwissen zu Wissen.«
>
> **Vera Rubin**

ihre Hände bewegen sich schneller als ihr Körper. Wenn die Schlittschuhläuferin dann eine Pirouette macht und die Arme (also einen Teil ihrer Masse) zur Drehachse hin bewegt, dreht sie sich schneller. Anders bei der Andromeda-Galaxie.

Zuerst erkannten die beiden Astronomen die Tragweite ihre Entdeckung nicht. Doch nach und nach fand Rubin heraus, dass die Masse der Galaxie nicht in ihrem Zentrum konzentriert, sondern über die ganze Galaxie verteilt war. Dies würde erklären, warum die Umlaufgeschwindigkeit überall in der Galaxie ähnlich war. Die beste Erklärung dafür wäre ein Halo aus Dunkler Materie, der die Galaxie umgibt und sie zusammenhält. Rubin und Ford hatten indirekt den ersten Beweis für ein unsichtbares Universum gefunden.

Versteckspiel

Nach der Entdeckung von Rubin und Ford erkannten die Astronomen das Ausmaß der Dunklen Materie. Aufbauend auf Eddingtons Arbeiten, nach denen große Massen die Raumzeit krümmen können, entdeckten die Astronomen ab den 1980er-Jahren viele Fälle von Gravitationslinsen, verursacht durch Dunkle Materie. Nach ihren Rechnungen sollten 85 Prozent der Masse im Universum Dunkle Materie sein.

In den 1990er-Jahren fanden die Astronomen etwas Ungewöhnliches bei der Expansion des Universums: Sie beschleunigte sich. Nach dem üblichen Verständnis hätte die Schwerkraft die Expansion aber irgendwann verlangsamen müssen. Um diese Beobachtung zu erklären, forderten die Astronomen etwas namens Dunkle Energie, die etwa 68 Prozent des Massenenergiegehalts des Universums ausmacht.

95 Prozent des Universums bestehen aus Dunkler Materie und

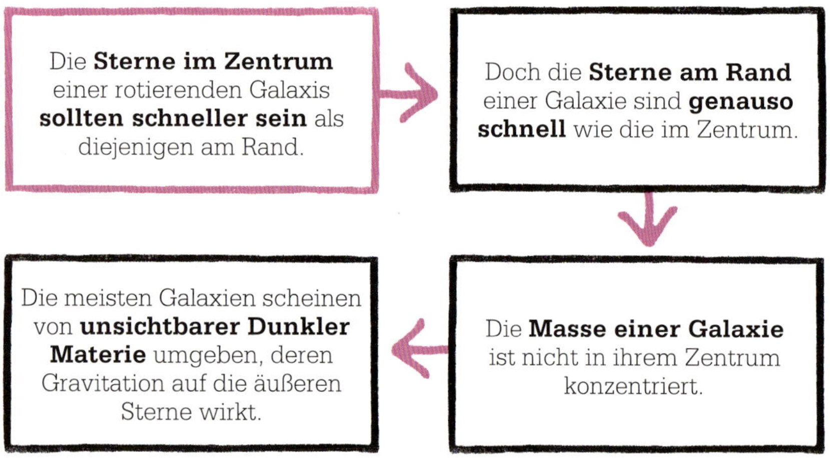

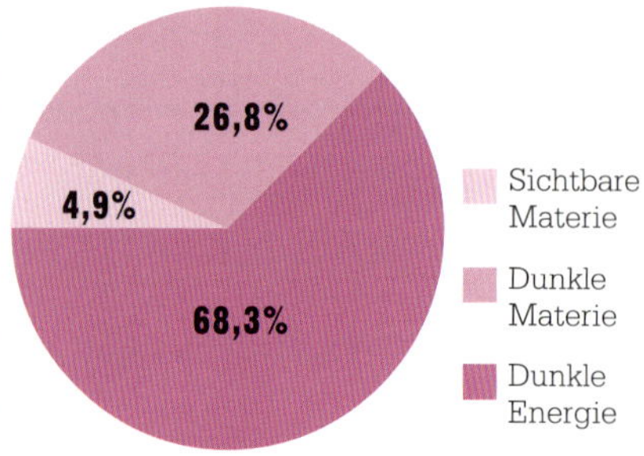

Die sichtbare Materie – die Atome der Sterne und Planeten – ist nur ein winziger Teil des Universums. Es besteht großteils aus unsichtbarer Dunkler Materie und Dunkler Energie.

Dunkler Energie zusammen, die sichtbare Materie, also die Dinge, die man sehen kann, macht nur 5 Prozent aus. Bei so viel Dunkler Materie und Dunkler Energie sollte sie leicht zu finden sein. Doch sie heißen nicht ohne Grund »dunkel« – bisher wurde noch kein direkter Beweis dafür gefunden, dass es Dunkle Materie oder Dunkle Energie überhaupt gibt.

Astronomen sind aber ziemlich sicher, dass Dunkle Materie eine Art Teilchen ist. Sie tritt mit der Schwerkraft in Wechselwirkung, weil ihre Wirkung auf Galaxien in einem riesigen Maßstab sichtbar ist. Aber seltsamerweise scheint es keine Wechselwirkung mit normaler Materie zu geben: Diese müsste nämlich zu sehen sein, weil sie überall stattfindet. Stattdessen glauben die Astronomen, dass Dunkle Materie die gewöhnliche Materie geradewegs durchdringt, sodass sie unglaublich schwer zu entdecken ist.

Das hat die Wissenschaftler jedoch nicht von Versuchen abgehalten, Dunkle Materie nachzuweisen, und sie glauben, dass sie nahe dran sind. Eines der Kandidatenteilchen für Dunkle Materie wird als schwach wechselwirkendes massives Teilchen (WIMP) bezeichnet. Obwohl solche Teilchen unglaublich schwer zu finden sind, ist ihre Existenz theoretisch nicht ausgeschlossen.

Das große Unbekannte

Auf ihrer Suche nach Dunkler Materie haben Wissenschaftler riesige Detektoren gebaut, sie mit Flüssigkeit gefüllt und unter der Erde vergraben. Die Idee dahinter ist, dass ein Teilchen aus Dunkler Materie, wenn es einen dieser Detektoren passiert, was wahrscheinlich ständig geschieht, eine deutliche Spur hinterlässt. Beispiele für solche Bemühungen sind das Gran-Sasso-Nationallabor in Italien und der Lux-Zeplin-Detektor in den USA.

Auch Physiker am Large Hadron Collider (LHC) des CERN bei Genf haben versucht, Dunkle Materie zu finden. Dabei suchten sie nach Teilchen Dunkler Materie, die entstehen könnten, wenn andere Teilchen bei sehr hohen Geschwindigkeiten zusammenstoßen. Bislang jedoch gelang kein solcher Nachweis, obwohl man hofft, dass künftige Nachrüstungen des LHC zum Erfolg führen könnten.

Heute dauert die Jagd nach Dunkler Materie an, und obwohl die Astronomen ziemlich sicher sind, dass es sie gibt, ist noch vieles unbekannt. Es ist unklar, ob die Dunkle Materie ein einzelnes Teilchen oder viele sind, und auch, ob sie Kräfte erfährt wie die normale Materie. Sie kann auch aus einem anderen Teilchen bestehen, dem sogenannten Axion, das viel leichter ist als ein WIMP.

Letztendlich gibt es noch viel über Dunklc Materie zu lernen, dennoch hatte sie bereits einen deutlichen Einfluss auf die Astronomie. Ihre indirekte Entdeckung führte zur Einsicht, dass es ein riesiges unsichtbares Universum gibt, das im Moment einfach nicht gemessen werden kann. Für die kommenden Jahre besteht die Hoffnung, die Teilchen der Dunklen Materie endlich nachweisen zu können. Und so wie der Nachweis von Gravitationswellen die Astronomie verändert hat, werden die Astronomen dann in der Lage sein, Dunkle Materie zu untersuchen, ihre Eigenschaften herauszufinden und genau zu verstehen, welche Auswirkungen sie auf das Universum hat. Bis dahin tappen alle im Dunkeln. ■

Die Masse der Andromeda-Galaxie ist laut Vera Rubin und Kent Ford über die Galaxie verteilt. Sie muss also durch einen Halo unsichtbarer Masse zusammengehalten werden.

Vera Rubin

Vera Rubin wurde 1928 in Philadelphia, USA, geboren. Schon früh entwickelte sie ein Interesse an Astronomie und verfolgte eine Universitätskarriere, obwohl ihr Lehrer ihr geraten hatte, einen anderen Beruf zu wählen. Beim Astrophysik-Graduiertenprogramm der Princeton University wurde sie abgelehnt, Frauen waren nicht zugelassen. Stattdessen studierte sie an der Cornell University.

1965 trat Rubin in die Carnegie Institution of Washington ein und arbeitete auf dem unverfänglichen Gebiet der Kartierung von Galaxienmassen. Sie erhielt etliche Auszeichnungen für die Entdeckung, dass die Masse nicht im Zentrum einer Galaxie konzentriert ist – ein Zeichen für die Existenz Dunkler Materie. Als erste Frau am Palomar-Observatorium war Rubin eine Vorkämpferin für Frauen in der Wissenschaft. Sie starb 2016.

Hauptwerke

1997 *Helle Galaxien, Dunkle Materie*
2006 »Nachweis Dunkler Materie in der Andromeda-Galaxie«

EIN UNBEKANNTER BESTANDTEIL DOMINIERT DAS UNIVERSUM

DUNKLE ENERGIE

IM KONTEXT

SCHLÜSSELFIGUR
Saul Perlmutter (*1959)

FRÜHER
1917 Albert Einstein führt eine kosmologische Konstante ein, die der Gravitation entgegenwirken und für ein statisches Universum sorgen soll.

1929 Edwin Hubble findet Beweise für ein expandierendes Universum.

1931 Einstein nennt seine kosmologische Konstante seine »größte Eselei«.

SPÄTER
2001 Forschungen zeigen, dass Dunkle Energie wohl den Großteil des Masse-Energiegehalts im Universum ausmacht.

2011 Astronomen finden in der Hintergrundstrahlung indirekte Anzeichen für Dunkle Energie.

2013 Die Modelle der Dunklen Energie werden überarbeitet und ähneln jetzt sehr Einsteins kosmologischer Konstante.

Bis Anfang der 1990er-Jahre war sich niemand über das Schicksal des Universums sicher: Würde es sich für immer ausdehnen, statisch werden oder zusammenfallen? Ab 1998 bestimmten zwei Teams amerikanischer Astrophysiker, eines unter der Leitung von Saul Perlmutter, das andere unter der Leitung von Brian Schmidt und Adam Riess, die Expansionsrate des Universums. Mit leistungsfähigen Teleskopen beobachteten sie sehr weit entfernte Supernovae vom Typ 1a (siehe unten). Zu ihrer Überraschung waren die Supernovae schwächer als erwartet, mit einem rötlicheren Farbton – sie mussten daher weiter entfernt sein. Beide Teams kamen zum selben

Wenn ein Weißer Zwerg (der Restkern eines Sterns) einen Riesenstern umkreist und Sternenstaub sammelt, kann eine **Typ-1-Supernova** entstehen.

Eine Typ-1-Supernova hat **bekannte Helligkeit,** ihre scheinbare (auf der Erde gesehene) Helligkeit zeigt daher ihre **Entfernung.**

Aus Helligkeit und Rotverschiebung jeder Supernova kann man **Entfernung** und **Geschwindigkeit relativ zur Erde** berechnen.

Das Licht entfernter Supernovae hat **länger zur Erde gebraucht** als erwartet, also **beschleunigt sich die kosmische Expansion.**

Es wirkt eine **unsichtbare Kraft,** die das Universum auseinandertreibt.

Siehe auch: Doppler-Effekt und Rotverschiebung 188–191 ▪ Von Galileis Relativitätsprinzip zur speziellen Relativitätstheorie 274 ▪ Masse und Energie 284–285 ▪ Statisches oder expandierendes Universum? 294–295 ▪ Der Urknall 296–301 ▪ Dunkle Materie 302–305 ▪ Die Stringtheorie 308–311

Saul Perlmutter

Saul Perlmutter wurde am 22. September 1959 in Illinois, USA, geboren und wuchs bei Philadelphia auf. 1981 schloss er sein Physikstudium an der Harvard University ab, 1986 wurde er an der University of California in Berkeley promoviert und erhielt dort 2004 eine Professur für Physik.

In den frühen 1990er-Jahren war Perlmutter von der Idee fasziniert, Supernovae als Standardkerzen (Objekte mit bekannter Helligkeit, mit denen Entfernungen im Raum gemessen werden können) zur Messung der Ausdehnung des Universums zu verwenden. Er musste sich seine Beobachtungszeit an den großen Teleskopen hart erkämpfen, doch die Mühen zahlten sich aus: 2011 erhielt er – zusammen mit Brian Schmidt und Adam Riess – den Nobelpreis für Physik.

Hauptwerke

1997 »Entdeckung einer Supernova-Explosion, halb so alt wie das Universum, und die kosmologischen Folgen«
2002 »Entstehungsrate entfernter Typ-Ia-Supernovae«

Schluss: Die Supernovae bewegten sich schneller, als zu erwarten wäre, wenn nur die Schwerkraft auf sie wirkte. Die kosmische Expansion muss sich also mit der Zeit beschleunigen.

Mysteriöse Kraft

Diese Entdeckung widersprach der Idee, dass die Schwerkraft am Ende alles wieder zusammenziehen sollte. Offenbar wird der Gesamtenergiegehalt des Universums von etwas ganz anderem beherrscht: von einer konstanten, unsichtbaren Kraft, die der Gravitation entgegenwirkt und Materie wegstößt, der Dunklen Energie. Ein solches das Universum durchdringendes Energiefeld könnte nach Ansicht von Perlmutter, Schmidt und Riess die Expansion erklären. Albert Einstein hatte 1917 ein ähnliches Konzept entwickelt. Seine kosmologische Konstante sollte der Schwerkraft entgegenwirken, sodass das Universum statisch bleiben konnte. Als jedoch gezeigt wurde, dass das Universum sich ausdehnt, erklärte Einstein die Konstante zur Eselei und strich sie aus seiner Relativitätstheorie.

> »Wenn Sie rätseln, was Dunkle Energie ist, sind Sie in guter Gesellschaft.«
>
> **Saul Perlmutter**

Bis heute gilt die Dunkle Energie als die wahrscheinlichste Ursache der kosmischen Expansion, obwohl sie nie direkt beobachtet wurde. 2011 jedoch, als die Wissenschaftler die Überreste des Urknalls untersuchten, den kosmischen Mikrowellenhintergrund, deuteten sie das Fehlen einer großräumigen Struktur des Universums als Hinweis auf die Existenz von Dunkler Energie, die gegen die Schwerkraft wirkt und die Bildung großer Materiestrukturen verhindert. Astronomen glauben, Dunkle Energie mache etwa 68 Prozent des Masse-Energie-Gehalts des Universums aus, was große Auswirkungen haben könnte. Möglicherweise dehnt sich das Universum immer weiter aus, bis sich die Galaxien schneller als mit Lichtgeschwindigkeit auseinander bewegen und schließlich aus dem Blickfeld verschwinden. Dasselbe könnten Sterne in jeder Galaxie tun, gefolgt von Planeten und dann Materie. Das Universum könnte in Billionen von Jahren als eine dunkle und endlose Leere zurückbleiben. ▪

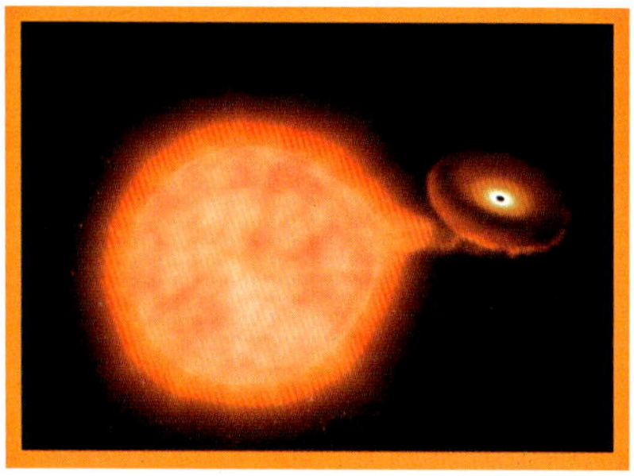

Die Gravitation dieses Weißen Zwergs saugt Materie aus einem nahen Riesenstern. Wenn seine Masse etwa das 1,4-Fache der heutigen Sonnenmasse beträgt, gibt es eine Typ-1-Supernova.

FÄDEN IN EINEM WANDTEPPICH

DIE STRINGTHEORIE

IM KONTEXT

SCHLÜSSELFIGUR
Leonard Susskind (*1940)

FRÜHER
1914 Die Idee einer fünften Dimension soll erklären, wie die Gravitation neben dem Elektromagnetismus wirkt.

1926 Der schwedische Physiker Oscar Klein entwickelt die Idee von unbeobachtbaren Dimensionen.

1961 Eine Theorie vereint den Elektromagnetismus und die schwache Kernkraft.

SPÄTER
1975 Abraham Pais und Sam Treiman prägen den Begriff Standardmodell.

1995 Der amerikanische Physiker Edward Witten entwickelt die M-Theorie mit elf Dimensionen.

2012 Am Large Hadron Collider wird das Higgs-Boson nachgewiesen.

Teilchenphysiker erklären das Universum heute mit dem quantenmechanischen Standardmodell. Es wurde in den 1960er- und 1970er-Jahren entwickelt und beschreibt die fundamentalen Teilchen und Naturkräfte, aus denen alles besteht und die das Universum zusammenhalten.

Allerdings passt das Standardmodell nicht zur allgemeinen Relativitätstheorie, die die Gravitation (eine der vier grundlegenden Kräfte) mit der Struktur von Raum und Zeit in Beziehung setzt und sie als vierdimensionale Einheit behandelt: als Raumzeit und ihre Krümmung. Die Quantenmechanik andererseits be-

Siehe auch: Die Gravitationsgesetze 46–51 ▪ Die Heisenberg'sche Unschärferelation 220–221 ▪ Quantenverschränkung 222–223 ▪ Der Teilchenzoo und die Quarks 256–257 ▪ Trägerteilchen 258–259 ▪ Das Higgs-Boson 262–263 ▪ Das Äquivalenzprinzip 281

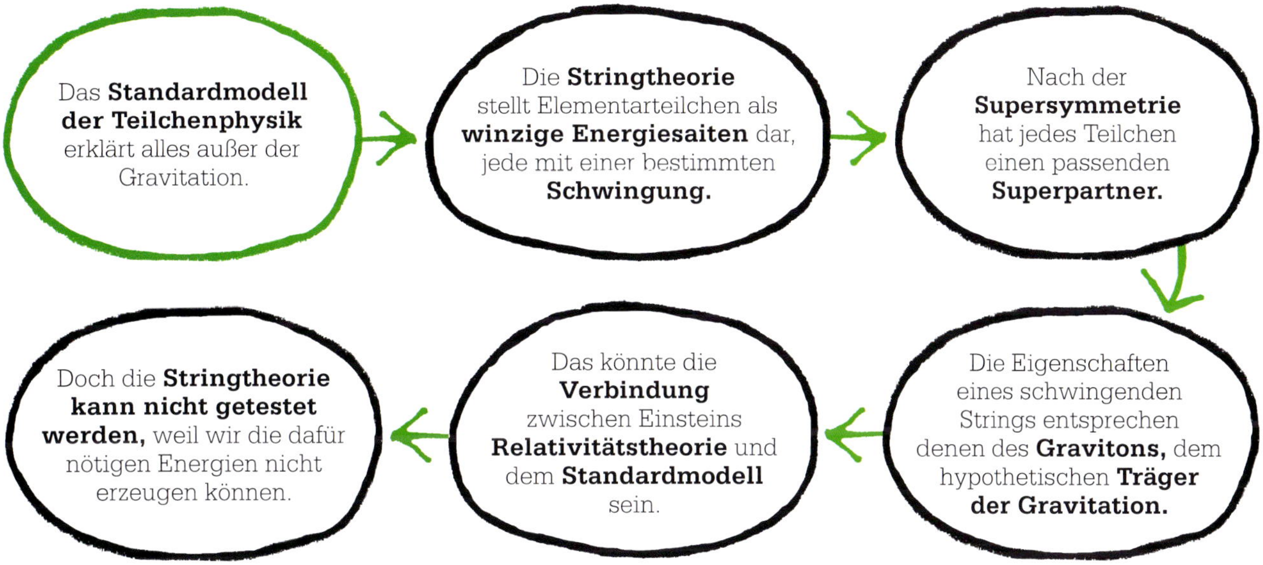

schreibt die Wechselwirkung von Teilchen auf kleinster, atomarer, Ebene, kann aber die Gravitation nicht erklären. Trotz aller Versuche, die beiden Theorien zu vereinen, kann das Standardmodell nur drei der fundamentalen Kräfte erklären.

Teilchen und Kräfte

In der Teilchenphysik bestehen Atome aus einem Kern, aufgebaut aus Protonen und Neutronen und von Elektronen umgeben. Das Elektron und die Quarks, die Bestandteile der Protonen und Neutronen, gehören zu den 12 Fermionen (Materieteilchen), die kleinsten bekannten Bausteine des Universums. Fermionen werden in Quarks und Leptonen unterteilt. Neben den Fermionen gibt es Bosonen (Kraftträgerteilchen) und vier Naturkräfte: Elektromagnetismus, Gravitation, starke Kraft und schwache Kraft. Die Bosonen transportieren die Kräfte zwischen den Fermionen. Mit dem Standardmodell können die Physiker das sogenannte Higgs-Feld beschreiben, ein Energiefeld, das das gesamte Universum durchdringen soll. Die Wechselwirkung der Teilchen innerhalb des Higgs-Feldes verleiht ihnen ihre Masse. Trägerteilchen des Higgs-Feldes ist das sogenannte Higgs-Boson. Aber keines der bekannten Bosonen überträgt die Schwerkraft, was die Forscher dazu veranlasste, ein hypothetisches, noch nicht nachgewiesenes Teilchen namens Graviton zu erfinden.

In einem Versuch, die starke Kraft zu erklären, die Protonen und Neutronen in den Atomkernen bindet, entwickelte der amerikanische Physiker Leonard Susskind 1969 die Stringtheorie – zeitgleich mit und unabhängig von dem amerikanisch-japanischen Physiker Yoichiro Nambu und dem dänischen Physiker Holger Nielsen. Hier sind Teilchen, die Bausteine des Universums, nicht punktförmig, sondern winzige, »

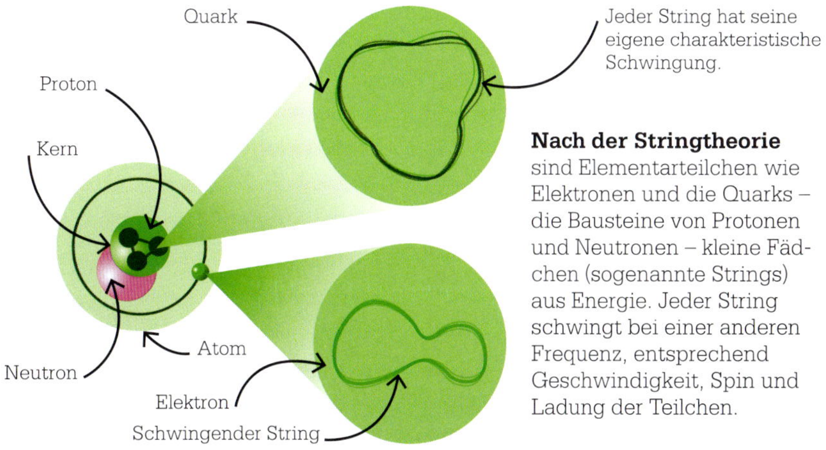

Nach der Stringtheorie sind Elementarteilchen wie Elektronen und die Quarks – die Bausteine von Protonen und Neutronen – kleine Fädchen (sogenannte Strings) aus Energie. Jeder String schwingt bei einer anderen Frequenz, entsprechend Geschwindigkeit, Spin und Ladung der Teilchen.

eindimensionale, schwingende »Energiesaiten« (Strings), aus denen alle Kräfte und Materie entstehen. Wenn sie kollidieren, verbinden sie sich und schwingen kurz miteinander, bevor sie sich wieder trennen.

Frühe Modelle der Stringtheorie waren jedoch problematisch. Sie erklärten zwar Bosonen, nicht aber Fermionen, und sie setzten hypothetische Teilchen voraus, die Tachyonen, die sich schneller bewegen als das Licht. Außerdem benötigten sie viel mehr Dimensionen als die bekannten vier von Raum und Zeit.

> »Materie aus Geometrie aufbauen – das ist gewissermaßen das Prinzip der Stringtheorie.«
>
> **David Gross**
> Amerikanischer theoretischer Physiker

Supersymmetrie

Um einige dieser frühen Probleme zu umgehen, wurde das Prinzip der Supersymmetrie entwickelt. Es besagt im Wesentlichen, dass das Universum symmetrisch ist, d. h., zu jedem der bekannten Teilchen aus dem Standardmodell gibt es einen unentdeckten Partner oder Superpartner. So ist z. B. jedes Fermion mit einem Boson gepaart und umgekehrt.

Als das 1964 vorhergesagte Higgs-Boson 2012 am Large Hadron Collider des CERN entdeckt wurde, war es leichter als erwartet. Man hatte gedacht, seine Wechselwirkung mit den Teilchen des Standardmodells im Higgs-Feld, die ihm ihre Masse verleihen, würde es schwer machen. Aber das war nicht der Fall. Mit der Idee der Superpartner, Teilchen, die möglicherweise einige der Effekte des Higgs-Feldes aufheben und ein leichteres Higgs-Boson erzeugen, ließ sich dieses Problem lösen. Die Forscher konnten damit auch herausfinden, dass drei der vier Naturkräfte, nämlich Elektromagnetismus, starke Kraft und schwache Kraft, beim Urknall bei den gleichen Energien existiert haben könnten – ein wichtiger Schritt zur Vereinheitlichung dieser Kräfte in einer großen vereinheitlichten Theorie.

Mittlerweile sind Stringtheorie und Supersymmetrie zur Superstringtheorie zusammengeführt, in der alle Fermionen und Bosonen und ihre Superpartner das Ergebnis schwingender Strings sind. In den 1980er-Jahren entwickelten der amerikanische Physiker John Schwarz und der britische Physiker Michael Green die Idee, Elementarteilchen wie Elektronen und Quarks seien äußere Manifestationen von Strings, die auf der Quantengravitationsskala schwingen. So wie unterschiedliche Schwingungen einer Geigensaite unterschiedliche Töne erzeugen, so ergeben sich Eigenschaften wie Masse aus unterschiedlichen Schwingungen der gleichen String-Art. Ein Elektron ist ein String, das auf eine bestimmte Art und Weise schwingt; ein Quark ist ein identischer String, schwingt aber anders.

Im Zuge ihrer Arbeit stellten Schwarz und Green fest, dass die Stringtheorie ein masseloses Teilchen vorhersagt, das dem hypothetischen Graviton ähnelt. Die Existenz eines solchen Teilchens könnte erklären, warum die Gravitation im

Leonard Susskind

1940 in New York geboren, ist Leonard Susskind derzeit Felix-Bloch-Professor für Physik an der Stanford University in Kalifornien. Er promovierte 1965 an der Cornell University in New York, 1979 kam er an die Stanford University.

1969 entwickelte Susskind die Idee, die ihn bekannt machte: die Stringtheorie. Seine mathematischen Arbeiten zeigten, dass sich die Teilchenphysik durch schwingende Saiten auf kleinster Ebene erklären lässt. In den 1970er-Jahren entwickelte er seine Idee weiter und prägte 2003 den Ausdruck »Stringtheorie-Landschaft«. Diese radikale Idee sollte die große Anzahl von Universen herausstellen, die möglicherweise existieren könnten und ein verwirrendes Megaversum bilden – vielleicht einschließlich anderer Universen mit den notwendigen Voraussetzungen für die Existenz von Leben. Er wurde vielfach ausgezeichnet.

Hauptwerke

2005 *Die kosmische Landschaft*
2008 *Der Krieg um das Schwarze Loch*
2013 *Das theoretische Minimum*

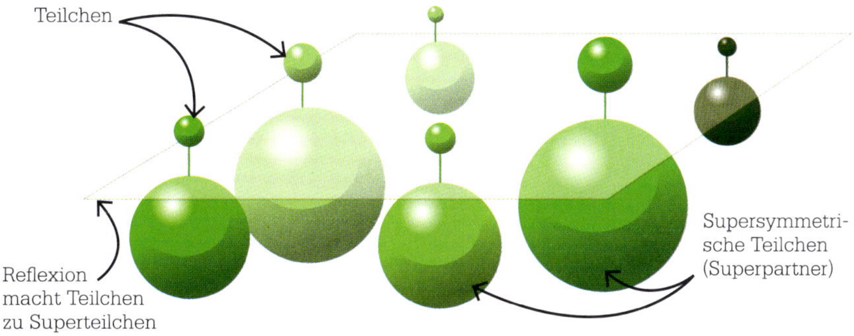

In der Supersymmetrie hat jedes Boson (Kraftträgerteilchen) ein Fermion (Materieteilchen) mit Masse als Superpartner, und jedes Fermion hat ein Boson mit Masse als Superpartner. Die Superstringtheorie beschreibt Superpartner als Strings, die in höheren Oktaven schwingen, wie die Obertöne einer Violine. Manche Stringtheoretiker sagen, die Superpartner haben bis 1000-mal mehr Masse als die entsprechenden Teilchen, doch bis jetzt sind keine supersymmetrischen Teilchen gefunden worden.

Vergleich zu den anderen drei Kräften so schwach ist, da Gravitonen in den etwa zehn Dimensionen, die die Stringtheorie erfordert, »versickern«. Damit schien das, was Einstein lange gesucht hatte, zum Greifen nahe: eine Theorie, die alles im Universum beschreiben könnte – eine Theorie von allem.

Eine vereinheitlichte Theorie

Doch bei der Suche nach einer allumfassenden Theorie gibt es bei den Schwarzen Löchern Probleme. Hier wird eine riesige Menge an Materie auf einen sehr kleinen Bereich gepackt. Nach der allgemeinen Relativitätstheorie hat der Kern eines Schwarzen Lochs, seine Singularität, im Grunde die Größe null. Aber laut Quantenmechanik kann nichts unendlich klein sein, die Heisenberg'sche Unschärferelation lässt das nicht zu, weil ein Teilchen immer in mehreren Zuständen existieren kann. Wichtige Quanteneffekte wie Überlagerung und Verschränkung schreiben auch vor, dass sich Teilchen gleichzeitig in zwei Zuständen befinden können. Sie müssen ein Gravitationsfeld erzeugen, was mit der allgemeinen Relativitätstheorie vereinbar wäre, aber in der Quantentheorie nicht der Fall zu sein scheint.

Falls die Superstringtheorie einige dieser Probleme lösen kann, könnte sie die vereinheitlichte Theorie sein, nach der die Physiker gesucht haben. Eventuell könnte man sie sogar testen, indem man Teilchen miteinander kollidieren lässt. Bei sehr hohen Energien, so glauben die Wissenschaftler, könnte man möglicherweise Gravitonen sehen, die sich in andere Dimensionen auflösen – ein Schlüsselbeweis für die Theorie. Doch nicht alle sind davon überzeugt.

Die Idee entwirren

Manche Wissenschaftler wie der amerikanische Physiker Sheldon Glashow halten die Verfolgung der Stringtheorie für sinnlos, weil die Existenz der beschriebenen Strings nie zu beweisen (oder zu widerlegen) sein wird. Die erforderlichen Energien wären so hoch (jenseits der Planck-Energie), dass sie für den Menschen unmöglich nachzuweisen sind und auf absehbare Zeit auch bleiben werden. Die Unmöglichkeit eines Tests für die Stringtheorie führt zu der Frage, ob die Theorie überhaupt in die Wissenschaft gehört. Andere widersprechen und weisen darauf hin, dass derzeit Experimente durchgeführt werden, um nach einigen dieser Effekte zu suchen. Das Super-Kamiokande-Experiment in Japan etwa könnte Aspekte der Stringtheorie testen, indem es nach dem Protonenzerfall – dem hypothetischen Zerfall eines Protons auf extrem langen Zeitskalen – sucht, der durch die Supersymmetrie vorhergesagt wird.

Die Superstringtheorie kann einen Großteil des unbekannten Universums erklären, etwa warum das Higgs-Boson so leicht und warum die Gravitation so schwach ist, und sie könnte helfen, etwas über die Dunkle Energie und die Dunkle Materie zu erfahren. Einige Forscher meinen sogar, die Stringtheorie könnte Informationen über das Schicksal des Universums liefern sowie darüber, ob es sich auf unbestimmte Zeit weiter ausdehnen wird oder nicht. ■

Die Fotomultiplier des Neutronenobservatoriums Super-Kamiokande in Japan weisen das Licht nach, das Neutrinos bei der Wechselwirkung mit dem Wasser im Tank emittieren.

KRÄUSELUNGEN DER RAUMZEIT

GRAVITATIONSWELLEN

IM KONTEXT

SCHLÜSSELFIGUREN
Barry Barish (*1936),
Kip Thorne (*1940)

FRÜHER
1915 Einsteins allgemeine Relativitätstheorie fordert die Existenz von Gravitationswellen.

1974 Bei der Untersuchung von Pulsaren finden Forscher indirekte Hinweise auf Gravitationswellen.

1984 In den USA beginnen die Planungen für das Gravitationswellen-Observatorium LIGO.

SPÄTER
2017 Nachweis von Gravitationswellen aus der Verschmelzung zweier Neutronensterne.

2034 Die Satellitenmission LISA der Europäischen Raumfahrtagentur ESA zur Untersuchung von Gravitationswellen könnte starten.

Eine Revolution der Astronomie wurde 2016 verkündet: Ein Team von Physikern hatte den ersten direkten Beweis für Gravitationswellen gefunden, Kräuselungen in der Raumzeit, die durch die Verschmelzung oder Kollision zweier Objekte verursacht werden. Bis dahin hatte man das Universum und seine Funktionsweise hauptsächlich durch elektromagnetische Wellen untersucht. Nun gab es eine neue Möglichkeit, Schwarze Löcher, Sterne und andere Wunder des Kosmos zu erforschen.

Die Idee von Gravitationswellen ist über ein Jahrhundert alt. 1905 postulierte der französische Physiker Henri Poincaré, die Schwerkraft

Siehe auch: Elektromagnetische Wellen 192–195 ▪ Über das Licht hinaus 202–203 ▪ Von Galileis Relativitätsprinzip zur speziellen Relativitätstheorie 274 ▪ Spezielle Relativitätstheorie 276–279 ▪ Gekrümmte Raumzeit 280 ▪ Masse und Energie 284–285 ▪ Schwarze Löcher und Wurmlöcher 286–289

Zwei Objekte mit großer Masse – etwa zwei Schwarze Löcher – **umkreisen einander** im All.

↓

Mit der Zeit kommen sich die beiden Objekte **näher** und umkreisen einander **immer schneller.**

→

Schließlich **kollidieren sie und verschmelzen** miteinander, wobei **große Mengen Energie** frei werden.

↓

Der größte Teil dieser Energie breitet sich als **Gravitationswellen** mit Lichtgeschwindigkeit im Universum aus.

←

Die Wellen erreichen die Erde und erzeugen ein **Signal in den Messinstrumenten,** aus dem bestimmt werden kann, woher die Wellen kommen.

würde über eine Welle übertragen, die er *l'onde gravifique* – die Gravitationswelle – nannte. Ein Jahrzehnt später führte Albert Einstein diese Idee in seiner allgemeinen Relativitätstheorie weiter: Die Schwerkraft sollte keine Kraft, sondern eine Krümmung der Raumzeit sein, verursacht durch Masse, Energie und Impuls.

Einstein zeigte, dass jede Masse eine Verzerrrung der Raumzeit verursacht, die sogar das Licht krümmen kann. Wann immer sich eine Masse bewegt und diese Verzerrung ändert, erzeugt sie Wellen, die sich mit Lichtgeschwindigkeit ausbreiten. Jede sich bewegende Masse erzeugt diese Wellen, schon zwei Personen, die sich im Kreis drehen, doch solche Wellen sind zu klein für den Nachweis. Trotz seiner Theorien rang Einstein mit den Gravitationswellen und schrieb 1916, es gebe »keine Gravitationswellen analog zu Lichtwellen«. In einem Aufsatz von 1918 griff er die Idee wieder auf, vermutete aber, es gebe keine Möglichkeit, sie jemals zu messen. Bis 1936 war er wieder zurückgeschwenkt und behauptete, die Wellen würden nicht existieren.

Das Unsichtbare suchen

Erst in den 1950er-Jahren erkannten die Physiker, dass Gravitationswellen durchaus real sein können, und betonten, die allgemeine Relativitätstheorie habe die Existenz der Wellen als einen Weg der Energieübertragung durch Gravitationsstrahlung tatsächlich vorhergesagt.

Der Nachweis von Gravitationswellen stellte die Forscher vor große Herausforderungen. Die Wellen sollten zwar im gesamten Universum vorhanden sein, doch man brauchte ein sehr empfindliches Experiment, um sie nachzuweisen. 1956 zeigte der britische Physiker Felix Pirani, Gravitationswellen würden beim Vorüberziehen Teilchen bewegen, was theoretisch nachweisbar sein könnte.

Die ersten Experimente zum Nachweis auf diesem Weg waren erfolglos, doch 1974 fanden die amerikanischen Physiker Russell Hulse und Joseph Taylor den ersten indirekten Beweis für Gravitationswellen: Sie beobachteten ein Paar einander umkreisender Neutronensterne (kleinc Sterne, die durch den Kollaps von Riesensternen entstehen), einer davon ein Pulsar (ein sich schnell drehender Neutronenstern). Während sie aufeinander zu wirbelten, verloren die Sterne Energie, die mit der Ausstrahlung von Gravitationswellen übereinstimmte – ein weiterer Schritt zum Nachweis dieser Wellen.

Die Wellenmaschinen

Obwohl so große und sich schnell bewegende Massen wie einander umkreisende Neutronensterne wohl die größten Gravitationswellen erzeugen, wären sie unglaublich klein. Doch ab Ende der 1970er-Jahre entwickelten einige Physiker in den USA, darunter der deutschstämmige Rainer Weiss, und Ronald Drever aus Schottland die Idee, die Wellen mit Laserstrahlen in »

» Die Welle sollte sich mit Lichtgeschwindigkeit ausbreiten. «

Henri Poincaré

Interferometern nachzuweisen. 1984 gründete der amerikanische Physiker Kip Thorne gemeinsam mit Weiss und Drever das Laser-Interferometer-Gravitationswellen-Observatorium (LIGO).

1994 begannen die Arbeiten an zwei Interferometern, eines in Hanford im US-Bundesstaat Washington, das andere in Livingstone, Louisiana. Durch die Trennung ließen sich zufällige, lokale Schwingungen ausschließen. Die Forschungsarbeiten leitete der amerikanische Physiker Barry Barish, der 1997 Direktor des LIGO wurde und die LIGO Scientific Collaboration gründete, ein Team von 1000 Wissenschaftlern auf der ganzen Welt. Bis 2002 waren die beiden LIGO-Maschinen fertig. Jede bestand aus zwei Stahlrohren von 1,2 m Dicke und 4 km Länge, geschützt durch eine Betonhülle.

Da Gravitationswellen den Raum in senkrechter Richtung zusammendrücken und dehnen, wurden die Rohre im rechten Winkel zueinander in L-Form gebaut. Theoretisch muss eine Welle, die die Raumzeit verzerrt, die Länge beider Röhren verändern (dabei würde die eine gedehnt, die andere zusammengedrückt), bis die Welle vorbei ist. Zum Messen wurde ein Laserstrahl in zwei Teile geteilt und dann durch Spiegel in beide Röhren gestrahlt. Eine eintreffende Gravitationswelle würde dazu führen, dass die Lichtstrahlen zu unterschiedlichen Zeiten zurückreflektiert werden, da die Raumzeit selbst gedehnt und verkürzt wird. Die Messung dieser Veränderung sollte enthüllen, woher die Gravitationswellen kamen und was sie verursacht hatte.

Wellen aus Katastrophen

In den ersten acht Jahren wurden keine Wellen nachgewiesen – stattdessen zeichneten die Maschinen Störungen wie das Heulen des Windes und sogar Geräusche von Zügen und Holzfällmaschinen auf. 2010 wurde beschlossen, beide LIGO-Maschinen komplett zu überholen. Im September 2015 wurden sie wieder in Betrieb genommen und konnten nun einen viel größeren Raumbereich scannen. Innerhalb weniger Tage hatten die neuen, empfindlicheren Instrumente winzige Wellen nachgewiesen, die von einem katastrophischen Ereignis irgendwo tief im Universum auf die Erde gelangt waren. Diese Gravitationswellen stammten von zwei Schwarzen Löchern, die etwa 1,3 Mrd. Lichtjahre von der Erde entfernt kollidierten und 50-mal mehr Energie erzeugten als alle Sterne im Universum in diesem Moment. Sie waren als stellare Schwarze Löcher bekannt und hatten jeweils eine geschätzte Masse des 36- bzw. 29-Fachen der heutigen Sonnenmasse. Durch die Kollision war ein neues Schwarzes Loch mit der 62-fachen Sonnenmasse entstanden. Die verbleibende Masse, das Dreifache der Sonnenmasse, wurde fast vollständig in Form von Gravitationswellen in den Weltraum katapultiert. Durch die Messung der von den beiden LIGO-Standorten empfangenen Signale – unterstützt durch das Virgo-Interferometer in Italien – konnten die Wissenschaftler nun in der Zeit zurückblicken, um den Ursprung der Gravitationswellen zu ermitteln und neue, zuvor schlicht unzugängliche Teile des Universums zu untersuchen. Dazu mussten sie nur die von ihnen

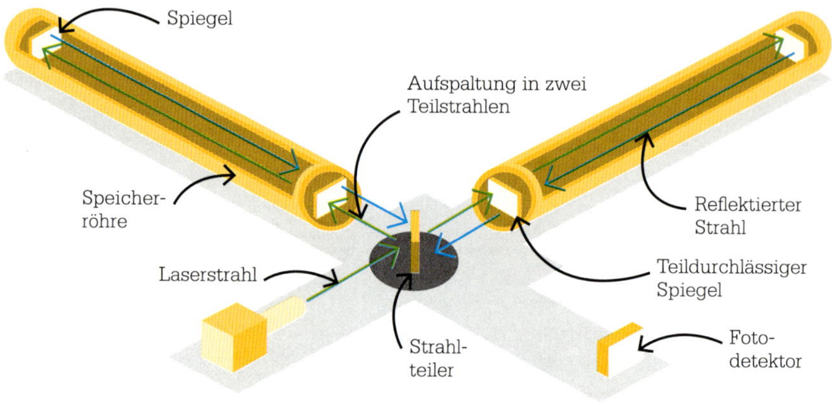

LIGO verwendet Laserstrahlen zur Detektion der Gravitationswellen. Ein Strahl wird auf einen teilreflektierenden Spiegel gelenkt, der den Strahl in zwei rechtwinklig zueinander stehende Speicherröhren teilt. Jeder Strahl durchläuft einen weiteren teilreflektierenden Spiegel und läuft zwischen diesem und einem Spiegel am Ende der Röhre hin und her. Ohne Gravitationswellen löschen sich die Strahlen gegenseitig aus. Sind Wellen vorhanden, erzeugen die Interferenzen zwischen den Strahlen flackerndes Licht, das ein Fotodetektor registriert.

» Meine Damen und Herren, wir haben Gravitationswellen nachgewiesen. Wir haben es geschafft! «

Professor David Reitze
Amerikanischer Laserphysiker, Direktor des LIGO

entdeckten Signale mit den Mustern abgleichen, die sie von verschiedenen Raumzeitereignissen erwarteten.

Seit der ersten Entdeckung von Gravitationswellen im Jahr 2015 und der bahnbrechenden Ankündigung ihrer Entdeckung im Jahr 2016 wurden noch etliche weitere potenzielle Gravitationswellensignale gefunden. Bei den meisten davon handelte es sich um Verschmelzungen Schwarzer Löcher. 2017 dann gelang den LIGO-Wissenschaftlern der erste bestätigte Nachweis von Gravitationswellen, die bei der Kollision zweier Neutronensterne vor etwa 130 Mio. Jahren erzeugt wurden.

Signale aus der Ferne

LIGO und Virgo weisen weiterhin fast wöchentlich Gravitationswellen nach. Die Ausrüstung wird regelmäßig aufgerüstet, da die Laser leistungsstärker und die Spiegel stabiler werden. Objekte, die kaum die Größe einer Stadt haben, können im ganzen Universum entdeckt werden. Der Nachweis der Gravitationswellen hilft den Wissenschaftlern, die Natur des Universums selbst zu erforschen und immer mehr über seinen Ursprung und seine Ausdehnung und möglicherweise über sein Alter zu erfahren.

Die Grenzen des Weltraums

Astronomen arbeiten auch an neuen Experimenten, die Gravitationswellen noch detaillierter untersuchen könnten. Eines davon ist eine von der Europäischen Weltraumorganisation (ESA) organisierte Mission mit dem Namen LISA (Laser Interferometer Space Antenna). LISA wird aus drei Satelliten im Abstand von je 2,5 Mio. Kilometer bestehen. Laser werden zwischen den Raumfahrzeugen gefeuert, und die erzeugten Signale werden auf Anzeichen winziger Bewegungen untersucht, bei denen es sich um die Wellen von Gravitationswellen handeln könnte. Der Start ist für 2034 geplant.

Die Beobachtungen von LISA über ein solch riesiges Gebiet werden es den Wissenschaftlern ermöglichen, Gravitationswellen von einer Vielzahl anderer Objekte wie supermassiven Schwarzen Löchern oder sogar aus der Frühzeit des Universums zu erkennen. Die Geheimnisse des tiefsten Weltraums könnten schließlich entschlüsselt werden. ■

Wenn zwei Neutronensterne kollidieren, emittieren sie Gammastrahlung und Gravitationswellen. Beide erreichen die Erde Millionen Jahre später praktisch gleichzeitig.

Kip Thorne

Kip Thorne wurde 1940 in Utah geboren und schloss 1962 sein Physikstudium am California Institute of Technology (Caltech) ab, bevor er 1965 an der Universität Princeton promovierte. 1967 kehrte er zum Caltech zurück, wo er heute der emeritierte Feynman-Professor für Theoretische Physik ist.

Thornes Interesse an Gravitationswellen führte zum LIGO-Projekt. Er konnte entfernte Quellen der Wellen identifizieren und Techniken zur Gewinnung von Informationen aus diesen Wellen entwickeln. Für seine Arbeiten über Gravitationswellen und LIGO wurde Thorne 2017 zusammen mit seinen Mitarbeitern Rainer Weiss und Barry Barish mit dem Nobelpreis für Physik ausgezeichnet.

Thorne ist auch an den Künsten interessiert: Er war wissenschaftlicher Berater des Sciencefiction-Films *Interstellar* von 2014.

Hauptwerke

1973 *Gravitation*
1994 *Gekrümmter Raum und verbogene Zeit*
2014 *Die Wissenschaft von Interstellar*

ANHANG

WEITERE PHYSIKER

Isaac Newton schrieb 1675 in einem Brief an Robert Hooke: »Wenn ich weiter gesehen habe, dann weil ich auf den Schultern von Riesen stand.« Seit ihren Anfängen in Mesopotamien im vierten Jahrtausend v. Chr. ist die Geschichte der Wissenschaft eine Geschichte der Zusammenarbeit und Kontinuität. Von Naturphilosophen über Erfinder bis zu Experimentatoren und in jüngerer Zeit auch professionellen Wissenschaftlern haben weit mehr Menschen Beiträge zu dieser Geschichte geleistet, als in diesem Buch im Einzelnen dargelegt werden konnte. Das folgende Verzeichnis soll daher zumindest einen Überblick über einige weitere Schlüsselfiguren in der noch lange nicht abgeschlossenen Suche nach dem Verständnis unseres Universums – vom kleinsten Kern bis zur entferntesten Galaxie – geben.

ARCHIMEDES
um 287 v. Chr. bis um 212 v. Chr.

Archimedes wurde in der griechischen Kolonie Syrakus auf Sizilien geboren und war einer der bedeutendsten Ingenieure, Physiker und Mathematiker der Antike. Über sein frühes Leben ist wenig bekannt, möglicherweise hat er als junger Mann in Alexandria in Ägypten studiert. Die Nachwelt feierte ihn für seine bahnbrechenden mathematischen Beweise, insbesondere auf dem Gebiet der Geometrie, doch zu Lebzeiten war er vor allem für Erfindungen wie die archimedische Schraube (eine Wasserpumpe) und den Flaschenzug berühmt, vor allem aber für seine berühmte Entdeckung – »Heureka!« – des archimedischen Prinzips, das den Auftrieb und die Wasserverdrängung beschreibt. Als die Römer in Sizilien einfielen, entwickelte Archimedes eine Reihe von Verteidigungswaffen. Bei der Einnahme von Syrakus wurde er von einem römischen Soldaten getötet.
Siehe auch: Die wissenschaftliche Methode 20–23 ▪ Fluide 76–79

HASAN IBN AL-HAITHAM
um 965–1040

Der arabische Gelehrte al-Haitham (im Westen auch als Alhazen bekannt) wurde in Basra im heutigen Irak geboren, wirkte aber vor allem in Kairo. Über sein Leben ist wenig bekannt. Er war zunächst Baumeister, arbeitete aber auch zu Medizin, Philosophie und Theologie sowie zu Physik und Astronomie. Al-Haitham war einer der ersten Verfechter der wissenschaftlichen Methode und entwickelte Experimente, um Hypothesen zu beweisen oder zu widerlegen. Am bekanntesten ist er für sein *Buch der Optik* (1021), das verschiedene klassische Theorien des Lichts mit Beobachtungen der Anatomie kombiniert. So erklärte er das Sehen mit Lichtstrahlen, die reflektiert, vom Auge gesammelt und vom Gehirn interpretiert werden.
Siehe auch: Die wissenschaftliche Methode 20–23 ▪ Reflexion und Brechung 168–169 ▪ Fernrohr und Mikroskop 170–175

AVICENNA
um 980–1037

Der persische Universalgelehrte ibn Sina (im Westen als Avicenna bekannt) wurde bei Buchara im heutigen Usbekistan in die Familie eines gut gestellten Beamten der Samaniden-Dynastie geboren. Der talentierte Junge lernte von Jugend an die Werke vieler klassischer und islamischer Gelehrter. Er ist heute vor allem für seine einflussreichen Werke zur Medizin bekannt, doch er arbeitete in einer Vielzahl von Fachgebieten, darunter auch in der Physik. Er entwickelte eine Bewegungstheorie, die das später als Trägheit bezeichnete Konzept und den Einfluss des Luftwiderstands berücksichtigte, und legte dar, die Lichtgeschwindigkeit müsse endlich sein.
Siehe auch: Die Bewegungsgesetze 40–45 ▪ Die Lichtgeschwindigkeit 275

JOHANNES KEPLER
1571–1630

Den deutschen Mathematiker und Astronomen Johannes Kepler machte in den 1590er-Jahren eine Theorie berühmt, die versuchte, die Umlaufbahnen der Planeten mit der Geometrie sogenannter platonischer Körper zu verbinden. Er wurde Assistent des großen dänischen Astronomen Tycho Brahe, der den bis dahin genauesten Katalog der Planetenbewegungen zusammenstellte. Nach Brahes Tod 1601 entwickelte Kepler dessen Arbeiten weiter. Mit seinen Gesetzen zur Planetenbewegung von 1609 (die Planeten laufen auf elliptischen, nicht kreisförmigen Bahnen um die Sonne) vollendete er die kopernikanische Revolution und ebnete den Weg für Newtons allgemeinere Bewegungs- und Gravitationsgesetze.
Siehe auch: Die Gravitationsgesetze

46–51 ▪ Himmelsmechanik 270–271 ▪ Modelle des Universums 272–273

EVANGELISTA TORRICELLI
1608–1647

Der in der italienischen Provinz Ravenna gebürtige Torricelli zeigte schon in jungen Jahren Talent für Mathematik und wurde von Mönchen zur Ausbildung in eine örtliche Abtei geschickt. Später wurde er in Rom Sekretär und inoffizieller Schüler von Benedetto Castelli, einem Professor der Mathematik und Freund von Galileo Galilei. Torricelli wurde ein Anhänger Galileis und führte in den Monaten vor dessen Tod 1642 zahlreiche Gespräche mit ihm. Im folgenden Jahr veröffentlichte Torricelli eine Beschreibung des ersten Quecksilberbarometers, für das er heute am bekanntesten ist.
Siehe auch: Die wissenschaftliche Methode 20–23 ▪ Druck 36 ▪ Fluide 76–79

GUILLAUME AMONTONS
1663–1705

Der in Paris geborene Guillaume Amontons war Sohn eines Juristen. Er widmete sich der Wissenschaft, nachdem er als Kind sein Gehör verloren hatte. Als Autodidakt war er ein geschickter Ingenieur und Erfinder von Verbesserungen an verschiedenen wissenschaftlichen Instrumenten. Als er die Eigenschaften von Gasen untersuchte, fand er die Beziehungen zwischen Temperatur, Druck und Volumen, konnte sie aber nicht in Form der späteren Gasgesetze quantifizieren. Heute noch bekannt ist er wegen seiner Reibungsgesetze, die die Haft- und Gleitreibungskräfte zwischen Körpern beschreiben, deren Oberflächen miteinander in Kontakt stehen.
Siehe auch: Energie und Bewegung 56–57 ▪ Die Gasgesetze 82–85 ▪ Entropie und der zweite Hauptsatz der Thermodynamik 94–99

DANIEL GABRIEL FAHRENHEIT
1686–1736

In Danzig als Sohn einer deutschen Kaufmannsfamilie geboren, verbrachte Fahrenheit den größten Teil seines Berufslebens in den Niederlanden. 1701 verwaiste er, er lernte den Kaufmannsberuf, dann ging er seinen wissenschaftlichen Interessen nach und traf viele führende Denker seiner Zeit, etwa Ole Rømer und Gottfried Wilhelm Leibniz. Er hielt Vorlesungen über Chemie und lernte, empfindliche Glasteile für wissenschaftliche Instrumente wie Thermometer zu bauen. Dies führte 1724 zu seiner Idee einer standardisierten Temperaturskala (allerdings wurden Fahrenheits »feste« Temperaturpunkte später revidiert, um seine Skala genauer zu machen).
Siehe auch: Die wissenschaftliche Methode 20–23 ▪ Wärme und ihre Übertragung 80–81

LAURA BASSI
1711–1778

Als Tochter eines erfolgreichen Anwalts im italienischen Bologna wurde Laura Bassi von Hauslehrern unterrichtet und zeigte schon früh Interesse an der Physik. Als Teenager war sie von den immer noch umstrittenen Theorien Isaac Newtons fasziniert. Nachdem sie mit 20 Jahren in Philosophie promoviert hatte, erhielt sie als erste Frau Europas einen Universitätslehrstuhl für Naturphilosophie. 1738 heiratete sie ihren Kollegen Giuseppe Veratti, und die beiden arbeiteten während ihrer gesamten weiteren Laufbahn eng zusammen. Bassi entwickelte anspruchsvolle Experimente, um die Genauigkeit der Newton'schen Physik zu demonstrieren, und schrieb über Mechanik und Hydraulik. 1776 wurde sie zur Professorin für Experimentalphysik an die Universität berufen.
Siehe auch: Die Bewegungsgesetze 40–45 ▪ Die Gravitationsgesetze 46–51

WILLIAM HERSCHEL
1738–1822

Wilhelm Herschel ging mit 19 Jahren als Militärmusiker von Deutschland nach England und nannte sich dort William. Er las viel über Akustik und Optik, eine musikalische Anstellung in Bath ab 1766 ermöglichte es ihm, seinen astronomischen Interessen nachzugehen. Er baute die besten Spiegelteleskope seiner Zeit und begann mit der systematischen Erforschung der Sterne, ab 1772 unterstützt von seiner Schwester Caroline. Die Entdeckung des Planeten Uranus 1781 brachte ihm die Berufung zum »Königlichen Astronomen« ein. 1800 entdeckte er bei der Messung der Eigenschaften verschiedener Farben des sichtbaren Lichts die Existenz von Infrarotstrahlung.
Siehe auch: Elektromagnetische Wellen 192–195 ▪ Himmelsmechanik 270–271 ▪ Modelle des Universums 272–273

PIERRE-SIMON LAPLACE
1749–1827

Laplace begann mit 16 Jahren ein Theologie- und Philosophiestudium an der Jesuitenschule Caen, zeigte aber Talent für Mathematik und ging 1768 nach Paris, um Mathematiker zu werden. Während seiner langen Karriere arbeitete er nicht nur in reiner Mathematik, sondern wandte sie auch auf verschiedenste Gebiete an, von der Gezeitenvorhersage und der Form der Erde bis zur Stabilität von Planetenbahnen und der Geschichte des Sonnensystems. Er sagte als Erster, dass sich unser Sonnensystem aus einer kollabierenden Gas- und Staubwolke bildete, und er fand eine mathematische Grundlage für die Objekte, die wir heute Schwarze Löcher nennen.
Siehe auch: Die Gravitationsgesetze 46–51 ▪ Modelle des Universums 272–273 ▪ Schwarze Löcher und Wurmlöcher 286–289

SOPHIE GERMAIN
1776–1831

Als Tochter eines wohlhabenden Pariser Seidenhändlers musste Germain gegen die Vorurteile ihrer Eltern ankämpfen, um Mathematik betreiben zu können. Zunächst Autodidaktin, erhielt sie ab 1794 Vorlesungsunterlagen von der École Polytechnique und wurde von Joseph-Louis Lagrange privat unterrichtet. Später korrespondierte sie auch mit den führenden Mathematikern Europas. Ihre physikalischen Arbeiten betreffen die Elastizität: Sie gewann den Wett-

bewerb der Pariser Akademie (inspiriert durch die akustischen Experimente von Ernst Chladni), die Schwingungen elastischer Oberflächen mathematisch zu beschreiben.
Siehe auch: Dehnen und Strecken 72–75 ▪ Musik 164–167

JOSEPH VON FRAUNHOFER
1787–1826

Nachdem der junge Fraunhofer mit 11 Jahren Waise wurde, lernte er den Glasmacherberuf. 1801 sah er sein Leben verändert, als die Werkstatt seines Meisters eingestürzt war und er von einer Gruppe lokaler Würdenträger aus den Trümmern gezogen wurde. Der Kurfürst von Bayern und andere Wohltäter förderten seine akademischen Neigungen und ermöglichten ihm, seine Studien zur Verbesserung der Gläser fortzusetzen. Dank Fraunhofers Entdeckungen wurde Bayern zum führenden Zentrum der Glasherstellung für wissenschaftliche Instrumente. Zu seinen Erfindungen gehören das Beugungsgitter zur Streuung von Licht verschiedener Farben und das Spektroskop zur Messung der genauen Positionen verschiedener Linien in einem Spektrum.
Siehe auch: Beugung und Interferenz 180–183 ▪ Doppler-Effekt und Rotverschiebung 188–191 ▪ Licht aus dem Atom 196–199

WILLIAM THOMSON, LORD KELVIN
1824–1907

Der in Belfast geborene William Thomson war eine der wichtigsten Figuren in der Physik des 19. Jahrhunderts. Nach seinem Studium in Glasgow und Cambridge kehrte Thomson im Alter von nur 22 Jahren als Professor nach Glasgow zurück. Seine Interessen waren weit gefächert – er begründete die Thermodynamik mit und führte die nach ihm benannte absolute Temperaturskala ein, er berechnete das Alter der Erde und untersuchte das mögliche Schicksal des Universums selbst. Berühmt jedoch wurde er als technischer Berater, der in den 1850er-Jahren maßgeblich zur Konstruktion des ersten transatlantischen Tiefsee-Telegrafenkabels beitrug. Nach dem letztendlichen Erfolg des Projekts 1866 wurde er zu Lord Kelvin geadelt.
Siehe auch: Wärme und ihre Übertragung 80–81 ▪ Innere Energie und der erste Hauptsatz der Thermodynamik 86–89 ▪ Wärmekraftmaschinen 90–93

ERNST MACH
1838–1916

Der aus Mähren (heute Teil Tschechiens) stammende österreichische Philosoph und Physiker Mach studierte Physik und Medizin in Wien. Ursprünglich interessierte er sich für den Doppler-Effekt, sowohl in der Optik als auch in der Akustik. Die Erfindung der Schlierenfotografie (einer Methode zur Abbildung sonst nicht sichtbarer Stoßwellen) regte ihn an, die Dynamik von Flüssigkeiten und die um Überschallobjekte herum entstehenden Stoßwellen zu untersuchen. Nach ihm ist die Mach-Zahl (ein Maß für Geschwindigkeiten relativ zur Schallgeschwindigkeit) benannt. Außerdem leistete er wichtige Beiträge zu Physiologie und Psychologie.
Siehe auch: Energie und Bewegung 56–57 ▪ Fluide 76–79 ▪ Die Entwicklung der statistischen Mechanik 104–111

HENRI BECQUEREL
1852–1908

Becquerel war der Dritte in einer Familie wohlhabender Pariser Physiker, zu der später auch sein Sohn Jean gehören sollte. Er studierte Ingenieurwesen und Physik und befasste sich mit Themen wie der Polarisation des Lichts in der Ebene, Geomagnetismus und Phosphoreszenz. 1896 inspirierte ihn die Nachricht über die Entdeckung der Röntgenstrahlen zu der Untersuchung, ob phosphoreszierende Materialien wie Uransalze ähnliche Strahlen erzeugen. Er stellte bald eine Emission aus den Salzen fest, aber weitere Tests zeigten, dass Uranverbindungen auch dann Strahlen emittierten, wenn sie nicht phosphoreszierend waren: Becquerel hatte die Existenz radioaktiver Materialien entdeckt. Dafür erhielt er 1903 gemeinsam mit Marie und Pierre Curie den Nobelpreis.
Siehe auch: Polarisation 184–187 ▪ Kernstrahlen 238–239 ▪ Der Atomkern 240–241

NIKOLA TESLA
1856–1943

Der aus Serbien stammende amerikanische Physiker Nikola Tesla spielte eine Schlüsselrolle bei der Einführung elektrischer Energie. Nachdem er in Ungarn sein Ingenieurstalent unter Beweis gestellt hatte, wurde er bei den Firmen von Edison in Paris und später in New York angestellt, dann vermarktete er seine Erfindungen selbst. Eine davon, ein Induktionsmotor für Wechselstrom, half dabei, dieses System gegen den damals verbreiteten Gleichstrom durchzusetzen. Zu Teslas vielen anderen Erfindungen (teils ihrer Zeit weit voraus) gehörten drahtlose Beleuchtung und Stromversorgung, funkgesteuerte Fahrzeuge, schaufellose Turbinen und Verbesserungen des Wechselstromsystems selbst.
Siehe auch: Elektrischer Strom und Widerstand 130–133 ▪ Die motorische Wirkung 136–137 ▪ Induktion und Generatoreffekt 138–141

J. J. THOMSON
1856–1940

Nachdem er bereits in jungen Jahren ungewöhnliches Talent gezeigt hatte, wurde Joseph John Thomson aus Manchester mit nur 14 Jahren zum Studium an der Universität seiner Heimatstadt zugelassen. Von dort wechselte er nach Cambridge, wo er sich in Mathematik hervortat, 1884 wurde er dann zum Cavendish-Professor für Physik ernannt. Heute ist Thomson vor allem für seine Entdeckung des Elektrons 1897 bekannt, das er durch die sorgfältige Analyse der Eigenschaften der kurz zuvor entdeckten Kathodenstrahlen identifizierte. Wenige Monate nach deren Entdeckung konnte er zeigen, dass sich die Teilchen in den Strahlen in elektrischen Feldern ablenken lassen, und zudem das Verhältnis zwischen ihrer Masse und elektrischen Ladung berechnen.

Siehe auch: Atomtheorie 236–237 ▪ Subatomare Teilchen 242–243

ANNIE JUMP CANNON
1863–1941

Die älteste Tochter eines US-Senators für Delaware lernte die Sterne schon früh durch ihre Mutter kennen, die später ihr Interesse an der Naturwissenschaft förderte. Nachdem sie als Kind ihr Gehör verloren hatte, blühte sie in ihren Studien auf. Ab 1896 arbeitete sie am Harvard College Observatory an einem ehrgeizigen fotografischen Katalog von Sternspektren. Hier klassifizierte sie manuell etwa 350 000 Sterne, entwickelte das heute noch weitverbreitete Klassifikationssystem und veröffentlichte die Kataloge, die schließlich die Sternzusammensetzung offenbaren sollten.
Siehe auch: Beugung und Interferenz 180–183 ▪ Licht aus dem Atom 196–199 ▪ Energiequanten 208–211

ROBERT MILLIKAN
1868–1953

Robert Millikan wurde in Illinois, USA, geboren und studierte Mathematik und Griechisch, bevor er auf Anraten seines Griechisch-Professors zur Physik wechselte. Nach einer Promotion an der Columbia University in New York begann seine Arbeit an der Universität Chicago. Hier entwickelten er und sein Doktorand Harvey Fletcher 1909 ein geniales Experiment, mit dem sie erstmals die Ladung des Elektrons messen konnten. Diese fundamentale Naturkonstante ebnete den Weg für die genaue Berechnung vieler anderer wichtiger physikalischer Konstanten.
Siehe auch: Atomtheorie 236–237 ▪ Subatomare Teilchen 242–243

EMMY NOETHER
1882–1935

Die deutsche Mathematikerin Emmy Noether zeigte sich schon in jungen Jahren begabt für Mathematik und Logik und konnte trotz der damals verbreiteten Vorurteile gegen Frauen an der Universität Erlangen promovieren. 1915 luden die Mathematiker David Hilbert und Felix Klein sie an ihre renommierte Fakultät an der Universität Göttingen ein, um an der Interpretation von Einsteins Relativitätstheorie zu arbeiten. Hier leistete Noether in der Folge wichtige Beiträge zu den Grundlagen der modernen Algebra. In der Physik ist sie am besten bekannt für einen 1918 veröffentlichten Beweis, dass die Erhaltung bestimmter Größen (wie Impuls und Energie) mit der zugrunde liegenden Symmetrie von Systemen zusammenhängt. Das Noether'sche Theorem und seine Ideen über Symmetrie untermauern einen Großteil der modernen theoretischen Physik.
Siehe auch: Die Energieerhaltung 55 ▪ Trägerteilchen 258–259 ▪ Die Stringtheorie 308–311

HANS GEIGER
1882–1945

Geiger studierte Physik und Mathematik in Erlangen und ging 1906 mit einem Stipendium an die Universität Manchester zu Ernest Rutherford. Er hatte zuvor elektrische Gasentladungen untersucht, und die beiden Männer formulierten eine Methode, mit diesem Prozess sonst nicht sichtbare radioaktive Partikel nachzuweisen. 1908 führten Geiger und sein Kollege Ernest Marsden das berühmte Geiger-Marsden-Experiment durch, bei dem einige wenige, auf dünne Goldfolie geschossene radioaktive Alphateilchen zur Quelle zurückprallen und so die Existenz des Atomkerns beweisen. Geigers Name ist heute vor allem bekannt durch den Geiger-Zähler, ein Messgerät für Radioaktivität, das er 1928 erfand.
Siehe auch: Atomtheorie 236–237 ▪ Der Atomkern 240–241

LAWRENCE BRAGG
1890–1971

Als Sohn des Physikers William Henry Bragg (1862–1942) wurde Lawrence Bragg schon früh an die Physik herangeführt. Als die Familie von Australien nach Großbritannien übersiedelte, weil William einen Lehrstuhl an der Universität Leeds übernahm, schrieb sich Lawrence an der Universität Cambridge ein. Hier hatte er 1912 als Postgraduiertenstudent die Idee, die lange Debatte über die Natur der Röntgenstrahlen zu schlichten: Wenn Röntgenstrahlen elektromagnetische Wellen und keine Teilchen seien, müssten sie beim Durchgang durch Kristalle aufgrund von Beugung Interferenzmuster erzeugen. Vater und Sohn entwickelten ein Experiment zum Test dieser Hypothese. Damit bewiesen sie nicht nur, dass Röntgenstrahlen tatsächlich Wellen sind, sondern erfanden auch eine neue Technik zur Untersuchung der Struktur von Materie.
Siehe auch: Beugung und Interferenz 180–183 ▪ Elektromagnetische Wellen 192–195

ARTHUR HOLLY COMPTON
1892–1962

Compton war Sohn einer Akademikerfamilie aus Ohio und der Jüngste von drei Brüdern, die alle in Princeton promovierten. Nachdem er untersucht hatte, wie Röntgenstrahlen die innere Struktur von Atomen aufdecken können, wurde er 1920 Leiter der physikalischen Fakultät der Universität in St. Louis. Hier entdeckte er 1923 die Compton-Streuung – die Übertragung von Energie von Röntgenstrahlen auf Elektronen, die sich nur erklären lässt, wenn die Röntgenstrahlen sowohl teilchen- als auch wellenartige Eigenschaften haben. Diese Idee eines teilchenähnlichen Aspekts der elektromagnetischen Strahlung war sowohl von Planck als auch von Einstein vorgeschlagen worden, aber Comptons Entdeckung war der erste unumstößliche Beweis.
Siehe auch: Elektromagnetische Wellen 192–195 ▪ Energiequanten 208–211 ▪ Teilchen und Wellen 212–215

IRÈNE JOLIOT-CURIE
1897–1956

Die Tochter von Marie und Pierre Curie zeigte von klein auf Begabung für Mathematik. Nachdem sie während des Ersten Weltkriegs als Röntgenassistentin gearbeitet hatte, machte sie ihren Abschluss in Mathematik und Physik und setzte ihre Studien an dem von ihren Eltern

gegründeten Radium-Institut fort, wo sie ihren späteren Ehemann kennenlernte, den Chemiker Frédéric Joliot. Gemeinsam gelang es ihnen 1933, erstmals die Masse des Neutrons zu messen. Sie untersuchten auch, was geschieht, wenn leichte Elemente mit radioaktiven Alphateilchen (Heliumkerne) beschossen werden, und entdeckten, dass dabei Materialien entstanden, die selbst radioaktiv waren. Für diese Erzeugung künstlicher radioaktiver Isotope erhielt das Ehepaar 1935 den Nobelpreis für Chemie.
Siehe auch: Kernstrahlen 238–239 ▪ Der Atomkern 240–241 ▪ Teilchenbeschleuniger 252–255

LEO SZILARD
1898–1964

Szilard, Sohn einer jüdischen Familie in Budapest, gewann schon mit 16 Jahren einen nationalen Preis in Mathematik. Nach dem Krieg verließ er Ungarn und ließ sich in Deutschland nieder, musste aber nach der Machtergreifung der Nazis fliehen. In Großbritannien formulierte er die Idee der nuklearen Kettenreaktion – ein Prozess, bei dem eine Kaskade von Neutronenteilchen genutzt wird, um Energie aus Atomen freizusetzen. Nachdem er 1938 in die Vereinigten Staaten emigriert war, arbeitete er im Rahmen des Manhattan-Projekts am Bau der Atombombe mit, versuchte aber, deren Einsatz zu verhindern.
Siehe auch: Kernstrahlen 238–239 ▪ Der Atomkern 240–241 ▪ Atombomben und Kernenergie 248–251

GEORGE GAMOW
1904–1968

Gamow studierte Physik in seiner Heimatstadt Odessa (damals UdSSR, heute Ukraine) und später in Leningrad, wo ihn die Quantenphysik faszinierte. In den 1920er-Jahren beschrieb er in Zusammenarbeit mit westlichen Kollegen den Mechanismus hinter dem Alphazerfall und die radioaktive Halbwertszeit. 1933 gelang ihm die Flucht aus der zunehmend repressiven Sowjetunion und er ließ sich schließlich in Washington, D.C. nieder. Ab den späten 1930er-Jahren interessierte sich Gamow wieder für die Kosmologie, und 1948 skizzierten er und Ralph Alpher die sogenannte Urknall-Nukleosynthese: die Bildung der chemischen Elemente des frühen Universums durch einen gewaltigen Energieausbruch.
Siehe auch: Kernstrahlen 238–239 ▪ Der Teilchenzoo und die Quarks 256–257 ▪ Statisches oder expandierendes Universum? 294–295 ▪ Der Urknall 296–301

J. ROBERT OPPENHEIMER
1904–1967

Der in New York geborene Oppenheimer arbeitete 1926 während eines Postgraduiertenstudiums in Göttingen mit Max Born zusammen und lernte viele führende Persönlichkeiten der Quantenphysik kennen. 1942 wurde Oppenheimer rekrutiert, um an Berechnungen zur Entwicklung einer Atombombe in den USA zu arbeiten. Einige Monate später wurde er wissenschaftlicher Leiter des sogenannten Manhattan-Projekts. Nachdem er das Projekt am Ende des Zweiten Weltkriegs zu seinem Abschluss gebracht hatte und Atombomben mit verheerenden Ergebnissen auf Hiroshima und Nagasaki in Japan abgeworfen worden waren, wurde Oppenheimer zu einem ausgesprochenen Kritiker der Nuklearwaffen.
Siehe auch: Der Atomkern 240–241 ▪ Atombomben und Kernenergie 248–251

MARIA GOEPPERT MAYER
1906–1972

Goeppert wurde in eine Akademikerfamilie im oberschlesischen Kattowitz geboren und studierte zunächst Mathematik, dann Physik in Göttingen. In ihrer Doktorarbeit von 1930 sagte sie das Phänomen voraus, dass Atome Photonenpaare absorbieren (erst 1961 nachgewiesen). 1930 heiratete sie den amerikanischen Chemiker Joseph E. Mayer und ging mit ihm in die USA. Ab 1939 beschäftigte sie sich an der Columbia University in New York mit der Trennung von Uranisotopen für die Atombombe. Ende der 1940er-Jahre entwickelte sie an der Universität von Chicago das Schalenmodell des Atomkerns, das erklärte, warum Kerne mit einer bestimmten Anzahl von Nukleonen (Protonen und Neutronen) besonders stabil sind. Dafür erhielt sie 1963 den Nobelpreis für Physik.
Siehe auch: Kernstrahlen 238–239 ▪ Der Atomkern 240–241 ▪ Atombomben und Kernenergie 248–251

DOROTHY CROWFOOT HODGKIN
1910–1994

Nachdem sie extra Latein gelernt hatte, um die Aufnahmeprüfung zu bestehen, studierte Hodgkin in Oxford und führte dann in Cambridge Arbeiten zur Röntgenkristallografie durch. Während ihrer Doktorarbeit befasste sie sich mit der Verwendung von Röntgenstrahlen zur Strukturanalyse von biologischen Molekülen. Nach ihrer Rückkehr nach Oxford setzte sie ihre Forschung fort, verfeinerte ihre Techniken und konnte so immer komplexere Moleküle bearbeiten, darunter Steroide und Penicillin (beide 1945), Vitamin B_{12} (1956, wofür sie 1964 den Nobelpreis für Chemie erhielt) und Insulin (1969 abgeschlossen).
Siehe auch: Beugung und Interferenz 180–183 ▪ Elektromagnetische Wellen 192–195

SUBRAHMANYAN CHANDRASEKHAR
1910–1995

Geboren in Lahore (damals in Indien, heute in Pakistan), erhielt Chandrasekhar seinen ersten Abschluss in Madras (heute Chennai) und setzte sein Studium ab 1930 in Cambridge fort. Sein berühmtestes Werk behandelt die Physik der superdichten Sterne, etwa Weiße Zwerge. Er zeigte, dass in Sternen mit mehr als der 1,44-fachen Sonnenmasse der innere Druck nicht ausreicht, die nach innen gerichtete Schwerkraft auszugleichen – was zu einem katastrophalen Kollaps mit der Entstehung von Neutronensternen und Schwarzen Löchern führt. 1936 wechselte er an die Universität von Chicago und wurde 1953 eingebürgert.

Siehe auch: Quantenzahlen 216–217 ▪ Subatomare Teilchen 242–243 ▪ Schwarze Löcher und Wurmlöcher 286–289

RUBY PAYNE-SCOTT
1912–1981

Die australische Radioastronomin Ruby Payne-Scott studierte Naturwissenschaften in Sydney, wo sie 1933 ihren Abschluss machte. Nach frühen Forschungen über die Wirkung von Magnetfeldern auf lebende Organismen befasste sie sich mit Radiowellen und arbeitete im Zweiten Weltkrieg am Radiophysiklabor der australischen Regierung zu Radartechnologie. 1945 war sie Mitautorin des ersten wissenschaftlichen Berichts, der die Sonnenfleckenzahl mit der solaren Radioemission in Verbindung brachte. Später gründeten sie und ihre Co-Autoren ein Observatorium zur Bestimmung von Radioquellen auf der Sonne und erklärten die Radioausbrüche schlüssig mit der Sonnenfleckenaktivität.
Siehe auch: Elektromagnetische Wellen 192–195 ▪ Über das Licht hinaus 202–203

FRED HOYLE
1915–2001

Hoyle wurde in Yorkshire, Großbritannien, geboren und studierte Mathematik in Cambridge. Im Zweiten Weltkrieg arbeitete er an der Entwicklung des Radars. Diskussionen mit Kollegen über das Projekt weckten sein Interesse an der Kosmologie, bei Reisen in die USA gewann er Einblicke in die neueste Forschung in Astronomie und Kernphysik. 1954 entstand seine Theorie der Supernova-Nukleosynthese, die erklärt, wie schwere Elemente im Innern von Sternen entstehen und bei ihrer Explosion über das Universum verteilt werden. Hoyle war berühmt als origineller Wissenschaftler, Autor und populärer Forscher, vertrat aber einige kontroverse Ansichten. So lehnte er etwa die Urknalltheorie ab.
Siehe auch: Kernfusion in Sternen 265 ▪ Statisches oder expandierendes Universum? 294–295 ▪ Der Urknall 296–301

SUMIO IIJIMA
*1939

Iijima wurde in der Nähe von Tokio geboren und studierte Elektrotechnik und Festkörperphysik. In den 1970er-Jahren untersuchte er an der Arizona State University, USA, kristalline Materialien mit dem Elektronenmikroskop. Nach seiner Rückkehr nach Japan 1982 erforschte er die Strukturen sehr feiner Festkörperpartikel, wie die neu entdeckten Fullerene (Kugeln aus 60 Kohlenstoffatomen). Ab 1987 arbeitete er in der Forschungsabteilung des Elektronikriesen NEC. Hier entdeckte und identifizierte er 1991 eine weitere Form von Kohlenstoff, zylindrische Strukturen von immenser Festigkeit. Die potenziellen Anwendungen dieser neuen »Kohlenstoff-Nanoröhrchen« haben eine Welle der Forschung zur Nanotechnologie angestoßen.
Siehe auch: Modelle der Materie 68–71 ▪ Nanoelektronik 158 ▪ Atomtheorie 236–237

STEPHEN HAWKING
1942–2018

Stephen Hawking ist der vielleicht berühmteste Wissenschaftler unserer Zeit – zum einen wegen seiner Motoneuronenerkrankung (ALS), die ihn seit den 1960er-Jahren vollständig lähmte, zum anderen als Wissenschaftskommunikator (sein Buch *Eine kurze Geschichte der Zeit* von 1988 wurde allein in Deutschland viele Millionen Mal verkauft). In seiner Doktorarbeit an der Universität Cambridge zur Kosmologie zeigte er 1966, dass die Urknalltheorie mit der allgemeinen Relativitätstheorie übereinstimmt, und räumte damit einen der letzten Einwände gegen die Theorie aus. Zu Beginn seiner Karriere untersuchte Hawking Schwarze Löcher und zeigte 1974, dass sie eine Form von Strahlung aussenden. In seinen späteren Arbeiten befasste er sich mit Fragen zur Entwicklung des Universums, zur Natur der Zeit und zur Vereinheitlichung der Quantentheorie mit der Gravitation.
Siehe auch: Schwarze Löcher und Wurmlöcher 286–289 ▪ Der Urknall 296–301 ▪ Die Stringtheorie 308–311

ALAN GUTH
*1947

Guth studierte zunächst Teilchenphysik, hörte aber 1978–1979 Vorlesungen über Kosmologie an der Cornell University, USA, und wandte sich diesem Thema zu. Er schlug eine Lösung für einige große unbeantwortete Fragen über das Universum vor: Die kosmische Inflation sollte einen kleinen Teil des Universums in die Luft sprengen und nur den Bruchteil einer Sekunde nach dem Urknall selbst über den ganzen Rest herrschen. Die Inflation bietet Erklärungen für Fragen wie die, warum das Universum um uns herum so einheitlich erscheint. Seine Idee diente auch als Ausgangspunkt für die These, unsere besondere »Blase« sei nur eine von vielen in einem inflationären Multiversum.
Siehe auch: Materie-Antimaterie-Asymmetrie 264 ▪ Statisches oder expandierendes Universum? 294–295 ▪ Der Urknall 296–301

FABIOLA GIANOTTI
*1960

Die experimentelle Teilchenphysikerin wurde in Rom geboren. Nach ihrer Promotion in experimenteller Teilchenphysik an der Universität Mailand wechselte Gianotti zum Europäischen Kernforschungzentrum CERN und war an der Forschung und Planung mehrerer Experimente mit den verschiedenen Teilchenbeschleunigern beteiligt. Vor allem war sie Projektleiterin des riesigen ATLAS-Experiments am Large Hadron Collider (LHC) und leitete die Datenanalyse, die 2012 die Existenz des Higgs-Bosons, des letzten fehlenden Elements im Standardmodell der Teilchenphysik, bestätigte. Seit 2016 ist sie Generaldirektorin des CERN.
Siehe auch: Teilchenbeschleuniger 252–255 ▪ Der Teilchenzoo und die Quarks 256–257 ▪ Das Higgs-Boson 262–263

GLOSSAR

Begriffe, die in einem anderen Eintrag definiert werden, sind *kursiv*.

Absoluter Nullpunkt Die niedrigst mögliche Temperatur: 0 K oder –273,15 °C.

Allgemeine Relativitätstheorie Theoretische Beschreibung der *Raumzeit*, in der Einstein *beschleunigte* Bezugssysteme betrachtete. Sie beschreibt die *Gravitation* als eine Krümmung der Raumzeit durch *Energie*.

Alphateilchen *Teilchen* aus zwei *Neutronen* und zwei *Protonen*, das während eines *radioaktiven Zerfalls* (Alphazerfall) emittiert wird.

Antimaterie *Teilchen* und *Atome*, die aus *Antiteilchen* bestehen.

Antiteilchen *Teilchen*, das einem normalen Teilchen ähnelt, aber entgegengesetzte *elektrische Ladung* trägt. Jedes Teilchen hat ein passendes Antiteilchen.

Arbeit *Energie*, die übertragen wird, wenn eine *Kraft* einen Körper in eine bestimmte Richtung bewegt.

Atom Der kleinste Teil eines *Elements* mit den chemischen Eigenschaften dieses Elements. Atome sollten unteilbar sein, doch es sind viele subatomare *Teilchen* bekannt.

Atomkern Zentraler Teil des *Atoms*. Der Kern besteht aus *Protonen* und *Neutronen* und enthält fast die gesamte Masse des Atoms.

Ausdruck Kombination mathematischer Symbole mit einer Bedeutung.

Beschleunigung Änderungsrate der *Geschwindigkeit*. Sie wird verursacht durch eine *Kraft* und ändert die Bewegungsrichtung oder das Tempo eines Körpers.

Betazerfall Form des *radioaktiven Zerfalls*, bei dem ein *Atomkern* Betateilchen (*Elektronen* und *Positronen*) emittiert.

Beugung Richtungsänderung von *Wellen* an Hindernissen und Verbreiterung von Wellen nach kleinen Öffnungen.

Bosonen Subatomare *Teilchen*, die *Kräfte* zwischen anderen Teilchen übertragen und ihnen ihre *Masse* geben.

Brechung Richtungsänderung elektromagnetischer *Wellen* wie Licht beim Übergang von einem Medium in ein anderes.

Doppler-Effekt Änderung der *Frequenz* einer Welle (z. B. Licht oder Schall), die ein relativ zur Quelle bewegter Beobachter wahrnimmt.

Drehimpuls Maß für die Drehung eines Körpers, in das seine *Masse*, seine Form und die Drehgeschwindigkeit eingehen. Siehe auch *Spin*.

Druck *Kraft* (bezogen auf eine Einheitsfläche), die auf ein Objekt wirkt. Der Gasdruck entsteht durch die Bewegung der *Moleküle*.

Dunkle Energie Kaum verstandene Kraft, die der *Gravitation* entgegenwirkt und die Expansion des Universums verursacht. Etwa drei Viertel der *Masse-Energie* im Universum ist Dunkle Energie.

Dunkle Materie Unsichtbare *Materie*, die nur durch ihre gravitative Wirkung auf sichtbare Materie nachzuweisen ist. Sie hält das Universum zusammen.

Ebene Flache Fläche, in der zwei gegebene Punkte durch eine Gerade verbunden werden können.

Elastischer Stoß Stoß ohne Verlust von kinetischer *Energie*.

Elektrische Ladung Eigenschaft subatomarer *Teilchen*, die eine Anziehung oder Abstoßung verursacht.

Elektrischer Strom Fluss von Teilchen mit *elektrischer Ladung*.

Elektrolyse Chemische Reaktion einer Substanz verursacht durch einen *elektrischen Strom*.

Elektromagnetische Kraft Eine der vier *Fundamentalkräfte* der Natur. Sie führt zum Austausch von *Photonen* zwischen *Teilchen*.

Elektromagnetische Strahlung Form der *Energie*, die sich im All ausbreitet. Sie besteht aus einem elektrischen und einem magnetischen Feld, die senkrecht zueinander schwingen. Eine Form der elektromagnetischen Strahlung ist Licht.

Elektron Subatomares *Teilchen* mit negativer *elektrischer Ladung*.

Element Substanz, die nicht durch chemische Reaktionen in andere Substanzen zu zerlegen ist.

Energie Fähigkeit eines Körpers oder eines Systems, *Arbeit* zu leisten. Sie kommt in vielen Formen vor, etwa als potenzielle (z. B. gespeichert in einer Feder) oder kinetische Energie (Energie der Bewegung). Sie kann von einer in eine andere Form umgewandelt, aber nicht erschaffen oder zerstört werden.

Entropie Maß für die Unordnung eines Systems, die auf der Anzahl der Zustände beruht, die das System einnehmen kann.

Ereignishorizont Grenze um ein *Schwarzes Loch*, innerhalb derer die Gravitation so stark ist, dass das Licht nicht daraus entkommt. Keinerlei Information über das Schwarze Loch kann den Ereignishorizont überqueren.

Exoplanet Planet außerhalb unseres Sonnensystems.

Feld Verteilung einer *Kraft* in der *Raumzeit*, in der jedem Punkt ein Wert der Kraft zugeordnet werden kann. Ein Beispiel ist ein Gravitationsfeld: Hier ist die Kraft an einem Punkt umgekehrt proportional zum Quadrat des Abstands zur Quelle der *Gravitation*.

Fermion Subatomares *Teilchen*, etwa ein *Elektron* oder *Quark*, das mit einer Masse verbunden ist.

Fotoelektischer Effekt Emission von *Elektronen* aus der Oberfläche bestimmter Metalle, wenn sie mit Licht bestrahlt werden.

Fraunhofer-Linien Dunkle Absorptionslinien im *Spektrum* der Sonne, entdeckt vom deutschen Physiker Joseph von Fraunhofer.

Frequenz Anzahl der *Wellen*berge oder -täler, die pro Sekunde einen Punkt passieren.

Fundamentalkräfte Vier Kräfte, die das Verhalten der Materie beschreiben: *elektromagnetische Kraft*, *Gravitation*, *starke Kernkraft* und *schwache Kernkraft*.

Galaxie Große Ansammlung von Sternen sowie Gas- und Staubwolken, die durch ihre *Gravitation* zusammengehalten werden.

Gammazerfall Form des radioaktiven Zerfalls, bei dem ein Atomkern kurzwellige Gamma*strahlung* mit hoher *Energie* emittiert.

Geozentrismus Historisches Modell des Universums mit der Erde als Mittelpunkt. Siehe auch *Heliozentrismus*.

Geschwindigkeit Maß für das Tempo und die Bewegungsrichtung eines Objekts.

Gleichstrom (DC) Elektrischer Strom, der nur in eine Richtung fließt. Siehe auch *Wechselstrom (AC)*.

Gluonen *Teilchen* innerhalb von *Protonen* und *Neutronen*, die *Quarks* zusammenhalten.

Gravitation Anziehende *Kraft* zwischen Objekten mit *Masse*. Sie wirkt auch auf masselose *Photonen*, was die *allgemeine Relativitätstheorie* als Krümmung der *Raumzeit* beschreibt.

Gravitationswelle Verzerrung der *Raumzeit*, die sich mit Lichtgeschwindigkeit ausbreitet, verursacht durch *beschleunigte* Massen.

Halbleiter Material mit einem elektrischen *Widerstand* zwischen dem eines *Leiters* und eines *Isolators*.

Heliozentrismus Modell des Universums mit der Sonne im Mittelpunkt.

Higgs-Boson Subatomares *Teilchen*, das mit dem Higgs-*Feld* zusammenhängt und den anderen Teilchen ihre *Masse* verleiht.

Hintergrundstrahlung (kosmischer Mikrowellenhintergrund) Schwache Mikrowellenstrahlung, die aus allen Raumrichtungen nachweisbar ist. Sie entstand, als das Universum 380 000 Jahre alt war. Sie wurde durch die *Urknalltheorie* vorhergesagt und erstmals 1964 nachgewiesen.

Ideales Gas Gas, in dem zwischen den *Teilchen* keine Kräfte wirken, sondern nur *elastische Stöße*.

Impuls Bewegungsgröße, berechnet aus *Masse* mal *Geschwindigkeit* eines Objekts.

Interferenz Überlagerung von zwei oder mehr Wellen, die sich entweder verstärken oder gegenseitig auslöschen.

Ion Ein *Atom* (oder *Molekül*), das ein oder mehr seiner *Elektronen* verloren hat und elektrisch geladen ist.

Isolator Material, das den Fluss von Wärme, Strom oder Schall reduziert bzw. stoppt.

Isotope *Atome* desselben chemischen *Elements* mit der gleichen

Anzahl an *Protonen*, aber unterschiedlich viel *Neutronen*.

Kernfusion Prozess, bei dem *Atomkerne* zu schwereren Kernen verschmolzen werden; dabei wird *Energie* frei. Im Innern der Sterne wie der Sonne werden Wasserstoffkerne zu Helium verschmolzen.

Kernspaltung Prozess, bei dem ein *Atomkern* in zwei kleinere Kerne zerlegt wird; dabei wird *Energie* frei.

Klassische Mechanik Satz physikalischer Gesetze für die Bewegung von Körpern unter der Wirkung von *Kräften*.

Koeffizient Zahl oder *Ausdruck*, meist eine *Konstante*, die als Multiplikator vor einer anderen Zahl steht.

Konstante Größe in einem mathematischen *Ausdruck*, die sich nicht ändert – oft durch einen Buchstaben wie *a*, *b* oder *c* dargestellt.

Kosmische Strahlung Hochenergetische *Teilchen* wie *Elektronen* und *Protonen*, die sich fast mit Lichtgeschwindigkeit durch das All bewegen.

Kosmologische Konstante Term, den Einstein in die Gleichungen der *allgemeinen Relativitätstheorie* einfügte. Sie modelliert die *Dunkle Energie*, die die Expansion des Universums beschleunigt.

Kraft Eine Wirkung, die einen Körper bewegt oder seine Form ändert.

Leiter Material, durch das *Wärme* oder *elektrischer Strom* fließen kann.

Leptonen *Fermionen*, die nur durch zwei der *Fundamentalkräfte* beeinflusst werden: die *elektromagnetische* und die *schwache Kraft*.

Lichtjahr Entfernungseinheit für die Strecke, die das Licht in einem Jahr zurücklegt, entsprechend 9,460 Mrd. Kilometern.

Luftwiderstand Die *Kraft*, die der Bewegung eines Körpers durch die Luft entgegenwirkt.

Magnetismus Anziehungs- oder Abstoßungs*kraft* zwischen Magneten. Magnetismus entsteht aus der Bewegung *elektrischer Ladungen* oder aus dem magnetischen Moment von *Teilchen*.

Masse Eigenschaft eines Objekts, ein Maß für die *Kraft*, die nötig ist, es zu beschleunigen.

Materie Jede körperliche Substanz. Unser ganzes sichtbares Universum besteht aus Materie.

Molekül Substanz aus zwei oder mehr *Atomen*, die chemisch aneinandergebunden sind.

Neutrino Elektrisch neutrales *Fermion* mit einer sehr kleinen (noch unbestimmten) *Masse*. Neutrinos durchdringen die *Materie* ohne Wechselwirkung.

Neutron Elektrisch neutrales subatomares *Teilchen* im *Atomkern*. Ein Neutron besteht aus einem Up-*Quark* und zwei Down-Quarks.

Optik Untersuchung des Sehens und des Verhaltens von Licht.

Photon Licht*teilchen*, das die *elektromagnetische Kraft* von einem Ort zum anderen trägt.

Plasma Heißes, elektrisch geladenes Fluid, in dem die *Elektronen* von ihren *Atomen* abgetrennt sind.

Polarisiertes Licht Licht, in dem die elektrischen Felder nur in einer Ebene schwingen.

Positron *Antiteilchen* des *Elektrons* mit derselben Masse, aber einer positiven *elektrischen Ladung*.

Potenzialdifferenz Energieunterschied pro Ladungseinheit zwischen zwei Punkten in einem elektrischen *Feld* oder einem Stromkreis.

Proton *Teilchen* im *Atomkern* mit positiver Ladung. Ein Proton besteht aus zwei Up-*Quarks* und einem Down-Quark.

Quanten »Portionen« von *Energie*, die nur bestimmte Werte annehmen können. In einigen Systemen ist ein Quant die kleinstmögliche Energiemenge.

Quantenelektrodynamik (QED) Theorie, die die Wechselwirkung subatomarer *Teilchen* mit einem Austausch von *Photonen* erklärt.

Quantenmechanik Zweig der Physik, der sich mit subatomaren *Teilchen* und ihrem Verhalten als *Quanten* befasst.

Quark Subatomares *Teilchen*, aus dem *Protonen* und *Neutronen* bestehen.

Radioaktiver Zerfall Prozess, bei dem instabile *Atomkerne Teilchen* oder *elektromagnetische Strahlung* abgeben.

Raumzeit Zusammenfassung der drei Raumdimensionen mit der vierten Dimension – der Zeit – zu einer Einheit.

Reibung *Kraft*, die der Bewegung einander berührender Kräfte entgegenwirkt.

Rotverschiebung Verschiebung der *Frequenz* von Licht aus *Galaxien*, die sich von der Erde wegbewegen, aufgrund des *Doppler-Effekts*. Dadurch wird sichtbares Licht zum roten Ende des *Spektrums* verschoben.

Schwache Kernkraft Eine der vier *Fundamentalkräfte*, die im *Atomkern* wirkt und für den *Betazerfall* verantwortlich ist.

Schwarzer Körper Theoretischer Körper, der alle einfallende *Strahlung* absorbiert und dessen Strahlung nur von seiner Temperatur abhängt.

Schwarzes Loch Objekt im All, das so dicht ist, dass sogar das Licht nicht seinem Gravitations*feld* entkommt.

Singularität Punkt der *Raumzeit* mit der Länge null.

Spannung Verbreiteter Ausdruck für *Potenzialdifferenz*.

Spektrum Ein *Wellenlängen*bereich *elektromagnetischer Strahlung*. Das volle Spektrum erstreckt sich von Gammastrahlen mit Wellenlängen unterhalb der Größe eines *Atoms* bis zu Radiowellen, die mehrere Kilometer lang sein können.

Spezielle Relativitätstheorie Einsteins Theorie, dass ein absoluter Raum und eine absolute Zeit unmöglich sind. Sie ergibt sich aus der Forderung, dass die Lichtgeschwindigkeit und die physikalischen Gesetze für alle Beobachter gleich sein sollen.

Spin Eigenschaft subatomarer *Teilchen*, die sich ähnlich beschreiben lässt wie der *Drehimpuls*.

Standardmodell Theorie der Teilchenphysik, nach der es zwölf grundlegende *Fermionen* gibt: sechs *Quarks* und sechs *Leptonen*.

Starke Kernkraft Eine der vier *Fundamentalkräfte*, die *Quarks* zu *Neutronen* und *Protonen* zusammenbindet.

Strahlung Elektromagnetische *Welle* oder *Teilchen*strom aus einer radioaktiven Quelle.

Stringtheorie Physikalische Theorie, in der punktartige *Teilchen* durch eindimensionale »Energiefäden« (Strings) ersetzt sind.

Stromkreis Ein Weg, über den ein *elektrischer Strom* fließen kann.

Supernova Endergebnis des Kollapses eines schweren Sterns; dabei gibt es eine Explosion, die milliardenfach heller sein kann als die Sonne.

Teilchen Winziges *Materie*teilchen, das eine *Geschwindigkeit*, Ort, *Masse* und *elektrische Ladung* haben kann.

Thermodynamik Zweig der Physik, der sich mit Wärme und ihrem Verhältnis zu *Energie* und *Arbeit* befasst.

Trägheit Neigung eines Objekts, in Ruhe oder in Bewegung zu bleiben, bis eine *Kraft* auf es wirkt.

Überlagerung In der Quantenphysik das Prinzip, dass bis zu seiner Beobachtung ein *Teilchen* wie ein *Elektron* gleichzeitig in allen ihm möglichen Zuständen existiert.

Umlaufbahn (Orbit) Bahn eines Körpers, der einen schwereren Körper umkreist.

Unschärferelation Grundlegende Aussage der Quantenmechanik, dass man bestimmte Paare von Größen, etwa *Impuls* und Ort eines Teilchens, nicht gleichzeitig beliebig genau messen kann. Je genauer man die eine kennt, umso weniger weiß man über die andere.

Urknall Ereignis vor etwa 13,8 Mrd. Jahren, aus dem das Universum durch eine Art Explosion aus einer *Singularität* entstanden sein soll.

Verschränkung In der Quantenphysik die Verbindung zwischen *Teilchen*, sodass die Änderung eines Teilchen auch das andere beeinflusst, ungeachtet ihrer Entfernung.

Wechselstrom (AC) Elektrischer *Strom*, der regelmäßig seine Richtung ändert. Siehe auch *Gleichstrom (DC)*.

Welle Schwingungszustand, der sich durch den Raum ausbreitet und dabei *Energie* zu einem anderen Ort überträgt.

Widerstand Maß dafür, wie sehr ein Material einen *elektrischen Strom* hindert.

Zeitdilatation Phänomen der *speziellen Relativitätstheorie*, nach dem für Körper, die sich relativ zueinander bewegen oder unterschiedliche Gravitations*felder* erleben, die Zeit unterschiedlich schnell abläuft.

REGISTER

Verweise auf Haupteinträge sind **fett**.

A

B

C

G

H

I

JK

L

M

N

OP

QR

S

T

UVW

XYZ

ZITATNACHWEIS

Wenn nicht anders angegeben, wurden die Zitate frei übersetzt.

12 Ibn Al-Haitham, nach Ehsan Masood, *Science & Islam: A History*, 2009. **13** Albert Einstein, »Old Man's Advice to Youth: Never Lose a Holy Curiosity«, Time Life, 1955. **18** Protagoras, nach Platon, *Theaetetus*, um 369 v. Chr. **19** links: Exodus (2. Buch Mose) 26, 15–16; rechts: Elizabeth I., in *Weights and Measures Act of Parliament*, 1593. **20** Francis Bacon, nach Henry Thomas Riley, *Dictionary of Latin Quotations, Proverbs, Maxims, and Mottos*, 1866. **22** Galileo Galilei, nach Melissa Giovagnoli, *Angels in the workplace: stories and inspirations for creating a new world of work*, 1999. **23** Francis Bacon, *The Advancement of Learning*, 1605. **24** Motto der Pythagoräer. **26** Pythagoras, nach Iamblichos von Chalcis, *Über das pythagoreische Leben* (um 300), nach Michael von Albrecht et al., *Jamblich: Pythagoras. Legende – Lehre – Lebensgestaltung*, WBG 2002. **28** Gottfried Wilhelm Leibniz, nach Felix Klein, *Elementarmathematik vom höheren Standpunkte aus*, Bd. 1, 1908. **29** Ada Lovelace, *Notes*, 1843. **30** János Bolyai, 1823, nach Marvin J. Greenberg, *Euclidean and Non-Euclidean Geometries: Development and History*, 1993. **32** Isaac Newton, *Principia*, 3. Aufl. 1729. **33** Galileo Galilei, in einem Brief an Großherzogin Christina, 1615; nach Perry McAdow Rogers, *Aspects of Western Civilization: Problems and Sources in History*, 1988. **35** links: Immanuel Kant, Vorrede zu *Kritik der reinen Vernunft*, 2. Aufl.; rechts: Galileo Galilei, nach François Arago, *Biographies of Distinguished Scientific Men*, 1859. **36** Blaise Pascal, *Traitez de l'équilibre des liqueurs*, 1663. **37** John Wallis, *Mechanica, sive De Motu* 1669. **38** Mary L. Booth, *New and Complete Clock and Watchmakers' Manual*, 1877. **40, 45** rechts: Gottfried Wilhelm Leibniz, *Specimen Dynamicum*, 1695; links: Gottfried Wilhelm Leibniz, in einem Brief an Arnaud. **43** Gottfried Wilhelm Leibniz, *Neue Abhandlungen über den menschlichen Verstand. Zweites Buch. Von den Vorstellungen* **46** Isaac Newton, *Principia Mathematica*, 1687. **48** Isaac Newton, *Opticks*, 1704. **49** Johannes Kepler, nach Johann Gottfried Herder, *Adastrea*, 1802. **50** Cecilia Payne-Gaposchkin, *An Autobiography and Other Recollections*, 1996. **53** Leonhard Euler, Vorrede zu *De Curvis Elasticis*, 1744. **54** Émilie du Châtelet, *Emilie* 1743. Der Frau Marquisinn von Chastellet Naturlehre an Ihren Sohn. Erster Theil nach der zweyten Französischen Ausgabe übersetzt von Wolf Balthasar Adolph von Steinwehr, Halle/Leipzig 1743. **55** Robert Mayer, »Bemerkungen über die Kräfte der unbelebten Natur«, 1841. **56** Joseph-Louis Lagrange, *Mécanique analytique*, 1788 (paraphrasiert); unten: Joseph-Louis Lagrange, nach F. R. Moulton, *Introduction to Astronomy*, 1906. **58** Jean Picard, *Mesure de la terre*, 1671. **60** James Clerk Maxwell, »Molecules«, 1873, in W. D. Niven (Hrsg.), *The Scientific Papers of James Clerk Maxwell* (1890), Vol. 2. **63** Pierre-Simon Laplace, Vorlesung an der École Normale im Jahr III (Apr. 1795), in *Oeuvres Completes de Laplace*, 1878–1912, Bd. 14. **68** Demokrit zugeschrieben, nach Diogenes Laërtius, *Democritus*, Bd. IX, 44. **69** Demokrit, *Tetralogia von Thrasyllus*, nach Charles Montague Bakewell, *Source Book in Ancient Philosophy*, 1907. **71** Robert Boyle, *The Sceptical Chymist*, 1661. **72** Robert Hooke, *De Potentia Restitutiva, or of Spring*, 1678. **73** Samuel Pepys, *Tagebücher*, 1665. **75** Thomas Young, *Course of Lectures on Natural Philosophy and the Mechanical Arts*, 1807. **76** James Clerk Maxwell, *The Scientific Papers of James Clerk Maxwell*, Volume II., **79** links: Daniel Bernoulli, nach *Civilization's Quotations: Life's Ideal*, 2002; rechts: Lene Hau, Online tutorial *Physics for the 21st century*, Annenberg Learner. **80** Thomas Carlyle in einem Brief an seinen Bruder, 1824. **81** Joseph Black, *Lectures on the Elements of Chemistry*, 1803. **82, 84** Robert Boyle, *A Defence of the Doctrine Touching the Spring and Weight of the Air*, 1662. **85** Joseph Gay-Lussac, *Memoires de la Societé d'Arcueil*, 1809. **86** Rudolf Clausius, »Ueber verschiedene für die Anwendung bequeme Formen der Hauptgleichungen der mechanischen Wärmetheorie«, 1865. **87** James Joule, »On Matter, Living Force, and Heat«, 1847. **88** William Rankine, *A Manual of Applied Mechanics*, 1877. **90, 91, 93** Sadi Carnot, *Betrachtungen über die bewegende Kraft des Feuers*, 1824. **94** Rudolf Clausius, »Ueber verschiedene für die Anwendung bequeme Formen der Hauptgleichungen der mechanischen Wärmetheorie«, 1865. **96** Rudolf Clausius, »Ueber das Wesen der Wärme, verglichen mit Licht und Schall: ein populärer Vortrag gehalten zu Zürich«, 12.02.1857, Meyer & Zeller. **98** Rudolf Clausius, »Ueber verschiedene für die Anwendung bequeme Formen der Hauptgleichungen der mechanischen Wärmetheorie«, 1865. **99** William Thomson (Lord Kelvin), *On a Universal Tendency in Nature to the Dissipation of Mechanical Energy*, 1852. **100, 101** Michael Faraday in einem Brief an William Whewell, 9. November 1844. **102** Johannes Diderik van der Waals, Nobelvortrag 1910. **103** James Clerk Maxwell, in Nature, 1873. **104** Paraphrase der Ideen von Ludwig Boltzmann. **106** Evangelista Torricelli, nach Gabrielle Walker, *An Ocean of Air: A Natural History of the Atmosphere*, 2010. **107** Ernest Rutherford nach Lawrence Badash, »Ernest Rutherford and Theoretical Physics«, in Robert Kargon, Peter Achinstein (Hrsg.) *Kelvin's Baltimore Lectures and Modern Theoretical Physics*, 1987. **108** Ludwig Boltzmann, *Populäre Schriften*, Wien 1905. **109** Ludwig Boltzmann, »Vorlesungen über Gastheorie«, 1898. **111** Ernst Mach, nach Daniel Greenberger, Klaus Hentschel, Friedel Weinert, *Compendium of Quantum Physics*, 2009. **115** Gustav Kirchhoff, in Annalen der Physik, 1860. **116** Wilhelm Wien, Nobelvortrag, 1911. **117** Gustav Kirchhoff, nach *The London, Edinburgh, and Dublin Philosophical Magazine and Journal of Science*, 1860. **122, 123** William Gilbert, nach P. F. Mottelay, *Bibliographical History of Electricity and Magnetism*, 1893. **124** Joseph Priestly, *The History and Present State of Electricity, with original experiments*, 1767. **125** C.-A. de Coulomb, »Construction et usage d'une balance électrique, …«, 1785. **126** C.-A. de Coulomb, *Mémoires présentés par divers Savants à l'Académie des Sciences*, 1778. **128** William Thomson (Lord Kelvin), *Popular Lectures and Addresses*, 1862 (paraphrasiert). **130** Helen Czerski, *Storm in a Teacup: The Physics of Everyday Life*, 2017. **131** Michael Faraday, Vorlesungsnotizen von 1858, nach Bence Jones, *The Life and Letters of Faraday* 1870. **132** Georg Simon Ohm, *Die galvanische Kette mathematisch bearbeitet*, 1827. **134** Alessandro Volta, *Le Opere*, Bd. 1, 149, nach Giuliano Pancaldi, *Volta: Science and Culture in the Age of Enlightenment*, 2005. **135** Hans Christian Ørsted in *Annals of Philosophy*, Oktober 1820. **136** André-Marie Ampère in *Annales de Chimie et de Physique*, 1822, Serie 2, Vol. 20. **137** James Clerk Maxwell, *Electricity and Magnetism*, 1881, Bd. 2. **138, 141** Michael Faraday (1845), nach Peter Day, *The Philosopher's Tree: A Selection of Michael Faraday's Writings*, 1999. **139** Michael Faraday, Brief an Richard Phillips, 1831, in Bence Jones (Hrsg.), *The Life and Letters of Faraday*, 1870. **142** James Clerk Maxwell, *A Dynamical Theory of the Electromagnetic Field*, 1864. **144** Michael Faraday, Brief an Richard Phillips, 1846, in *Experimental Researches in Electricity*, Bd. III. **146** Albert Einstein, nach *New Scientist*, 1991, Bd. 130. **147** Richard Feynman, *Horizon*, BBC TV 1981–1982. **148** Thomas A. Edison, *The Diary and Sundry Observations of Thomas Alva Edison*, 1968. **149** Thomas A. Edison, 1879, nach Chris J. Magoc, *Chronology of Americans and the Environment*, 2011. **151** George Westinghouse, 1884, nach Francis Ellington Leupp, *George Westinghouse: His Life and Achievements*, 1918. **152** John Bardeen, Nobelvortrag, 1956. **154** Walter Brattain, Nobelvortrag, 1956. **156** Begriff geprägt durch Luigi Galvani. **157** Überschrift: Nobelpreiskomitee bei der Ankündigung der Verleihung an Albert Fert und Peter Grünberg; rechts: Albert Fert, Autobiografie auf der Website des Nobelpreises. **158** Richard Feynman, Vortrag vor der American Physical Society, 1959 (paraphrasiert). **159** rechts: John Preskill, *Magnetic Monopoles*, 1984. **164** Pythagoras, nach Louise B. Young (Hrsg.), *The Mystery of Matter*, 1965. **166** Florian Cajori, *History of Mathematics*, 1893. **167** Aristoteles, nach Amy Shell-Gellasch, J. B. Thoo, *Algebra in Context*, 2015. **170** Robert Hooke, *Micrographia*, 1665. **172** Victor Hugo, *Les Misérables*, 1862. **173** Galileo Galilei, nach Will Durant, Ariel Duran, *The Age of Reason Begins*, 1961. **175** Antonie van Leeuwenhoek, Brief vom 9. Oktober 1676 an die Royal Society. **177** Christiaan Huygens, *Abhandlung über das Licht*, 1690. **178** Thomas Young, Vorlesung vom 24. November 1803 vor der Royal Society, in *Philosophical Transactions*, 1804. **179** James Clerk Maxwell, *A Dynamical Theory of the Electromagnetic Field*, 1864. **180** Isaac Newton, *Opticks*, 1704. **181** Augustin-Jean Fresnel, nach *The Foreign Quarterly Review*, 1831, Vol. VII. **183** Augustin-Jean Fresnel, Brief an François Arago, 1815, in N. Kipnis, *History of the Principle of Interference of Light*, 1991. **184** Étienne-Louis Malus, *Memoir on New Optical Phenomena*, 1814, in *Annals of Philosophy*. **185** Erasmus Bartholin, nach A. Sarlemijn, M. J. Sparnaay, *Physics in the Making*, 1989. **186** Isaac Newton, *Opticks*, 1704. **187** Étienne-Louis Malus, nach William Whewell, *The Philosophy of the Inductive Sciences*, 1840. Polarisation. **188** Beschreibung von Buys Ballots Experiment. **189** Christian Doppler, *Über das farbige Licht der Doppelsterne*, 1842. **190** William Huggins, *The Scientific Papers of Sir William Huggins*, 1909. **192** Heinrich Hertz, nach https://www.wissenschaft.de/scienceblogs/heinrich-hertz-und-die-sichtbarmachung-des-unsichtbaren-die-spannendsten-experimente-der-naturwissenschaft-04-astrodictum-simplex/2/. **195** Anna Röntgen, nach https://www.spiegel.de/geschichte/wilhelm-conrad-roentgen-das-leiden-der-strahlenpioniere-a-1061130.html. **196** Arnold Sommerfeld, *Atombau und Spektrallinien*, 1919. **197** Robert Bunsen, in Wilhelm Ostwald, Max Bodenstein (Hrsg.), *Gesammelte Abhandlungen von Robert Bunsen*, Leipzig 1904. **198** Niels Bohr, »The Structure of the Atom«, 1923, in *Nature*. **199** Niels Bohr, 1920, nach Robert J. Pranger, *Defense Implications of International Indeterminacy*, 1972. **201** Lewis Fry Richardson, »Apparatus for Warning a Ship at Sea of its Nearness to Large Objects Wholly or Partly under Water«, 1912. **202** Bernard Lovell, *The Story of Jodrell Bank*, 1968. **208** Albert Einstein, *Über einen die Erzeugung und Verwandlung des Lichts betreffenden heuristischen Gesichtspunkt*, 1905. **210** Max Planck, Vortrag in Florenz, 1944. **211** oben: Victor J. Stenger, *Quantum Gods: Creation, Chaos, and the Search for Cosmic Consciousness*, 2009; unten: Albert Einstein, 1951, nach Raymond W. Lam, *Seasonal Affective Disorder and Beyond*, 1998. **212** Richard Feynman, *The Feynman Lectures on Physics*, Bd. 3, 1963. **213** Suchitra Sebastian, Interview mit *Quanta*, 2016. **214** Albert Einstein, *Physik als Abenteuer der Erkenntnis*, 1938. **216** Wolfgang Pauli in einem Brief an Markus Fierz, 1948, nach Suzanne Gieser, *The Innermost Kernel: Depth Psychology and Quantum Physics*, 2005. **217** Maria Goeppert Mayer, nach Joan Dash, *Maria Goeppert-Mayer. A Life of One's Own*, 1973. **218** Überschrift: Erwin Schrödinger in einem Brief an John Lighton Synge, 9. November 1959; unten: Erwin Schrödinger zitiert nach Werner Heisenberg. **219** Werner Heisenberg, *Physik und Philosophie*, 1958. **221** ebd. **222** Albert Einstein in einem Brief an Max Born, 3. März 1947. **224** Richard Feynman: *QED: die seltsame Theorie des Lichts und der Materie*, 1985. **225** Werner Heisenberg, *Physik und Philosophie*, 1958. **226** David Deutsch, *Die Physik der Welterkenntnis*, 1997. **228** Michelle Yvonne Simmons, Interview mit *The Sydney Morning Herald*, 2018. **231** Brian Clegg, *The God Effect: Quantum Entanglement, Science's Strangest Phenomenon*, 2006. **236** John Dalton, *A New System of Chemical Philosophy*, 1808. **238, 240** Überschrift: Ernest Rutherford, *Radio-activity*, 1904. **240** unten: Ernest Rutherford, Rede in Leicester 11. September 1933, in *The Times*, 12. September 1933. **242** Überschrift: J. J. Thomson, Nobelvortrag 1906; unten: James Chadwick, »Possible existence of a neutron«, in *Nature*, 1932. **244** C.T.R Wilson, Nobelvortrag, 1927. **246** Peter David, *A Rock and a Hard Place*, 1991; unten: Werner Heisenberg, aus »Development of Concepts in the History of Quantum Theory«. **248** Enrico Fermi, im Anhang zur italienischen Ausgabe von August Kopff, *Grundzüge der Einsteinschen Relativitätstheorie*, 1923. **250** Enrico Fermi, Bericht zum Bau der Wasserstoffbombe an die US-Atomenergiekommission, 30. Oktober 1949. **252** Michio Kaku, nach Alexander G. Higgins (AP) »Particle Collider: Black Hole or Crucial Machine«, in *The Journal Gazette*, 7. August 2009. **253** Ernest Walton, zitiert in seinem Nachruf in der *Los Angeles Times*, 1995. **256** Murray Gell-Mann, *The Eightfold Way*. **258** Beschreibung der Idee, Chien-Shiung Wu zugeschrieben. **260** Richard Feynman: *QED: die seltsame Theorie des Lichts und der Materie*, 1985. **261** Beschreibung der Idee, John N. Bahcall zugeschrieben; unten: Masatoshi Koshiba, Nobelvortrag, 2002. **262** Rolf Heuer, CERN-Generaldirektor, bei der Pressekonferenz zur Entdeckung des Higgs-Bosons, 4. Juli 2012. **263** Peter Higgs im Interview, z. B. mit *The Guardian*. **264** Populäre Beschreibung der Idee; unten: Ulrich Nierste, »Charge-parity violations« in: *Symmetry. Dimensions of Particle Physics* 2015. **265** Hans Bethe, »Energy Production in Stars«, in *Physics Today*, 1968. **270** Ptolemäus, *Almagest*, um 150 n. Chr. **272** Nikolaus Kopernikus, *De revolutionibus orbium coelestium*. **273** Galileo Galilei, Brief an die Großherzogin der Toskana. **274** Hendrik Lorentz, *The Theory of Electrons and Its Applications to the Phenomena of Light and Radiant Heat*, 1916. **275** Richard Kurin, *The Smithsonian's History of America in 101 Objects*; unten: Terry Pratchett, *Alles Sense!*, 1991. **276** Albert Einstein zugeschrieben. **277** Albert Einstein, aus *Atomic Physics* (1948) der J. Arthur Rank Organisation. **279** Leonard Susskind in einem Interview mit der *Los Angeles Times*, 26. Juli 2008. **280** Hermann Minkowski, *Raum und Zeit*, 1909. **281** David Morin, *Introduction to Classical Mechanics*, 2008. **282** Ronald C. Lasky, in *Scientific American*, 2002; unten: Paul Langevin, *L'Évolution de l'espace et du temps*, 1911. **284** Arthur Eddington, *The Expanding Universe*, 1933. **286** Abhay Ashtekar, nach Sam Sholtis, »Beyond the black hole singularity«, 2018. **287** Stephen Hawking, *The Large Scale Structure of Space-Time*, 1973. **290** Edwin Hubble, *Das Reich der Nebel*, 1936. **292** Henrietta Swan Leavitt, *Periods of 25 Variable Stars in the Small Magellanic Cloud*, 1912. **293** Harlow Shapley, Seventy-seventh Annual Report of the Director of the Astronomical Observatory of Harvard College, 1923. **294** Stephen Hawking, *The Future of the Universe*, Caltech Engineering & Science, 1991. **296** Georges Lemaître, vor der British Association, London, 1931. **299** Georges Lemaître, Interview mit *The New York Times Magazine*, 1933. **300** Tamara Davis, »Misconceptions about the Big Bang«, in *Scientific American*, 2005. **301** Arno Penzias, laut *Science*, Mai 2014. **303** Vera Rubin, laut *Discover*, 2002. **304** Vera Rubin in Steven Soter, Neil deGrasse Tyson, *Cosmic Horizons*, 2000. **306** Saul Perlmutter, Nobelvortrag, 2011. **307** Saul Perlmutter, Interview mit NPR, 2001. **308** Sheldon Glashow, Nobelvortrag, 1980. **310** David Gross, in P. C. W. Davies, Julian Brown (Hrsg.), *Superstrings: A Theory of Everything?*, 1988. **312** Govert Schilling, *Einsteins Ahnung*, (orig. *Ripples in Spacetime*), 2017. **313** Henri Poincaré, *Sur la dynamique de l'électron*, 1905. **314** David Reitze, laut der *BBC News*-Website, 11. Februar 2016.

DANK

Dorling Kindersley dankt Rose Blackett-Ord, Rishi Bryan, Daniel Byrne, Helen Fewster, Dharini Ganesh, Anita Kakar und Maisie Peppitt für ihre Lektoratsassistenz; Mridushmita Bose, Mik Gates, Duncan Turner und Anjali Sachar für die Layoutassistenz; Alexandra Beeden für das Korrekturlesen der Originalausgabe; Helen Peters für das Register; sowie Harish Aggarwal (Senior DTP Designer), Priyanka Sharma (Jackets Editorial Coordinator) und Saloni Singh (Managing Jackets Editor).

BILDNACHWEIS

Der Verlag dankt folgenden Personen und Institutionen für die freundliche Genehmigung zum Abdruck ihrer Bilder:

(Abkürzungen: go = ganz oben, o = oben, m = Mitte, u = unten, a = außen, l = links, r = rechts)

19 akg-images: Rabatti & Domingie (gol). **21 Getty Images:** DEA / A. Dagli Orti (gor). **22 Wellcome Collection http://creativecommons.org/licenses/by/4.0/:** (gor). **23 Alamy Stock Photo:** Science History Images (ul). **26 Alamy Stock Photo:** AF Fotografie (ul). **27 iStockphoto. com:** Photos.com (ur). **28 Alamy Stock Photo:** Science History Images (ur). **31 Getty Images:** Pictorial Parade (gor). **33 Dreamstime.com:** Georgios Kollidas / Georgios (gor). **34 Getty Images:** De Agostini / G. Nimatallah (ur). **39 Alamy Stock Photo:** North Wind Picture Archives (gol). **Science History Images:** (ur). **42 Alamy Stock Photo:** North Wind Picture Archives (ul). **45 Alamy Stock Photo:** Mark Garlick / Science Photo Library (ur). **49 The Metropolitan Museum of Art:** The Elisha Whittelsey Collection, The Elisha Whittelsey Fund, 1959 (gol). **50 iStockphoto.com:** Iurii Buriak (mlu). **51 Wellcome Collection http://creativecommons.org/licenses/ by/4.0/:** (ul). **53 Getty Images:** Heritage Images / Hulton Archive (gor, mu). **55 Getty Images:** Science & Society Picture Library (mu). **57 Alamy Stock Photo:** Heritage Image Partnership Ltd (gor). **61 Bureau International des Poids et Mesures, BIPM:** (ul). Rex by Shutterstock: Gianni Dagli Orti (gor). **63 National Physical Laboratory:** NPL Management Ltd (ul). NIST: Curt Suplee (gor). **69 Alamy Stock Photo:** Archive World (gor); The Print Collector / Oxford Science Archive / Heritage Images (mlo). **73 Department of Engineering Science, University of Oxford:** Modern painting by Rita Greer (gor). **74 Alamy Stock Photo:** Science History Images (gol). **75 Alamy Stock Photo:** Francois Roux (gol). **77 Alamy Stock Photo:** Pictorial Press Ltd (gor). **78 NOAA:** Rare Books and Special Collections – Daniel Bernoulli's Hydrodynamica (ul). **81 Alamy Stock Photo:** Science History Images (ul). **Dreamstime.com:** Mishatc (gor). **83 Alamy Stock Photo:** The Granger Collection (ur). **85 Alamy Stock Photo:** Impress (gor); Science History Images (gol). **87 Pixabay:** Benita5 / 37 images (mlo). **88 Dorling Kindersley:** Courtesy of Engineering Expert Witness Blog (ul). **89 Alamy Stock Photo:** Artokoloro Quint Lox Limited / liszt collection (gor). **91 Wellcome Collection http:// creativecommons.org/licenses/ by/4.0/:** (mro). **92 Science Photo Library:** J-L Charmet (ul). **96 Getty Images:** Bettmann (ul). **97 Getty Images:** Stocktrek Images / Richard Roscoe (ur). **98 ESO:** (ul). **99 Getty Images:** Alicia Llop (ur). **103 Alamy Stock Photo:** History and Art Collection (gor). Dreamstime.com: Franco Nadalin (ul). **107 iStockphoto.com:** Danielle Kuck (ur). **109 Getty Images:** Imagno / Hulton Archive (ul). **110 SuperStock:** Fototeca Gilardi / Marka (gor). **111 Dreamstime.com:** Victor Zastol`skiy / Vicnt (ul). **115 Getty Images:** Science & Society Picture Library (ul). **NASA:** Far-infrared: ESA / Herschel / PACS / SPIRE / Hill, Motte, HOBYS Key Programme Consortium; X-ray: ESA / XMM-Newton / EPIC / XMM-Newton-SOC / Boulanger (gol). **117 Getty Images:** Mark Garlick / Science Photo Library (gor). **123 Wellcome Collection http:// creativecommons.org/licenses/by/4.0/:** (gor). **125 Dreamstime.com:** Danielkmalloy (gor). **127 Alamy Stock Photo:** Interfoto / Personalities (ul). **129 Alamy Stock Photo:** Prisma Archivo (mu). **Dreamstime.com:** Ovydyborets (mu/Hintergrund). **Wellcome Collection http://creativecommons.org/licenses/by/4.0/:** (gor). **132 Getty Images:** Science & Society Picture Library (ul). **133 iStockphoto.com:** choness (mu). **135 Alamy Stock Photo:** Granger Historical Picture Archive (gor); World History Archive (gol). **137 Wellcome Collection http:// creativecommons.org/licenses/by/4.0/:** (ul). **139 Alamy Stock Photo:** Science History Images (gor). **145 Getty Images:** Corbis Historical / Stefano Bianchetti (ul). **147 Alamy Stock Photo:** World History Archive (gor). **149 Alamy Stock Photo:** Everett Collection Historical (mlo). **151 iStockphoto.com:** querbeet (mu). **Wellcome Collection http://creativecommons.org/licenses/ by/4.0/:** (gor). **153 Alamy Stock Photo:** Pictorial Press Ltd (mu). **155 Science Photo Library:** Emilio Segre Visual Archives / American Institute Of Physics (gol). **156 Getty Images:** Ken Kiefer 2 (mu). **158 Getty Images:** Roger Ressmeyer / Corbis / VCG (ur). **166 Dreamstime.com:** James Steidl (ur). **167 Alamy Stock Photo:** FLHC 80 (gol). **Wellcome Collection http://creativecommons.org/ licenses/by/4.0/:** (gor). **169 Alamy Stock Photo:** The Granger Collection (ul). **Unsplash:** Michael Heuser / @ gum_meee (mro). **174 Science Photo Library:** (gol). **175 Getty Images:** Science & Society Picture Library (mu). **Wellcome Collection http://creativecommons.org/ licenses/by/4.0/:** (gor). **177 Getty Images:** Science Photo Library / David Parker (gol). **179 Alamy Stock Photo:** Science History Images / Photo Researchers (gol). **181 Alamy Stock Photo:** Durk Gardenier (mro). **182 Getty Images:** De Agostini Picture Library (gol). **183 Unsplash:** Lanju Fotografie / @lanju_fotografie (gol). **185 iStockphoto. com:** Darunechka (ur). **186 Wellcome Collection http:// creativecommons.org/licenses/ by/4.0/:** (ul). **189 Getty Images:** Imagno / Hulton Archive (gor). **191 NASA:** ESA, R. Ellis (Caltech), und das HUDF 2012 Team (ur). **193 Alamy Stock Photo:** Cola Images (mlo). **195 Alamy Stock Photo:** World History Archive (gor). **197 Science Photo Library:** Mark A. Schneider (mlo). **199 Alamy Stock Photo:** Archive Pics (gor). **201 Alamy Stock Photo:** Lordprice Collection (gor). **Pixabay:** KatinkavomWolfenmond / 57 images (mu). **203 Alamy Stock Photo:** Geraint Lewis (ul). **Science Photo Library:** Max-Planck-Institut für Radioastronomie (gor). **210 NASA:** (gol). **211 Alamy Stock Photo:** Science History Images (gor). **214 Alamy Stock Photo:** Science History Images (ul). **215 Getty Images:** ullstein picture Dtl. (ul). **216 Getty Images:** Encyclopaedia Britannica / Universal Images Group (ur). **217 Science Photo Library:** Emilio Segre Visual Archives / American Institute Of Physics (gor). **219 Getty Images:** Bettmann (ur). **221 Alamy Stock Photo:** Pictorial Press Ltd (mlo). **223 Getty Images:** Mark Garlick / Science Photo Library (mu). **Science Photo Library:** Peter Menzel (gor). **225 Getty Images:** Bettmann (ul). **228 Science Photo Library:** Patrick Gaillardin / Look At Sciences (mgo). **229 NIST:** G.E. Marti / JILA (mlo). **230 Alamy Stock Photo:** Ian Allenden (gol). **231 Getty Images:** Robert Wallis / Corbis (gor). **237 Alamy Stock Photo:** Science History Images (ul). **Dorling Kindersley:** Science Museum, London (gor). **239 Alamy Stock Photo:** The Print Collector / Heritage Images (gor). **241 Getty Images:** Print Collector / Hulton Archive (gor). **243 Getty Images:** Photo 12 / Universal Images Group (ul). **244 Getty Images:** Print Collector / Hulton Archive (ul). **245 Science Photo Library:** (gor). **249 Alamy Stock Photo:** Everett Collection Historical (gor). **251 Alamy Stock Photo:** Science History Images (gol, gor). **255 © CERN:** Maximilien Brice (mgo). **Science Photo Library:** Emilio Segre Visual Archives / American Institute Of Physics (ul). **257 Getty Images:** Bettmann (gor). **259 Alamy Stock Photo:** Science History Images (ul). **Science Photo Library:** CERN (gor). **260 Getty Images:** The Asahi Shimbun (ur). **263 Getty Images:** Colin McPherson / Corbis Entertainment (gor). **Science Photo Library:** David Parker (mlo). **265 Getty Images:** EFDA-JET / Science Photo Library (mr). **270 Pixabay:** ciprianbogacs (ur). **271 Alamy Stock Photo:** GL Archive (gor). **273 NASA:** JPL / DLR (mro). **Wellcome Collection http:// creativecommons.org/licenses/by/4.0/:** (ul). **274 Alamy Stock Photo:** Prisma Archivo (cr). **279 Alamy Stock Photo:** Granger Historical Picture Archive (gor). **iStockphoto. com:** wodeweitu (mu). **283 Getty Images:** Keystone-France / Gamma-Keystone (gor). **285 Alamy Stock Photo:** Archive Pics (gor). **NASA:** GSFC / SDO (ul). **289 NASA:** CXC / M.Weiss (ul). **Science Photo Library:** Emilio Segre Visual Archives / American Institute Of Physics (gor). **292 Alamy Stock Photo:** Pictorial Press Ltd (ul). **NASA:** ESA, and the Hubble Heritage Team (STScI / AURA)-Hubble / Europe Collaboration (gor). **293 Alamy Stock Photo:** GL Archive (ul). **295 Alamy Stock Photo:** FLHC 96 (gor). **298 Alamy Stock Photo:** Granger Historical Picture Archive (ul). **299 Science Photo Library:** NASA / WMAP Science Team (ur). **301 Alamy Stock Photo:** Granger Historical Picture Archive (ur). **NASA:** ESA und P. Oesch (Yale University) (mlu). **305 Alamy Stock Photo:** Dennis Hallinan (ul). **Science Photo Library:** Emilio Segre Visual Archives / American Institute Of Physics (gor). **307 NASA:** JPL-Caltech (ur). **Rex by Shutterstock:** (gol). **310 eyevine:** Jeff Singer / Redux (ul). **311 Alamy Stock Photo:** BJ Warnick / Newscom (ur). **315 Alamy Stock Photo:** Caltech / UPI (gor). **Getty Images:** Mark Garlick / Science Photo Library (ul)

Cover: ***Vorn und Hinten:*** Science Photo Library: Mark Garlick.